X射线光电子能谱数据分析

X-ray Photoelectron Spectroscopy Data Analysis

宋廷鲁　邹美帅　鲁德凤　著

内容简介

X射线光电子能谱（XPS）应用广泛，是目前最常用的表面分析技术之一。全书共4章，分为XPS基础篇、数据分析基础篇、数据分析软件篇和数据分析实战篇，不但内容翔实、全面，而且还有大量分析案例，是作者多年的经验总结。

本书主要为涉及XPS的研究人员编写。可供材料、化学化工、物理等相关专业的本科生、研究生、教师以及科研人员、技术人员作为教材、工具书和手册使用，在教学科研中具有重要的指导意义与参考价值。

图书在版编目(CIP)数据

X射线光电子能谱数据分析 / 宋廷鲁，邹美帅，鲁德凤著. -- 北京：北京理工大学出版社，2022.11(2024.3重印)
ISBN 978-7-5763-1821-0

Ⅰ. ①X… Ⅱ. ①宋… ②邹… ③鲁… Ⅲ. ①X射线光电子能谱仪(XPS)-数据处理 Ⅳ. ①TH838

中国版本图书馆CIP数据核字(2022)第208197号

出版发行 / 北京理工大学出版社有限责任公司
社　　址 / 北京市海淀区中关村南大街5号
邮　　编 / 100081
电　　话 / (010)68914775(总编室)
(010)82562903(教材售后服务热线)
(010)68944723(其他图书服务热线)
网　　址 / http://www.bitpress.com.cn
经　　销 / 全国各地新华书店
印　　刷 / 廊坊市印艺阁数字科技有限公司
开　　本 / 710毫米×1000毫米　1/16
印　　张 / 30.25
插　　页 / 2
字　　数 / 526千字
版　　次 / 2022年11月第1版　2024年3月第2次印刷
定　　价 / 178.00元

责任编辑 / 王玲玲
文案编辑 / 王玲玲
责任校对 / 刘亚男
责任印制 / 李志强

序

《X射线光电子能谱数据分析》一书问世，真是一件大好事！首先，是由于X射线光电子能谱（XPS）表征数据的分析确实存在一定难度，研究者需要这样一部既有理论，又有大量分析案例的参考书。其次，正如作者在本书中叙述的那样，XPS也被称为化学分析用光电子能谱（ESCA），这一表面分析技术在研究材料元素化学结合态方面具有显著优势；同时，可用于元素组成（除H、He之外）的定性和半定量分析。由此，反映出作者具有聚焦问题和需求的敏锐眼光，从判断材料结构变化和控制产品质量的角度，为相关领域的研究人员提供了强有力的参考工具。

此时，不由得回忆起被誉为“东方第一能谱博士”的王建祺教授。王教授于1981年获得瑞士巴塞尔大学自然科学院理学博士学位，1990年成为北京理工大学应用化学学科的博士生导师。我作为王建祺教授的学生，在他的言传身教和指导下，接触到了XPS分析测试技术。记得在王教授的倡导下，北京理工大学于20世纪80年代末就引入了XPS设备，为科学研究和人才培养做出了独特的贡献。王教授不仅撰写了《电子能谱学（XPS/XAES/UPS）引论》等专著，还率先运用XPS研究了聚合物热降解类石墨转化温度，为判断凝缩相成炭提供了依据，丰富了阻燃机理的研究手段。他发表的大量科学论文，在国内外阻燃材料学术界产生了深远的影响。

再次有感于作者理论与实践的结合、深入浅出的分析和全面翔实数据的提供，赋予了此书实在的参考价值。相信随着时间的推移，这部专著将越来越受到从事金属合金、无机非金属、高分子、半导体、催化剂、陶瓷、生物医药、能源材料等领域应用研究、器件研发和质量控制的研究人员的喜爱，发挥其应有的辅助和参考作用。

郝建薇

前　言

近年来，X 射线光电子能谱（XPS）作为最常用的表面分析技术之一，愈加广泛地应用在各领域中。本书因此对 XPS 的工作运行原理、数据处理方法以及实际应用案例进行了全面介绍。全书共分为 4 章：第 1 章为 X 射线光电子能谱理论篇，主要对仪器的基本原理、硬件组成与技术特点等进行了介绍。其余章节均侧重讨论 XPS 的数据分析，其中，第 2 章是 XPS 数据分析基础篇，主要介绍了不同 XPS 数据的形式和概念、各种测试功能及数据处理的方法与原则，此外，还对 XPS 图谱的定性分析、半定量分析以及分峰拟合的通用原则进行了介绍；第 3 章介绍了常用的 XPS 数据分析软件，并对 MultiPak 软件进行了细致的功能介绍和操作演示，同时列举了具体操作实例，以方便读者学习掌握；第 4 章是 XPS 数据分析实战篇，按照原子序数依次对锂到铀 67 种元素的基本信息、化学态归属参考、精细图谱参考及具体案例进行了介绍和解析。最后，附录选编了表面分析专用元素周期表等信息，有利于读者迅速查阅相关内容。

本书创作的背景为面对日益增多的 XPS 测试与数据分析需求，研究者们亟须一本全面的指导教材及参考资料来更好地处理 XPS 相关实验与数据。由于 XPS 相比于其他分析测试方法，在操作和数据分析上具有一定的专业要求和难度，一些刊出文献中的 XPS 数据分析也时有错误，误导读者；此外，硕士、博士研究生的流动性较大，对 XPS 数据的处理和分析往往都是靠课题组前辈所传授，很难建立起一套系统的关于 XPS 的理论与数据分析方法，这就极大影响了 XPS 实验数据的处理和结果解析。另外，对操作 XPS 仪器的分析测试人员来讲，也需要一个较为全面的参考资料，以增加测试效率、提高测试数据质量，更好地满足科研人员对高质量测试结果的需求，推动表面分析技术的进一步发展。

本书同时具备工具书和经验手册的特点，不仅包含对基础理论研究与软件操作的介绍，还引入了大量的应用实例，并保留彩色分峰曲线，以提升本书的可读性。这些都是著者多年的经验积累和对前人工作的总结。我们期望本书能够为有志于从事 XPS 方面的教学工作者与科研人员提供借鉴与指导，同时，对 XPS 分析测试技术感兴趣的读者也可阅读本书学习相关基础知识。

本书主要著者包括宋廷鲁、邹美帅、鲁德凤等。此外，钱萌萌博士参与了第 1 章和第 3 章的部分工作，徐帆博士参与了第 2 章和第 3 章的部分工作，全书由宋廷鲁统稿。同时，感谢杨荣杰、叶上远、潘剑南、葛梦展、鲁德华、赵利媛、杜建新、石慧等对本书的支持和帮助。最后，本书的编写也得到了北京理工大学材料学院先进材料实验中心、ULVAC - PHI 及 PHI - CHINA 的大力支持和帮助，在此一并感谢。

由于著者的水平有限，书中难免有疏漏和不妥之处，敬请读者提出宝贵意见和建议，以使我们不断改进。

著者

中英文注释及缩写

X 射线光电子能谱：X - ray Photoelectron Spectroscopy（XPS）

化学分析电子能谱：Electron Spectroscopy for Chemical Analysis（ESCA）

俄歇电子能谱仪：Auger Electron Spectroscopy（AES）

X 射线诱导俄歇电子能谱/XPS 俄歇谱峰：Auger electron in XPS spectra（XAES）

反光电子能谱：Inverse Photoemission Spectroscopy（IPES）

紫外光电子能谱：Ultraviolet Photoelectron Spectroscopy（UPS）

透射电子显微镜：Transmission Electron Microscope（TEM）

扫描电子显微镜：Scanning Electron Microscope（SEM）

能谱仪：Energy Dispersive Spectrometer（EDS）

电感耦合等离子体质谱仪：Inductively Coupled Plasma Mass Spectrometry（ICP - MS）

X 射线荧光光谱仪：X - ray Fluorescence Spectrometer（XRF）

傅里叶变换红外光谱仪：Fourier Transform Infrared Spectroscopy（FTIR）

拉曼光谱：Raman Spectroscopy

飞行时间二次离子质谱：Time of Flight Secondary Ion Mass Spectrometry（TOF - SIMS）

动态二次离子质谱：Dynamic Secondary Ion Mass Spectrometry（D - SIMS）

X 射线衍射仪：X - ray Diffraction（XRD）

结合能：Binding Energy（B. E.）

功函数：Work Function

费米能级：Fermi Level

非弹性背底：Inelastic background

非弹性散射平均自由程：Inelastic Mean Free Path（IMFP），λ

电离截面：Ionization cross section，σ

起飞角/起飞角度：Take off angle

半峰宽/半高宽：Full Width Half Maximum（FWHM）

化学位移：Chemical shift

化学态：Chemical state

氧化态：Oxidation state

还原态：Reduction state

精细谱/窄扫描：Fine spectrum/ Narrow scan

全谱扫描/全谱：Survey spectra scan/ Survey spectra

线扫描：Line scan

面分布：Mapping

变角分析：Angle Dependent XPS/ Angle analysis

线宽：Line width

能量位移：Energy shift

通能：Pass Energy（PE）

半球型能量分析器：Hemispherical energy analyzer

微区成像：Micro Imaging/ Micro Mapping

二次电子图像/射线成像：Secondary electronic image/ Static X - ray Image (SXI)

（相对）灵敏度因子：Relative Sensitivity Factor（RSF）

修正（相对）灵敏度因子：Corrected Relative Sensitivity Factor（CorrectedRSF）

氩离子枪：Ar Ion Gun

气体团簇离子束：Gas Cluster Ion Beam（GCIB）

谱峰/谱线：Spectrum peak/ Spectrum lines

光电子谱峰：Photoelectron lines

轨道自旋分裂峰：Spin - Orbital Splitting（SOS）

震激/震离峰：Shake - up/ Shake - off lines

多重分裂峰：Multiplet splitting

能量损失峰：Energy loss lines/ Plasmon lines

俄歇谱峰：Auger lines

俄歇参数：Auger Parameter

修正俄歇参数：Modified Auger Parameter

价带谱：Valence lines and bands

卫星峰：Satellite lines（Satellite/sat.）

鬼峰：Ghost lines

谱峰标注：Notation

传输函数：Transfer Function （TF）

标准偏差：Standard Deviation （St. Dev. ）

原子浓度：Atomic Concentration （AC）

非线性最小二乘拟合：Non – Linear Least – Squares Fit （NLS，NLLSF）

卡方检验：Chi – Squared Test

曲线拟合：Curve Fitting

谱峰面积：Peak Area

原子百分比：Atomic% （AC%）

目　录

第 1 章　X 射线光电子能谱理论篇 …… 001

1.1　X 射线光电子能谱基本原理 …… 002

1.2　XPS 全谱信息与精细谱化学态识别 …… 004

1.2.1　XPS 全谱信息 …… 004

1.2.2　XPS 精细谱化学态识别 …… 005

1.2.3　结合能位移与化学态 …… 005

1.3　XPS 系统硬件构成 …… 007

1.4　XPS 主要功能 …… 012

1.5　XPS 主要技术特点 …… 013

1.5.1　各种分析技术的分辨率和灵敏度 …… 013

1.5.2　几种表面分析技术的对比 …… 014

1.5.3　XPS 分析技术探测信息深度 …… 015

1.6　XPS 的主要应用 …… 017

1.7　XPS 样品制备与要求 …… 018

1.7.1　XPS 样品准备与包装 …… 019

1.7.2　XPS 样品托的选择 …… 019

1.7.3　XPS 样品制备与固定 …… 019

1.7.4　样品传送管保护进样 …… 021

第 2 章　X 射线光电子能谱数据分析基础篇 ………………………… 023

2.1　XPS 的主要数据形式 ………………………………………… 024
2.1.1　标准的 XPS 图谱 ………………………………………… 024
2.1.2　XPS 的半定量分析 ……………………………………… 024
2.1.3　微区分析（多点分析和微区成像） …………………… 026
2.1.4　微区化学态成像 ………………………………………… 026
2.1.5　深度剖析 ………………………………………………… 028
2.2　认识谱图和谱峰识别 ………………………………………… 037
2.2.1　谱峰标注 ………………………………………………… 038
2.2.2　光电子谱峰中的非弹性背底 …………………………… 039
2.2.3　自旋 - 轨道分裂峰 ……………………………………… 039
2.2.4　不同元素的光电子与电离截面的关系 ………………… 040
2.2.5　震激峰/震离峰 …………………………………………… 041
2.2.6　多重分裂峰 ……………………………………………… 042
2.2.7　能量损失谱峰 …………………………………………… 043
2.2.8　XPS 图谱中的俄歇激发 ………………………………… 045
2.2.9　价带谱 …………………………………………………… 049
2.2.10　X 射线卫星峰和“鬼峰” ……………………………… 050
2.3　XPS 图谱的定性和半定量分析 ……………………………… 050
2.3.1　典型 XPS 图谱数据 ……………………………………… 050
2.3.2　XPS 全谱和精细谱的意义 ……………………………… 051
2.3.3　全谱定性和定量分析 …………………………………… 053
2.3.4　精细谱定性和定量分析 ………………………………… 055
2.3.5　XPS 半定量分析注意事项 ……………………………… 057
2.4　XPS 数据处理（精细谱分峰拟合）通用原则 ……………… 058
2.4.1　XPS 谱峰荷电校正方法 ………………………………… 059
2.4.2　XPS 谱峰平滑 …………………………………………… 061
2.4.3　XPS 谱峰背底扣除 ……………………………………… 062
2.4.4　XPS 谱峰拟合数学函数模式选择 ……………………… 064
2.4.5　XPS 单峰拟合 …………………………………………… 067
2.4.6　双峰中自旋 - 轨道分裂峰的分析方法 ………………… 068
2.4.7　重合谱峰的拟合方法 …………………………………… 071
2.4.8　多重分裂谱峰的分峰方法 ……………………………… 073

2.4.9 俄歇图谱和俄歇参数判断化学态 …… 076
2.4.10 常见 XPS 数据分析错误案例 …… 077
2.4.11 XPS 数据分析流程总结 …… 080
2.5 数据库和网站资源介绍 …… 081
2.6 XPS 相关标准和规范 …… 083

第3章 X射线光电子能谱数据分析软件篇 …… 087

3.1 数据分析软件简介 …… 089
3.2 不同数据文件格式 …… 090
3.3 MultiPak 软件基本介绍 …… 091
3.3.1 MultiPak 软件界面介绍 …… 091
3.3.2 数据文件格式类型 …… 092
3.4 MultiPak 数据分析处理流程和操作步骤 …… 094
3.4.1 定性分析 …… 094
3.4.2 定量分析 …… 098
3.4.3 化学态分析 …… 107
3.4.4 深度剖析 …… 120
3.4.5 变角分析 …… 136
3.4.6 图像（Mapping）分析 …… 139
3.4.7 线扫描分析 …… 146
3.4.8 报告制作 …… 146
3.5 MultiPak 实操案例 …… 152
3.5.1 常规表面分析案例 …… 152
3.5.2 深度剖析实操案例 …… 159

第4章 X射线光电子能谱数据分析实战篇 …… 167

4.1 锂（Li） …… 168
4.2 铍（Be） …… 173
4.3 硼（B） …… 176
4.4 碳（C） …… 179
4.5 氮（N） …… 185
4.6 氧（O） …… 191
4.7 氟（F） …… 196
4.8 钠（Na） …… 199

4.9　镁（Mg）……………………………………………………………… 204
4.10　铝（Al）……………………………………………………………… 206
4.11　硅（Si）……………………………………………………………… 211
4.12　磷（P）……………………………………………………………… 213
4.13　硫（S）……………………………………………………………… 217
4.14　氯（Cl）……………………………………………………………… 226
4.15　氩（Ar）……………………………………………………………… 231
4.16　钾（K）……………………………………………………………… 233
4.17　钙（Ca）……………………………………………………………… 235
4.18　钪（Sc）……………………………………………………………… 239
4.19　钛（Ti）……………………………………………………………… 241
4.20　钒（V）……………………………………………………………… 248
4.21　铬（Cr）……………………………………………………………… 254
4.22　锰（Mn）……………………………………………………………… 260
4.23　铁（Fe）……………………………………………………………… 268
4.24　钴（Co）……………………………………………………………… 274
4.25　镍（Ni）……………………………………………………………… 284
4.26　铜（Cu）……………………………………………………………… 292
4.27　锌（Zn）……………………………………………………………… 299
4.28　镓（Ga）……………………………………………………………… 303
4.29　锗（Ge）……………………………………………………………… 307
4.30　砷（As）……………………………………………………………… 312
4.31　硒（Se）……………………………………………………………… 317
4.32　溴（Br）……………………………………………………………… 320
4.33　铷（Rb）……………………………………………………………… 322
4.34　锶（Sr）……………………………………………………………… 324
4.35　钇（Y）……………………………………………………………… 326
4.36　锆（Zr）……………………………………………………………… 333
4.37　铌（Nb）……………………………………………………………… 336
4.38　钼（Mo）……………………………………………………………… 340
4.39　钌（Ru）……………………………………………………………… 345
4.40　铑（Rh）……………………………………………………………… 353
4.41　钯（Pd）……………………………………………………………… 356
4.42　银（Ag）……………………………………………………………… 360

4.43 镉（Cd） …… 366
4.44 铟（In） …… 374
4.45 锡（Sn） …… 381
4.46 锑（Sb） …… 387
4.47 碲（Te） …… 390
4.48 碘（I） …… 397
4.49 铯（Cs） …… 402
4.50 钡（Ba） …… 404
4.51 镧（La） …… 407
4.52 铈（Ce） …… 411
4.53 钕（Nd） …… 415
4.54 铕（Eu） …… 416
4.55 钆（Gd） …… 418
4.56 铪（Hf） …… 420
4.57 钽（Ta） …… 425
4.58 钨（W） …… 426
4.59 铼（Re） …… 430
4.60 铱（Ir） …… 433
4.61 铂（Pt） …… 435
4.62 金（Au） …… 438
4.63 汞（Hg） …… 441
4.64 铊（Tl） …… 444
4.65 铅（Pb） …… 448
4.66 铋（Bi） …… 453
4.67 铀（U） …… 456

参考文献 …… 461

附录 …… 466

第1章

X 射线光电子能谱理论篇

1.1 X 射线光电子能谱基本原理

X 射线光电子能谱（X - ray Photoelectron Spectroscopy，XPS），又被称为化学分析电子能谱（Electron Spectroscopy for Chemical Analysis，ESCA），是一种常用的表面分析技术，其除了可以表征材料的成分与组成，还可以分析各成分的化学态，并可定量表征每种成分的相对含量，因而被广泛应用于材料研究的各个领域。

XPS 的基本原理（图 1.1）为原子中的电子被束缚在不同的轨道能级上，当一定能量的 X 射线入射到样品表面时，原子吸收能量为 $h\nu$ 的光子后，可以激发出轨道芯能级中的电子（即光电子）。基于爱因斯坦的光电效应理论，整个激发过程遵循能量守恒定律，简单来说，当入射光的能量 $h\nu$ 大于轨道电子的结合能 E_B时，可以激发出动能 E_K的电子。由于不同元素不同轨道所激发出的光电子具有不同的特征结合能 E_B，因此可以用结合能 E_B的数值来表征不同的元素和化学态信息。

光电效应理论：

根据 Einstein 光电发射定律，能量守恒关系：

$$E_K = h\nu - E_B$$

式中，$h\nu$ 为光子的能量；E_B为内层电子的轨道结合能，即电子从轨道跃迁到真空能级所需要的能量；E_K为被入射光子所激发出的光电子的动能。

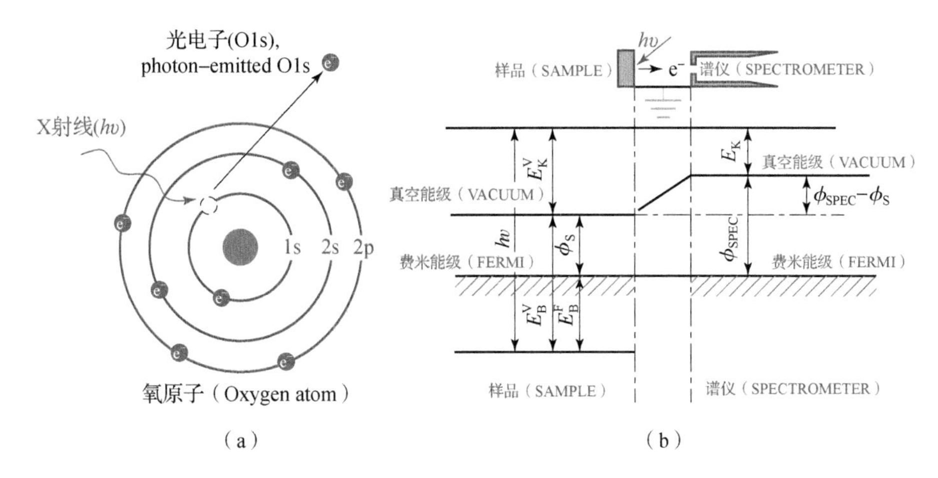

图 1.1　XPS 的基本原理

（a）光电效应；（b）光电子测量能级示意图

图 1.1（b）测试固体材料时，要考虑仪器功函和材料功函的影响，X 射线光电子能谱仪中的能量关系，即

$$E_B^V = h\nu - E_K - (\phi_{SP} - \phi_S)$$

$$E_B^F = h\nu - E_K - \phi_{SP} = h\nu - E_K^V - \phi_S$$

式中，E_B^V为相对于真空能级的结合能；E_B^F为相对于费米能级的结合能；ϕ_{SP}和ϕ_S分别是谱仪和样品的功函数。

XPS 采用 X 射线激发源照射样品表面，常用的 X 射线源是 Al Kα 单色化 X 射线源，能量为 1 486.6 eV，探测从样品表面射出的光电子的能量分布。由于 X 射线的能量较高，得到的主要是原子内壳层轨道中电离出来的光电子。由于光电子携带样品的特征信息（元素信息、化学态信息等），通过测量逃逸光电子的动能，就可以表征出样品中的元素组成和化学态信息。

瑞典皇家科学院院士、乌普萨拉（Uppsala）大学物理研究所 Kai Siegbahn 教授课题组发现内壳层电子结合能位移现象，将它成功应用于化学问题的研究中，并在 20 世纪五六十年代逐步发展完善了这种分析测试技术。由于其在高分辨光电子能谱方面的杰出贡献，Kai Siegbahn 荣获了 1981 年的诺贝尔物理学奖。

|1.2 XPS 全谱信息与精细谱化学态识别|

X 射线光电子能谱仪主要测量光电子的动能，光子能量减去动能就可以确定光电子的结合能。原子中的每个轨道激发的光电子都有独特的结合能，具有特征性。因此，采集 XPS 全谱就可以表征出样品表面元素的成分信息。

1.2.1 XPS 全谱信息

通常我们看到的 XPS 图谱（图 1.2）横坐标是结合能信息，纵坐标代表谱峰强度。结合能能量范围为 0～1 400 eV 左右，是因为现在商业化的 XPS 系统多采用的是单色化的 Al Kα X 射线，能量为 1 486.6 eV，所以结合能低于 1 400 eV的电子都有可能被激发出来用于分析。

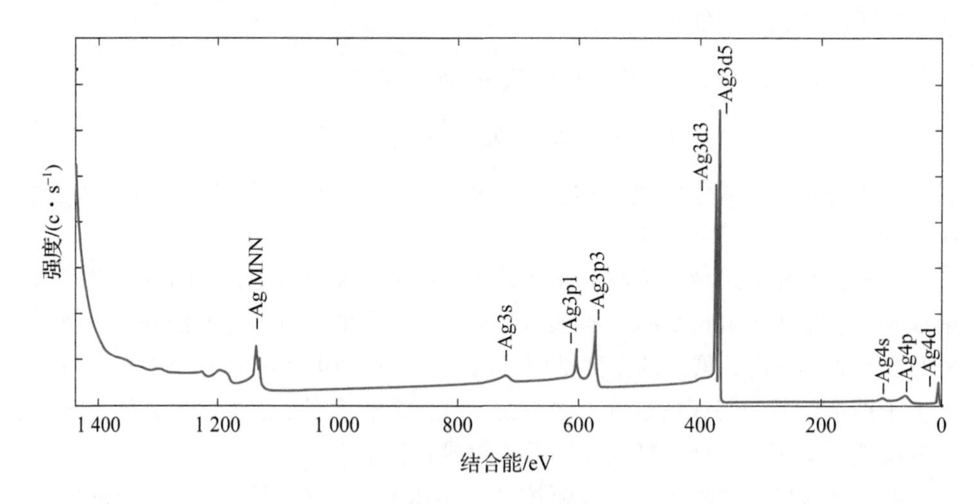

图 1.2 纯银的 XPS 标准全谱示例

一些设备也会选配高能靶，比如 Ti、Zr、Ag、Cr 等，入射源能量更高，可以激发出结合能更高的内壳层中的电子，因此采集的成分信息深度更深、能量范围更广。通常我们讨论的主要是 Al Kα X 射线采集的图谱。

通过谱峰的能量位置可以进行元素的定性分析，这些能量的数值可以通过 XPS 数据手册或相关数据库查到。另外，这些信息在专业的 XPS 解析软件中也有集成，通过软件可以自动进行谱峰识别。目前 XPS 商业化设备常见的自带软件如 Avantage 和 MultiPak 都自带数据库，因而更易对谱峰进行定性分析。

1.2.2　XPS 精细谱化学态识别

当处于一定化学环境中的原子发生得电子或失电子时，其结合能会发生变化，产生化学位移（图 1.3）。由于化合物结构的变化和元素化学状态的变化引起的谱峰有规律的位移称为化学位移。因此，XPS 最主要的能力和技术优势之一即为扫描（窄扫描，Narrow Scan）对应元素的精细谱，通过精准的能量位置就可以进一步判断元素所处的价态或化学态。

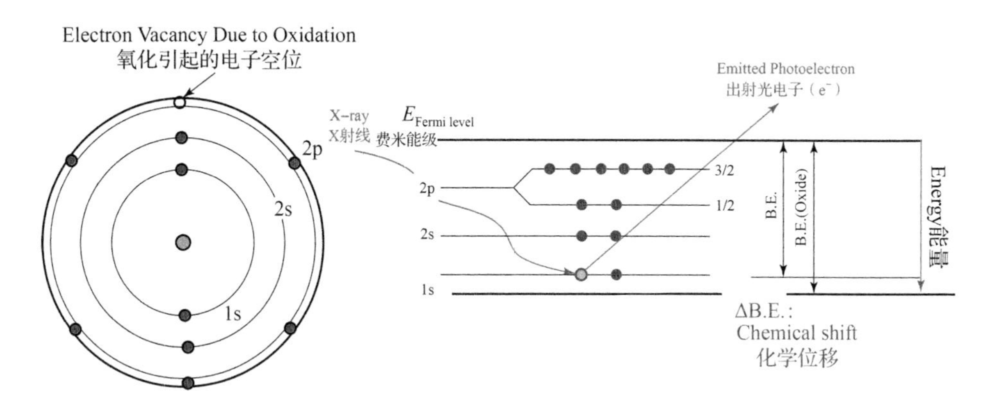

图 1.3　XPS 结合能位移与化学态相关示意图

原子核外电子会受到其他轨道电子的排斥力，也会受到原子核的库仑作用而被吸引（图 1.4）。大部分情况下，当原子得电子时，电子间斥力变大，结合能向低能位移；当原子失电子时，原子核对电子的吸引力变大，结合能增加，结合能向高能位移。所以，多数情况下，同一原子失去电子（发生氧化）时，结合能会往高能位移，得电子（发生还原）时，结合能会往低能位移。准确的光电子能量峰值可表征被激发原子的化学态，化学位移的方向与强度取决于所探测的元素及轨道。当化学环境变化时，某些原子的化学位移有几个电子伏特，从图谱中很容易分辨，但某些原子的化学位移并不明显。

1.2.3　结合能位移与化学态

结合图 1.5 来看一下结合能位移与化学态相关图谱的关系。对于 Si2p 谱峰，氧化硅的能量（103.4 eV）明显高于单质硅（99.15 eV），化学位移有 4 eV左右；同样，对于 S1s 的谱峰能量位置，如果以单质 S 的能量位置为 0

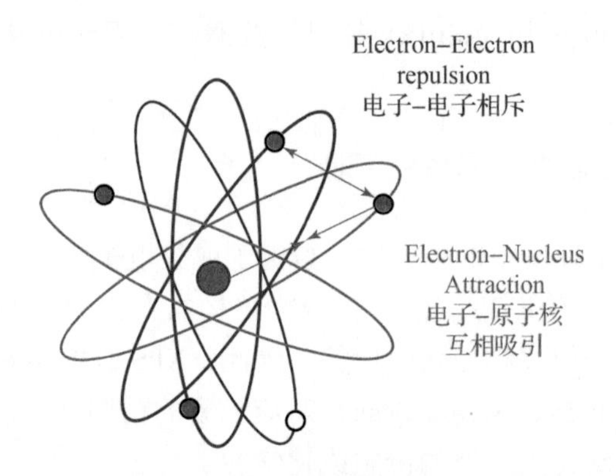

图 1.4　电子与原子核之间的作用

点，S^{2-}价结合能相对单质 S 能量向低能位移 2 eV 左右，S^{4+}、S^{6+}价结合能相对单质 S 能量向高能位移，分别为 4 eV 和 6 eV 左右，很容易通过结合能信息判断化学态。

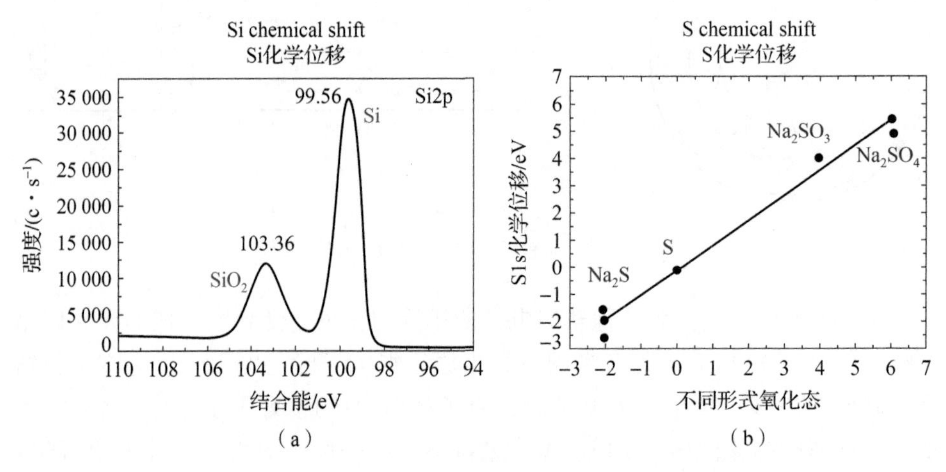

（a）　　　　　（b）

图 1.5　Si2p 和 S1s 谱峰能量位移与化学态的关联示例

（a）Si2p 精细谱；（b）S1s 能量位移与化学态的关系

对于有机化合物（图 1.6），电负性越强的原子越易吸电子，比如 O、F。所以，对 C 来说，与电负性越强的原子结合，C1s 的结合能会向更高的能量位移，比如 C—F 的结合能高于 C—O 的结合能，C—O 的结合能高于 C—C 的结合能。

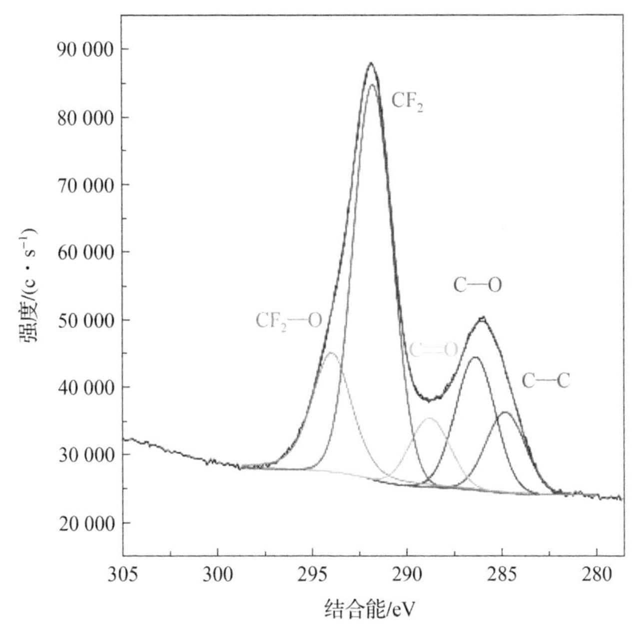

图1.6　有机碳氧氟材料中C1s精细谱化学位移与化学态相关示例

1.3　XPS系统硬件构成

当前商业化XPS设备供应商主要有三个厂家，图1.7列出了几款常见的XPS型号，从左到右依次为PHI Quantera Ⅱ、ESCALAB Xi+、AXIS SUPRA+、PHI VersaProbe 4。XPS技术发展日新月异，从大面积分析能力到微区定位分析，从静态X射线源定点测试到扫描聚焦X射线源多点分析，从软X射线源到硬X射线源，系统都在不断更迭换代。

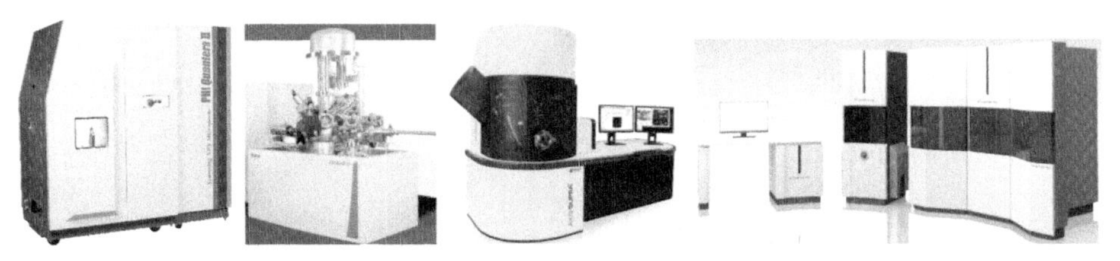

图1.7　各厂商不同型号XPS系统

进行XPS测试需要用X射线照射样品，并对样品表面产生的光电子的能量进行分析。因此，一台XPS谱仪一般由超高真空系统、激发源（X射线光源）系统、进样系统、电子能量分析器、检测器和数据采集系统等组成（图 1.8），也可以同时选配其他功能附件，如紫外光电子能谱附件（UPS）、氩气团簇离子源（GCIB）、冷热样品台、俄歇电子枪附件、反光电子能谱附件（IPES）等实现多种功能联用，如图 1.9 所示。主要部件介绍如下。

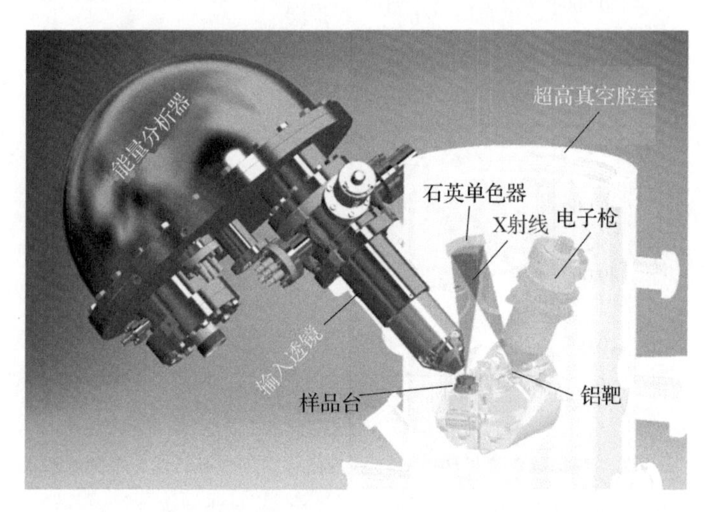

图 1.8　XPS 系统的基本组成（ULVAC－PHI XPS 系统为例）

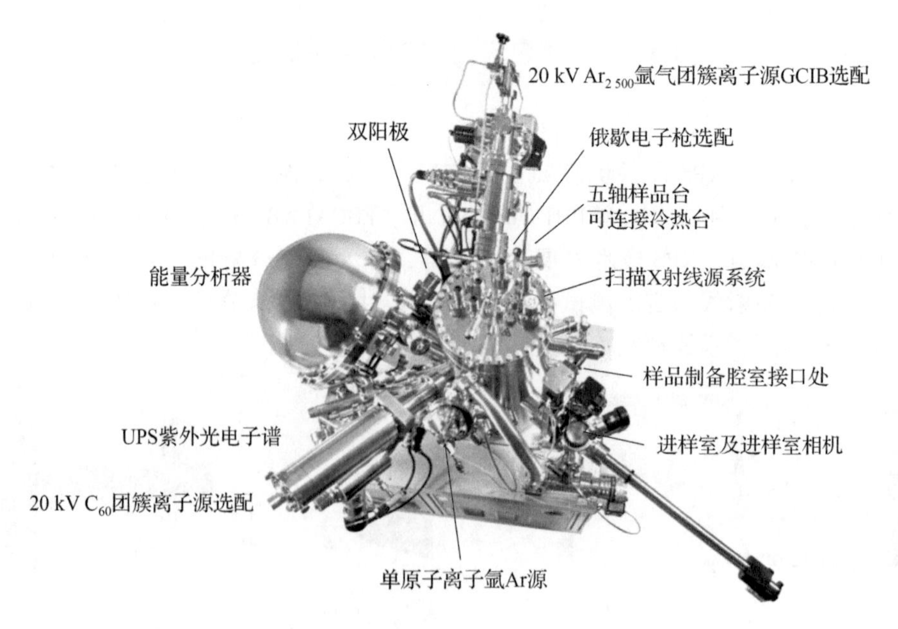

图 1.9　XPS 多功能平台系统（ULVAC－PHI XPS 系统为例）

1. 超高真空系统

超高真空系统是进行现代表面分析及研究的主要部分。谱仪的激发源、进样系统、分析器、检测器等都应安装在超高真空中。对真空系统的要求是高抽速、高真空度、耐烘烤、无磁性、无振动。通常超高真空系统的真空腔室由不锈钢制成，测试时，真空度优于 10^{-6} Pa。

为什么 XPS 测试必须要保持高真空度？首先，低能光电子很容易被分析室中残余的气体分子所散射，使得信号减弱，所以，只有在高真空下减小残余气体分子的浓度，低能光电子才能获得足够长的平均自由程，而不被散射损失掉。其次，表面分析技术本身要求的表面灵敏性也必须在超高真空环境中进行。在 10^{-6} mbar 真空下，大约每 1 s 就会有一个单层的气体吸附在固体表面，远远短于 XPS 谱图采集的时间，因此，需要在分析过程中维持超高真空环境来保持样品表面的清洁。

超高真空系统一般由多级组合泵来获得。常见的泵体组合有：机械泵 + 涡轮分子泵 + 离子泵；吸附泵 + 离子泵；机械泵 + 扩散泵；低温泵 + 离子泵等。这几种组合各有优缺点。现代 XPS 能谱仪中通常使用的是涡轮分子泵和离子泵，涡轮分子泵尤其适用于大量惰性气体的抽除，离子泵常作为辅助泵，以便快速达到所需要的真空度。XPS 能谱仪的真空其前级由机械泵和分子泵维持，分析室则由分子泵和（或）离子泵及钛升华泵维持，这样的组合可使分析室中真空度优于 10^{-8} Pa。超高真空腔室和相关的抽气管道等通常由不锈钢材料制成，相互连接处通过具有刀口的法兰和铜垫圈来密封。

2. X 射线源系统

常用的 X 射线源可选种类见表 1.1。

表 1.1　常用 X 射线源基本参数和特点

X 射线源	能量/eV	线宽/eV	特点
钇 Y Mζ	132.3	0.47	极低的能量，能量范围极窄
锆 Zr Mζ	151.4	0.77	极低的能量，能量范围窄（能量分辨高）
钠 Na Kα	1 041.0	0.70	设计困难
镁 Mg Kα	1 253.6	0.70	需 15 keV 能量，能量范围窄（能量分辨高），稳定
铝 Al Kα	1 486.6	0.85	需 15 keV 能量，能量范围窄（能量分辨高），稳定

续表

X 射线源	能量/eV	线宽/eV	特点
锆 Zr Lα	2 042.4	1.7	能量范围宽
钛 Ti Kα	4 510.0	2.0	需 20 keV 能量，能量范围宽
铜 Cu Kα	8 048.0	2.6	需 30 keV 能量，能量范围宽

X 射线的自然宽度对 XPS 谱仪的分辨率影响很大，使用单色化的 X 射线源可大大减小 X 射线的谱线宽度，通过石英晶体衍射并聚焦的方式可消除干扰的 X 射线卫星峰和韧致辐射来实现 X 射线的单色化。使用 LaB_6 电子枪可提高单色化 XPS 灵敏度，显著提高仪器的能量分辨率。单色化 X 射线源系统主要由电子枪、阳极靶、石英单色器等组成，单色化后 X 射线线宽减小，所采集的图谱能量分辨提高，卫星峰减少（图 1.10）。

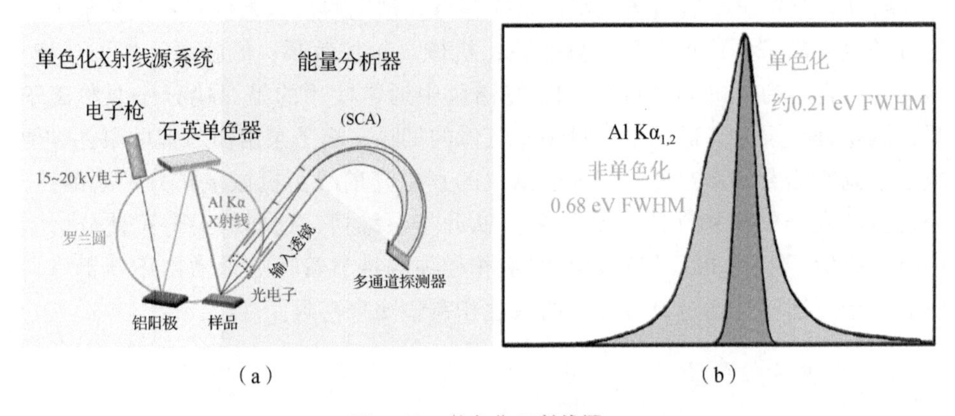

（a）　　　　（b）

图 1.10　单色化 X 射线源

（a）系统主要组成；（b）单色化源线宽对比示意图

3. 半球形能量分析器（HSA 和 CHA）

半球形能量分析器（HSA），也称为同心半球形分析仪（CHA）或球扇形分析仪（SSA），由一对同心半球形电极组成，电极之间有一个电子通道。样品和分析仪之间通常有一组透镜（传输透镜），用于收集、传输和减速电子等。电子从样品出射时，动能通常太大，分析仪无法正常分辨，因此，电子需要先被减速再进入能量分析仪。图 1.11 所示的示意图为常规 XPS 的 HSA 配置。在两个半球之间施加电位差，外半球相对内半球为负电压。

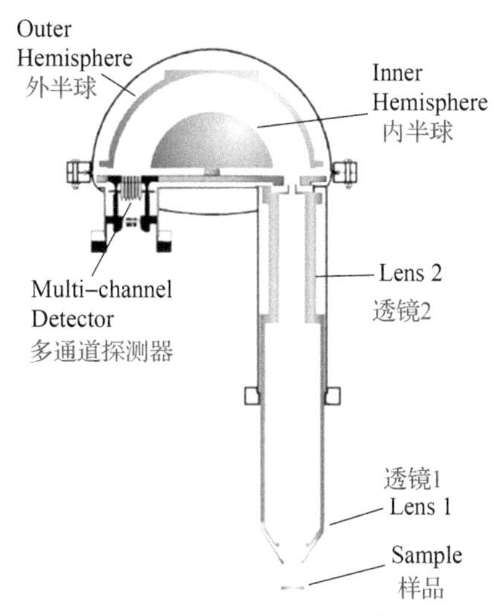

图 1.11　半球形能量分析器结构示意图

能量分析器是能谱仪的核心部件，用于在满足一定能量分辨率、角分辨率和灵敏度的要求下，分析出某能量范围的电子，测量样品表面出射的电子能量分布。能量分析器的三个主要指标为能量分辨能力、检测灵敏度和电子传输性能。

半球形静电能量分析器的内外半球半径分别为 R_1 和 R_2，在两个半球上施加电位差。当被测电子以能量 E_0 进入能量分析器的入口后，在两个同心球面上通过控制电压使电子偏转，从而在出口处的检测器上聚焦，示意图如图 1.12 所示。通过分析器平均路径的电势为：

$$V_0 = \frac{V_1 R_1 + V_2 R_2}{2R_0}$$

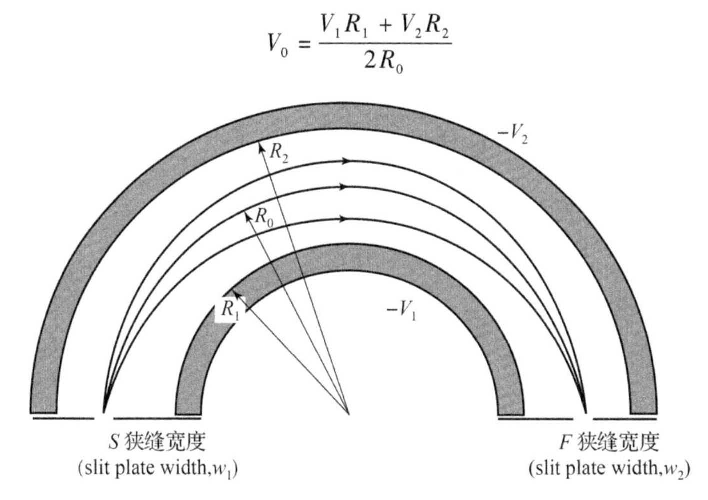

图 1.12　半球形能量分析器结构示意图

动能为 V_0 的电子将沿半径为 R_0 的圆形轨道运行。由于 R_0、R_1 和 R_2 是固定的，改变 V_1 和 V_2 将可扫描沿半球平均路径运动的电子的动能。半球形分析器由于球对称性，其具有二维汇聚作用，因而传输效率很高。为进一步提高分析器性能，常在分析器前加预减速透镜。采用预减速透镜的谱仪有两种不同的工作模式：固定分析器能量模式（CAE）和固定减速比模式（CRR）。CAE 模式即固定分析器偏转聚焦电压而只扫描透镜电压，进入能量分析器的电子减速至某固定动能，称为通过能 E_0，它具有对全部能量范围有恒定的能量分辨率的优点。

$$\frac{\Delta E}{E_0}=\frac{s}{2R_0}$$

这里 s 是狭缝宽度。减小通过能或增加 R_0 可以增加能量分辨率。典型的分析器半峰宽（半高宽/FWHM）=0.1～1.0 eV。

对于 CAE 模式，仪器的灵敏度（或称传输率）$T\propto E_{s^{-1}}$，即与电子的初始动能 E_s 成反比，使得在低能端灵敏度增加。采用 CRR 模式时，电子透镜和分析器同步扫描，CRR 模式使信号电子在进入分析器前被减速到它原始动能的固定百分比，因此，谱仪的分辨率与信号电子的能量成比例。对于 CRR 模式，仪器的灵敏度 $T\propto E\propto E_s$，这里 E_s 和 E 分别是减速前后信号电子的动能。对于俄歇电子能谱仪（AES），因其与 XPS 的测试需求不同，XPS 以提高谱的能量分辨率为主，所以 XPS 一般采用 CAE 模式；AES 以提高灵敏度为主，故 AES 常采用 CRR 模式。

1.4 XPS 主要功能

XPS 的主要功能和分析能力见表 1.2。

表 1.2 XPS 的主要功能分析能力

序号	检测需求	分析能力	对应数据类型
1	定性定量分析固体样品表面的主要成分	检测深度：<10 nm	—
2	分析固体样品表面除氢和氦以外所有元素组成	检测元素：Li～U	全谱扫描

续表

序号	检测需求	分析能力	对应数据类型
3	分析特征/特定元素对应的化学态（价态和化学键）	能量分辨：≤0.5 eV	精细谱/窄谱
4	定量分析所测得的元素和化学态的相对含量	检出限：0.01% ~ 0.1%（原子百分比）	半定量数据统计结果
5	表征不同元素和化学态在分析区域的分布情况，从而判定成分分布的均匀性以及特定区域的成分组成等	空间分辨：≤10 μm	线分布和面分布
6	深度剖析表征不同成分（元素和化学态）从表面到深度的纵向分布，评价扩散、吸附、钝化的程度以及表征多层膜层结构等	深度分辨：纳米尺度	图谱、深度曲线等
7	功函数和价带谱测量（选配 UPS）	能量分辨：≤100 meV	价带谱、功函谱
8	导带谱测量（选配 IPES）	能量分辨：≤0.6 eV	导带谱
9	亚微米级特征区域分析（选配 SAM）	空间分辨：≤0.1 μm	SEI 图像、俄歇能谱

1.5 XPS 主要技术特点

1.5.1 各种分析技术的分辨率和灵敏度

图 1.13 是美国的 CHARLS EVANS 实验室整理的一张泡泡图，几乎汇总了常用分析技术的主要能力特点。这张图对不同材料的样品和测试需求，以及如何选择合适的分析表征技术，具有很强的指导意义。其横坐标是空间分辨率（对应入射源最小束斑），与成像性能相关；纵坐标是成分检出能力/检出极限等，与成分检测能力相关。图下方淡绿色标识的技术手段，比如 TEM、SEM 等是可以对材料表面物理形貌进行表征的技术。框内中间的分析手段主要是对

材料进行化学成分表征的技术，其中蓝色代表只能进行元素成分分析，比如 EDS、AES(Auger)、ICP－MS、XRF 等；而红色的技术手段可以给出材料的化学态或化学键接、分子结构等信息，比如 FTIR、Raman 和 XRD 等。另外，从图中可以看出，XPS 成分检出限是原子百分比 0.01%～0.1%（100～1 000 ppm，不能与 TOF－SIMS 等相比），空间分辨率是 10 μm 左右（不能与 AES、EDS、TOF－SIMS 等相比）。虽然 XPS 在空间成像和成分检出能力上都不是最强的，但它可以进行化学态分析，因此，在材料表征中是必不可少的表面分析技术。

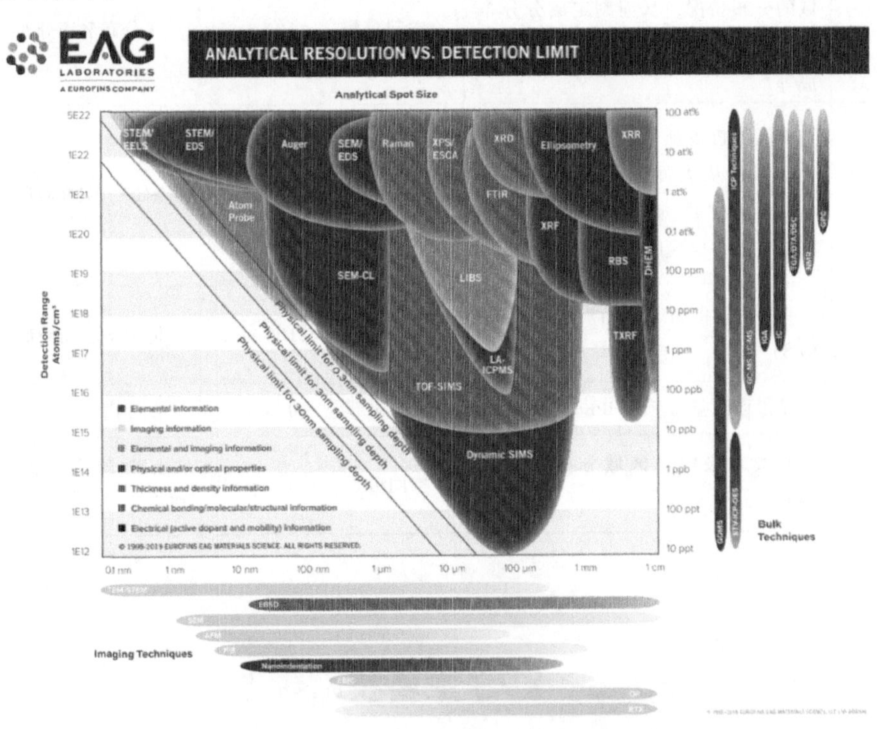

图 1.13　不同表面分析技术检测能力汇总

1.5.2　几种表面分析技术的对比

表 1.3 是几种表面成分分析技术的对比表。XPS、AES 和 SIMS 这几种表面成分分析技术都可用于表面纳米级深度的成分表征，都可以进行深度剖析（深度剖析是测试样品从表面到微米级深度的成分变化分布情况）。从对比表中也可以看出，XPS 的优点是可以分析元素的化学态（化学键接和价态），得到的成分信息比 SEM－EDS 和 AES 更全面；但成像空间分辨率比其他的几种技术都要弱一些，最好的只有 7.5 μm（最小束斑）左右。空间成像最佳的是

AES，可以到纳米尺度；而TOF－SIMS在成分表征方面最全面，检出限很高（甚至ppb级），空间分辨也很优异（70 nm左右），最重要的是，成分信息比较全面（元素、同位素、化学键接等）。

表1.3　几种表面成分分析技术对比

分析技术	XPS	AES	TOF－SIMS	D－SIMS	SEM－EDS
入射源	X射线	电子	一次离子	一次离子	电子
分析粒子	电子	电子	二次离子	二次离子	X射线
检测深度	~10 nm	~5 nm	1~2 nm	1~2 nm	~1 μm
可检测元素	Li~U	Li~U	H~U	H~U	Be~U
检测极限	~0.1%	~0.1%	ppb	ppt	~0.1%
采集信息	元素、化学态、价态	元素	元素、同位素、分子结构、化学键接	元素	元素
深度剖析	优异	优异	优异	优异	无
绝缘材料	优异	较差	优异	良好	需要喷金
样品成像	SXI/XPS Mapping	SEM/Auger Mapping	二次离子像	二次离子像	SEM/EDS Mapping
空间分辨率	7.5 μm	8 nm	65 nm	1 μm	0.5 μm
定量分析能力	半定量（优）	半定量	需标准样品	需标准样品	半定量

1.5.3　XPS分析技术探测信息深度

很多技术人员喜欢把XPS的测试结果与XRD或EDS进行对比，其实对于XRD和EDS，其更接近于材料的本体分析，而XPS是真正的表面分析。通常表面的组成和材料本体是有很大差异的，表面有扩散层、活化层、吸附层，甚至还有刻意制备的掺杂层、包覆层、钝化层等，导致表面和基底材料成分有很大差异。

1. 非弹性散射平均自由程概念

关于XPS的探测深度，我们首先来介绍一下非弹性散射平均自由程（IMFP/λ）的概念。非弹性散射平均自由程λ是一定能量的电子连续两次发生

非弹性碰撞所经过的平均路程。

X 射线照射到样品表面会深入样品，激发样品中的电子从表面逃逸出去。只有从表面区域发射的没有能量损失的电子才会产生光电发射峰（图 1.14 (a)）；从表面区域发射的电子由于非弹性相互作用而失去了一些能量，这将导致散射背景（图 1.14 (b)）；以振幅发射的电子将在非弹性碰撞中失去所有动能，并不会逃逸出样品表面（图 1.14 (c)）。

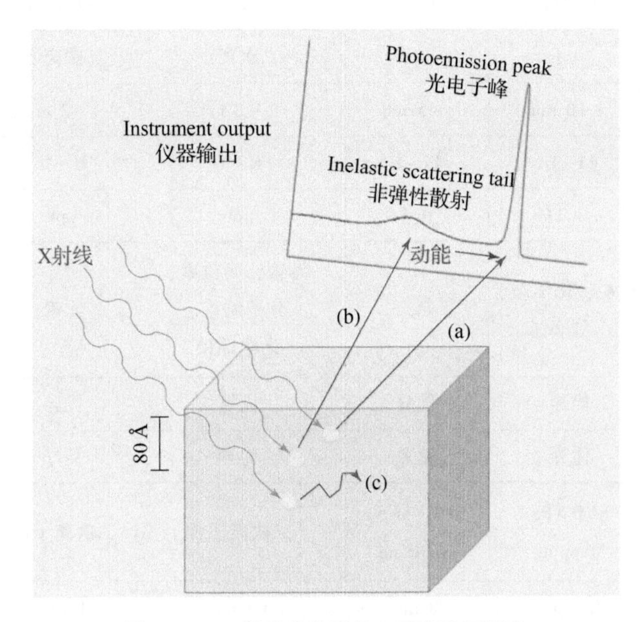

图 1.14　X 射线激发样品电子逃逸示意图

2. XPS 检测深度

XPS 的信号来源主要和 λ 有关。从图 1.15 可以看出，XPS 的信息深度大约为 3 倍平均自由程，综合可探测到电子的比例为 95% 左右；对于能量在 100 ~ 1 000 eV 的电子来说，非弹性散射平均自由程 λ 的典型值为 1 ~ 3 nm的量级，3 倍的平均自由程不超过 10 nm，这也就是常规 XPS 的信息检测深度了。

当前商业化的 XPS 多采用 Al Kα X 射线，从图 1.16 同样也可以看出 XPS 光电子动能范围为 100 ~ 1 000 eV，对应的电子逃逸深度是几纳米。更深的光电子在往外逃逸的过程中发生连续的碰撞，造成能量损失，很难逃逸到样品表面，因此检测不到更深的光电子信号。

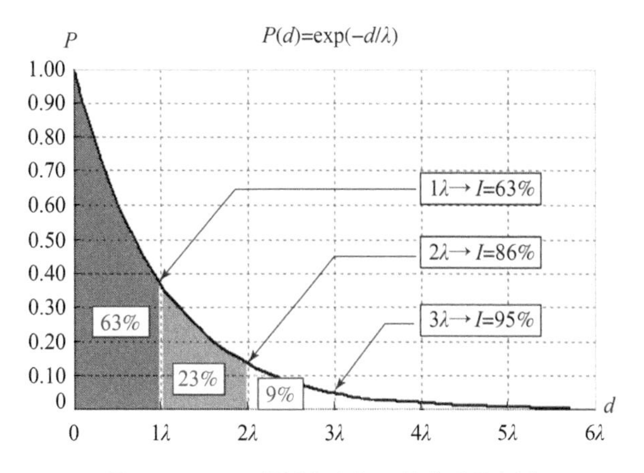

图 1.15　XPS 探测信息与 λ 的关系示意图

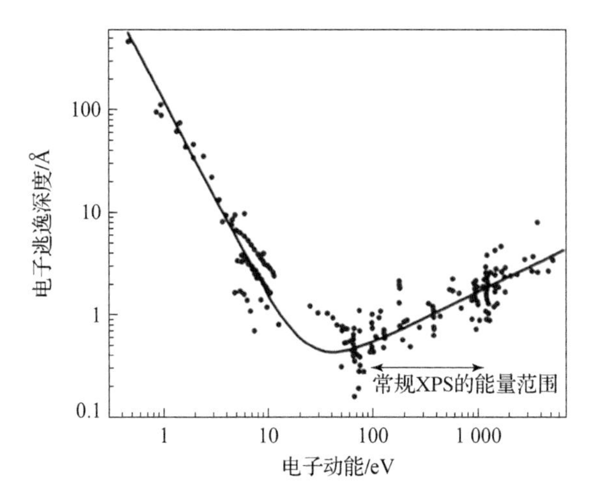

图 1.16　Al Kα X 射线 XPS 光电子逃逸深度与电子动能曲线

1.6　XPS 的主要应用

由于 XPS 的分析深度小于 10 nm，可用于定性定量分析固体材料表面元素组成、化学态等成分信息，通过聚焦 X 射线还可对最小 10 μm 左右的微区选区和定位分析，从而表征微区成分的分布情况。因此，XPS 被广泛应用于分析金属合金、矿物、高分子、半导体、催化剂、陶瓷、生物医药以及能源材料等。微区 XPS 可以应对从大面积到微区的分析需求，既可以表征表面成分、表面多层薄膜，又可以对环境颗粒物、表面缺陷（腐蚀、污染、异物、分布不均等）进行微区定位分析，因此，XPS 对于各种材料开发、材料剖析与失效机理的分析和研究具有不可替代的作用。主要应用有：

①固体物理学：键结构、表面电子态、固体的能带结构、合金的构成与分凝、黏附、迁移与扩散。

②基础化学：元素和分子分析、化学键、分子结构分析、氧化还原、光化学等。

③材料科学：研究各种镀层、涂层、包覆层和表面处理层（钝化层、保护层等），广泛应用于金属、高分子、复合材料等材料的表面处理、金属或聚合物的淀积、防腐蚀、抗磨、断裂等方面的分析。

④催化科学：元素组成、活性、表面反应、催化剂中毒等。

⑤腐蚀科学：吸附、分凝、气体 - 表面反应、氧化、钝化等。

⑥微电子技术：对材料和工艺过程进行有效的质量控制和分析，注入和扩散分析。

⑦薄膜研究：光学膜、磁性膜、超导膜、钝化膜、太阳能电池薄膜等，研究膜层结构、层间扩散，离子注入等。

1.7 XPS 样品制备与要求

同分析设备情况下，影响 XPS 分析结果的因素通常有：样品准备、样品包装和运输、测试时样品制备过程、测试过程（包括测试条件选择、数据分析）等。如果前端样品准备、包装和制备过程出了问题，使得样品表面已经被污染或氧化，那么测试结果就不可信，数据分析也变得毫无意义。所以，样品准备、包装以及制样过程均需符合要求，才能保证后续的测试顺利进行。

XPS 的分析对象大部分都是固体样品，从材料成分来说，主要有金属、氧化物、半导体和高分子材料，这几年尤其在石墨烯、能源电池材料、金属摩擦领域、催化领域、半导体和有机半导体方面都有很大的应用需求。XPS 通常是分析样品表面 10 nm 以内的成分信息，同时，通过离子源的深度剖析功能，可以分析纳米和亚微米级厚度的膜层结构。所以，保持样品的原表面状态就是保证分析结果的可靠的首要条件。

1.7.1　XPS 样品准备与包装

上述提及的 XPS 测试材料主要是固体样品，对于真空兼容性好的液体样品，也可以测试，当然，通过低温冷冻也可以测试液体样品。从形态上来说，固体样品主要包括粉末、片材、块材以及纤维网状等，要求样品表面干净、平整、不易挥发。

样品的包装和储存可以用干净的铝箔纸包装固体样品，用干净玻璃小瓶盛装粉末、颗粒或液体样品。样品需要长途运输或快递时，要注意样品需妥善固定，避免摩擦、磕碎、翻转，有正反面区分的，也要标记清楚。另外，还要考虑温湿度变化、运输周期对样品的影响，尽量对样品进行密封；若样品为气敏性样品，如锂电池极片，需在手套箱里用铝塑膜封装，密封性更好。

通常粉末样品比表面大，易吸附空气中的水汽，因此最好保存在干燥箱中。粉末样品也可压片制样后用干净的铝箔纸包装，压片样品分析测试时，尽量选用平整区域，越平整，信号越强。

有磁性的样品需要先进行退磁处理。

1.7.2　XPS 样品托的选择

不同的 XPS 设备有不同的样品托供选择。针对不同样品的材料、特点和测试需求，可根据实际样品的尺寸大小、数量、厚度、导电性等，来选择不同的样品托进行样品制备。

图 1.17 为 ULVAC－PHI 公司 XPS 各种不同的样品托。比如最通用的样品托有直径为 60 mm 的圆形样品托和边长为 75 mm 的方形样品托，适合大批量样品的固定。变角分析样品托适用于变角分析；带遮片（Mask）的样品托适合绝缘材料以及防污染的样品制备；带弹片的样品托适合压放平整又怕被双面胶污染的样品；有凹坑的样品托用来放置较厚的样品或纤维网状的样品；需要进行 C_{60} 溅射的样品必须选择专用的样品托等。不仅 XPS 操作测试人员需要了解上述信息，送样人员也需要对其有一定程度的了解。只有客户和测试人员充分沟通样品特性和测试需求，测试员才会根据样品特点选择适合的样品托，优化测试参数，得到满意可信的测试数据。另外，测试数据有问题时，也便于排除干扰因素。

1.7.3　XPS 样品制备与固定

图 1.17 也展现了 XPS 样品制备和固定也有很多种方式。常用到的样品制备设备和工具主要有真空干燥箱、压片机和模具、红外灯、吹扫枪、退磁机、

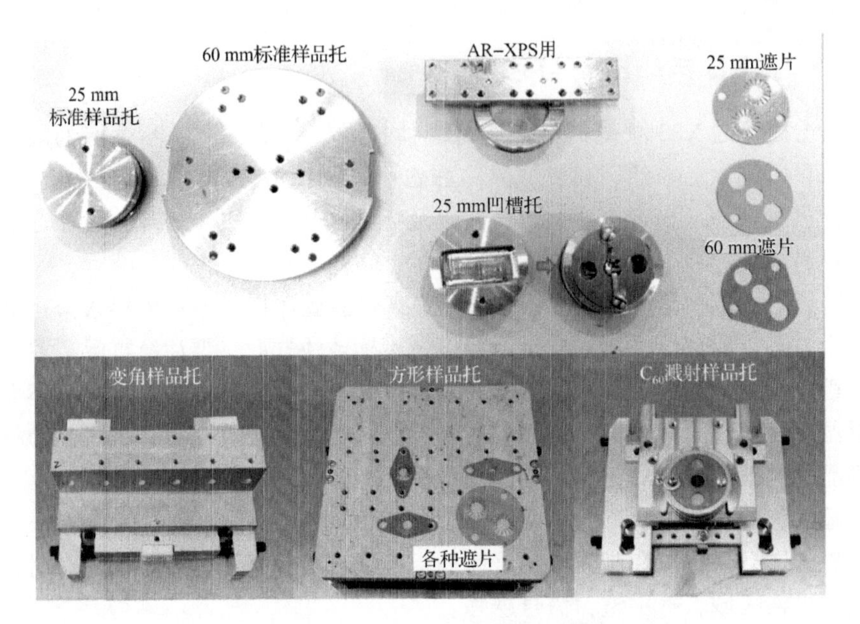

图 1.17 ULVAC－PHI XPS 各种不同类型的样品托

铝箔纸、剪刀、药勺、双面导电胶、不锈钢垫板、硅片、无粉乳胶手套、无尘纸、酒精等。

粉末、颗粒样品，以及其他导电性还不错的固体样品，可用导电碳胶、导电铜胶、铟箔直接固定在样品托上。粉末和颗粒样品除了直接粘到双面胶带上外，也可分散到水或挥发性溶剂中，形成悬浊液滴到硅片、金属箔等基底上，颗粒越小越好，越均匀越好。此外，粉末样品也可压片制样再固定。

片材、块状样品及压片样品可以用遮片遮挡固定。绝缘样品尽量用遮片（齿状）的方式制备，可减少荷电效应，提高信号灵敏度，保证信号强度均匀。这种方式制备样品也非常适用于紫外光电子能谱（UPS）分析。

对于不能用胶粘的样品或怕污染的样品，可以用弹片和螺钉固定片状、块状样品等。

对于液体、膏状、胶状样品，可以把它们涂覆在硅片上干燥后再分析，尽量铺展均匀，测试时要注意基底干扰，同时，要对比测试空白区域。

对于纤维或网状的样品，如果直接固定在双面胶上测试，会测到背底双面胶的成分，对数据干扰很大。如果本来要分析的是有机纤维成分，那么数据分析 C 的时候，会有背底胶 C1s 谱峰的干扰，造成定性定量分析不准确。所以，通常采用带有凹槽的样品托通过搭桥的方式固定纤维或网状样品（图 1.18）。

生物细胞类样品可在冷冻的条件下测试，当然，需要系统配置冷冻样品台。

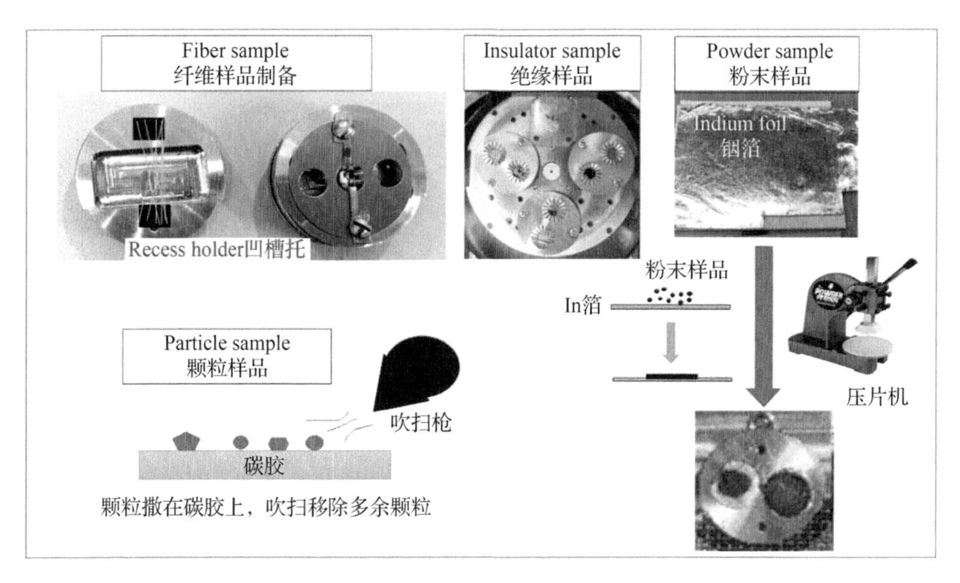

图 1.18　不同类型的 XPS 样品制备方式（以 ULVAC - PHI XPS 样品托为例）

1.7.4　样品传送管保护进样

对于一些易氧化、易潮解的气敏性样品，比如锂金属电池材料、太阳能电池材料（钙钛矿）、有机光电材料及部分催化材料，样品暴露在空气或大气环境中一定时间后，样品表面的成分会发生显著变化，这时测得的数据已经不能反映样品原来表面的信息了。

对于这几类样品，就需要专用的样品保护装置来进行样品的转移和进样。图 1.19 显示了 ULVAC - PHI 公司 XPS 样品传送管以及与 XPS 进样系统的连接情况。采用样品传送管可在真空或惰性气体手套箱中制备样品，把样品密闭在传送管中（真空或充满惰性气体），从手套箱取出传送管再转移连接到 XPS 进样系统，整个过程可避免样品暴露大气，从而保护了样品真实的表面状态。

为了理解样品传送管的重要性，我们来看一组数据（图 1.20）。样品是金属锂，红色谱线是采用样品传送管保护后的测试结果，蓝色谱线是大气环境下制样测试的结果。从图谱对比中可以看出，用传送管保护制样，可以检测到金属锂的谱峰，但在大气中制得的样品表面很容易氧化，结果就变成了碳酸锂，C1s 和 Li1s 的精细谱都可以看到显著变化。如果样品表面已经发生变化，那么测得的数据就不可能是预期的结果。

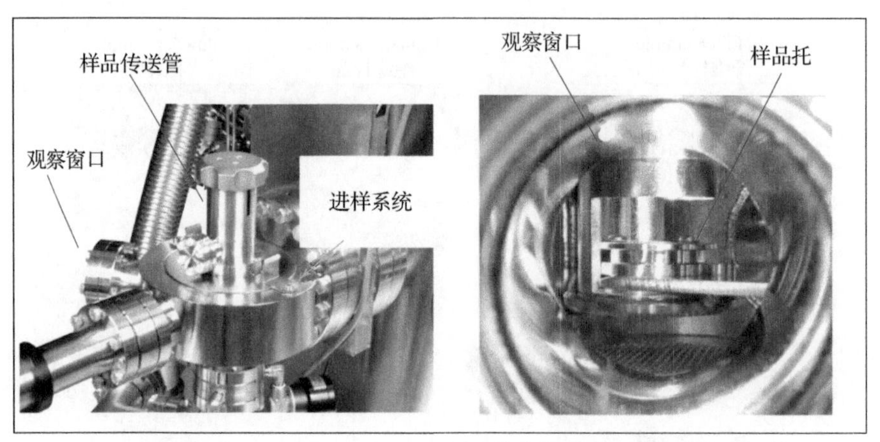

图 1.19 ULVAC－PHI XPS 样品传送管与进样系统互联

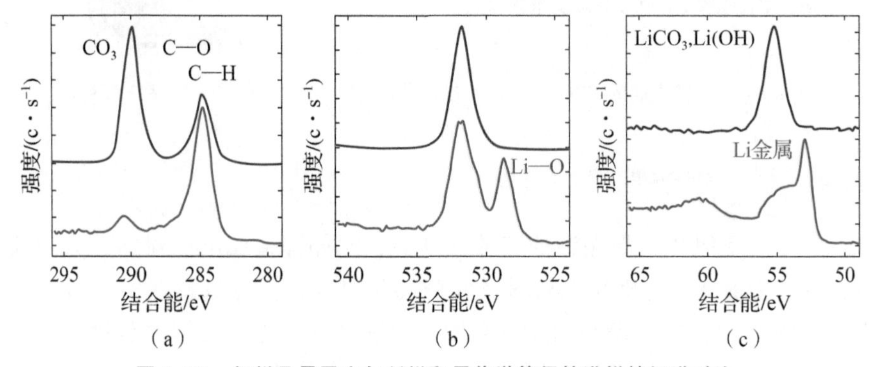

图 1.20 锂样品暴露空气制样和用传送管保护进样精细谱对比

(a) C1s；(b) O1s；(c) Li1s

因此，需要强调的是，当拿到的数据和期望结果不同时，要考虑差异的来源。其实 XPS 测试本身是物理过程，虽然测试条件的差异也会影响最终数据的呈现，比如信号强弱、能量分辨质量等，但是通常不会引入异常组分。如果制样或包装本身有问题，那么就会出现异常结果，所以，当数据出现偏差时，除了测试条件和设备问题外，更重要的是从样品制备步骤开始分析原因。

第 2 章

X 射线光电子能谱数据分析基础篇

在进行 XPS 数据分析之前，需要先了解一下 XPS 的数据形式，XPS 图谱中全谱、精细谱以及谱峰识别相关的基本物理概念和意义。只有了解这些概念和意义，才能更好地解决数据分析过程中遇到的各类问题，才能根据材料背景和测试需求科学地进行数据分析。此外，本章也对 XPS 图谱的定性分析和半定量分析，以及精细谱分峰拟合的一些通用原则进行了介绍。最后，简单介绍了 XPS 数据分析过程中可能用到的一些数据库和资源。

2.1 XPS 的主要数据形式

XPS 测试主要包括点扫描、线扫描、面扫描和深度剖析（含变角扫描）等，对应得到的数据形式有全谱、精细谱、SXI 图像（X 射线激发的二次电子成像）、微区化学态成像以及深度剖析数据等。测试的选择与测试需求有关，而不同的数据形式对应的数据格式也不尽相同，后续也会细讲。从这一小节我们先开始认识 XPS 的数据形式。

2.1.1 标准的 XPS 图谱

常规样品的典型 XPS 数据就是全谱和精细谱，图 2.1 为 PET 样品的标准 XPS 图谱。通过 XPS 的全谱（图 2.1（a））可以得到样品所有元素（Li ~ U）的成分信息，以及元素的定性和半定量信息；通过精细谱（图 2.1（b））可以判断样品的化学态信息以及确定不同化学态的百分含量。

2.1.2 XPS 的半定量分析

经 X 射线辐照后，从样品表面出射的光电子的强度（I，指特征峰的峰面积）与样品中该原子的浓度（N）呈线性关系，因此可以进行元素的半定量分析。可以简单表示为 $I = N \cdot S$，S 称为灵敏度因子（有经验标准常数可查，但因为不同 XPS 设备有差异，需要采用修正灵敏度因子）。对于某一样品中两个

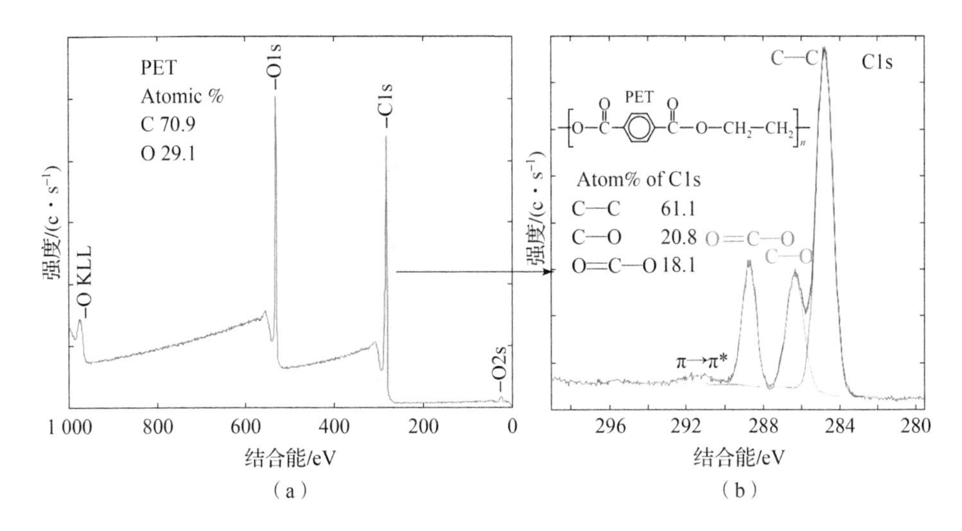

图 2.1　PET 的 XPS 全谱和精细谱

（a）PET 全谱；（b）PET 精细谱

元素 i 和 j，如已知它们的灵敏度因子 S_i 和 S_j，并测出各自特定谱线强度 I_i 和 I_j，则相对含量可以通过计算它们的原子浓度之比获得：$N_i:N_j=(I_i/S_i):(I_j/S_j)$。

鉴于光电子的强度不仅与原子浓度有关，还与样品的表面粗糙度、光电子平均自由程、元素所处化学状态、X 射线源强度以及仪器状态有关。因此，通过 XPS 一般不能测出分析元素的绝对含量，而能获得各元素的相对含量信息，故而通常 XPS 是一种半定量分析手段。

XPS 半定量分析多采用元素灵敏度因子法，是一种半经验性的相对定量方法。采用元素灵敏度因子法的 XPS 半定量分析，简单来说，就是谱峰强度除以灵敏度因子，再用归一法计算（式（2.1））。由于不同光电子的电离截面不同，对应的探测灵敏度不同，因而要引入灵敏度因子来进行计算。很多人经常问 XPS 的定量准确度或不确定度有多大，这个问题实际在行业内也难给出标准答案，主要是因为 XPS 的定量除了有外因的影响外，也有内因的影响。外因主要指样品本身，样品的表面成分往往不是单一组分。除了材料自身，也有不同程度的表面吸附，定量通常采用归一法，表面吸附连同表面成分都会计算进去。内因是灵敏度因子的数值，灵敏度因子是采用标样分析得到的一系列常数，但实际样品表面常常是混合组分，其基体效应与标准样品有偏差，所以计算出来的数据是相对定量的结果。

$$C_x=\frac{N_x}{\sum_{N_i}}=\frac{I_x/S_x}{\sum I_i/S_i} \tag{2.1}$$

式中，C_x 为特定元素的原子百分比；I 为面积强度；S 为灵敏度因子。

不同设备采用的灵敏度因子通常可分为两大类：

①Scofield 理论灵敏度因子数据库：基于 C1s = 1（即一定量的光子作用到样品表面后，所产生光电子数目的一个相对计算值）。

②Wagner 实验灵敏度因子数据库：基于 F1s = 1（即在某种谱仪上真实测量大量的已知化合物并计算出的相对灵敏度因子）。

由两不同的数据库计算的归一化面积为：

Scofield：$N_A = \text{PeakArea}/\text{SF}(\text{Scofield}) \times E^{0.6} \times \text{TF}$

Wagner：$N_A = \text{PeakArea}/\text{SF}(\text{Wagner}) \times E \times \text{TF}$

因而给出原子浓度：

A：指特定元素 $C_A = \text{Atomic}\%_A = \dfrac{N_A}{\sum_i N_i} \times 100\%$

常用的 CasaXPS 分析软件就是采用 Scofield 理论灵敏度因子计算方法，而 Thermo Scientific 的 Avantage 分析软件两种方法都可以选择，只是其推荐使用 C1s 为 1 的标准，其修正过的灵敏度因子数据库比理论更接近真实数值。而 ULVAC – PHI 公司的 MultiPak 软件采用的是 Wagner 灵敏度因子数据库，是基于 F1s 为 1 的标准。每台谱仪性能指标都有个体差异，每次测试都会提供修正灵敏度因子，所以计算的结果也与实际更接近。

最后，提醒大家在用软件进行半定量分析时，最好采用测试设备对应的分析软件，以提升分析结果的匹配度和可靠性。

2.1.3 微区分析（多点分析和微区成像）

当样品表面成分不均匀或表面形貌有差异时，可以用 XPS 对其进行多点定位分析，对比多点成分的差异。比如 ULVAC – PHI 的 XPS 可以通过扫描 X 射线的方式采集二次电子成像（SXI），通过 SXI 成像设置多点分析区域，然后对多点同时进行分析；其他设备也可以对多点依次分析，分别得到不同点的图谱数据，从而分析样品表面多点的成分。如图 2.2（a）所示，样品红、蓝、绿区域三点的成分是完全不同的，分别是 SiO_x/WSi/SiN_xO_y。另外，通过元素 Mapping 分析可以表征不同元素成分在特定区域的分布情况（图 2.2（b），X 射线分析束斑 $<10\ \mu m$），其中，Mapping 中的每个像素点都有对应元素的图谱可以回溯。

2.1.4 微区化学态成像

通过元素的 Mapping 分析，可以回溯不同区域的精细谱，以判定其化学态

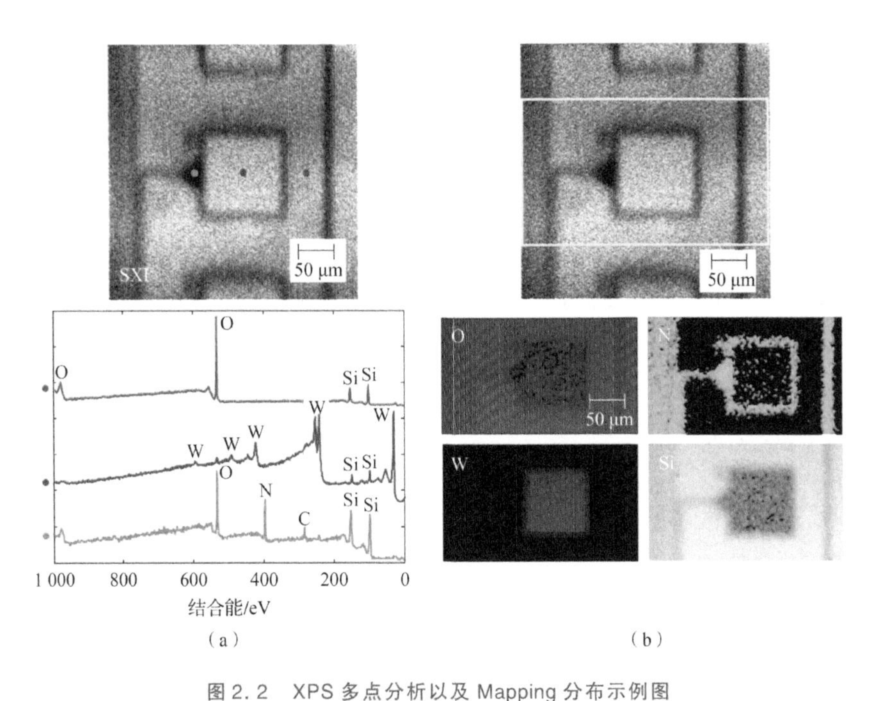

图 2.2　XPS 多点分析以及 Mapping 分布示例图

(a) 同一区域设置三点采谱分析；(b) 同一区域不同元素 Mapping 分布

的差异（图 2.3），从而得到不同化学态的 Mapping，这也是 XPS 由谱得图、由图得谱的分析方法。通过 MultiPak 软件 LLS 拟合可回溯分析特定元素成像中每个像素点对应的化学态谱，这是由图得谱；根据化学态谱得到化学态成像，这是由谱得图。

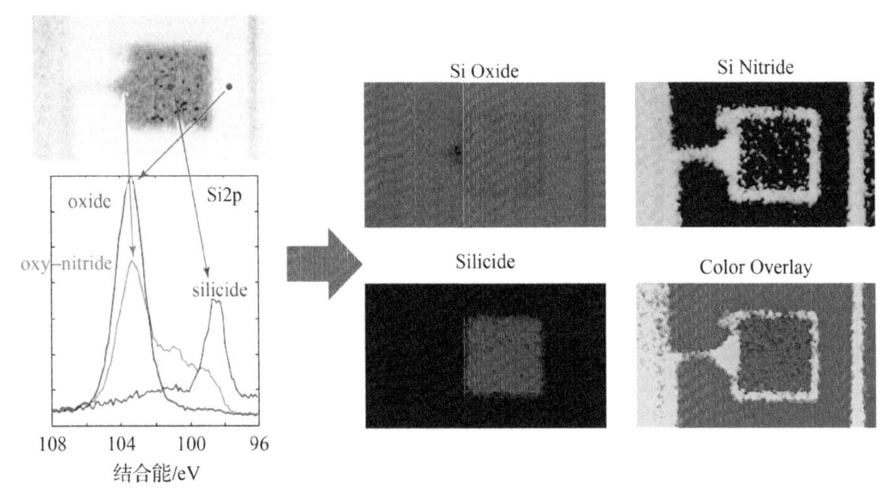

图 2.3　XPS 化学态 Mapping 分布图示例（元素 Si 的不同化学态分布）

2.1.5 深度剖析

XPS 的一个重要功能为深度剖析，前面已经提到，针对材料或产品表面多层镀膜、表面掺杂和扩散、表面钝化以及膜层结构的分析，通常采用深度剖析功能来分析样品不同成分沿深度的分布情况。XPS 进行深度剖析的方法主要有两种：一是 Angle Dependent XPS，即 XPS 变角分析，主要用于分析厚度在 10 nm以内（Al Kα X 射线源）的浅薄膜层，属于非破坏方法（无损测试）；二是采用离子源溅射的方式进行深度剖析，属于破坏方法（有损测试），可以剖析从纳米尺度到微米级尺度的膜层结构。

1. XPS 变角分析

XPS 变角分析主要适用于非破坏方式测薄膜。对于变角分析，从示意图 2.4 中可以看出，对于变角分析，信号采集的深度（d）与光电子的起飞角（take off angle，θ）有关，通过倾斜样品调整光电子的起飞角，就可以改变表面成分信息接收的深度。起飞角越小，收集到的信号越靠近表面；起飞角越大，收集到的信号就越深。需要说明的是，起飞角最大为 90°，此时采集的信号主要来自 3λ 深度范围（λ，非弹性散射平均自由程），对更深的检测需求无能为力；优点则是变角分析是非破坏性的，得到的化学态结果更真实。此外，较大起飞角采集的信号其实也涵盖了较小起飞角所能采集的信号，相当于信号有叠加，缺点就是需要标准样品建立数学模型来推测膜层结构。

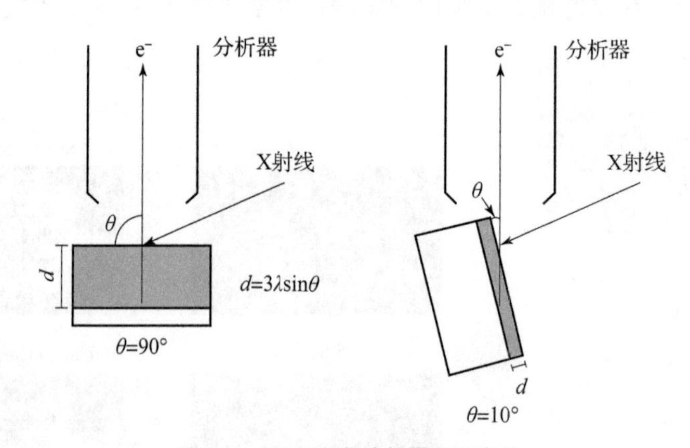

图 2.4 XPS 变角分析原理示意图

以自然氧化硅片的表面 XPS 变角分析为例（图 2.5）。通过连续倾斜样品台角度来改变光电子的起飞角（图 2.5（a）、（b）），从而得到不同深度（表面几纳米以内）的成分变化。从硅（Si2p）的精细谱可以看出（图 2.5

(c))，起飞角越小（如 $\theta=20°$时），主要采集最表面成分信息，即表面氧化硅的信号明显（结合能@103.5 eV），最表面氧化硅成分含量高于基体单质硅（结合能@99.7 eV）含量。随着起飞角依次变大，基底成分信息越来越明显，单质硅的含量也越来越高（图 2.5（d））。当起飞角为 75°时，深层的基体单质硅的含量明显高于氧化硅。

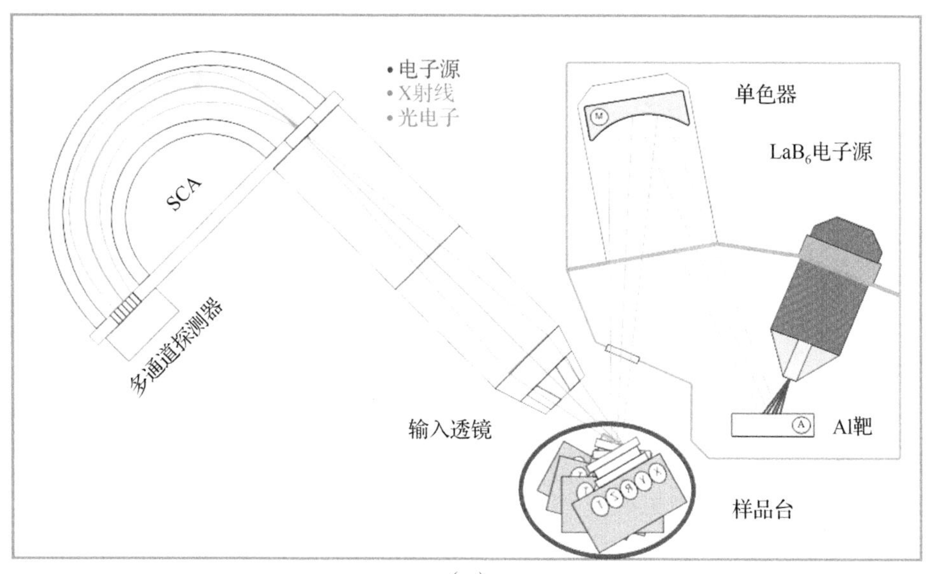

(a)

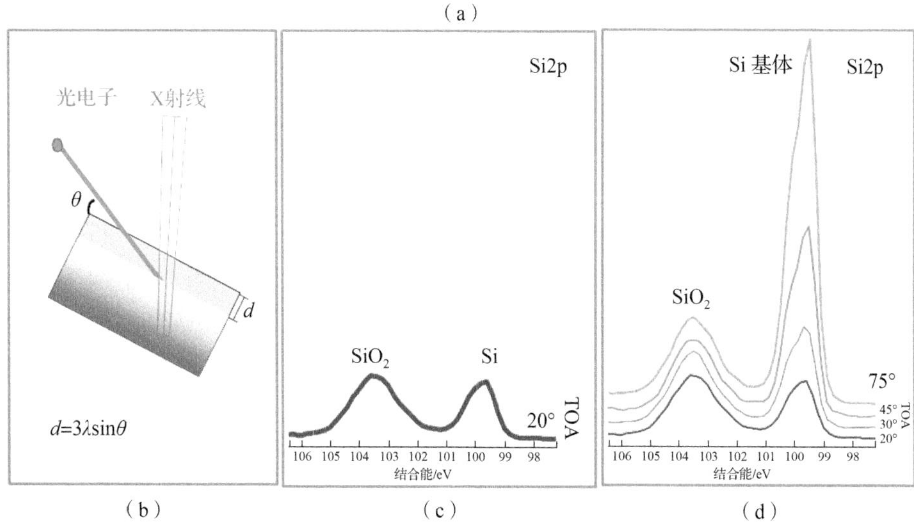

(b)　　(c)　　(d)

图 2.5　自然氧化硅片 XPS 变角分析结果示例

(a) XPS 倾斜样品台实现变角操作；(b) 变角分析原理；

(c) 起飞角@20°时 Si2p 精细谱；(d) XPS 变角分析——精细谱 Si2p

对于表面污染情况，几纳米的薄膜分析也可以用 XPS 变角分析看出表面污染成分与薄膜成分的深度变化，如 SiON 薄膜示例（图 2.6）。

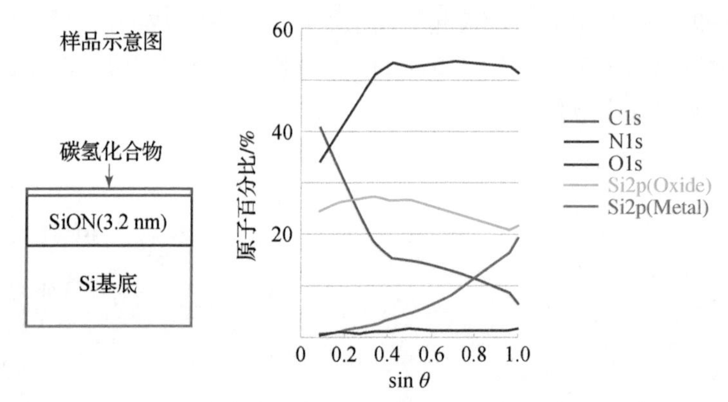

图 2.6　SiON 薄膜表面污染 XPS 变角分析示例及深度分析曲线

2. XPS 离子源深度剖析

XPS 是一种表面灵敏的成分表征技术，可以结合离子源刻蚀，通过周期刻蚀与 XPS 扫描采谱交替循环的方式获得材料成分从表面到深度的变化信息。每次离子源刻蚀后，会呈现一个新的表面，然后 XPS 扫描新表面的成分组成，离子溅射和 X 射线分析交替进行（图 2.7（a）），就可以实现从表面到深度的成分分析。一般来说，刻蚀的面积需远大于采谱的面积（刻蚀面积的直径至少是采谱面积直径的 3 倍以上）（图 2.7（b）），以保证深度剖析测得的数据准确可靠。

离子源深度溅射和剥蚀的方式对样品具有破坏性，但是可以控制每层的刻蚀深度，这一功能大大扩展了 XPS 的应用范围。此方法也非常适合钝化层、深度掺杂、扩散等纳米级和亚微米级的膜层结构或成分梯度变化的分析。

同样，也可以对单点或多点进行深度剖析。如图 2.8 所示（X 射线束斑 < 10 μm，1 kV Ar^+单原子离子源），点 1 表面是 SiN_xO_y层，基底是 SiO_2；而点 2 表面是氧化硅，基底是 WSi；点 3 从表面到深度都是 SiO_2，表面没有膜层结构。从分析结果可以判断 3 个点的膜层结构是不同的。

与 XPS 变角分析不同，不同材料进行离子源深度剖析时，需要选择不同的溅射离子源（离子枪），通常说的深度剖析狭义上就是指离子源深度剖析。常用的溅射离子源主要有三种：氩（Ar）单原子离子源、C_{60}团簇离子源、氩气团簇离子源（GCIB），团簇离子个数可调，多由 2 500 个 Ar^+组成，示意图如图 2.9 所示。

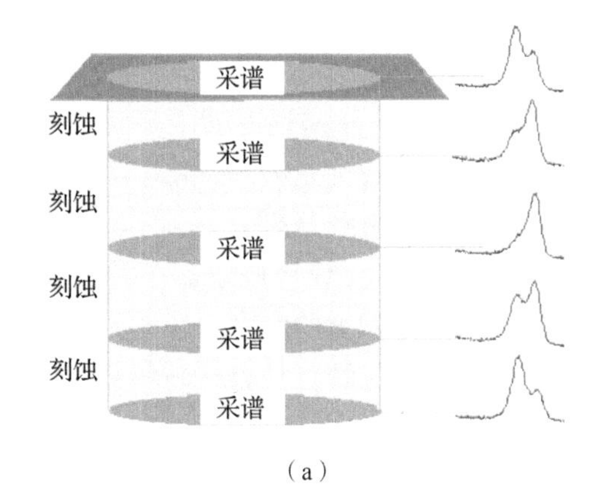

（a）

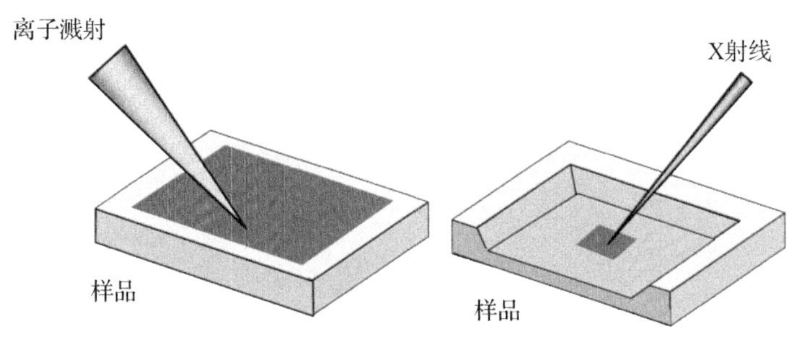

（b）

图 2.7　XPS 深度剖析刻蚀与采谱交替进行示意图

（a）XPS 深度剖析方式；（b）离子溅射和采谱面积示意

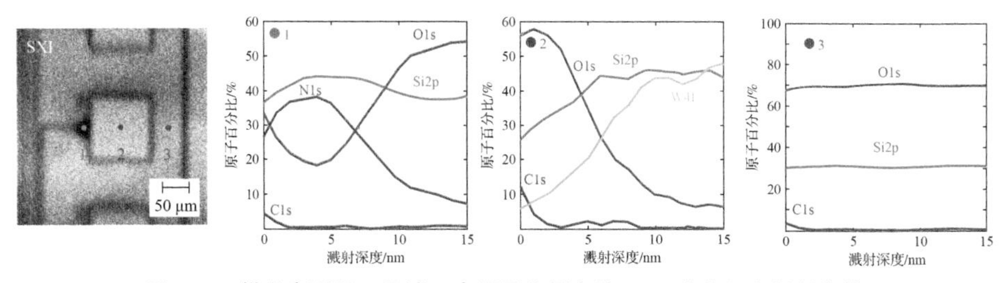

图 2.8　样品表面同一区域 3 个不同位置点的 XPS 成分深度剖析曲线

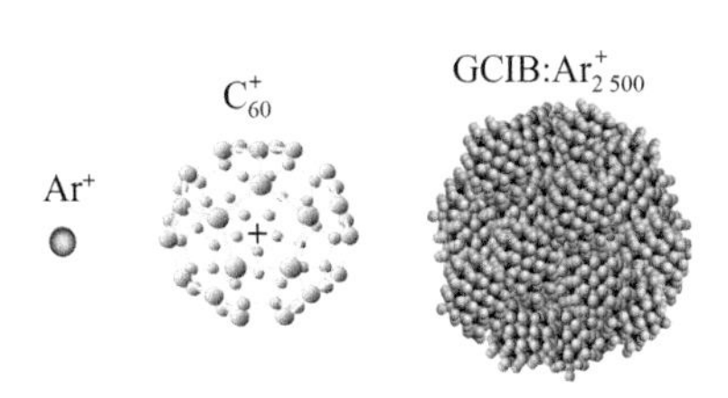

图 2.9　三种常用离子源示意图

3. Ar 单原子离子源与 GCIB 的对比

通常深度剖析需要较长的时间，而有时花费很多时间和费用得到的深度剖析结果却未必符合我们的预期，这或许是因为选错了溅射离子源。首先，我们来了解一下 Ar 单原子离子源和 GCIB 的区别。

如图 2.10 所示，同能量情况下，Ar 单原子离子源的能量都集中在一个原子离子上，可以比作步枪，单位面积上的威力比较大，轰击样品表面的原子比较深，溅射剥离样品的速率比较快，缺点是容易破坏分子结构和化学态，尤其是有机材料。而团簇离子源是上千个原子离子团聚在一起，每个原子离子分配的能量比较小，溅射样品时类似于散弹枪，主要破坏分子浅表面，并且主要破坏分子间作用力，对化学键破坏比较小，适合对样品表面清洁以及对有机材料的深度剖析，缺点是对无机材料的溅射速率很慢。

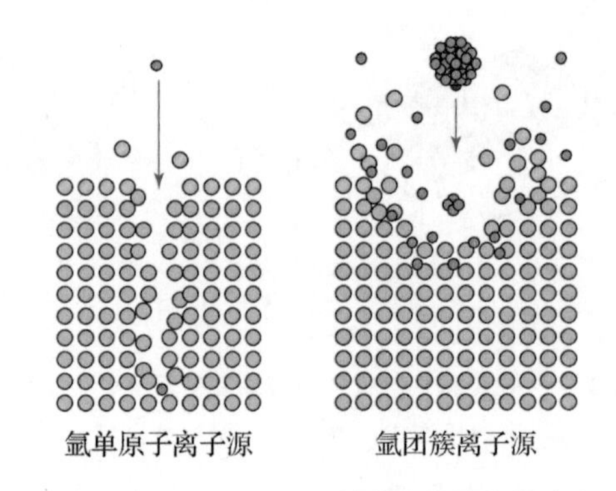

图 2.10　氩单原子离子源与团簇离子源的作用对比示意图

举一个纯 PET 材料的例子，分别用 Ar 单原子离子源和 GCIB 氩团簇离子源对 PET 进行深度剖析测试。从图 2.11 中可以看到，使用 GCIB 进行深度剖析所采集的逐层精细谱中，C1s 和 O1s 的化学态随着深度方向几乎没有改变，说明溅射过程对 C 和 O 的化学态没有影响；而即使用低能 500 eV 的氩单原子离子源进行深度剖析，C1s 和 O1s 的精细谱峰型随深度方向已经发生明显变化，说明氩单原子离子源在溅射过程中会破坏 C 和 O 相关的化学键。

所以，我们要根据样品的材料和分析需求来选择合适的溅射离子枪和溅射条件。一般 XPS 设备都会标配氩单原子离子枪，而 GCIB 不是每套 XPS 设备都会配置。下面主要介绍用于不同膜层材料分析时如何选择溅射离子源。

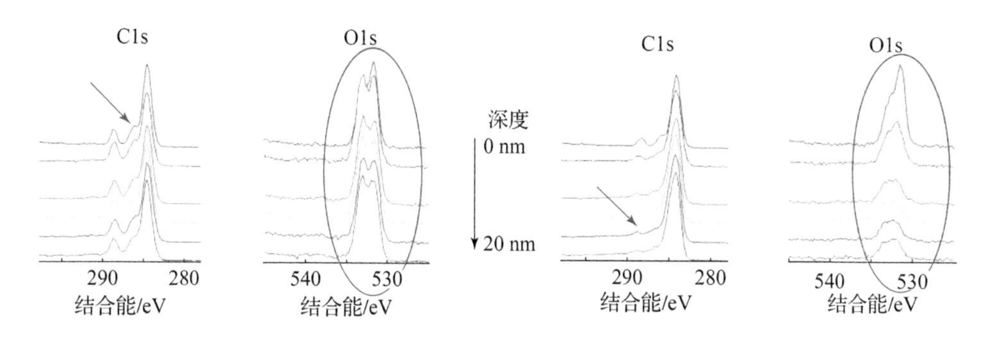

图 2.11　PET 样品用不同离子源深度剖析的数据对比

4. 溅射离子源的选择

表 2.1 总结了常用的三种溅射离子源适用的材料类型及技术特点。从中可以看出几种离子源的应用优缺点，总的来说，Ar 单原子离子源适合金属和无机半导体的膜层分析，C_{60} 团簇离子源适用于硅酸盐、玻璃样品、复合材料和有机材料的深度剖析，GCIB 适合有机材料的深度剖析，比如太阳能光伏材料、OLED 材料、电池材料的表面 SEI 膜层结构等。若在测试采谱前需对样品表面进行清洁，最好选用团簇离子源；若设备没有配团簇离子源，尽量用低能量的氩单原子离子源，此方法对深度剖析一样有效。

表 2.1　不同溅射离子源适用材料类型及技术特点对比

样品类型	不同类型离子枪的技术特点		
	Ar 单原子离子源	C_{60} 团簇离子源	氩气团簇离子源（GCIB）
金属及合金	推荐使用	活泼金属表面会生成碳化物	溅射速率慢，对某些金属有择优溅射的问题
陶瓷等无机材料	存在择优溅射问题和化学态损伤	对碱金属玻璃是理想选择，适用于非金属氧化物和导电氧化物，如 ITO/InGaO；不适合过渡金属氧化物，如 TiO_2/HfO_2/WO_3 等	溅射速率极慢，高能量溅射条件下会有择优溅射问题，优先移除氧，如 ITO，不适合过渡金属氧化物，如 TiO_2/HfO_2/WO_3 等

续表

样品类型	不同类型离子枪的技术特点		
	Ar 单原子离子源	C_{60} 团簇离子源	氩气团簇离子源（GCIB）
有机高分子	存在一定的化学态损伤	适合一些 Type－Ⅰ交联型聚合物（几百纳米的深度剖析），也适合 Type－Ⅱ类可降解类聚合物（聚合物和金属氧化物之间：5×~10×溅射速率变化）	Type－Ⅰ交联型聚合物的理想选择，除非含有无机填料，也适合 Type－Ⅱ类可降解类聚合物（聚合物和金属氧化物之间：50×~100×溅射速率变化）
复合材料	与材料基体效应有关	可保持膜层之间的溅射速率相当，对碳材料损伤少	膜层之间的溅射速率差异很大，深度分辨率比较差
半导体	推荐使用	活泼金属表面会生成碳化物	溅射速率慢，溅射速率变化很大，表面粗糙度很大（溅射缺陷）

5. 深度剖析应用案例

（1）CIGS 光伏表面镀膜结构剖析

CIGS 光伏表面镀膜为无机膜层结构，采用氩单原子离子源进行深度剖析，可以得到元素的深度分布曲线（图 2.12（a）），从深度曲线可以分辨出三层结构：从基底至表面依次是玻璃→钼层→CIGS 层；以及化学态的深度分布精细谱叠加图（图 2.12（b）、（c）），通过对精细谱的分析可以得到不同化学态随着深度的变化情况，如 O1s 在三层结构中的精细谱峰型以及结合能都有差异，从基底至表面分别对应硅酸盐氧→金属氧化物（氧化钼）→表面吸附氧。

（2）不锈钢表面氧化层深度剖析

在钢铁材料中，最常见的是对表面氧化层进行分析，同样采用氩单原子离子源进行深度剖析。从 O1s、Fe2p 和 Cr2p 的深度曲线可以很清楚地区分两个样品的表面钝化层的成分和厚度差别（图 2.13），可以看出样品 A 和 B 表面钝化层主要成分为氧化铁和氧化铬，但样品 A 表面氧化铁含量（20% 左右）比氧化铬含量（5% 左右）高；氧化层厚度差异也比较明显，分别为 65 nm（样品 A）和 45 nm（样品 B）左右。

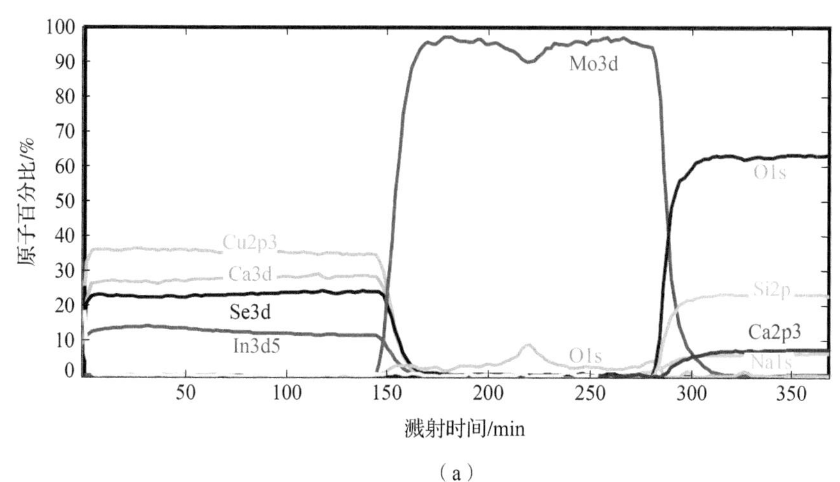

（a）

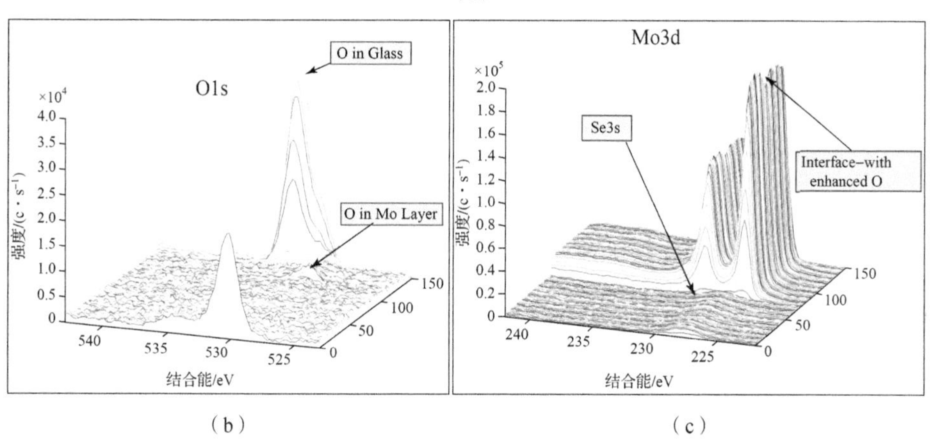

（b）（c）

图 2.12 氩单原子离子源对 CIGS 表面镀膜结构深度剖析数据示例

（a）CIGS 表面镀膜结构元素深度剖析曲线；（b）O1s 精细谱深度叠加图；（c）Mo3d 精细谱深度叠加图

（3）GCIB 分析多层有机膜层结构

图 2.14 中的案例是聚乙烯（PE）和尼龙（Nylon）的有机交替膜层，这种有机膜层结构非常适合用 GCIB 进行深度剖析。从深度曲线中可以看出 GCIB 可以应对较厚的（10 μm）有机膜层结构剖析，因为 GCIB 对有机膜层的溅射速率也是较快的。

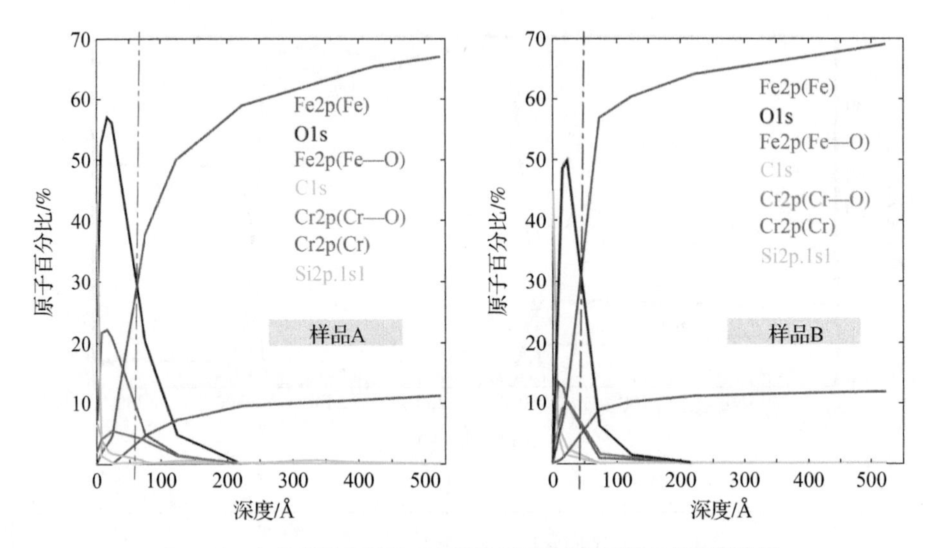

图 2.13　氩单原子离子源对不锈钢表面氧化层深度剖析数据示例

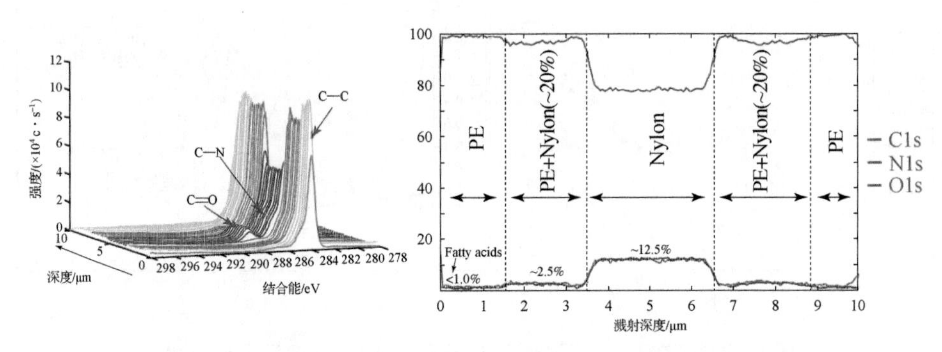

图 2.14　GCIB 对 PE 和 Nylon 有机交替膜层结构剖析数据示例

（4）C_{60}分析光伏器件

C_{60}离子源适合分析具有聚合物和无机层复合或交替的光伏器件结构。图 2.15（a）所示为光伏器件结构示意图，多层结构中，有无机层为 Ag/TiO_2/ITO/Glass、有机层为 PEDOT:PSS（分子式如图 2.15（b）所示）、聚合物和无机物混合层为 P3HT:TiO_2。图 2.15（c）所示为用 C_{60} 剖析光伏器件混合膜层结构的数据示例，从图中从各元素的深度曲线很清楚地区分样品每层的成分和厚度差别。C_{60} 离子束能够在整个多层结构中保持较为相近的溅射速率。

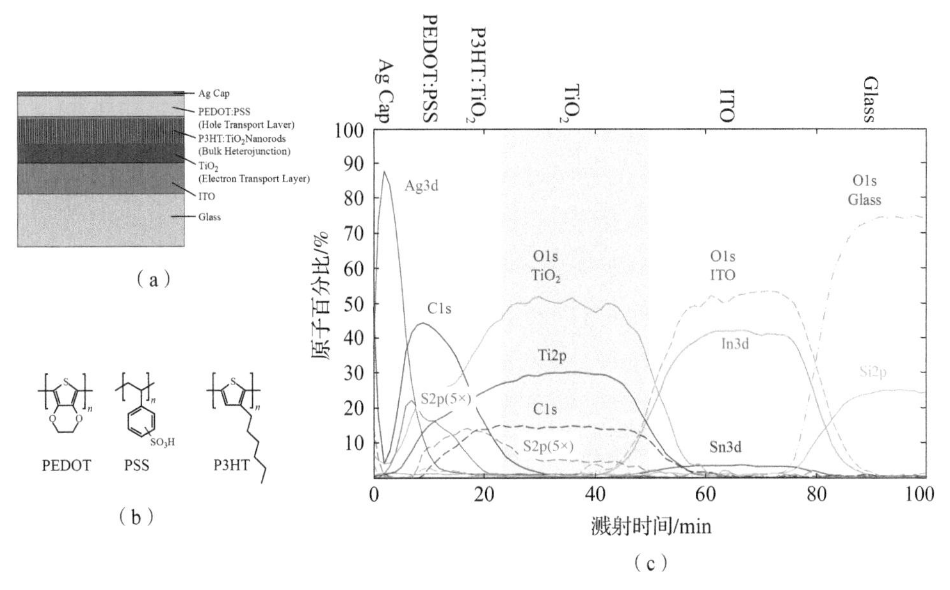

图 2.15　C_{60} 对光伏器件结构混合膜层结构剖析数据示例

(a) 光伏器件结构示意图；(b) 器件聚合物膜层分子结构式；(c) 器件结构深度剖析曲线

2.2　认识谱图和谱峰识别

前面对各种 XPS 的数据，包括图谱、Mapping、深度曲线等进行了介绍。本节重点是认识谱图和从谱图中识别出各种谱峰（谱线）。谱图中的各类谱线以及它们提供的重要信息是非常重要的。要分析 XPS 的谱图，进行元素的定性定量、化学态的定性定量以及谱峰的分峰拟合等，首先就是要识别各种谱峰。无论是全谱还是精细谱都带有特定的信息，了解如何去甄别这些信息，从中挑出有用的信息并排除干扰因素十分重要。

XPS 谱图通常包括以下谱峰信息：光电子谱峰（Photoelectron lines）、自旋 - 轨道分裂峰（Spin - Orbital Splitting，SOS）、震激/震离峰（Shake - up/Shake - off lines）、多重分裂峰（Multiplet splitting）、能量损失峰（Energy loss lines/Plasmon lines）、俄歇谱峰（Auger lines）、价带谱（Valence lines and bands）等，如果采用非单色化双阳极进行分析，可能还有卫星伴峰（Satellite lines）和鬼峰（Ghost lines）等。

全谱中最容易识别的一般是光电子谱峰和俄歇谱峰（图 2.16（a））。而精细谱中，可以清楚地看到震激峰、能量损失峰等（图 2.16（b）、（c）），但有些谱图中的谱峰可能较难识别。

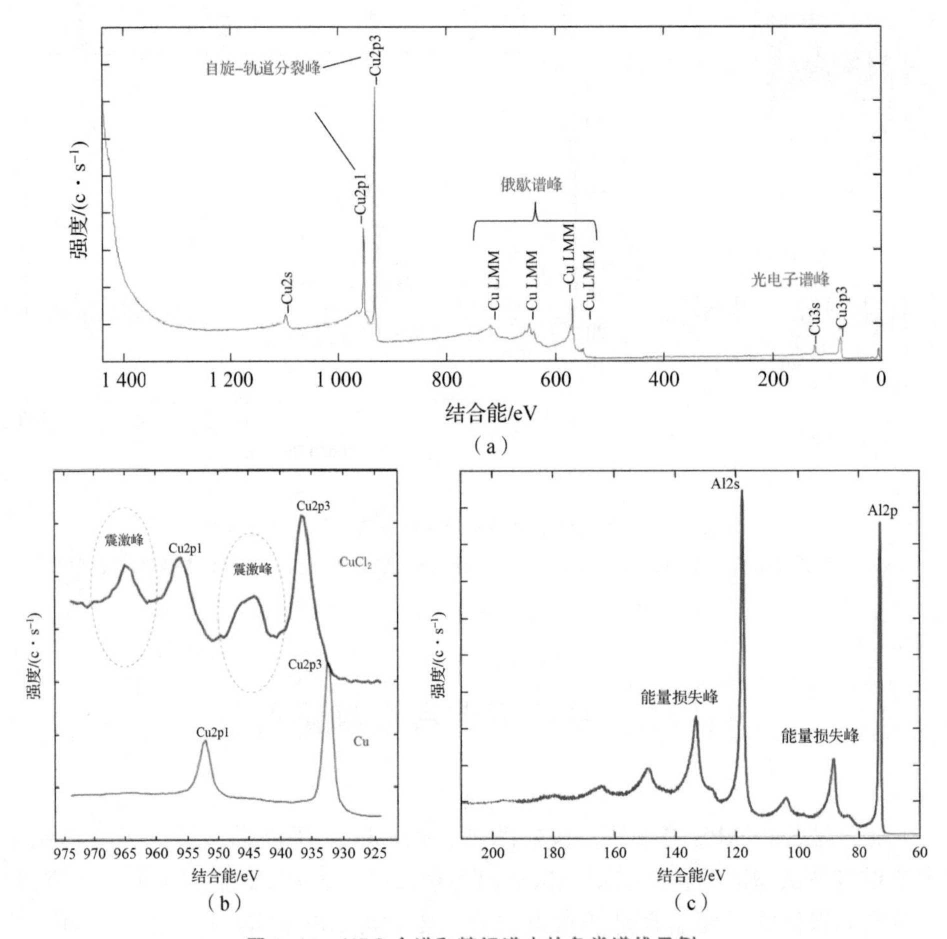

图 2.16 XPS 全谱和精细谱中的各类谱线示例

（a）Cu 元素全谱图；（b）Cu2p 精细谱；（c）Al2s 和 Al2p 谱线中能量损失峰

2.2.1 谱峰标注

对于谱峰标注（Notation）方式（图 2.17），首先要回顾一下核外电子轨道排布。主量子数 $n=1$，2，3，4，…，可用字母符号 K，L，M，N 等表示，以标记原子的主要的电子轨道，它是能量的主要因素；角量子数 $l=0$，1，2，3，…，$(n-1)$，通常用 s，p，d，f 等符号表示，象征电子云或电子轨道的形状，例如 s 为球形、p 为哑铃形等，它决定能量的次要因素；总量子数 j，$j=|l\pm s|$，s 为电子自旋量子数，$s=1/2$。

一个电子在原子中所处的能级可以用 n、l、j 三个量子数来标记（nlj），也就是光电子谱峰的标注方法，而俄歇电子则用 X 射线符号标记，也就是用主量子数 KLMN 来标识，如图 2.17 所示。

量子数			标识		电子排布 —O—(电子)
n	l	j	orbital	XPS	
1	0	1/2	K	1s	—0—0—
2	0	1/2	L1	2s	—0—0—
	1	1/2	L2	$2p_{1/2}$	—0—0—
		3/2	L3	$2p_{3/2}$	—0—0—0—0—
3	0	1/2	M1	3s	—0—0—
	1	1/2	M2	$3p_{1/2}$	—0—0—
		3/2	M3	$3p_{3/2}$	—0—0—0—0—
	2	3/2	M4	$3d_{3/2}$	—0—0—0—0—
		5/2	M5	$3d_{5/2}$	—0—0—0—0—0—0—
4	0	1/2	N1	4s	—0—0—
	1	1/2	N2	$4p_{1/2}$	—0—0—
		3/2	N3	$4p_{3/2}$	—0—0—0—0—
	2	3/2	N4	$4d_{3/2}$	—0—0—0—0—
		5/2	N5	$4d_{5/2}$	—0—0—0—0—0—0—
	3	5/2	N6	$4f_{5/2}$	—0—0—0—0—0—0—
		7/2	N7	$4f_{7/2}$	—0—0—0—0—0—0—0—0—

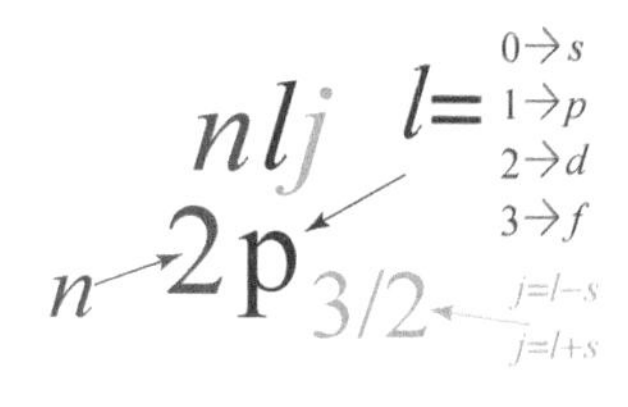

图 2.17　XPS 谱峰标记原则

2.2.2　光电子谱峰中的非弹性背底

XPS 图谱中经常会呈现出一系列特征的阶梯状背底，也就是谱峰的高结合能端背底总是比低结合能端高，这是由于体相深处发生的非弹性散射过程造成的。前面提到过光电子出射时会发生非弹性碰撞，通常只有靠近表面的电子才能毫无能量损失地逃逸出去，表面较深处的电子发生碰撞后会损失能量，导致动能减小（图 2.18（a）），所以，在图谱中，高结合能端会出现较高的背底信号，即背底呈现左高右低的现象（图 2.18（b））。

2.2.3　自旋 – 轨道分裂峰

当一个处于基态的分子发生光电离后，在生成的离子中必有一个未成对电子。具有轨道角动量的电子，当该电子的角量子数 $l>0$ 时，除了 s 轨道外，p/d/f 轨道电子会发生自旋（s）磁场与轨道角动量（l）的耦合作用，发生能级

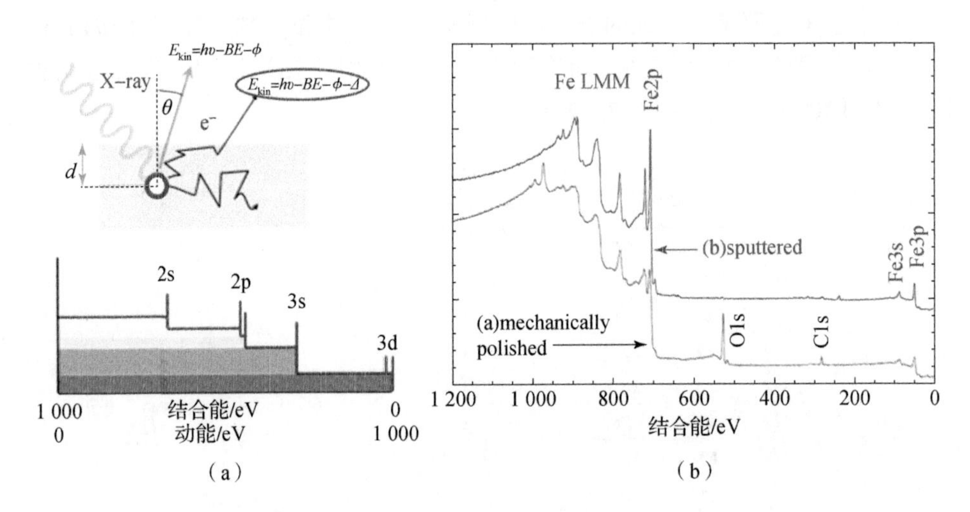

（a）　　　　　　　　　　　　（b）

图 2.18　XPS 图谱中的非弹性背底现象

（a）光电子非弹性散射示意图；（b）铁表面全谱图非弹性背底

分裂，总角动量 $j = |l \pm s|$，对每个 j 值，自旋 - 轨道分裂能级 = $2j+1$，则在 XPS 图谱中会出现两个关联分裂谱峰，即自旋 - 轨道分裂峰。

图 2.19（a）所示在电子从 3p 轨道出射后，剩余的电子可以具有自旋上升或自旋下降状态。这些电子与轨道角动量之间的磁相互作用可能引发自旋 - 轨道耦合。

对于 p 轨道，会产生 $p_{1/2}$ 和 $p_{3/2}$（有时也会简化写成 p1 和 p3），d 轨道会产生 $d_{3/2}$ 和 $d_{5/2}$（有时简化也会写成 d3 和 d5），f 轨道会产生 $f_{5/2}$ 和 $f_{7/2}$（有时也会简化写成 f5 和 f7），对应的谱峰面积比率分别为 1 : 2、2 : 3 和 3 : 4。这些概念在进行分峰拟合时均要考虑，所以识别轨道分裂峰非常重要。

如图 2.19（b）所示，自旋 - 轨道耦合作用导致金 4f 光电发射谱线分裂为两个子峰。

2.2.4　不同元素的光电子与电离截面的关系

光电离过程也是一个电子跃迁过程，任何轨道上能量低于入射光能量的电子都可以被电离（图 2.20）。电离过程中产生的光电子强度与整个过程发生的概率有关，这种概率常称为电离截面（Ionization cross section，σ）。对于电离截面 σ，同一原子中轨道半径越小的内壳层，其 σ 越大；轨道电子结合能与入射光能量越接近，电离截面 σ 越大，这是因为入射光总是尽可能激发更深能级中的电子；对于同一轨道，原子序数 Z 越大的，电离截面 σ 越大。

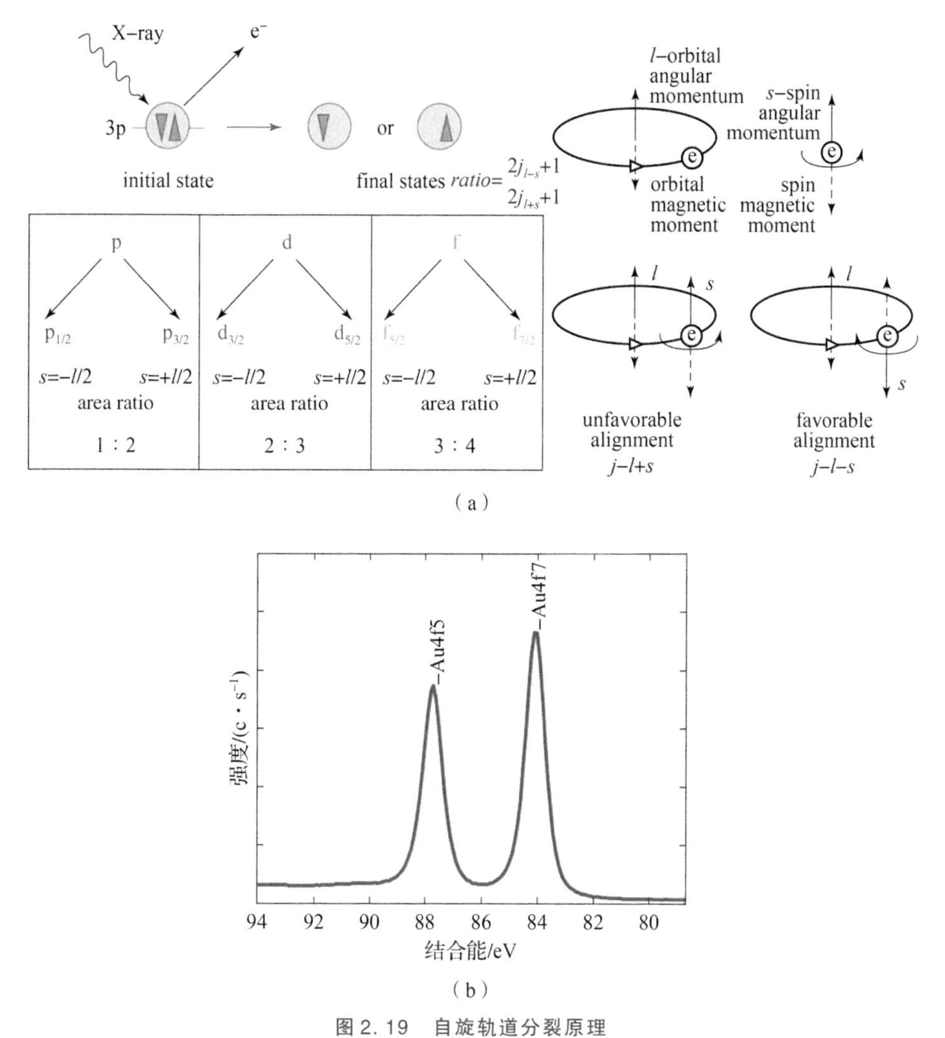

图 2. 19　自旋轨道分裂原理

（a）自旋－轨道分裂原理示意图；（b）Au4f 精细谱中自旋－轨道分裂峰

2. 2. 5　震激峰/震离峰

在光电发射中，由于内壳层形成空位，原子中心电位突然发生变化，引起价带层电子的跃迁。价带电子向导带跃迁，造成的能量损失就称为震激，对应的光电子动能下降，因此，在图谱的高结合能端有特征谱峰，它对研究分子结构很有价值；价带电子向真空能级跃迁变成自由电子，造成的能量消耗和损失就是震离，对应的光电子动能下降，在谱峰高结合能端有特征性，但震离特征不明显（需要损失更高能量才能发生），示意图如图 2. 21 所示。

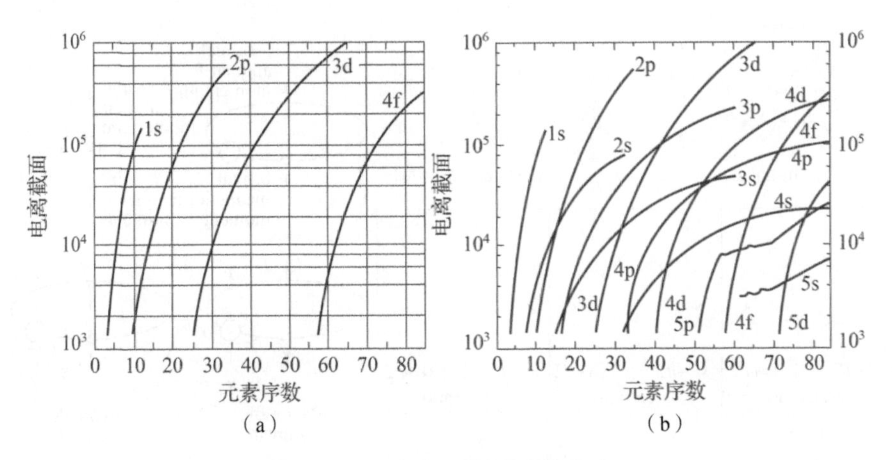

图 2.20　光电子与电离截面的关系：

(a) 元素主要轨道电子与电离截面的关系；(b) 所有轨道电子与电离截面的关系

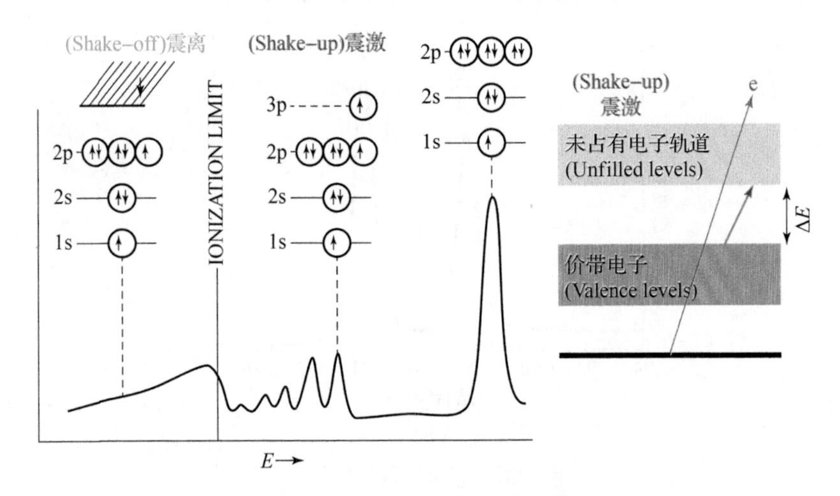

图 2.21　震激/震离谱峰示意图

通常过渡金属氧化物、稀土元素都具有比较独特的震激谱峰，对研究分子结构有重要意义。图 2.22 所示为不同价态的氧化铁和氧化钴的震激峰示例。

2.2.6　多重分裂峰

XPS 的多重分裂谱峰与价电子层中存在的未配对电子相关。一个多电子体系中存在着复杂的相互作用，包括原子核和电子的库仑作用、各电子间的排斥作用、轨道角动量之间、自旋角动量之间的作用，以及轨道角动量和自旋角动

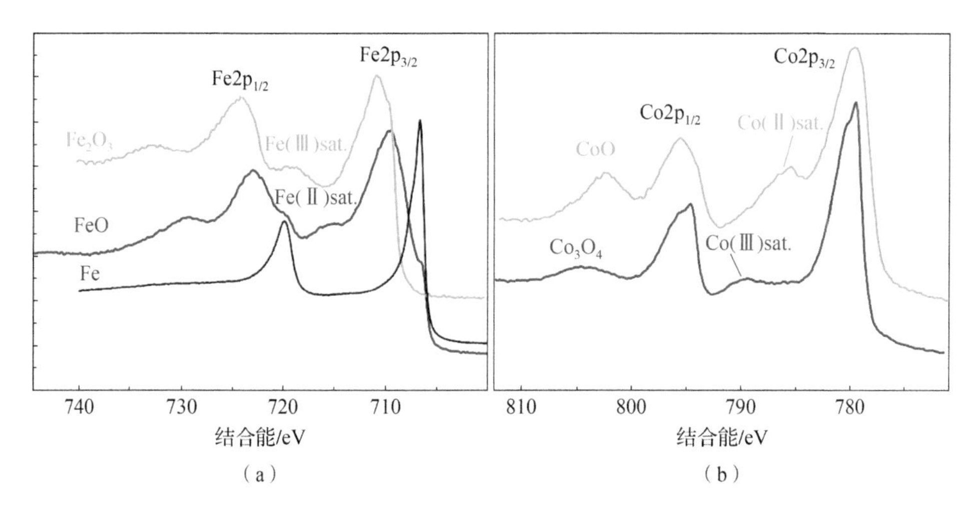

图 2.22　Fe 和 Co 不同价态的震激峰

量之间的耦合作用等。因此，从基态体系激发出一个电子后，上述各种相互作用均会受到不同程度的影响，使体系出现各种可能的激发状态。当原子或自由离子的价电子层拥有未配对的自旋电子时，那么光电子激发所形成的内壳层空位便与价带轨道未配对电子发生耦合作用，使体系出现不止一个终态。对应于每个终态，在 XPS 谱图上将有一条谱线对应，这就是多重分裂峰。

图 2.23（a）、（c）所示为测量 Mn 价态时 Mn2p 和 Mn3s 的多重分裂峰，其中 Mn3s 的两个多重分裂峰的能量差与其价态有关。Mn3s 终态为单峰 $3s_{1/2}$，但如果元素 Mn 的价电子层 3d 有未成对电子时，XPS 中发生 3s 与 3d 耦合，于是 Mn3s 不再是对称单峰 $3s_{1/2}$，有一个终态就对应一个单峰，有两个终态就对应两个单峰（图 2.23（b））。两个单峰之间的能量差与锰的氧化价态相关，因此，判断 Mn 价态时，可以同时分析 Mn2p 和 Mn3s 两个图谱。

2.2.7　能量损失谱峰

对于某些材料，光电子在离开样品表面的过程中，光电子还与其他电子相互作用，从而造成能量损失，结果导致在 XPS 低动能（高结合能）侧出现一些伴峰，即能量损失峰（线）。当光电子能量在 100 ~ 1 500 eV 时，非弹性散射的主要方式是激发固体中自由电子的集体振荡，产生等离子激元。电子的集体震荡产生的能量损失在图谱中会出现一组有规律的谱峰（图 2.24），在文献上通常描述成 Plasmon lines，也称之为能量损失峰。

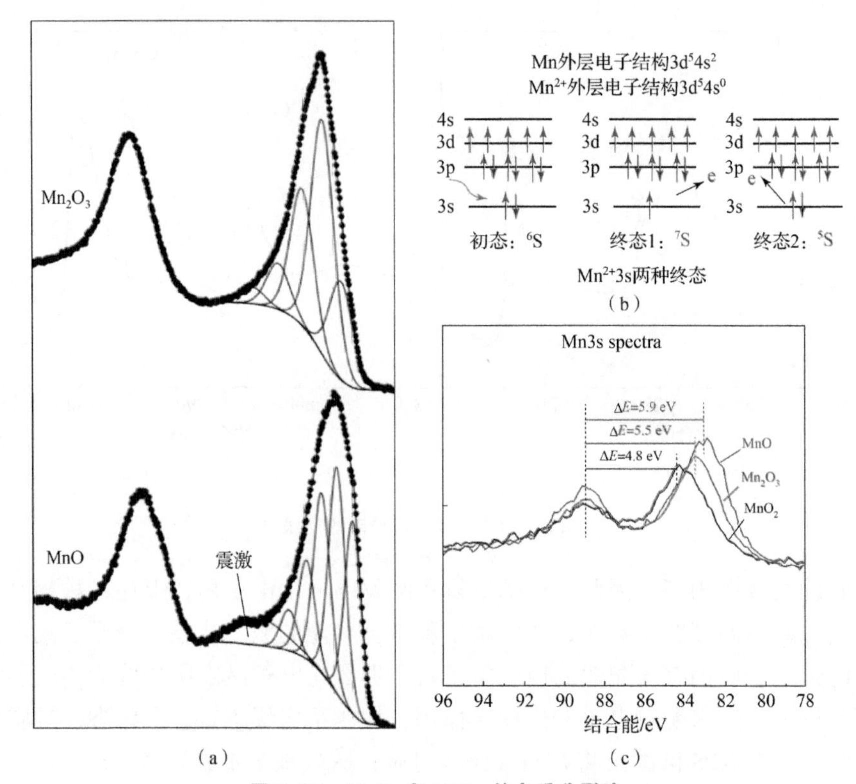

（a）　（b）　（c）

图 2.23　Mn2p 和 Mn3s 的多重分裂峰

（a）Mn2p 图谱中的多重分裂峰；（b）Mn^{2+}3s 终态示意图；

（c）Mn3s 多重分裂峰能量差与对应化学态

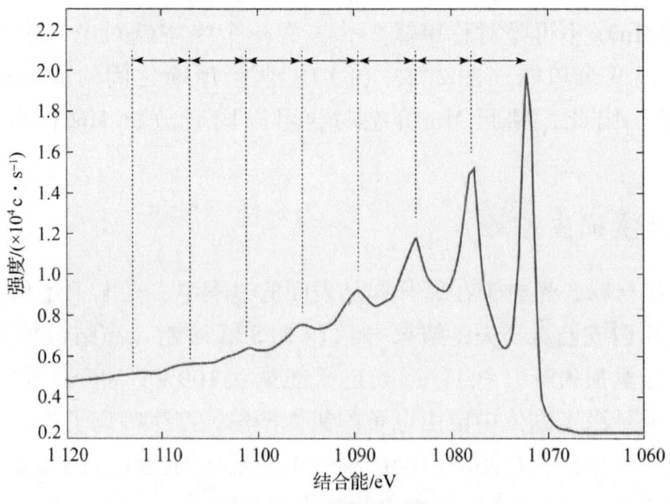

图 2.24　能量损失谱峰

如果不能准确识别出能量损失谱峰，可能会把它们判断成其他元素的谱峰或其他的化学态，造成误判。比如图 2.25 中 Al2p 和 Al2s 中的能量损失谱峰与其他元素的光电子谱峰如 P2p 和 Mg2s 有重合现象。

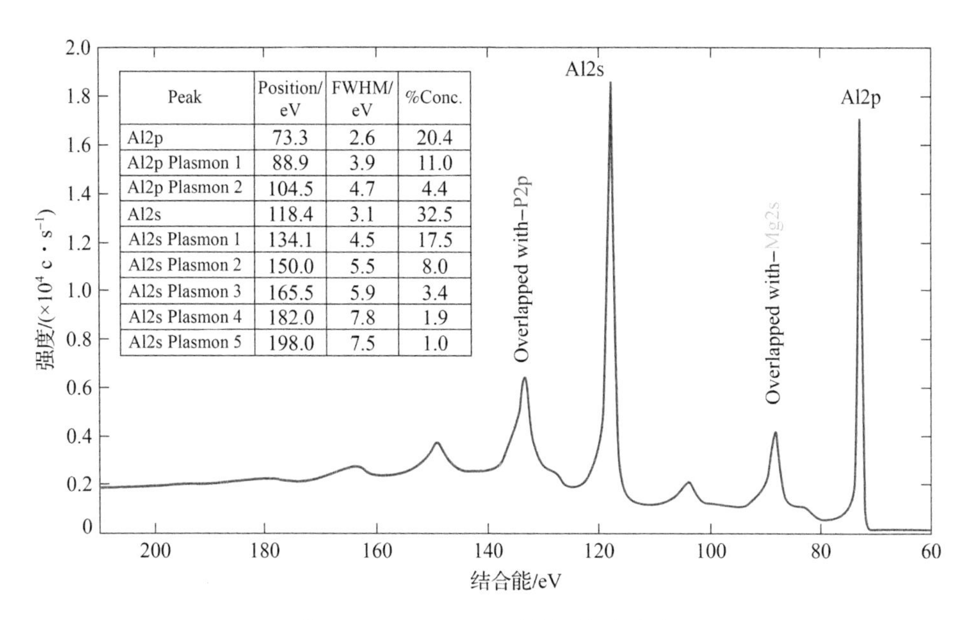

Peak	Position/eV	FWHM/eV	%Conc.
Al2p	73.3	2.6	20.4
Al2p Plasmon 1	88.9	3.9	11.0
Al2p Plasmon 2	104.5	4.7	4.4
Al2s	118.4	3.1	32.5
Al2s Plasmon 1	134.1	4.5	17.5
Al2s Plasmon 2	150.0	5.5	8.0
Al2s Plasmon 3	165.5	5.9	3.4
Al2s Plasmon 4	182.0	7.8	1.9
Al2s Plasmon 5	198.0	7.5	1.0

图 2.25　Al2s 和 Al2p 的能量损失谱峰

2.2.8　XPS 图谱中的俄歇激发

在光子激发原子产生光电子后，其原子变成激发态离子。激发态离子是不稳定的，会产生退激发（能量弛豫）。光电子出射后产生电子空穴，外层电子向空穴跃迁填补空穴会释放能量，此能量或以特征 X 射线释放（EDS 原理），或被次外层电子获得，其可以克服轨道的束缚逃逸出去，此逃逸出去的电子即被称为俄歇（Auger）电子（图 2.26）。在多种退激发过程中，最常见的就是俄歇电子的跃迁，因此，在 XPS 图谱中必然有俄歇谱峰，比如图 2.27 中铜的俄歇谱峰。其原理与电子束激发的俄歇谱相同，仅是激发源不同，但能量分辨率比电子束激发的要高得多。

由于俄歇电子的动能和 X 射线光电子的结合能均是固定的，与入射源能量变化无关。因此，可以通过改变激发源（如 Al/Mg 双阳极 X 射线源），观察峰位的变化来识别俄歇谱峰和 X 射线光电子谱峰，以此区分俄歇谱和光电子谱峰重合的不同元素。图 2.28（a）为 Mg X 射线源采集的 FeCoNi 材料的全谱图，图 2.28（b）为 Al X 射线源采集的 FeCoNi 材料的全谱图。从两张全谱图

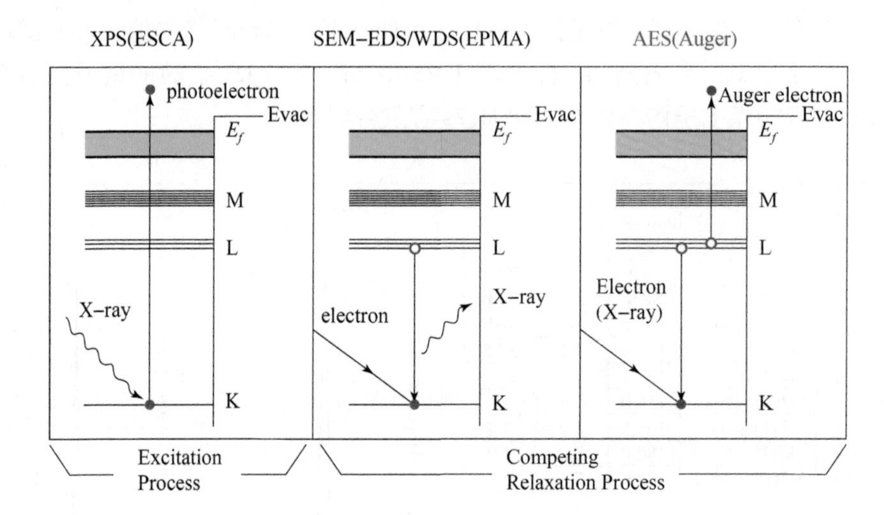

图 2.26　俄歇电子产生的原理

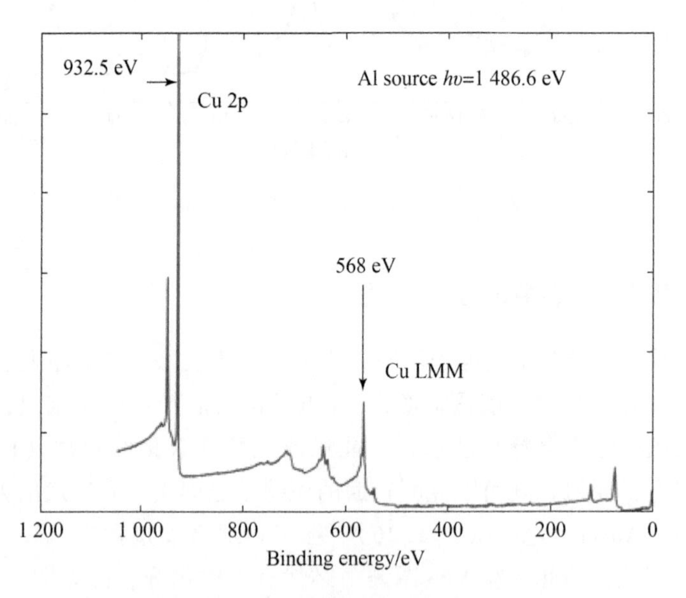

图 2.27　Cu 的 XPS 全谱中的俄歇谱峰（Cu LMM）

可以发现，当入射源能量变化时，光电子结合能不变，因俄歇电子动能也不变，其结合能会发生位移。Al 靶 X 射线源采集的全谱中，Fe、Co、Ni 三种元素的光电子谱峰与俄歇谱峰重合较多，很难准确定性和半定量分析；通过 Mg 靶 X 射线源分析，可以区分 Fe、Co、Ni 光电子谱峰和俄歇谱峰，可以实现较准确的定量分析。

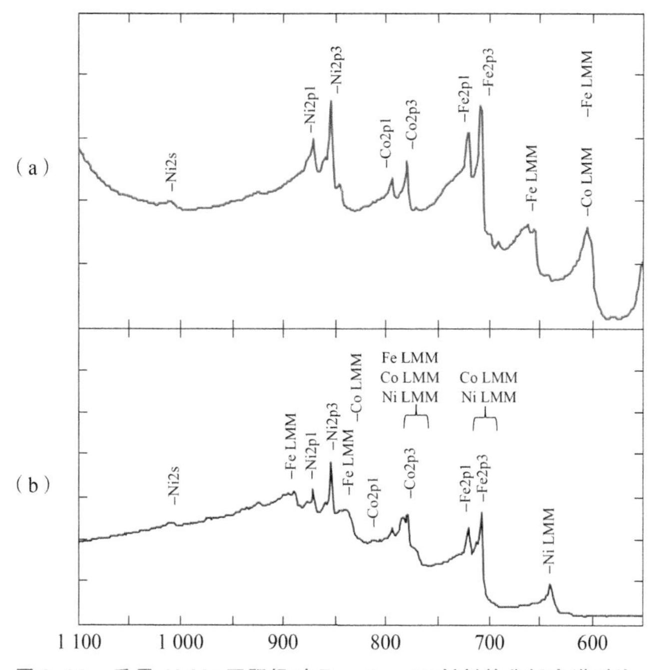

图 2. 28　采用 Al/Mg 双阳极对 Fe－Co－Ni 材料的分析全谱对比

（a）Mg X 射线源采集的全谱图；（b）Al X 射线源采集的全谱图

1. XPS 中的俄歇谱峰（Auger electron in XPS spectra，XAES）

XAES 也具有化学位移，其俄歇电子动能也会随原子所处化学环境的变化而变化。与 XPS 化学位移相比，俄歇电子的动能与三个电子轨道能级相关，某些元素的俄歇化学位移要比光电子的结合能位移更明显。利用 XAES 的化学位移也可以进行价态分析，图 2. 29（a）中金属铜与正一价氧化铜 Cu_2O 的 Cu2p 精细谱峰型非常相似，Cu2p3 结合能也相近，很难区分，但俄歇图谱（图 2. 29（b））有明显差异，金属铜与 Cu_2O 俄歇电子的能量位移有 2 eV，通过俄歇谱峰可以明确区分铜金属和一价氧化铜 Cu_2O。

2. 俄歇参数

俄歇电子动能与光电子动能之差称为俄歇参数（Auger parameter），用 α 表示，如以下公式所述，它结合了俄歇电子能谱和光电子能谱两方面的信息。通常用俄歇电子的动能和光电子的结合能之和来表示修正俄歇参数（modified Auger parameter，α'），在数据手册上可以查到部分元素不同化学态的修正俄歇参数值 α'。图 2. 30 所示为铜不同化学态的修正俄歇参数值。

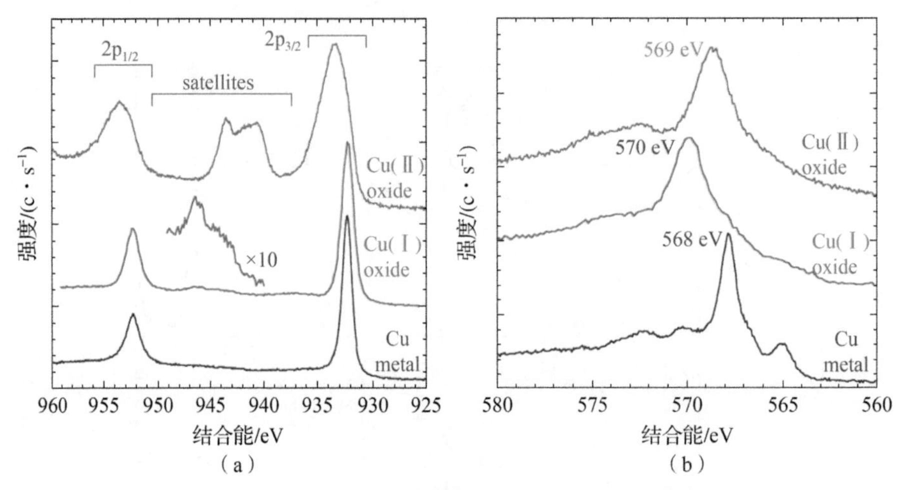

图 2.29 不同化学态对应的 Cu2p3 和 Cu LMM 谱峰

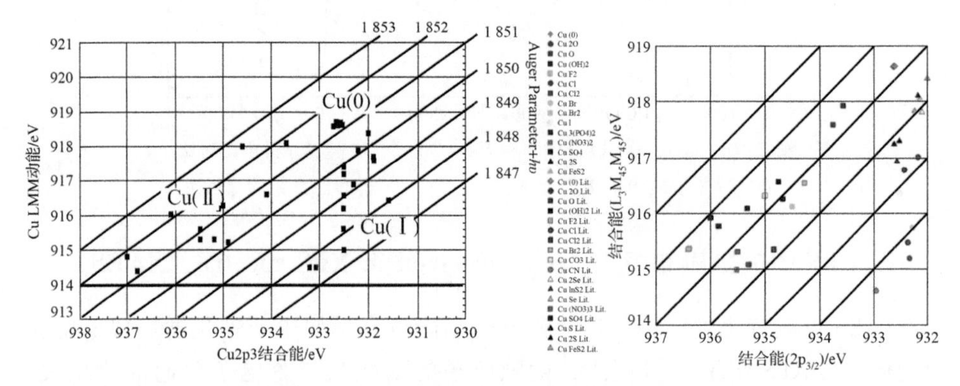

图 2.30 Cu 不同化学态的修正俄歇参数示例

俄歇参数（Auger parameter）：

$$\alpha = E_K^A - E_K^P = E_K^A + E_B^P - h\nu_{X-ray}$$

修正俄歇参数（modified Auger parameter）：

$$\alpha' = \alpha + h\nu_{X-ray} = E_K^A + E_B^P$$

式中，E_K^A 为俄歇电子的动能；E_K^P 为光电子的动能；E_B^P 为光电子的结合能。

以含 Cu 样品为例，讲解如何计算修正俄歇参数 α'。XPS 精细谱扫描 Cu2p 图谱，测得 Cu2p3 结合能为 932.5 eV，同时，扫描 Cu LMM 图谱，测得其结合能为 568.0 eV。用 X 射线能量（1 486.6 eV）减去 Cu LMM 结合能（568 eV），即为 Cu LMM 的动能（918.6 eV），再计算 Cu LMM 动能 918.6 eV 与 Cu2p3 结合能 932.5 eV 之和，即得到修正俄歇参数值为 1 851.1 eV，与数据手册中金属铜的俄歇参数一致，因此可以判断此样品中铜的化学态为金属铜。

$$\alpha' = (1\ 486.6 - 568) + 932.5 = 1\ 851.1(\mathrm{eV})$$

由于某些元素的俄歇参数能给出较大的化学位移，并且与样品的荷电状况及仪器状态无关，因此，可以更为精确地用于元素化学态的识别，常用来鉴定一些结合能变化较小的元素以及荷电校正困难样品的化学态变化。

2.2.9　价带谱

两个以上的原子以电子云重叠的方式形成化合物，各原子内层电子几乎仍保持在它们原来的轨道上运行，只有价电子才形成有效的分子轨道而属于整个分子。正因如此，不少元素的原子当它们处在不同化合物分子中时，内层光电子的结合能值无明显差别，在这种情形下对内层光电子谱线的化学位移研究并无意义。但如果观测它们的价电子谱，则有可能根据价电子谱线结合能的变化和价带谱峰峰形变化的规律，来判断该元素在不同化合物分子中的化学态及其分子结构。价带谱线对有机物的价键结构很敏感，其价带谱往往成为有机聚合物唯一的特征指纹谱，具有表征聚合物材料分子结构的作用。从图 2.31（a）中可以看出聚烯烃样品 PP 和 PE 以及未知成分的 C1s 图谱没有明显差异，但图 2.31（b）价带谱中可以明显区分 PP 和 PE；从未知物的价带谱可以判断其与 PP 价带谱谱峰相似，可以推断未知物为 PP 材料。

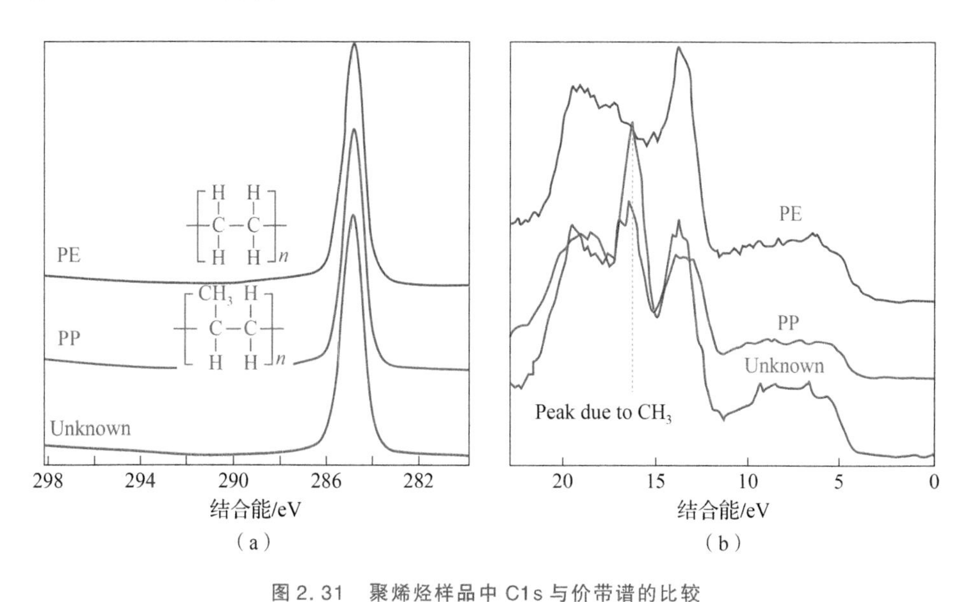

图 2.31　聚烯烃样品中 C1s 与价带谱的比较

（a）PE、PP 和未知样品的 C1s 图谱；（b）PE、PP 和未知样品的价带谱

2.2.10 X 射线卫星峰和“鬼峰”

X 射线卫星峰：由非单色化 X 射线源产生（图 2.32）。

采用非单色化 X 射线源测试，会在 XPS 图谱低结合能端产生“鬼峰”；单色化 X 射线源的使用已经避免了“鬼峰”出现以及由于韧致辐射产生的高背底问题。

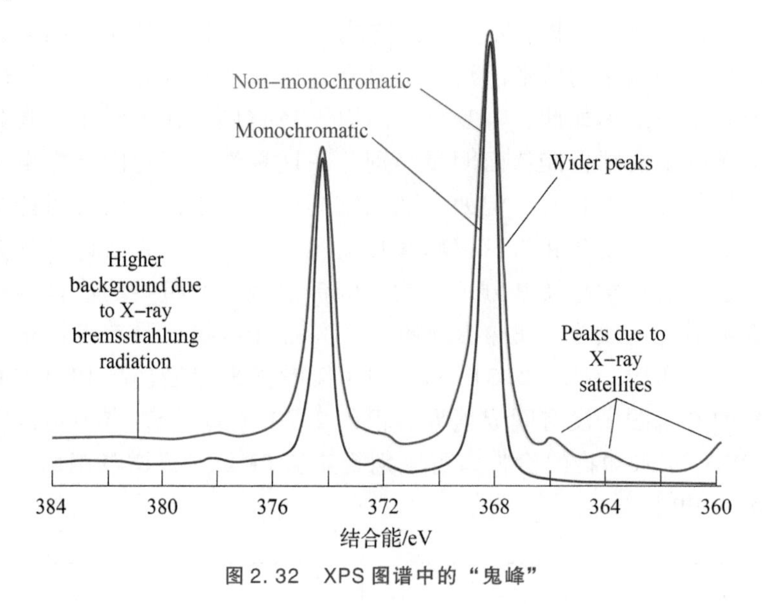

图 2.32 XPS 图谱中的“鬼峰”

2.3 XPS 图谱的定性和半定量分析

前面主要对 XPS 的理论知识、技术特点以及相关的概念进行了介绍，了解这些内容并消化吸收是后续对数据进行分析的基础，也是 XPS 分峰拟合所必要的。本节主要介绍 XPS 图谱的定性和半定量分析。在回顾 XPS 典型图谱的基础之上，了解 XPS 全谱和精细谱的意义，分别介绍全谱和精细谱的定性和定量分析，并对半定量分析过程中的一些注意事项进行了总结。

2.3.1 典型 XPS 图谱数据

图 2.1 示例了常见 XPS 的数据形式，包括全谱和所关心元素的精细谱。通过全谱可以得到所有元素的成分信息，也可以对所有测到的元素进行半定量计

算；通过精细谱可以分析化学态，以及确定不同化学态的百分含量。可以说全谱和精细谱是 XPS 数据最核心的内容，绝大部分数据分析都要以它们为基础。

2.3.2　XPS 全谱和精细谱的意义

首先需要对全谱和精细谱的意义进行强调。全谱数据能够提供材料表面所有的元素组成、所有元素的原子百分比（半定量），可以提供完整的表面元素成分信息；而精细谱数据可以提供给我们关注的元素的化学态信息以及各种化学态的百分含量（半定量）。精细谱能量分辨高、信噪比好，能够提供更为准确的定量分析。同时，不同元素的化学态以及含量的信息要能相互佐证，佐证关联越强，说明结果分析越准确。

虽然精细谱具有很多优势，但建议在测试时还是一定要扫描全谱，主要有以下几点原因。

①全谱可以提供所有的成分信息。

②最重要的一点是，全谱能够显示是否有重合谱峰，若有重合谱峰，进行数据分析时，就需要拟合分开或选择未重合谱峰进行分析和定量计算。

③全谱可快速定性定量分析，还可以确定精细谱扫描的参数，为后续精细谱的扫描提供指导，比如元素选择、通能设置、扫描时间设置、谱峰选择等。如图 2.33 的全谱数据，可以看到 C、O 含量高，精细谱采集时扫描次数可以设置少一些；Ag 含量低，如果关注 Ag 元素的化学态，精细谱扫描次数就应增加一些，通能设置也可以相对大一些。因为含量低的组分，需要保证先能测

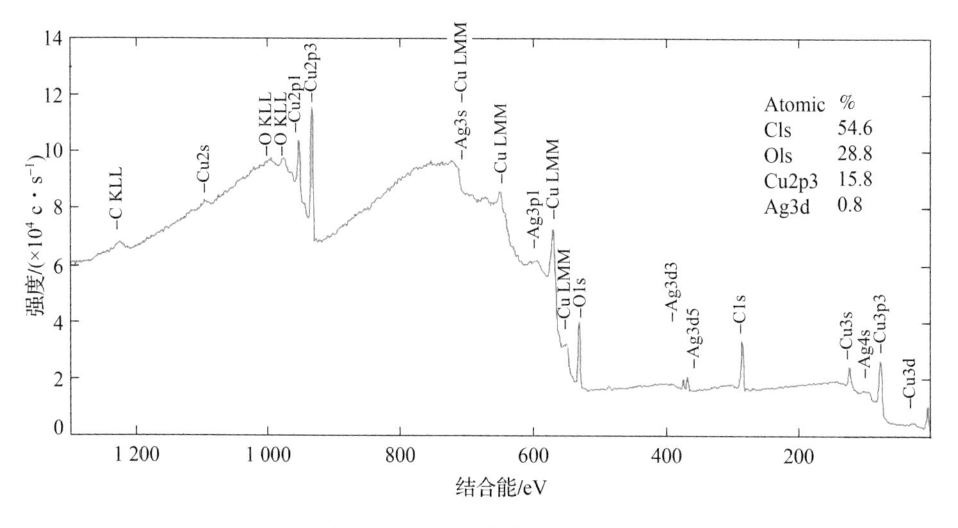

图 2.33　XPS 全谱分析示例

到，测到后才能判断化学态。如果在全谱扫描中没有测到所关注的元素，在精细谱扫描的时候也可以选中这个元素，然后采用大通能、较多扫描次数来确定这个元素是否真实存在。

④全谱中所测得的元素可以为后续化学态分析提供依据，比如是否是氧化物、氮化物、硫化物等。

⑤在全谱中尽量标识出所有的谱峰，以便获得完整的成分信息，目前仪器自带的软件都可以进行全谱定性和定量分析。

再通过一个案例来说明全谱的重要性。比如只用 Fe2p 的精细谱进行化学态分析（图 2. 34（a）），从 Fe2p 精细谱的谱图峰型特点很快就可以判断：如果此能量范围仅仅是 Fe2p，则图谱肯定存在问题。因为从 Fe2p 的标准精细谱（图 2. 34（c））中可以判断此图中最基本的自旋 – 轨道分裂峰比例有误，标准分裂峰面积比应该是 2p3 ：2p1 = 2 ：1，而实际图谱呈现 2p3 谱峰远远高于 2p1。这可能是两种情况：一是此精细谱中的谱峰并非属于铁，而是其他元素的谱线，二是 Fe 本身含量太低，谱峰不明显，此处同时还应有其他元素的谱峰干扰。这时候一定要结合全谱数据进行分析和判断。从全谱的分析中（图 2. 34（b））可以看出 Fe 信号很弱，在 Fe2p3 的位置有明显的重合谱峰 Sn3p3。所以如果一定要分析 Fe 的化学态，就必须要通过分峰拟合扣除 Sn 谱峰的干扰后再进行分析（图 2. 34（d））。

当然，全谱也有一定的不足。一般来说，全谱得到的信号比较粗糙，只是对元素进行粗略的扫描，确定元素有无以及大致位置。对于含量较低的元素，信噪比很差，难以得到非常精细的谱图。故全谱分析通常只能获得表面元素组成信息，而得不到准确的元素化学态和分子结构信息。

最后，在 XPS 采谱时，还给出以下建议：

①任何样品均需扫描 XPS 全谱。

②根据测试目的，尽量测试所有涉及的元素，这样可以更好地进行佐证分析，得到的结论也更合理可靠。

③关注化学态所对应的元素都要扫描精细谱。比如 FeO 一定要扫描 C1s、Fe2p、O1s 的谱峰；如果是 CuO，要扫描 C1s、O1s、Cu2p、Cu LMM 等。结合不同元素的精细谱，可以相互佐证化学态的信息及其含量，光电子能量不能分辨化学态的时候要结合俄歇图谱和俄歇参数进行分析。

④当测得数据与期望化学态有偏差时，需要结合全谱中测到的其他元素进行分析，必要时还需扫描精细谱。比如，怀疑样品中有 CuO，但实际全谱中扫描到了 Cl 和 S，这时就需要再扫描 Cl 和 S 的精细谱，以判断是否有 $CuSO_4$、$CuCl_2$ 等存在。相互佐证的信息越多，所能得到的结论就越合理。

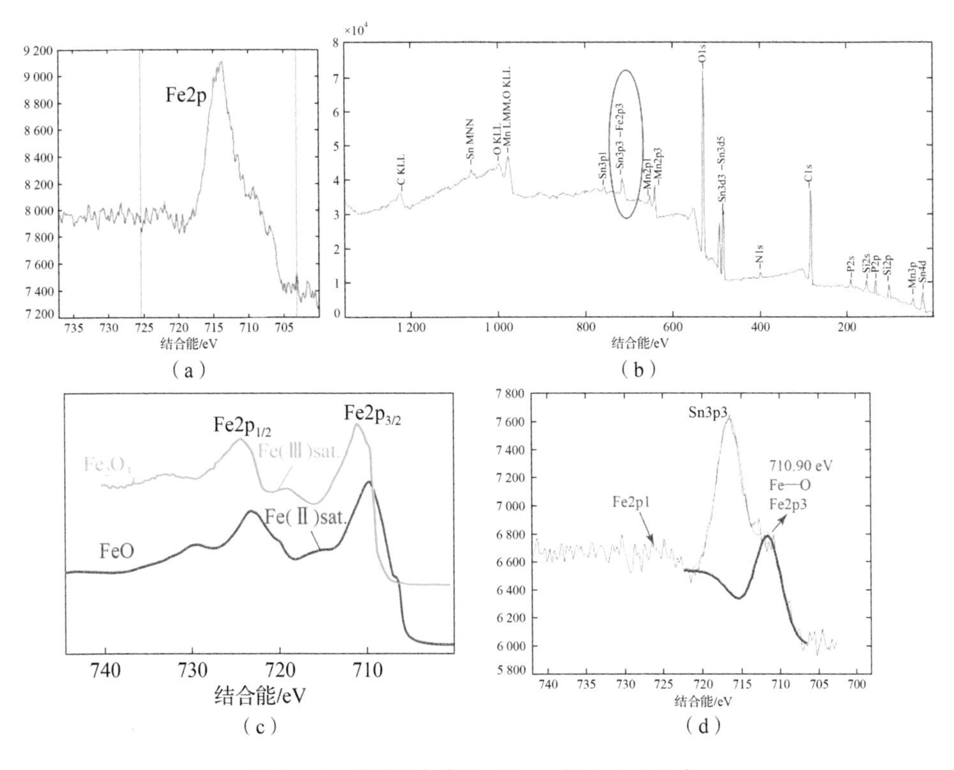

图 2. 34　谱峰重合案例（Fe2p 与 Sn3p3 重合）

（a）Fe2p 精细谱；（b）全谱定性分析；（c）Fe2p 标准图谱；（d）Fe2p3 分峰拟合

2. 3. 3　全谱定性和定量分析

无论是全谱的定量还是精细谱的定量，都需要先进行谱峰的定性分析。先确定元素，再确定谱峰面积（需进行谱峰的背底扣除），最后才进行定量分析。其实从定量结果也可大概判断一些信息，比如是不是碳材料，是不是金属或氧化物、硫化物等。

全谱定性分析就是对采集到的谱峰进行元素定性识别。现在专业 XPS 分析软件里都集成了数据库，只要单击软件中的定性功能操作，软件会搜索数据库自动匹配谱峰对应的元素信息。图 2. 35 列出了全谱分析步骤，图 2. 35（a）为软件自动进行元素定性识别，图 2. 35（b）依次对谱峰进行背底扣除，这一步比较关键，需要留意所选谱线标识与谱峰面积的对应关系，如图中 V2p3 对应单峰面积而 Bi4f 对应双峰范围等，因为谱线与面积不呼应，直接影响定量结果；图 2. 35（c）软件自动定量分析，含量可以呈现在图谱中，也可以单独作为文件保存，详细操作可参考第 3 章的软件教程。

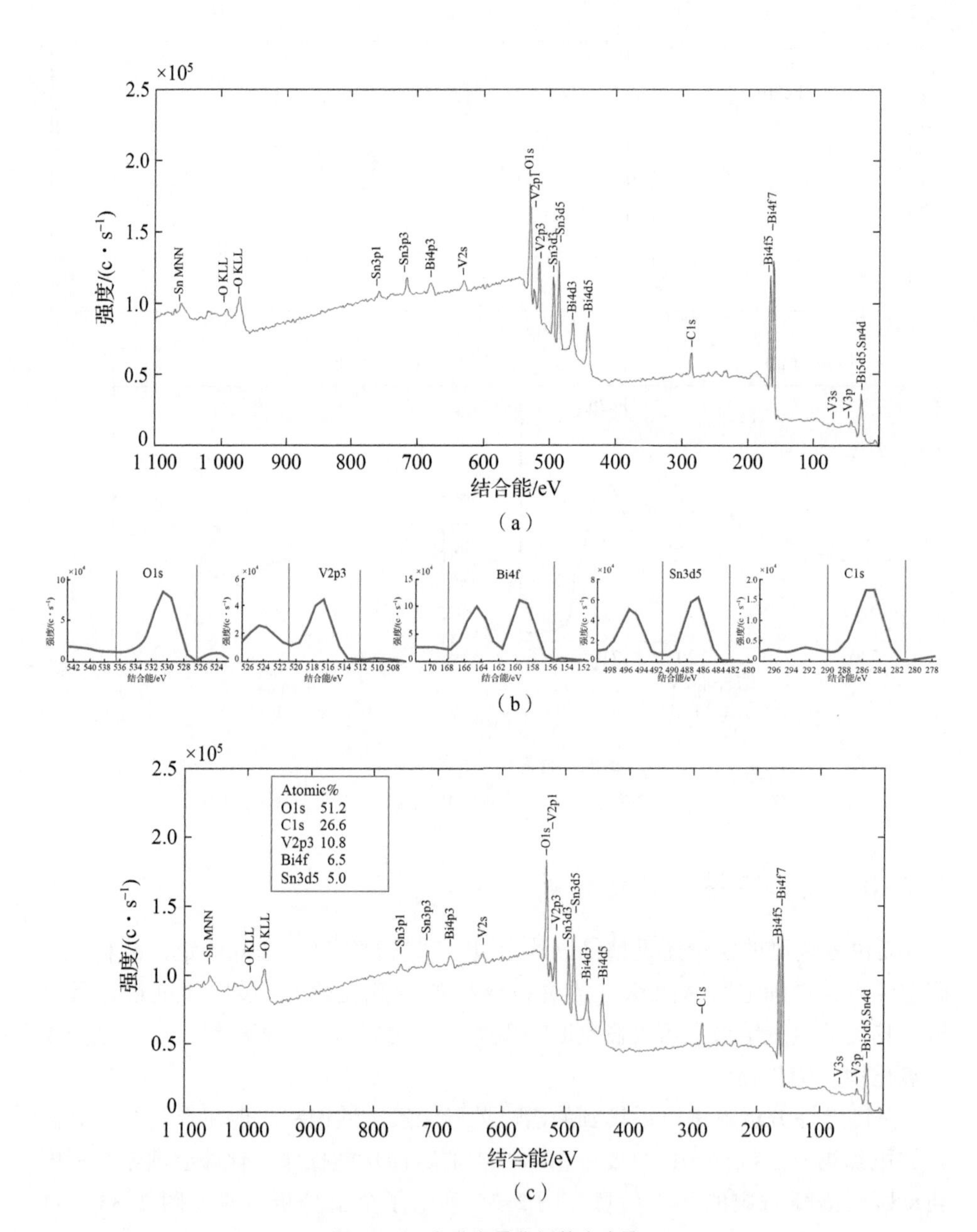

(a)

(b)

(c)

图 2.35 全谱定量分析基本步骤

(a) 全谱定性分析；(b) 谱峰背底扣除；(c) 全谱定量分析

2.3.4 精细谱定性和定量分析

前面章节已经介绍了XPS的半定量分析方法即采用元素灵敏度因子法。简单来说，就是谱峰强度除以灵敏度因子，再用归一法定量。

具体定量分析步骤后续还会细讲，此处需要强调的是，在定量时，最好采用对应测试设备提供的软件进行定量处理。即使同种型号的谱仪，性能也有差异，包括测试参数带来的差异在内，均会影响光电子的传输性能（传输函数，TF），从而影响灵敏度因子，影响定量结果。ULVAC - PHI公司的MultiPak分析软件可以根据原始数据的测试条件来自动修正灵敏度因子，减小定量的误差；同样，其他品牌的设备也有其修正参数，尽量使定量结果接近真实值。

1. XPS的定量数据

定量数据表中一般会包含很多信息：定量选用的谱线、能量和能量范围、谱峰强度/面积、半峰宽、灵敏度因子、传输函数、原子百分比、质量百分比等。表2.2和表2.3分别是Avantage软件和Multipak软件导出的元素定量数据表，我们需要了解表格中的这些信息，但最重要的是检查主要谱峰是否选对，背底扣除有无问题，灵敏度因子是否正确，有无重合谱峰等，确定以上无误后，再分析最终的定量结果。

表2.2 XPS元素半定量数据统计表（Avantage软件）

谱峰 (Name)	谱峰结合能 (Peak BE)	峰高 (Height CPS)	半峰宽 (FWHM) /eV	谱峰面积 (Area(P) CPS)/eV	归一化面积 (Area)	原子百分比 (Atomic) /%	灵敏度因子 (SF)	传输函数 (TXFN)	背底扣除方法 (Backgnd)
C1s	284.8	92 002.3	1.44	186 383.71	2 613.54	61.1	1	1	Smart
Au4f	83.97	25 102.87	1.69	83 791.2	50.28	1.18	20.735	1	Smart
S2p	162.76	3 695.04	2.6	9 861.9	68.23	1.6	1.881	1	Smart
N1s	399.54	2 168.25	1.88	5 971.77	53.95	1.26	1.676	1	Smart
O1s	531.31	101 495.38	1.88	257 220.57	1 491.5	34.87	2.881	1	Smart

表 2.3 XPS 元素半定量数据统计表（MultiPak 软件）

（a）原子百分比统计表（AC%）

O1s	Si2p	Zr3d	Ag3d	In3d5	备注
0.733	0.368	2.767	6.277	4.53	RSF 灵敏度因子
163.733	95.359	702.499	1 586.18	1 145.66	CorrectedRSF 修正灵敏度因子
53.88	**6.1**	**13.86**	**4.14**	**22.02**	

（b）谱峰强度统计表

O1s	Si2p	Zr3d	Ag3d	In3d5	备注
0.733	0.368	2.767	6.277	4.53	RSF 灵敏度因子
163.733	95.359	702.499	1 586.18	1 145.66	CorrectedRSF 修正因子
173 574	11 438.9	191 513	129 320	496 468	

2. 半定量分析中的谱峰选择和谱峰背底扣除的对应

由于不同轨道的光电子谱线对应的灵敏度因子不同，所以定量时需注意谱峰选择和背底扣除的范围是否对应。比如用 Avantage 软件分析数据时，图 2.36 中 Ba3d 灵敏度因子是 43.76，对应的谱峰面积是包含 Ba3d5 和 Ba3d3，而 Ba3d5 灵敏度因子是 25.84，对应的谱峰面积是 Ba3d5 单峰。所以，选择谱峰的时候一定要注意谱线和谱峰背底扣除的对应关系，否则会得到错误的定量结果。

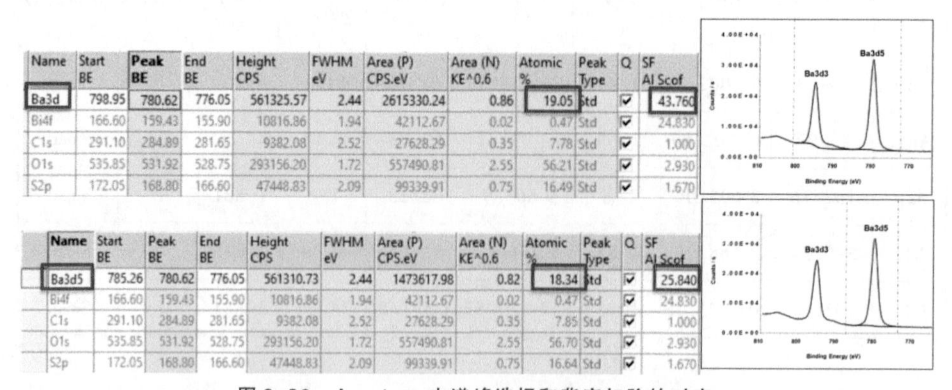

Name	Start BE	Peak BE	End BE	Height CPS	FWHM eV	Area (P) CPS.eV	Area (N) KE^0.6	Atomic %	Peak Type	Q	SF Al Scof
Ba3d	798.95	780.62	776.05	561325.57	2.44	2615330.24	0.86	19.05	Std	☑	43.760
Bi4f	166.60	159.43	155.90	10816.86	1.94	42112.67	0.02	0.47	Std	☑	24.830
C1s	291.10	284.89	281.65	9382.08	2.52	27628.29	0.35	7.78	Std	☑	1.000
O1s	535.85	531.92	528.75	293156.20	1.72	557490.81	2.55	56.21	Std	☑	2.930
S2p	172.05	168.80	166.60	47448.83	2.09	99339.91	0.75	16.49	Std	☑	1.670

Name	Start BE	Peak BE	End BE	Height CPS	FWHM eV	Area (P) CPS.eV	Area (N) KE^0.6	Atomic %	Peak Type	Q	SF Al Scof
Ba3d5	785.26	780.62	776.05	561310.73	2.44	1473617.98	0.82	18.34	Std	☑	25.840
Bi4f	166.60	159.43	155.90	10816.86	1.94	42112.67	0.02	0.47	Std	☑	24.830
C1s	291.10	284.89	281.65	9382.08	2.52	27628.29	0.35	7.85	Std	☑	1.000
O1s	535.85	531.92	528.75	293156.20	1.72	557490.81	2.55	56.70	Std	☑	2.930
S2p	172.05	168.80	166.60	47448.83	2.09	99339.91	0.75	16.64	Std	☑	1.670

图 2.36 Avantage 中谱峰选择和背底扣除的对应

2.3.5　XPS 半定量分析注意事项

①如果需要关注样品元素的真实含量，就要对所有检测到的元素进行定量分析。如果只关注某几个元素的相对原子百分比，则可以只选择所关注的元素进行定量。MultiPak、Avantage 和 CasaXPS 软件都可以方便地选择所有元素或只选择关注的元素进行分析。

②从定量的准确性来说，精细谱定量优于全谱定量的结果，但要注意灵敏度因子的选择。

③注意谱峰背底扣除方式是否合理，谱峰范围和对应谱线要一致。

④注意是否有重合谱峰的干扰。若有，在全谱中要尽量选择未重合谱峰定量，或采用精细谱进行定量，要进行分峰拟合或精细谱扫描其他的谱线。

⑤化学态定量时，各化学态对应元素的原子百分比也应相互佐证。比如图 2.37 所示此金属氧化物案例中的金属和氧的比例关系：Mo3d 中 MoO_3 含量为 1.1% 左右，MoO_3 中 Mo 与 O 的原子百分比为 1 : 3，所以 MoO_3 中对应的金属氧化物的氧含量应该为 3.3% 左右；同样，Te3d 中 TeO_3 含量为 1.8% 左右，TeO_3 中 Te 与 O 的原子百分比为 1 : 3，所以 TeO_3 中对应的金属氧化物的氧含量应该为 5.4% 左右。因此，总金属氧化物的氧应为 3.3% 加上 5.4%，共计 8.7%，与 O1s 精细谱分峰中归属为金属氧化态的含量 8.2% 相近，信息可以相互佐证，说明分峰拟合和含量计算的合理性。

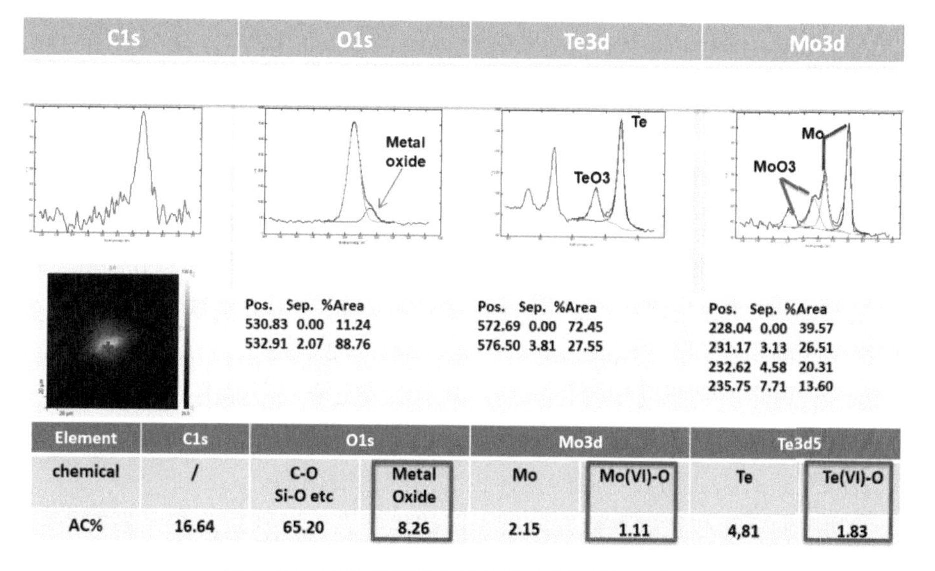

Element	C1s	O1s		Mo3d		Te3d5	
chemical	/	C-O Si-O etc	Metal Oxide	Mo	Mo(VI)-O	Te	Te(VI)-O
AC%	16.64	65.20	8.26	2.15	1.11	4,81	1.83

图 2.37　XPS 精细谱化学态定量分析的相互佐证

2.4 XPS 数据处理（精细谱分峰拟合）通用原则

本节针对 XPS 数据处理中最受关心的分峰拟合进行重点分类讲解。首先总结了谱峰分峰拟合的一些通用原则；其次对荷电校正、背景扣除、谱峰平滑和拟合用到的数学函数模式进行讲解；再次，阐述了单峰拟合、双峰拟合、俄歇图谱、多重分裂峰及重合谱峰的拟合方法；最后列举了 XPS 数据分析常见的一些错误，并汇总了 XPS 数据分析的流程，以提醒大家避免一些错误，少走一些弯路。

谱峰分峰拟合的一些通用原则：

①分峰拟合前一般需要先进行谱峰校正、谱峰平滑（如有需要）、背底扣除等。

②在谱峰拟合之前，根据材料信息比如导体、非导体或半导体，以及谱峰的峰型特点来选择是使用 Asymmetric（不对称性峰型拟合）还是高斯 - 洛伦兹（Gaussian - Lorentzian）峰型（对称峰型拟合）函数模式。多数情况下，合金、金属，以及 sp^2 石墨碳、金属碳化物等材料图谱呈不对称峰型；而半导体、多数氧化物以及高分子聚合材料的图谱呈对称峰型。

③确定背底扣除方式（Linear，Shirley，Tougaard，Smart），通常选择 Shirley 或 Smart 方式比较多。同时，在同一组元素分析时，所有元素尽可能选择同一背底扣除方式。

④XPS 图谱中对称峰型为高斯 - 洛伦兹曲线（Gaussian - Lorentzian），常规对称谱峰单峰拟合时，谱峰的高斯比“% Gauss”应该超过 70%（视情况而定）。

⑤在分析同种元素的自旋 - 轨道分裂峰时，要充分利用已知的面积比和峰位能量差（XPS 数据手册或软件集成相关数值）锁定相关参数后再进行拟合。如谱峰常用面积比：$p_{1/2}:p_{3/2}=1:2$，$d_{3/2}:d_{5/2}=2:3$，$f_{5/2}:f_{7/2}=3:4$。

⑥可利用峰位判断已知的化学态，但不要忽略峰型所提供的重要化学态信息，比如之前介绍过的震激卫星峰、能量损失峰、多重分裂峰等，一定要多查相关资料了解所关注元素对应的各种化学态的标准图谱。

⑦利用俄歇峰和俄歇参数去分析不同的化学态，特别是某些元素的不同化学态的特征光电子谱峰结合能相近时。

⑧谱峰的半峰宽与元素本身化学态以及采集的测试条件有关，比如通能大

小、材料荷电效应影响等。合理的单峰半峰宽一般为0.8～2.2 eV，当然，也要视情况而定。通常荷电中和不良时，谱峰展宽比较严重（单峰半峰宽超过2.5 eV），且结合能比常规数值偏高，此时建议重新安排测试。

⑨通常来讲，对称单峰拟合时，比如常规对有机材料中的C1s、O1s、N1s进行拟合时，同一个元素不同化学态的半峰宽可设置相等或相近，但如果有无机组分存在，比如碳材料里的无机碳（比如sp^2石墨碳）、碳化物，其半峰宽相对有机谱峰就比较小；同样，金属氧化物中的O1s谱峰半峰宽通常小于有机碳氧化学键；某些金属氮化物中的N1s谱峰半峰宽也小于有机氮的半峰宽；可以利用半峰宽锁定功能（Fix）协助曲线拟合。双峰拟合也要注意。当然，拟合时，一定要先参考标准图谱，大多数金属谱峰的半峰宽明显小于金属氧化物的半峰宽，某些自旋轨道分裂峰的两个谱峰半峰宽也有差别，如金属钼的Mo3d谱峰。

⑩对于非对称拟合，有两个以上更多的参数可以来控制曲线拟合：MultiPak中有Tail Length和Tail Scale两个参数可控制谱峰的不对称拖尾，而Avantage软件中有Tail Mix、Tail Height、Tail Exponent这几个设置拖尾参数。如果谱峰有不对称性，拟合时必须合理设置这些参数。通常用标准样品的图谱来确定这些拖尾参数，但经验同样非常重要。

2.4.1　XPS谱峰荷电校正方法

1. 什么叫荷电校正？为什么需要进行荷电校正？

当使用XPS测量绝缘体或半导体时，由于光电子的连续发射而得不到电子补充，从而使得样品表面出现电子亏损，这种现象就称为“荷电效应”。荷电效应会使样品表面出现一稳定的电势V_s，对电子的逃离有一定束缚作用。因此，荷电效应能引起能量的位移，使得测量的结合能偏离真实值，造成测试结果的偏差。在用XPS测量绝缘体或者半导体时，需要对荷电效应所引起的偏差进行校正（荷电校正的目的），称为“荷电校正”。

2. 如何进行荷电校正？

在进行图谱分析，尤其是精细谱分析时，一定要进行荷电校正，以下是谱峰荷电校正的一些原则：

①一般采用吸附（污染）碳的C1s谱峰中C—C/C—H化学键结合能（284.6～285.0 eV，常用284.8 eV）对谱峰进行校正，如图2.38所示。所以，这也是扫描精细谱时一定要扫描C1s图谱的原因。

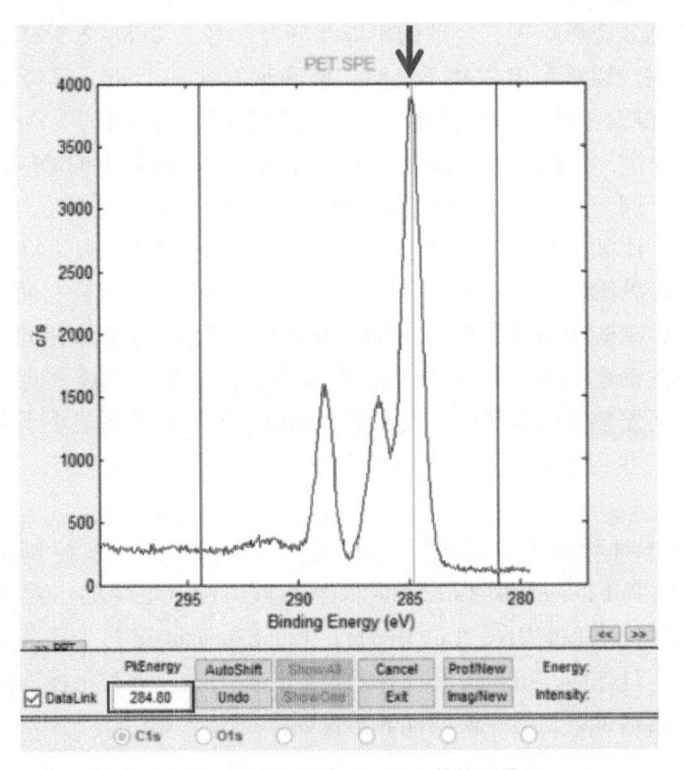

图 2.38　MultiPak 软件里 C1s 的校正图示

②如果样品基体材料非石墨、石墨烯类等碳材料，可将 C1s 谱图中 C—C/C—H 化学键能量校正到 284.8 eV 附近。

③如果样品基体是石墨、石墨烯类等无机碳材料，这时不能简单地将 C1s 谱峰移到 284.8 eV，因为通常无机碳 sp^2碳键结合能更低，且 C1s 谱峰对应的化学态比较复杂，有基体碳材料和吸附碳等。如果表面吸附量比较少（如采用真空传送管保护进样），建议将 C1s 谱峰校正到 284 eV 左右；如果是氧化石墨烯，C1s 结合能会高于 284 eV；但如果是混合碳组分，则需要结合其他元素的谱峰确定合理的荷电校正位置，或直接选用其他已知谱峰能量进行校正。比如金 Au4f、银 Ag3d 等一些金属态的标准谱峰能量位置都可以用来进行荷电校正。

最常用的污染碳 C1s 中 C—C/C—H 化学键结合能作基准峰位来校正的方法是通过测量值和参考值（284.8 eV）之差作为荷电校正值（Δ）来矫正谱中其他元素的结合能。具体操作为：

①求取荷电校正值。吸附碳（C—C/C—H）中 C1s 标准峰位（一般采用 284.8 eV）减去实际测得的吸附碳 C1s 峰位，等于荷电校正值 ΔE。

②采用荷电校正值对其他谱图进行校正。将要分析元素的 XPS 图谱的结合能加上 ΔE，即得到校正后的峰位（整个过程中 XPS 图谱的强度不变）。将校正后的峰位和强度作图，就得到校正后的 XPS 谱图。

3. 荷电校正的其他方法

对于金属材料、氮化物、碳化物、硼化物、氧化物以及氮氧化物，由于基体效应的差异和影响，吸附碳（C—C/C—H）C1s 结合能实际分布在 284. 08 ~ 286. 74 eV 能量区间。荷电校正时，如果直接把吸附碳（C—C/C—H）C1s 位移到 284. 8 eV，其他元素谱峰的能量位移比较大，使得分析结果不准确。文献中有报道，如果采用真空能级为参考，不受材料基体效应和暴露空气时间的影响，吸附碳 C1s 的结合能 E_B^F 与样品功函 ϕ_{SA} 紧密相关，$E_B^F + \phi_{SA}$ 为常数@(289. 58 ± 0. 14) eV。在同一套 XPS 系统里（同时配置 UPS 紫外光电子能谱附件），可进行精细谱采谱以及功函数测试（采用 UPS），用常数（289. 58 eV）减去功函数就得到 C1s 理论的能量值，实际测量值减去理论值就得到荷电校正值 ΔE。

俄歇参数法也是可用的方法之一，关于俄歇参数的详细介绍请参考 2. 2. 8 节。因为俄歇参数是常数，与样品表面荷电无关，通过俄歇参数判断化学价态后，再对荷电位移进行修正。但俄歇参数法也有局限性，俄歇谱峰复杂，特别是多种化学态同时存在或谱峰信号很弱时，都很难准确获得俄歇谱峰的能量值。

此外，在绝缘材料表面镀贵金属 Au，往材料里注入惰性气体离子（比如 Ar）等方法也有文献报道，均有一定的局限性和不确定性，因此没有被广泛应用。

2. 4. 2　XPS 谱峰平滑

扫描得到的精细谱，有的数据比较平滑，有的数据噪声很大。如果要对噪声较大的谱峰进行分峰拟合，有时就需要先对谱峰进行平滑处理。谱峰平滑一方面可以让谱线看起来更清晰美观，另一方面是后续的分峰拟合要顺利一些。

通过软件可以对谱峰进行平滑处理，但谱峰平滑要适度，每个图谱要目测来操作平滑的过程，以免有些表征化学态的谱峰在平滑的过程中消失，比如示例图 2. 39 中黑色圆圈位置，是 Fe2p 图谱中的震激特征峰，表征铁正三价的存在；但如果多次平滑（图 2. 39（b）和图 2. 39（c）），谱线细节就会丢失，震激峰特征性不再明显，就不能明确判断是否有正三价铁。

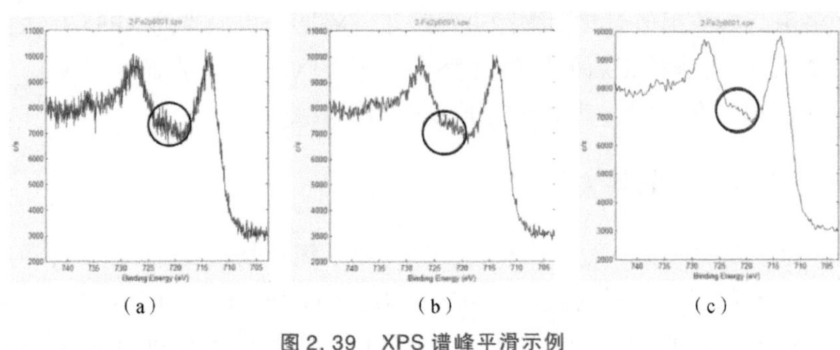

(a)　　(b)　　(c)

图 2.39　XPS 谱峰平滑示例

(a) Fe2p 原始图谱；(b) Fe2p 谱峰平滑一次；(c) Fe2p 谱峰平滑多次

2.4.3　XPS 谱峰背底扣除

XPS 的定量是通过谱峰面积除以灵敏度因子再用归一法定量，所以要确定峰面积。如果峰面积确定有误，会直接影响后面定量的结果。确定谱峰也就是确定谱峰的起点和终点，此两点间谱峰的背底将被扣除。峰的起点和终点位置对于定量计算的准确性是有很大影响的。

常用的背底扣除方式主要有 Linear、Shirley、Tougaard 和 Smart。通常根据谱峰的实际峰型来选择合适的背底扣除方法，选择不同的方式会带来不同的误差，但在同一组数据分析中建议采用同一种背底扣除方式。

①Linear 是直线的背底扣除方法。如果峰两端本底高度差别不大，可以采用 Linear 的方式。

②Shirley 适用于峰两端台阶状峰型背底扣除。

③Smart 类似于 Shirley 背底扣除方式，但会反复调整背底基线位置，使得背底基线不会切到数据曲线之上，适用于能量范围较宽的双峰背底扣除。

背底扣除的操作比较简单，将两边的光标（cursor）移动到对应元素谱峰两侧背底处（信号比较平缓、相对最低的区域）即可，如图 2.40 所示。

在几种 XPS 数据分析软件里，XPS PEAK 需要手动调节能量范围和参数才能找到合适的扣除方式，而 CasaXPS、Avantage 和 MultiPak 的数据处理软件均无须调整参数，只要在软件里选择背底扣除的方式即可，一般推荐 Shirley 或 Smart 对谱峰进行背底扣除。图 2.41 所示为几种谱峰背底扣除方法的对比情况，图 2.41（a）和（b）为 Linear 方式对谱峰进行背底扣除，Linear 方式适用于谱峰两端高低差异不大的图谱；而对于谱峰两端有台阶状起伏的谱峰不适用，背底基线跃于谱峰上端，造成面积计算不准确；图 2.41（c）为 Shirley 扣除方式，但同样不适合轨道分裂峰能量差很大，且两端高低起伏明显的谱峰如 Ba3d，这种情况下选择 Smart 方式扣除背底比较好，如图 2.41（d）所示。

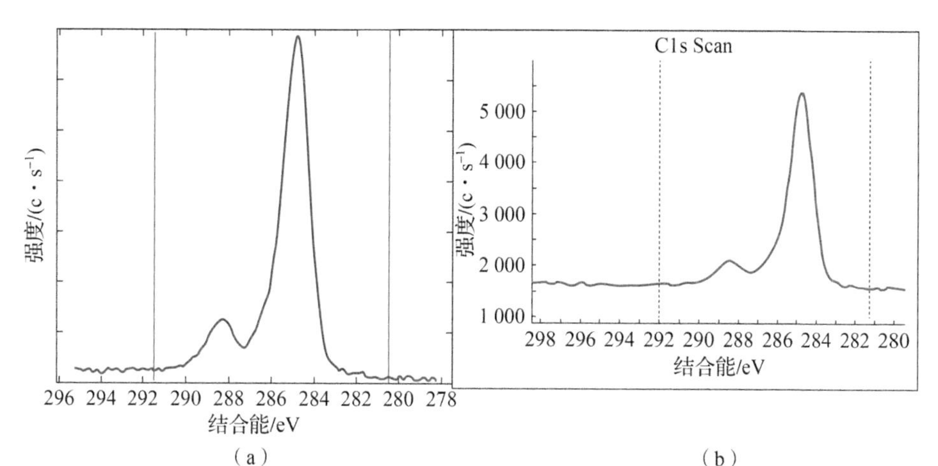

图 2.40　MultiPak（a）和 Avantage（b）软件中谱峰背底扣除示例

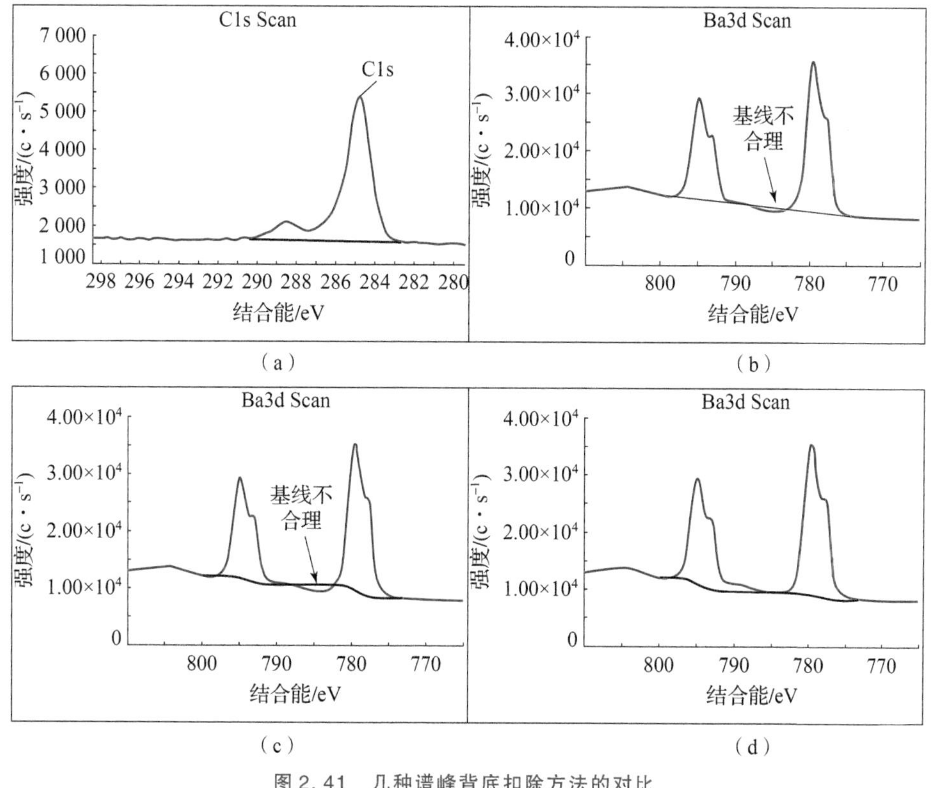

图 2.41　几种谱峰背底扣除方法的对比

（a）单峰 Linear 背底扣除；（b）双峰 Linear 背底扣除；

（c）双峰 Shirley 背底扣除；（d）双峰 Smart 背底扣除

2.4.4 XPS 谱峰拟合数学函数模式选择

1. XPS 峰型特点

对于半导体、复合材料以及绝缘材料，XPS 图谱比较对称，如图 2.42（a）所示。对于导体材料，因为自由电子的影响，XPS 谱峰有拖尾现象，存在左高右低的台阶背底，图谱呈现不对称性，如图 2.42（b）所示。

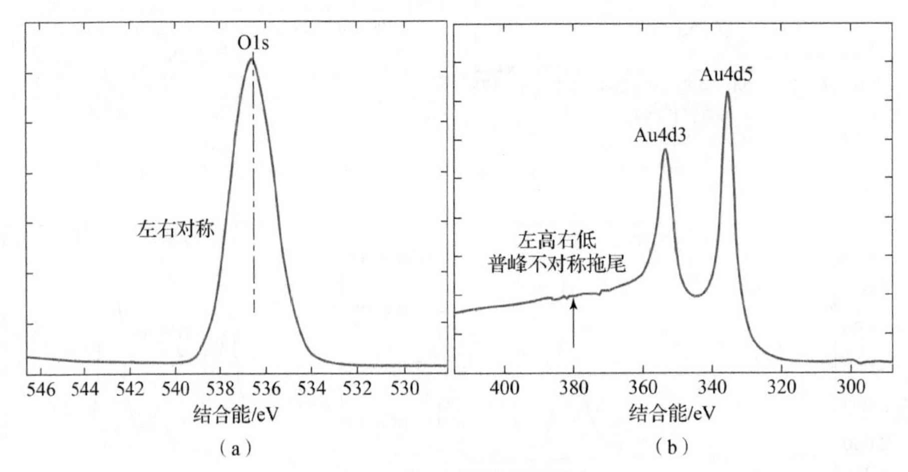

图 2.42　XPS 图谱峰型特点

（a）对称峰型；（b）不对称拖尾峰型

XPS 图谱中的对称峰型为高斯－洛伦兹（Gaussian－Lorentzian）峰型，其可用 GL(x) 表示，这里的 x 代表洛伦兹的百分含量。GL(0) 代表 100% 高斯峰型，GL(100) 代表 100% 洛伦兹峰型。Gaussian 峰型和 Lorentzian 峰型对比如图 2.43（a）所示。

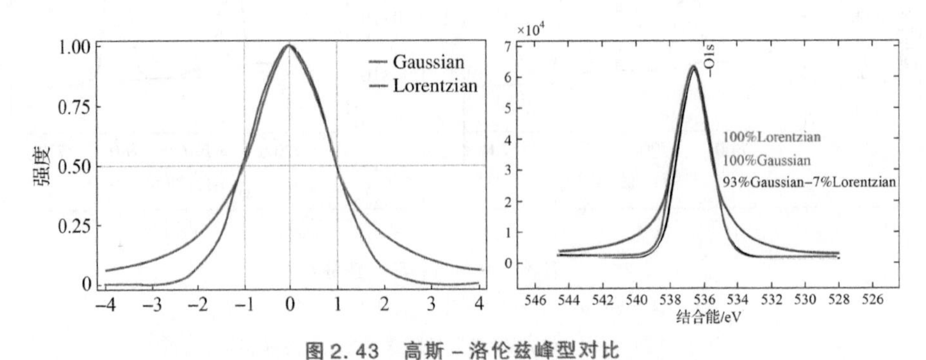

图 2.43　高斯－洛伦兹峰型对比

（a）Gaussian 和 Lorentzian 峰型对比；（b）O1s 谱峰峰型示例

XPS对称峰型的高斯比（% Gauss）一般超过70%，如图2.43（b）所示的O1s谱峰，高斯比为93%。

2. 谱峰拟合时所使用的数学函数模式

如果XPS图谱比较对称，可选用Gauss - Lorentz函数模式；若谱峰中有不对称性拖尾，拟合时应采用Asymmetric函数模式。谱峰拖尾程度不同，分析时要引入拖尾函数，专业软件中都有对应的参数可以选择。如MultiPak软件中，图2.44（a）拟合O1s对称峰型，拟合函数选择Gauss - Lorentz，此时参数Tail Length和Tail Scale为非激活状态，即所有添加的谱峰都会呈现对称峰型；图2.44（b）中拟合Au金属的Au4f谱峰，由于谱峰不对称，拟合函数选择Asymmetric模式，此时参数Tail Length和Tail Scale激活，为可编辑状态。如果一种元素的精细谱中有多种化学态，对称峰和非对称峰同时存在，用MultiPak拟合时，选Asymmetric模式，拟合对称峰型时，把Tail Length和Tail Scale两个参数锁定为“0”，即拟合出的峰型为对称谱峰，后续小节会详细讨论此类案例。

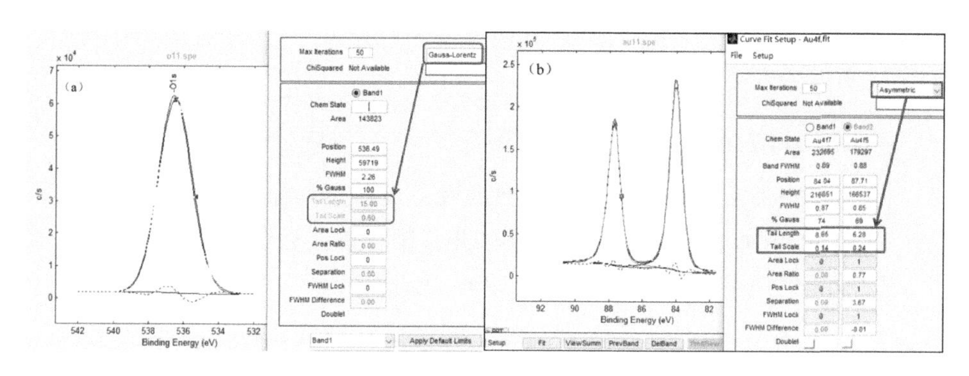

图2.44 MultiPak软件中XPS谱峰峰型参数选择

（a）对称峰型函数选择；（b）非对称峰型函数设置

使用Avantage软件同样可设置参数来拟合对称谱峰和不对称拖尾峰型，如图2.45（a）所示，与拖尾函数相关的参数有Tail Mix(%)、Tail Height(%)和Tail Exponent。当谱峰对称时，这三个拖尾参数默认固定设置，分别为100.00、0.00、0.0000；当谱峰有不对称性拖尾时，就需要调整这三个参数的数值。如图2.45（b）对氧化石墨烯中C1s精细谱进行化学态拟合所示，sp^2石墨烯碳为不对称性谱峰，拟合时需要设置这三个拖尾参数分别为61.79、0.00和0.053 2，但C—C/C—O/C=O三个化学态谱峰对称，因此保留默认设置。

Re	Name	Peak BE	Height CPS	Height Ratio	Area CPS.eV	Area Ratio	FWHM fit param (eV)	L/G Mix (%) Convolve	Tail Mix (%)	Tail Height (%)	Tail Exponent
A	C1s graphene	284.12	2718.94	0.20	4900.82	0.22	1.10	27.77	61.79	0.00	0.0532
							0.704 : 1.1	fixed	fixed	fixed	fixed
B	C1s C-C	285.03	10794.91	0.81	17304.42	0.77	1.45	18.04	100.00	0.00	0.0000
		A+0.91					1.1 : 1.5		fixed	fixed	fixed
C	C1s C-O	287.09	13405.03	1.00	22375.32	1.00	1.51	18.04	100.00	0.00	0.0000
								B*1	fixed	fixed	fixed
D	C1s C=O	288.93	2174.82	0.16	3630.15	0.16	1.51	18.04	100.00	0.00	0.0000
							C*1	B*1	fixed	fixed	fixed
E	C1s plasmon	290.67	460.50	0.03	1131.60	0.05	2.22	18.04	100.00	0.00	0.0000
							1.22 : 2.22	B*1	fixed	fixed	fixed

（a）

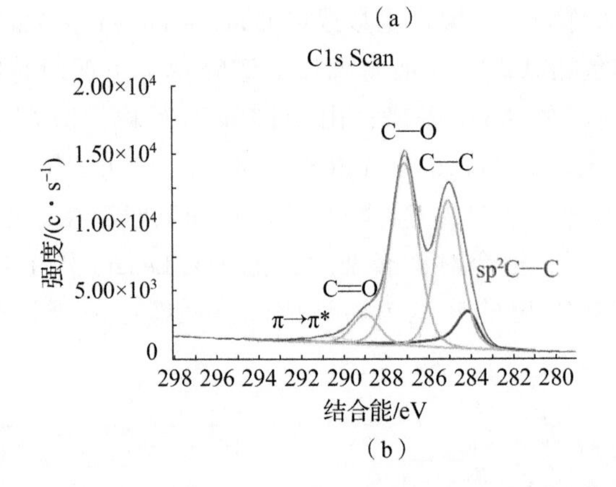

（b）

图 2.45　Avantage 软件中 XPS 谱峰峰型参数选择

（a）Avantage 软件中 XPS 峰型参数设置；（b）氧化石墨烯中 C1s 分峰拟合示例

不对称谱峰拟合时，一般拖尾参数的设置最好参考标准图谱的拟合数据。图 2.46 为 MultiPak 软件中金属铋的标准 Bi4f 精细谱，通过拟合可以确定不对称拖尾参数值（如 Tail Length@ 14.64，Tail Scale@ 0.21）。

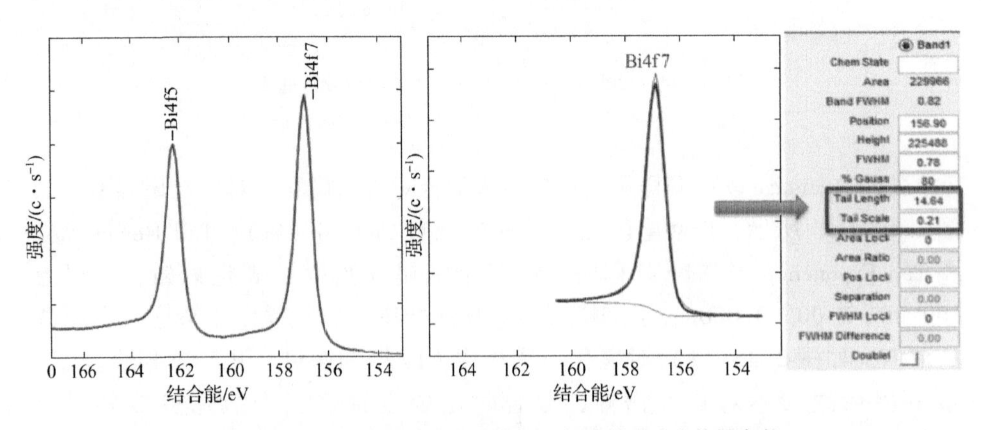

图 2.46　MultiPak 软件中金属铋 Bi4f 标准图谱确定拖尾参数

2.4.5　XPS 单峰拟合

s 轨道的光电子谱峰，如 C1s、O1s、N1s，当同一元素有多种化学态存在时，通常添加多个单峰拟合来区分不同化学态和百分含量。多重分裂峰的分峰拟合也可参考单峰的拟合原则。

单峰拟合以及谱峰标注的简易步骤如下（图 2.47、图 2.48）。

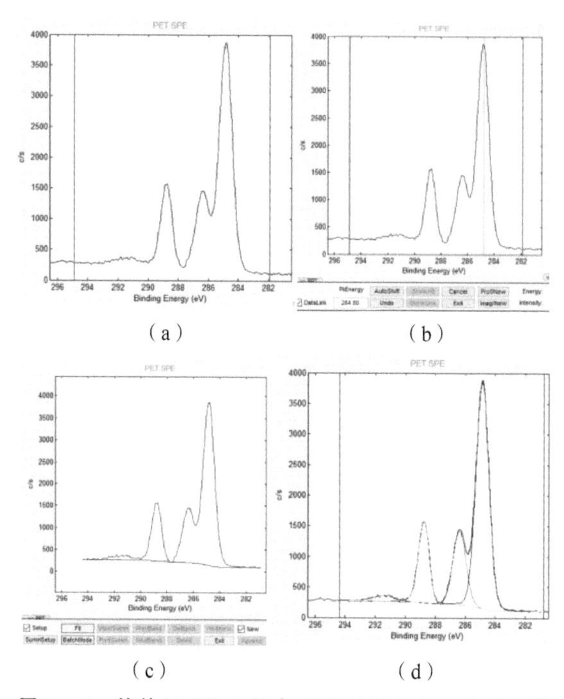

图 2.47　软件 MultiPak 拟合 PET 材料中 C1s 单峰示例

(a) 确定谱峰；(b) 校正和平滑；(c) 背底扣除；(d) 分峰拟合

①根据样品信息、测试需求、谱峰的峰型和能量位置、查询相关数据库和文献先确定化学态位置和拟合单峰的数量。

②拟合相关谱峰。

③在图中标注主要的化学键（化学态、价态等）。

图 2.47 演示常规的单峰分峰步骤：

①打开原始文件确定谱峰能量区间。

②谱峰校正和平滑（如需要）。

③背底扣除。

④根据谱峰峰型特点和能量位置，查阅数据库和权威资料判断其化学态，明确需要拟合的化学态数量后再进行分峰拟合。

图 2. 48 为拟合后谱峰化学键标注的示例。此案例中，有机碳材料（PET）中，表征芳香环结构的震激峰 $\pi—\pi^*$ 键（结合能在 291 eV 左右）的谱峰峰型低而宽，半峰宽是其他谱峰的两倍左右，其他三个化学态谱峰的半峰宽比较相近，谱峰对称，容易分峰拟合。

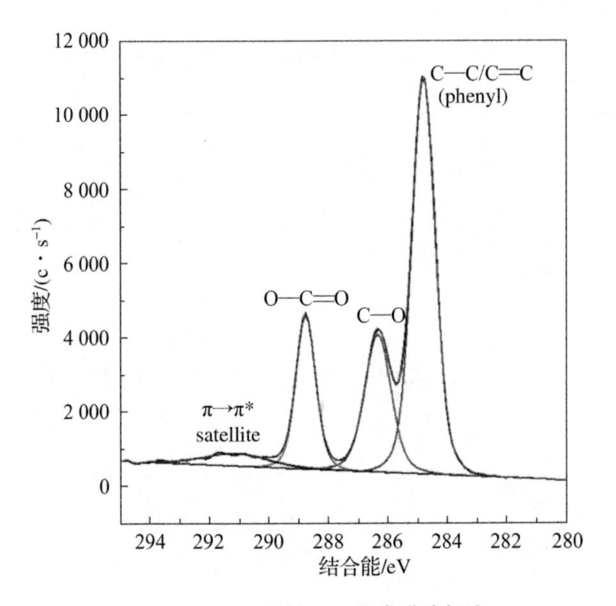

图 2. 48　PET 材料 C1s 拟合谱峰标注

2. 4. 6　双峰中自旋 - 轨道分裂峰的分析方法

若采集的 XPS 图谱与某种化学态的标准图谱十分接近，建议不用拟合，只需标注出谱峰的能量、自旋轨道分裂峰信息（如 $2p_{3/2}$，$2p_{1/2}$；$3d_{5/2}$，$3d_{3/2}$ 等）、震激峰，以及相应的化学态就可以，如图 2. 49 中 TiN 和 TiO_2 的标准精细谱图所示。

图 2. 50 所示案例也是如此，图谱呈现与标准氧化铜和氧化钴的精细谱相似。查询其结合能对应的化学态和标准图谱，识别震激卫星峰、自旋轨道分裂峰和能量差后，判断只有一种化学态后，只标注出主要谱峰的能量位置、谱峰信息，以及相应的化学态就好，不用刻意地进行分峰拟合。尤其是过渡金属氧化物对应的谱峰，里面包含多重分裂或震激峰，峰型不对称，很难用常规 G - L 进行分峰拟合。

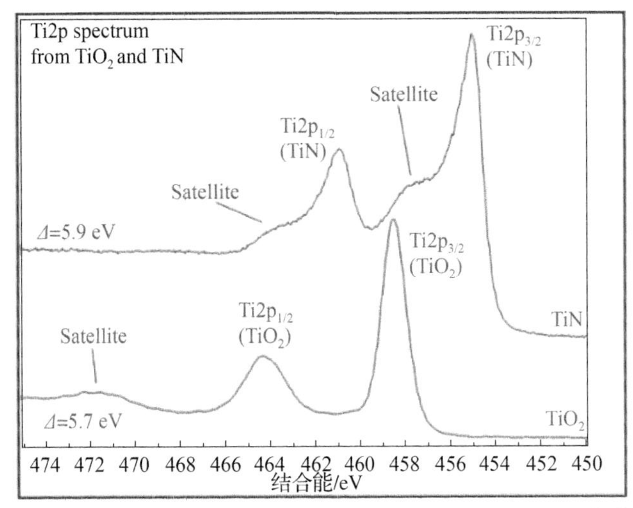

图 2.49　TiN 和 TiO_2 中 Ti2p 峰的峰位、震激峰以及 $2p_{1/2}$ 和 $2p_{3/2}$ 之间的能量差

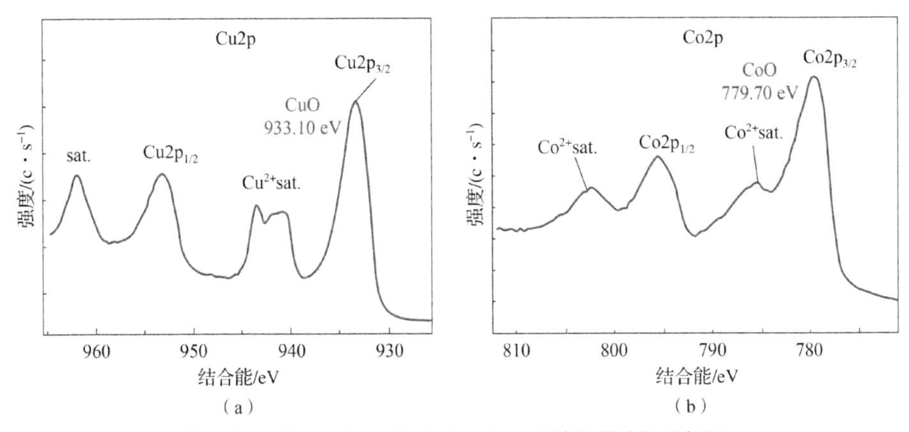

图 2.50　Cu2p（a）和 Co2p（b）的精细谱分析及标识

当有不同化学态存在时，需要通过分峰拟合区分化学态和含量。双峰拟合前，首先确定谱峰拟合的能量范围。如果自旋轨道分裂峰已完全分开，可以按单峰拟合的程序只拟合单一分裂峰即可；如果自旋轨道分裂峰之间有相互重合，就一定要一起拟合双峰，这对化学态定性定量非常重要。在分峰拟合之前，需要先根据谱峰能量和峰型特点查询相关资料，确定拟合谱峰（化学态）的数量、半峰宽和能量位置等。特别强调一下，XPS 并不是表征详细分子结构的技术手段，只能判断主要的价态或化学键接，不能提供精准的分子结构，所以在谱峰标注的时候要特别注意。

以 Pb4f 精细谱分峰为例，双峰拟合的步骤如图 2.51 所示。主要步骤有：谱峰校正，谱峰能量区间确定（图 2.51（a））；根据谱峰峰值利用软件数据

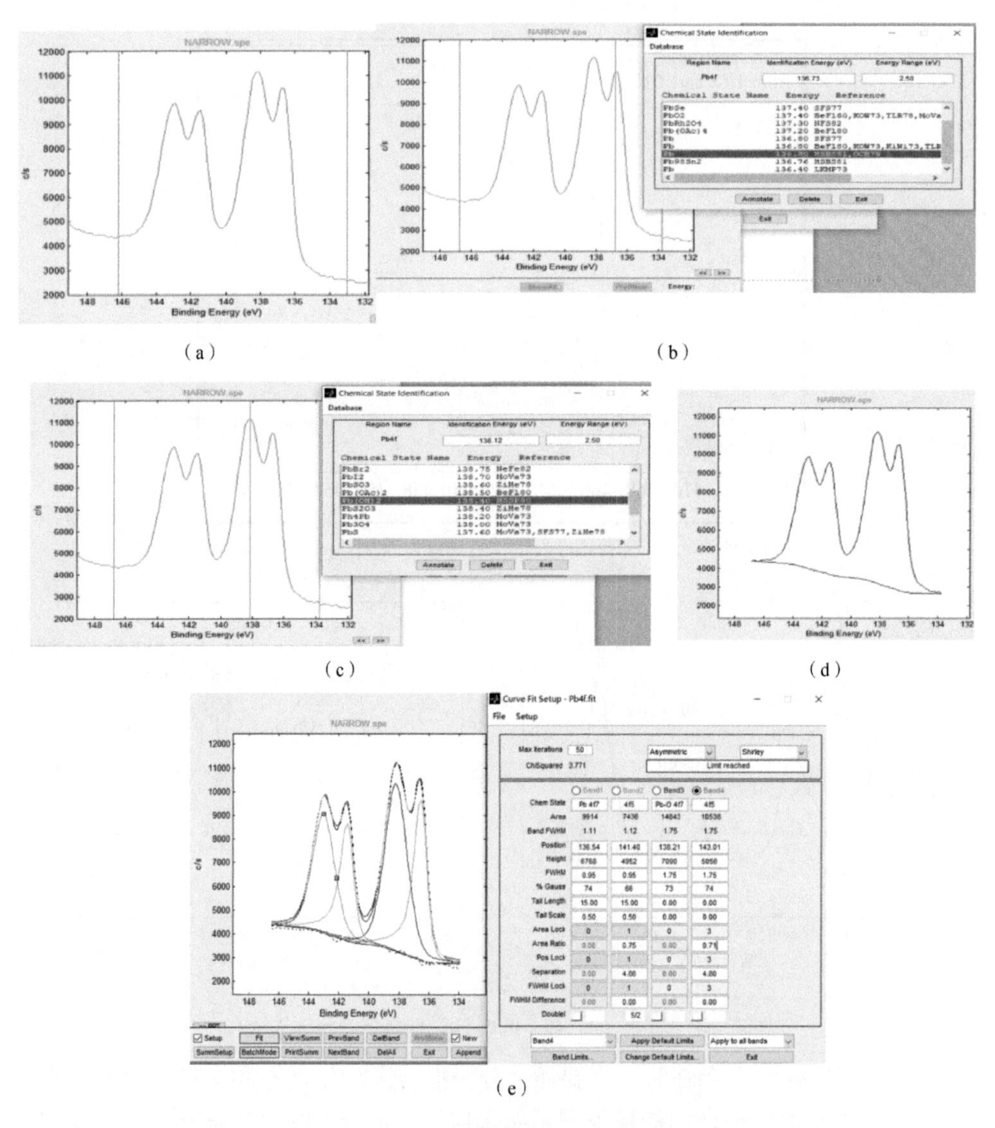

图 2.51　Pb4f 精细谱中双峰拟合示例

(a) 确定谱峰和校正；(b)(c) 确定化学态；(d) 背底扣除；(e) 分峰拟合

库查找和确认化学态。此案例中结合能在 136.5 eV 和 138.2 eV 左右的谱峰，如 MultiPak 软件数据库显示，可分别归属为金属 Pb 和氧化态 Pb—O，从而确定此案例中 Pb4f 谱峰需要拟合两种化学态（图 2.51（b）（c））；选用 Shirley 或 Smart 方法对谱峰进行背底扣除（图 2.51（d））；根据前面步骤中判断有金属 Pb 存在，拟合需要选择不对称函数 Asymmetric 拟合模式（图 2.51（e））。根据 Pb4f 自旋轨道分裂峰的关系（$P4f_{7/2}$：$Pb4f_{5/2}$峰面积比为 4：3，能量差为

4.8 eV 左右）以及同种化学态半峰宽如何设置等原则对谱峰进行分峰拟合，从而得到两组化学态的谱峰。注意，同一组分裂峰的半峰宽可以根据实际情况或参考标准图谱锁定。此案例中同种化学态半峰宽设置相等。此外，氧化态需要用对称谱峰，在 MultiPak 软件中的 Asymmetric 模式下，对称谱峰的拖尾参数 Tail Length 和 Tail Scale 可锁定为0，不对称性谱峰的拖尾参数可参考金属 Pb 的标准图谱。拟合完成后，卡方检验（Chi - Squared Test）值越小越好，详细 MultiPak 操作会在第3章中介绍。

对于双峰拟合，如果分裂峰完全分开，标注出分裂峰信息（比如一对分裂峰和震激峰），化学态拟合只需拟合单个较强的分裂峰就可以，并标注出光电子谱峰和卫星峰以及对应化学态即可，不用拟合所有的谱峰。如图2.52所示，只拟合 Cr2p3 和 Fe2p3 即可。

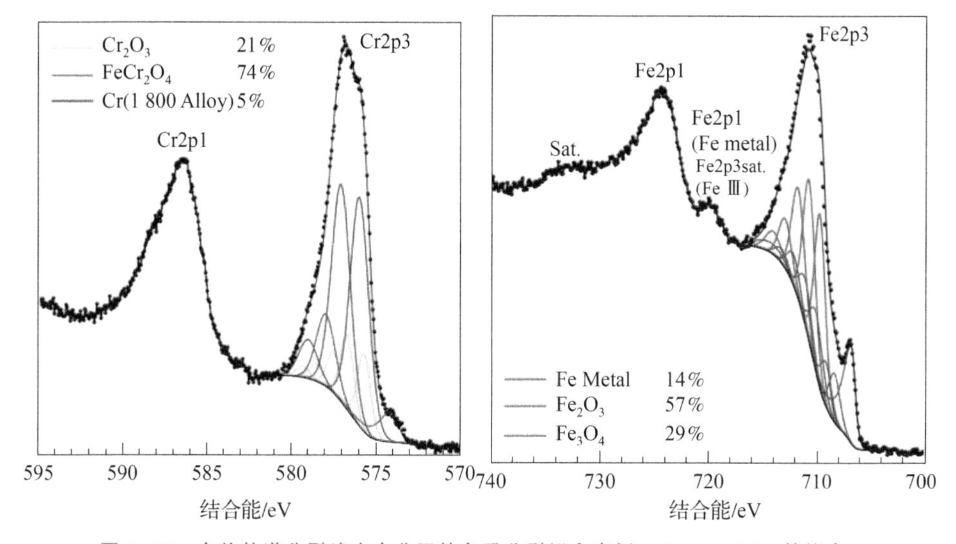

图2.52 自旋轨道分裂峰完全分开的多重分裂拟合案例（Cr2p、Fe2p 的拟合）

如果自旋轨道分裂峰有部分重合，并且有多种化学态存在，就需同时对双峰进行分峰拟合，再来确定化学态归属及其含量，标注光电子谱峰（成对的分裂峰）及对应化学态。比如 S2p 中 S2p1 和 S2p3 结合能差为1.16 eV，P2p 中 P2p1 和 P2p3 结合能差为0.87 eV，其精细谱分峰拟合就是此种情况，如图2.53所示。

2.4.7 重合谱峰的拟合方法

进行精细谱分析时，要判断是否有重合谱峰。如果有全谱数据，可以很容易地从全谱信息中判断是否有重合谱峰的相互干扰。XPS 专业处理软件可自动

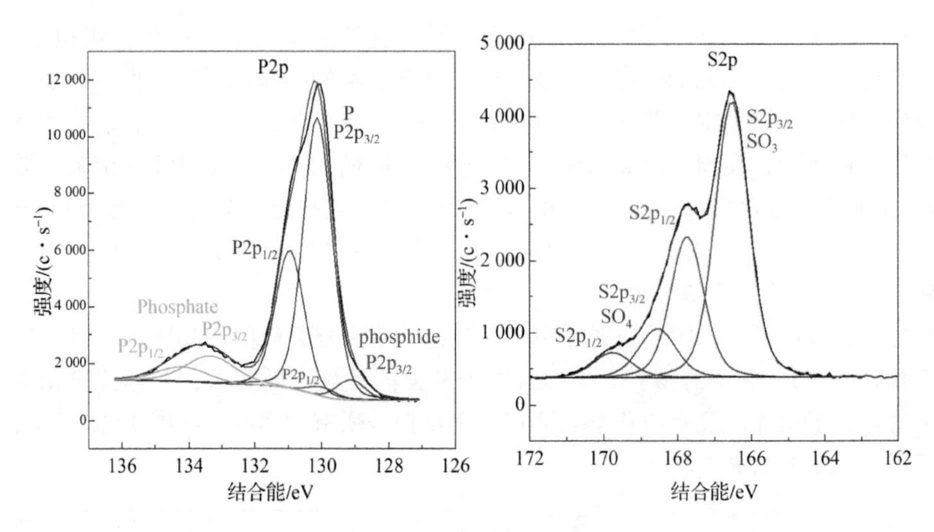

图 2.53　自旋轨道分裂峰有重合的拟合案例（P2p、S2p 精细谱的拟合）

进行谱峰定性和标识，帮助分析人员快速识别重合谱峰。表 2.4 给出了部分元素可能存在的重合谱峰。

表 2.4　部分重合谱峰参考

部分重合谱峰	
Li1s	Fe3p
Li1s	Co3p
B1s	P2s
C1s	$Ru3d_{5/2}$，$Ru3d_{3/2}$
C1s	K2p
O1s	Na KL_1L_{23}
O1s	$Pd3p_{3/2}$
O1s	$Sb3d_{5/2}$
N1s	$Mo3p_{3/2}$
N1s	Ga $L_2M_{45}M_{45}$
Al2p	$Pt4f_{5/2}$
Si2p	Pt5s
$Mo3d_{5/2}$	S2s
Ta4f	O2s

需要注意的是，在有重合谱峰存在的情况下，全谱的定量会不准确。在精细谱拟合时，要考虑重合谱峰之间的相互干扰，通过分峰拟合区分不同元素的谱线，同时在定量时要扣除重合谱峰面积，才能保证定性和定量的准确。图2.54为一谱峰干扰的示例，全谱中可见O1s与Sb3d5谱峰重合，因而全谱定量结果中对氧的定量分析肯定不准，需进行精细谱分峰拟合区分O1s与Sb3d5谱峰面积后，再进行定量分析和化学态归属。第4章也会有详细案例介绍。

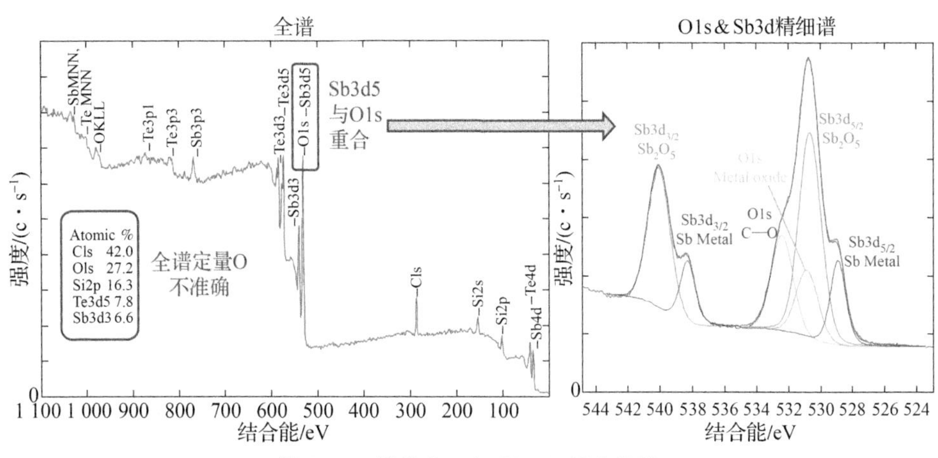

图2.54　谱峰O1s与Sb3$d_{5/2}$重合示例

2.4.8　多重分裂谱峰的分峰方法

前面已经介绍过多重分裂产生的原理，由于多重分裂会导致谱峰不对称、峰型半峰宽比较宽，因而容易被误判成是多种化学态，很难准确进行拟合。

表2.5汇总了部分过渡金属化合物XPS图谱多重分裂峰的情况。Sc、Ti、V、Cu和Zn化合物图谱中没有多重分裂，或有多重分裂但图谱分辨不出来，谱峰会相应展宽；而Cr、Fe、Mn、Co和Ni各种化合物图谱中常见多重分裂峰。

图2.55是文献中Cr、Fe、Mn的化合物多重分裂峰拟合案例。对应文献资料详细提供了测试参数条件，如通能参数、不同元素不同化学态的多重分裂谱峰的结合能、半峰宽、分裂峰之间的能量差和面积比等信息。若已明确知道样品的化学态归属，且采谱扫描时设置了相似的测试条件，则在对图谱分峰拟合时可参考这些标准图谱的多重分裂峰信息（能量、半峰宽、谱峰比例关系等）进行参数设置。从图2.55中可以看出拟合谱峰众多，不同化学态的分峰相互重合很多，操作比较复杂。第4章中提供了部分元素详细的多重分裂谱峰拟合参数表供分析人员参考。

表 2.5　部分过渡金属元素化合物图谱多重分裂统计

e^- (3d+4s)	0	1	2	3	3	4	4	5	5	6	6	7	7	8	8	9	9	10	10	11	12
电子排布 (Electronic Configuration)	[Ar]	[Ar] 3d1	[Ar] 3d2	[Ar] 3d3	[Ar] 3d1 4s2	[Ar] 3d4	[Ar] 3d2 4s2	[Ar] 3d5	[Ar] 3d3 4s2	[Ar] 3d6	[Ar] 3d5 4s1	[Ar] 3d7	[Ar] 3d5 4s2	[Ar] 3d8	[Ar] 3d6 4s2	[Ar] 3d9	[Ar] 3d7 4s2	[Ar] 3d10	[Ar] 3d8 4s2	[Ar] 3d10 4s1	[Ar] 3d10 4s2
Sc	Sc (Ⅲ)				Sc (0)																
Ti	Ti (Ⅳ)	Ti (Ⅲ)	Ti (Ⅱ)				Ti (0)														
V	V (Ⅴ)	V (Ⅳ)	V (Ⅲ)	V (Ⅱ)					V (0)												
Cr	Cr (Ⅵ)		Cr (Ⅳ)	Cr (Ⅲ)		Cr (Ⅱ)					Cr(0)										
Mn	Mn (Ⅶ)	Mn (Ⅵ)		Mn (Ⅲ)		Mn (Ⅱ)		Mn (Ⅱ)					Mn (0)								
Fe								Fe (Ⅲ)		Fe (Ⅱ)					Fe (0)						
Co										Co (Ⅲ)		Co (Ⅱ)					Co (0)				
Ni												Ni (Ⅱ)		Ni (Ⅱ)					Ni (0)		
Cu																Cu (Ⅱ)		Cu (Ⅰ)		Cu (0)	
Zn																		Zn (Ⅱ)			Zn (0)

No Mulitplet Splitting

Multiplet Splitting(Resolved in XPS)

Multiplet Splitting(Not Well – Resolved or Peak Broadening Only)

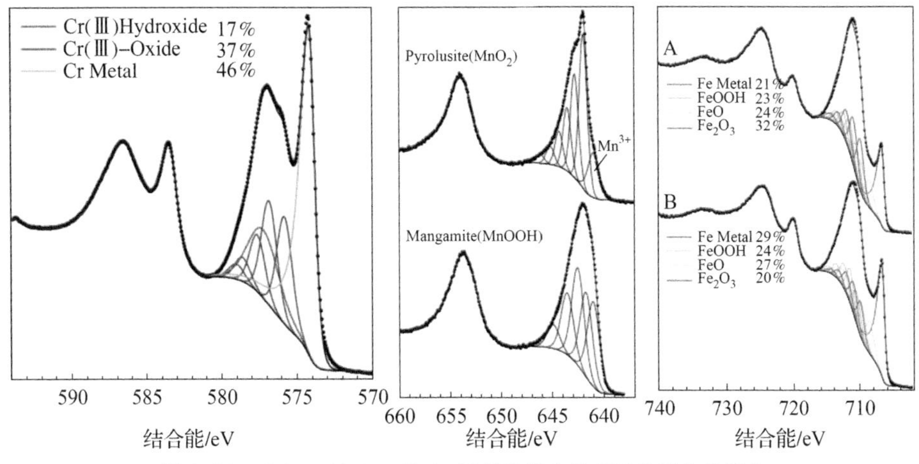

图 2.55　Cr2p、Mn2p、Fe2p 不同化学态的多重分裂分峰拟合

由于多重分裂的存在，谱峰会展宽变形。对不同化学态分析时，如果有目标化学态的标准图谱，在 MultiPak 软件里可以采用 LLS 和 TFA 方法进行化学态分析和含量计算；而在 Avantage 软件里可以采用 NLLSF（非线性最小二乘拟合）方法对谱峰进行分峰拟合。如图 2.56 所示，需要对 Ni2p 精细谱进行拟合，从原始图谱的峰型和能量位置可以判断有金属镍和氧化镍同时存在。若有镍金属、NiO 以及 $Ni(OH)_2$ 的标准图谱，在 Avantage 软件中对 Ni2p 进行 NLLSF 拟合，操作比较简单，可以相对准确地得到镍不同化学态的含量关系。

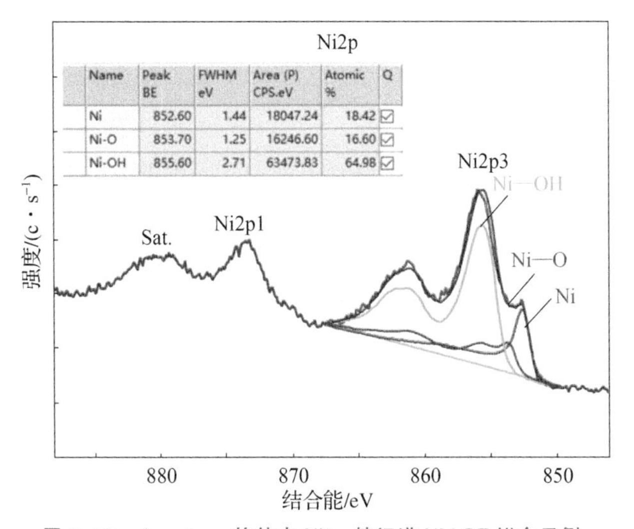

Name	Peak BE	FWHM eV	Area (P) CPS.eV	Atomic %	Q
Ni	852.60	1.44	18047.24	18.42	☑
Ni-O	853.70	1.25	16246.60	16.60	☑
Ni-OH	855.60	2.71	63473.83	64.98	☑

图 2.56　Avantage 软件中 Ni2p 精细谱 NLLSF 拟合示例

2.4.9 俄歇图谱和俄歇参数判断化学态

前面章节已讨论过俄歇谱峰和俄歇参数，对于同种元素不同化学态之间结合能差别比较小的光电子谱峰，很难单独判断化学态，需要同时扫描俄歇谱峰，比如 Cu、Zn、Ag、Se、Na、As 等元素。俄歇参数定义为特定元素的俄歇电子动能与光电子的动能之差，它综合考虑了俄歇电子能谱和光电子能谱两方面的信息。常用俄歇电子的动能和光电子的结合能之和来表示俄歇参数（即修正俄歇参数），在数据手册上可以查到部分元素不同化学态的修正俄歇参数数值。

由于俄歇参数能给出较大的化学位移，以及其与样品的荷电状况及谱仪状态无关，因而，常用俄歇参数来鉴定一些结合能变化较小的元素以及荷电校正困难的样品的化学态的变化。

由表 2.6 及图 2.57 可见 Cu 金属与 Cu_2O 的 Cu2p 谱峰几乎重合，仅通过 Cu2p3 结合能无法区分是金属态或正一价氧化铜。而 Cu LMM 俄歇图谱中两种化学态有明显区别，结合能相差 2 eV 左右，俄歇参数为 Cu2p3 结合能与 Cu LMM 俄歇动能之和，从俄歇参数很容易区分金属铜和正一价态氧化铜。

表 2.6 Cu 不同化学态的俄歇参数参考

化学态	Cu2p3 结合能/eV	Cu LMM 动能/eV	俄歇参数/eV
Cu_2O	932.5	916.2	1 848.7
Cu	932.6	918.6	1 851.2
CuO	933.7	918.1	1 851.8
CuS	932.2	918.4	1 850.6

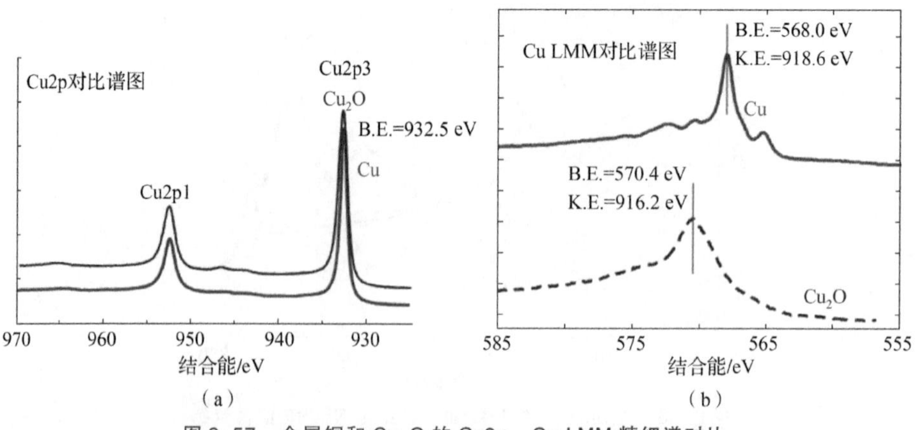

图 2.57 金属铜和 Cu_2O 的 Cu2p、Cu LMM 精细谱对比

2.4.10　常见 XPS 数据分析错误案例

XPS 数据处理常见的错误主要有谱峰标识错误、荷电校正错误、背景扣除错误、基线错误、化学态分析错误、定量错误、分峰拟合错误等，下面举几个案例（均从已发表文章中摘取）。

1. 谱峰背景扣除错误

图 2.58 列举了一些错误的谱峰扣除案例。可以看到背底基线已经切到谱峰之上，因此谱峰面积计算肯定有误，从而直接影响了后面定量分析以及分峰拟合过程。

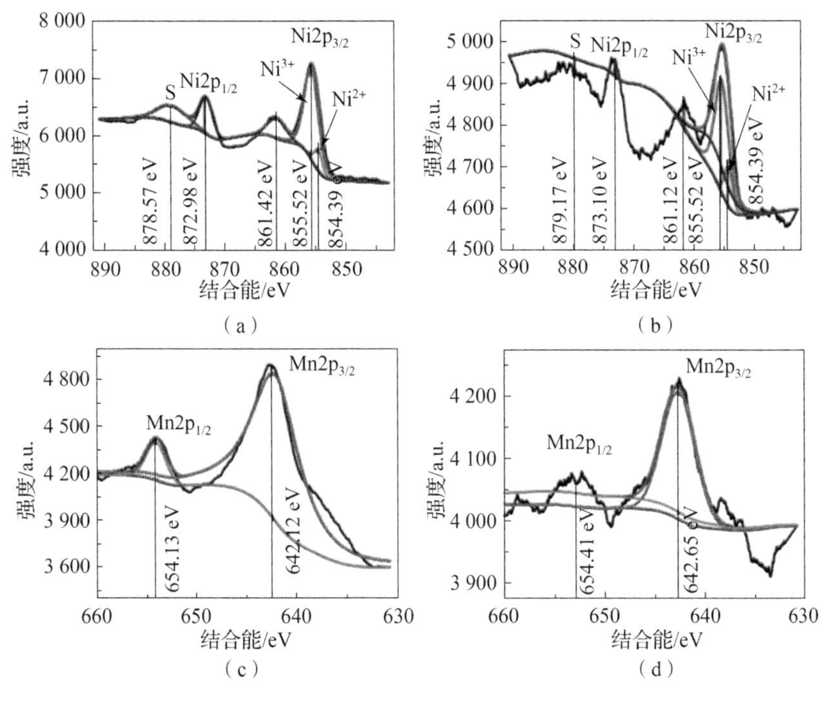

图 2.58　谱峰背底扣除错误案例

2. 单峰和双峰分峰拟合错误

图 2.59（a）所示全谱中可见有 C、O、Mo、S 等成分，图 2.59（b）所示是 C1s 单峰拟合，单峰拟合常见半峰宽设置不合理。通常对于 C1s 谱峰来讲，除了碳化物、无机碳的谱峰半峰宽比较窄，$\pi—\pi^*$ 比较宽，常见的 C—C/C—O/C ═O 等谱峰的半峰宽在拟合时可以设置相近，此案例中 C1s 的分峰明显未

考虑半峰宽的关系，图中化学键—COOH 对应谱峰的半峰宽比其他谱峰小很多。图 2. 59（c）（d）中分别对 Mo3d 和 S2p 进行分峰拟合。Mo3d 有自旋轨道分裂峰 $Mo3d_{5/2}$和 $Mo3d_{3/2}$（两个谱峰关系应该是：面积比为 3 : 2，能量差为 3. 15 eV左右），S2p 自旋轨道分裂峰有 $S2p_{3/2}$和 $S2p_{1/2}$（两个谱峰关系应该是：面积比为 2 : 1，能量差为 1. 16 eV 左右），在图中所拟合的谱峰中未见按双峰关系（如谱峰面积比和能量差等）进行拟合，并且未参考谱峰结合能对应的化学态，价态归属都有错误。第 4 章将讨论更多双峰拟合案例，此处不再过多举例。

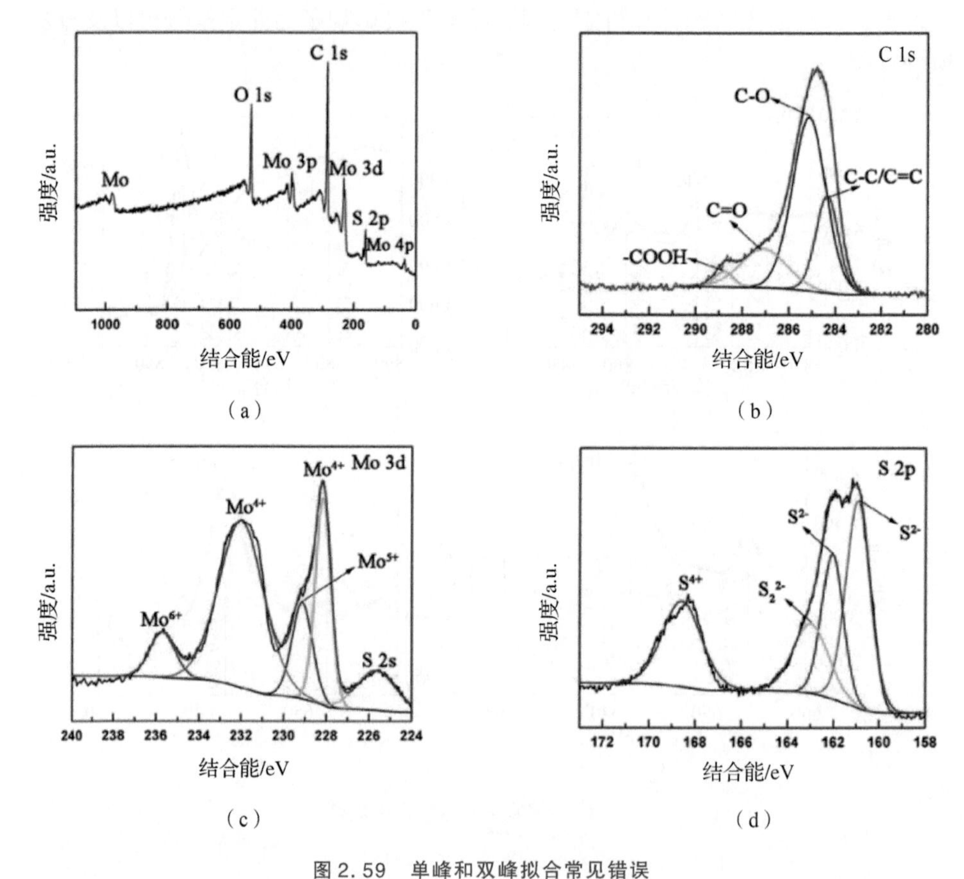

图 2. 59　单峰和双峰拟合常见错误

（a）全谱；（b）C1s 分峰拟合；（c）Mo3d 分峰拟合；（d）S2p 分峰拟合

3. 谱峰混淆化学态分析错误

参考图 2. 60（a）中镍的两种化学态 NiO 和 $Ni(OH)_2$的标准图谱，图 2. 60（b）中存在明显的拟合和标峰错误：Ni2p 谱峰峰型可以判断镍化学态应该包含 NiO 和 $Ni(OH)_2$，但从分峰呈现可以看出光电子谱峰、震激卫星峰、多重分裂峰等谱峰混淆，或盲目分峰和化学态归属，因而谱峰面积、半峰宽以及谱峰标识都有错误。

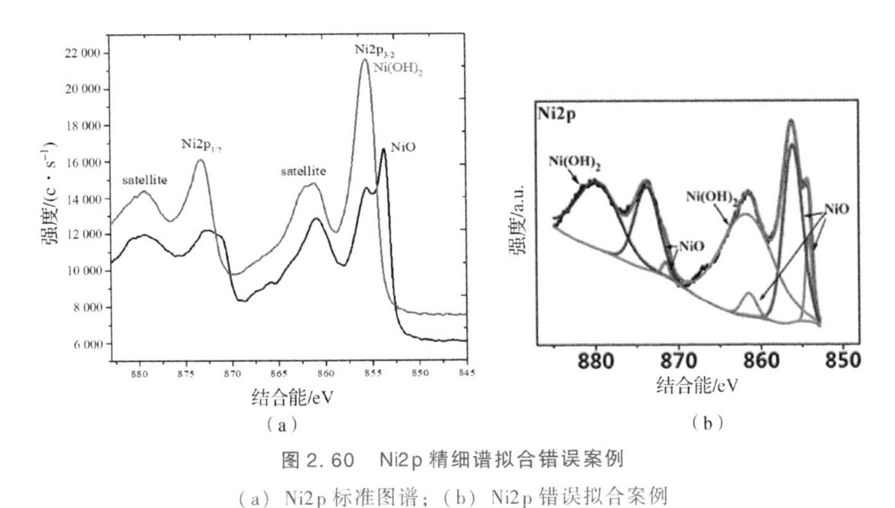

（a）　（b）

图 2.60　Ni2p 精细谱拟合错误案例

（a）Ni2p 标准图谱；（b）Ni2p 错误拟合案例

4. 未考虑重合谱峰

图 2.61 中可见样品有 MoN 成分，Mo3p 与 N1s 有重合，但在 N1s 精细谱分析（图 2.61（b））中未考虑 Mo3p 谱峰的存在，只分析出三种 N 的化学态，这样的化学态归属和定量都会有误。此案例中的 Mo3d 分析也有明显错误，未考虑自旋轨道分裂峰的谱峰面积比等，如 $Mo3d_{5/2}$ 与 $Mo3d_{3/2}$ 是 3∶2 的关系且能量差为 3.15 eV 左右，这样分峰拟合的化学态判定及含量比都是错误的。

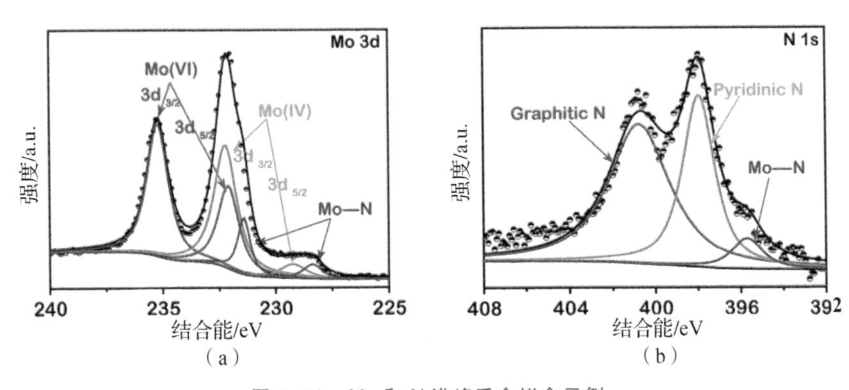

（a）　（b）

图 2.61　Mo 和 N 谱峰重合拟合示例

（a）Mo3d 错误拟合示例；（b）N1s 错误拟合示例

图 2.62（a）案例中对所采集的 Mn2p 图谱进行分峰拟合，首先，应发现谱峰存在异常，因为图中谱峰面积 $Mn2p_{3/2}$ 远大于 $Mn2p_{1/2}$，此时应该想到有谱峰重合问题（镍锰同时存在的时候，实际有 Ni LMM 俄歇峰干扰，如图 2.62（b）所示）。其次，拟合时应考虑分裂峰之间的比例关系（2p3 ：2p1 = 2：1），当发现比例偏差很大时，就要考虑谱峰识别错误或重合问题。另外，还存在随意加化学态的问题，实际 $Mn^{2+}/Mn^{3+}/Mn^{4+}$ 中 Mn2p3 结合能差异不明显（图 2.62（c）中 Mn 不同氧化态的 Mn2p 标准图谱），其中 Mn2p3 结合能的位置都为 641 ~ 642 eV。图 2.62（a）所拟合的正四价锰的 Mn2p3 结合能高于 645 eV，分峰和化学态归属明显错误。

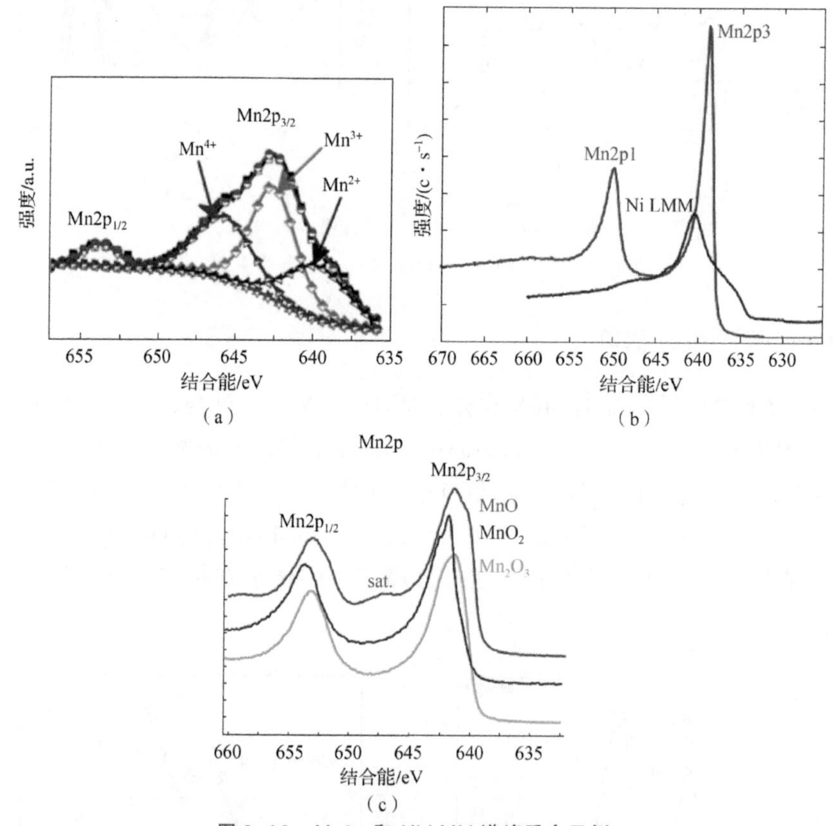

图 2.62　Mn2p 和 Ni LMM 谱峰重合示例

（a）Mn2p 精细谱分峰拟合案例；（b）Mn2p 与 Ni LMM 重合；（c）Mn2p 标准图谱

2.4.11　XPS 数据分析流程总结

XPS 数据的分析流程总结如下：谱峰校正、谱峰平滑、扣背底、查询资料、判断有没有重合谱峰、全谱定性半定量、精细谱分析、分峰拟合、化学态定性定量等。这是大部分 XPS 数据分析的基本流程（图 2.63），总结在此供大家参考。

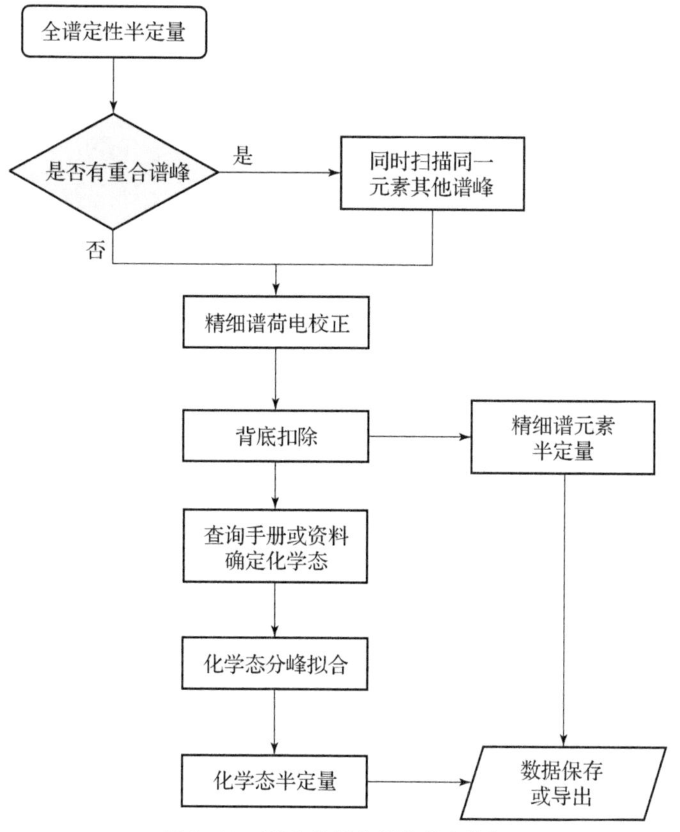

图 2.63　XPS 数据分析的基本流程

2.5　数据库和网站资源介绍

在进行 XPS 数据分析前，尤其是分峰拟合前，最重要的是先查询相关的信息、资料或文献，而不是直接随意进行分峰拟合，或者随便参考某一个文献资料。要确认的信息主要有：材料对应化学态中每个元素特征谱峰的结合能位置（能量范围）、标准图谱的特点（是否有震激峰、能量损失峰、俄歇参数、多重分裂峰等）、查询分裂峰的能量差和谱峰面积比、可参考谱峰拟合的方法等。图 2.64（a）中的数据来源于 ULVAC－PHI XPS 数据手册，可查到不同碳化物的结合能信息；图 2.64（b）为 Avantage 分析软件中氧化铁 Fe2p 的标准图谱，从标准图谱中可看到谱峰特点、能量差以及不同化学态震激峰等信息。

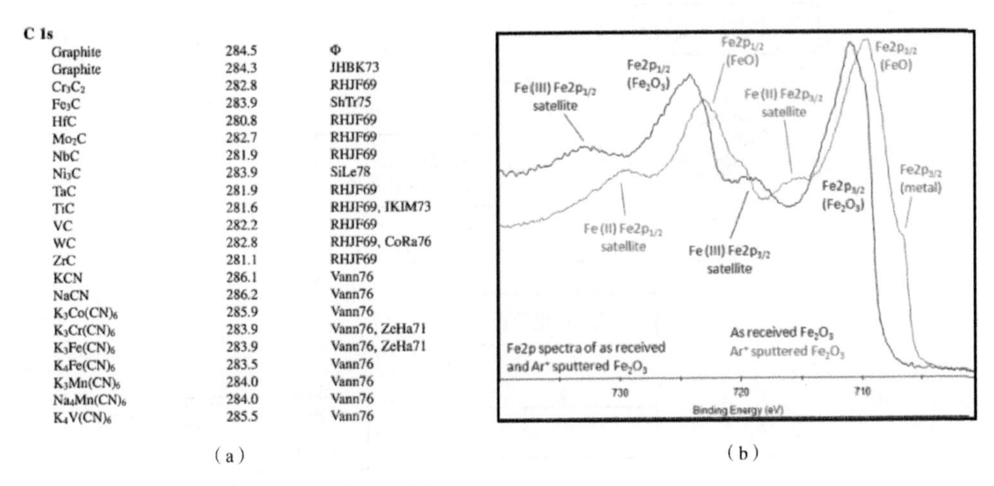

C 1s

Graphite	284.5	Φ
Graphite	284.3	JHBK73
Cr_3C_2	282.8	RHJF69
Fe_3C	283.9	ShTr75
HfC	280.8	RHJF69
Mo_2C	282.7	RHJF69
NbC	281.9	RHJF69
Ni_3C	283.9	SiLe78
TaC	281.9	RHJF69
TiC	281.6	RHJF69, IKIM73
VC	282.2	RHJF69
WC	282.8	RHJF69, CoRa76
ZrC	281.1	RHJF69
KCN	286.1	Vann76
NaCN	286.2	Vann76
$K_3Co(CN)_6$	285.9	Vann76
$K_3Cr(CN)_6$	283.9	Vann76, ZeHa71
$K_3Fe(CN)_6$	283.9	Vann76, ZeHa71
$K_4Fe(CN)_6$	283.5	Vann76
$K_3Mn(CN)_6$	284.0	Vann76
$Na_4Mn(CN)_6$	284.0	Vann76
$K_4V(CN)_6$	285.5	Vann76

（a）　　　　（b）

图 2.64　XPS 数据手册中化学态能量查询（a）和标准图谱 Fe2p 示例（b）

一般来讲，可被信赖的数据库或资料是在大量工作之上浓缩总结的，并被多次使用验证过，是经验的积累。好多初学者不了解权威的 XPS 数据网站有哪些，反而习惯性地搜索与自己课题或论文相关的文献资料，把这些文献当成权威；实际上，甚至有很大比例文献资料上对应的图谱分析是不准确的。千万不要认为发表在 CNS 之类顶刊的数据分析就一定全部合理或正确，术业有专攻，我们还是希望读者用科学求实的态度来面对数据分析。

下面列出一些权威、较常用的 XPS 数据库和网站信息。

1. XPS 数据手册

最重要和最基本的就是 XPS 数据手册，通常设备会自带装订版的数据手册，也有电子版的数据手册可以从对应网站上下载。比如 *Handbook of X - ray Photoelectron Spectroscopy* 中包含了可用作元素鉴定和化学解释的标准样品的参考图谱以及预期峰位和结合能位移的汇总信息。该手册不仅有单色 Al X 射线测得的标准图谱，还有非单色化的 Mg X 射线源测得的标准图谱，引言部分还有解析 XPS 光谱时可能遇到的光谱特征类型。

另一本手册 *High Resolution XPS of Organic Polymers* 更适合对有机物的分析，结合标准的有机材料分子式，里面提供的信息有标准有机材料的全谱、精细谱，标准有机材料精细谱拟合谱峰参考（分峰能量位置、对应化学态和谱峰面积比），标准有机材料价带谱等。

2. 分析软件自带数据库

XPS 设备软件自带的数据库，比如 ULVAC – PHI 公司的 MultiPak、Thermo Scientific 的 Avantage 等，主要提供的信息有：不同元素标准样品的全谱和精细谱（可自动进行谱峰标识）、不同化学态的能量参考（集成在软件里）、自旋轨道分裂峰能量差和峰强比例自动显示等。

MultiPak 软件自带数据库，与 XPS 数据手册里的信息一致，可以查询到标准的全谱、标准精细谱图，以及不同化学态的能量位置参考。而且在进行分峰拟合时，可以自动标注出自旋轨道分裂峰的面积比和能量差，方便用户快速地进行数据分析。

Avantage 软件里也可以查询到一些标准图谱和能量位置，以及重合谱峰的一些信息，这些信息和仪器官网上的数据库 XPS Simplified 是一致的。在分峰拟合的时候，也可以自动标注出分裂峰的面积比率和能量差，以及应用文献的链接。

3. 网站信息

NIST 网站：https://srdata.nist.gov/

XPSfitting 网站：http://www.xpsfitting.com/

Thermo 官网：http://xpssimplified.com/

LaSurface 网站：http://www.lasurface.com/database/elementxps.php

Surface Science Spectra 网站：https://avs.scitation.org/journal/sss

从以上网站中能搜索到不同元素不同化学态的精细图谱参考，也有不同化学态标准能量表参考，总体来说信息比较全面。有的也有参考文献的目录和链接，可以根据需求下载相关资料。

2.6 XPS 相关标准和规范

1. 设备操作和设备性能校准相关的参考标准

E902	Standard Practice for Checking the Operating Characteristics of X – ray Photoelectron Spectrometers.

GB/T 31470—2015　俄歇电子能谱与 X 射线光电子能谱测试中确定检测信号对应样品区域的通则

GB/T 22571—2017　表面化学分析 X 射线光电子能谱仪能量标尺的校准

ISO 15472：2010　Surface chemical analysis – X – ray photoelectron spectrometers – Calibration of energy scales

GB/T 28632—2012　表面化学分析俄歇电子能谱和 X 射线光电子能谱横向分辨率测定

ISO 18516：2019　Surface chemical analysis – Auger electron spectroscopy and X – ray photoelectron spectroscopy – Determination of lateral resolution

GB/T 28633—2012　表面化学分析 X 射线光电子能谱强度标的重复性和一致性

ISO 24237：2005　Surface chemical analysis – X – ray photoelectron spectroscopy – Repeatability and constancy of intensity scale

GB/T 29556—2013　表面化学分析俄歇电子能谱和 X 射线光电子能谱横向分辨率、分析面积和分析器所能检测到的样品面积的测定

ISO/TR 19319：2013　Surface chemical analysis – Auger electron spectroscopy and X – ray photoelectron spectroscopy—Determination of lateral resolution, analysis area, and sample area viewed by the analyser

SJ/T 10714—1996　检查 X 射线光电子能谱仪工作特性的标准方法

ASTM E902—05　Standard practice for checking the operation characteristics of X – ray photoelectron spectrometers

2. 样品制备参考标准

E1078　Standard Guide for Specimen Handling in Auger Electron Spectroscopy and X – ray Photoelectron Spectroscopy.

SJ/T 10458—1993　俄歇电子能谱术和 X 射线光电子能谱术的样品处理标准导则

3. 数据记录与报告参考标准

E673　Standard Terminology Relating to Surface Analysis.

GB/T 33502—2017　表面化学分析 X 射线光电子能谱（XPS）数据记录与报告的规范要求

ISO 16243：2011　Surface chemical analysis – Recording and reporting data in X – ray photoelectron spectroscopy（XPS）

GB/T 36401—2018　表面化学分析 X 射线光电子能谱薄膜分析结果的报告

ISO 13424：2013　Surface chemical analysis – X – ray photoelectron spectroscopy – Reporting of results of thin – film analysis

4. 测试和分析方法相关的参考标准

GB/T 30702—2014　表面化学分析俄歇电子能谱和 X 射线光电子能谱实验测定的相对灵敏度因子在均匀材料定量分析中的使用指南

ISO 18118：2015　Surface chemical analysis – Auger electron spectroscopy and X – ray photoelectron spectroscopy – Guide to the use of experimentally determined relative sensitivity factors for the quantitative analysis of homogeneous materials

GB/T 25185—2010　表面化学分析 X 射线光电子能谱荷电控制和荷电校正方法的报告

ISO 19318：2021　Surface chemical analysis – X – ray photoelectron spectroscopy – Reporting of methods used for charge control and charge correction

GB/T 32490—2016　表面化学分析 X 射线光电子能谱确定本底的程序

ISO/TR18392：2005　Surface chemical analysis – X – ray photoelectron spectroscopy – Procedures for determining backgrounds

GB/T 30704—2014　表面化学分析 X 射线光电子能谱分析指南

ISO 10810：2010　Surface chemical analysis – X – ray photoelectrons-pectroscopy – Guidelines for analysis

5. 不锈钢材料分析参考标准

SEMI F19　Specification for the Finish of the Wetted Surfaces of

	Electropolished 316L Stainless Steel Components
A276	Standard Specification for Stainless Steel Bars and Shapes
A751	Standard Test Methods, Practices, and Terminology for Chemical Analysis of Steel Products
SEMI F60 - 0301	Test Method for ESCA Evaluation of Surface Composition of Wetted Surfaces of Passivated 316L Stainless Steel Components

6. 其他材料的测试规范参考标准

GB/T 25188—2010	硅晶片表面超薄氧化硅层厚度的测量 X 射线光电子能谱法
YS/T 644—2007	铂钌合金薄膜测试方法 X 射线光电子能谱法测定合金态铂及合金态钌含量

第3章
X射线光电子能谱数据分析软件篇

由XPS谱仪采集并直接保存的数据一般需要用专业的分析软件才能打开和处理，原始数据经过分析处理后，才会得到我们想要呈现的最终结果，因而需要Origin、Excel等软件的辅助。

本章重点对XPS数据分析软件进行讲述。首先，对目前比较流行通用的XPS数据分析软件进行了简单介绍；然后，讨论了MultiPak软件的版本、安装、界面和窗口等基本问题；接着，详细介绍了MultiPak

数据分析操作的步骤和流程；最后，列举两个实际典型案例，演示了 MultiPak 分峰拟合的具体操作步骤。对于其他功能，读者可以结合 MultiPak 使用手册进行操练，以达到举一反三的效果。

3.1　数据分析软件简介

目前比较流行的商用 XPS 分析软件主要有 XPSPEAK、CasaXPS、Avantage、MultiPak 和 PeakFit 等，各软件图标如图 3.1 所示。XPSPEAK 和 PeakFit 类似，容易上手，但是高级功能要弱一些；CasaXPS 界面友好，功能相对丰富，数据格式兼容性好，适合初学者；Avantage 为 Thermo Scientific 公司的专业数据处理软件，功能也很强大；MultiPak 为 ULVAC－PHI 公司开发的 XPS 数据处理软件，值得一提的是，CasaXPS 和 MultiPak 均支持 AES 数据分析。

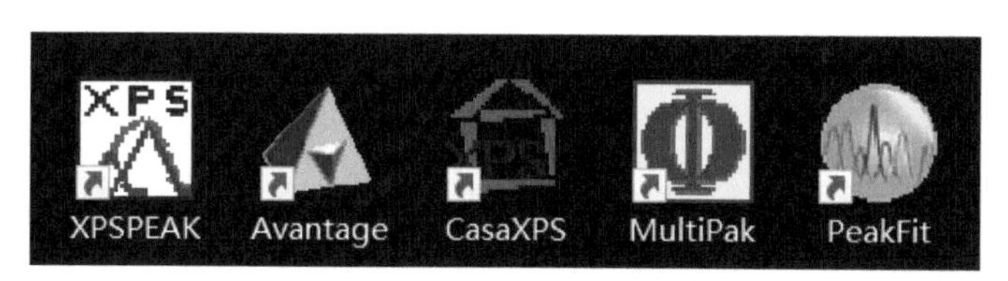

图 3.1　常用的 XPS 数据分析软件

各分析软件基本功能类似，但各有特色，细节上也有许多不同。普遍规律是功能越复杂、越强大的软件越不容易上手，需要花费较多的时间熟悉软件的使用；功能简单易用的则往往解决不了更多的分析需求，比如 XPSPEAK 就不能进行全谱的定性定量分析。表 3.1 对四种常用分析软件的主要功能进行了对比，初学者可以根据自身需求和个人偏好进行选择。

表 3.1　常用 XPS 分析软件功能对比表

功能	XPSPEAK	CasaXPS	Avantage	MultiPak
全谱自动定性				
全谱定量				
谱峰自动校准				
精细谱定量				
精细谱能量化学态识别（集成数据库）				
精细谱分峰拟合				
自动显示自旋轨道分裂峰面积比率和能量差				
精细谱化学态定量				
MAPPING 数据处理				
深度剖析数据处理				

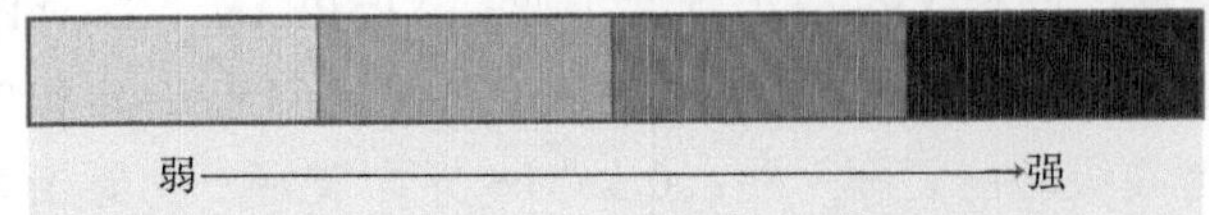

3.2　不同数据文件格式

不同分析软件支持的文件格式不同，各软件都有自己支持的数据格式。表 3.2 列举了常用分析软件支持的数据文件格式，包括可打开和可导出的数据格式。

有时需要转换不同格式的文件，一些软件自带“CONVERT”窗口或功能模块，方便某些文件格式间的直接转换；另一些则需要通过间接的方式进行转换，比如利用第三方软件。这些方法大都能轻松查到，在此不再细述。

表 3.2　常用 XPS 分析软件支持的主要数据文件格式

数据分析软件	可打开的文件格式	可导出的文件格式
XPSPEAK	. txt/. des/. dat/. asc	. xps/. dat/. par
CasaXPS	. vms/. spe/. txt/. asc/. pro/. exp . kal/. ang/. sci/. lst/. dts/. run/. dpr/. all x/. pxt/. mpa/. csv/. dti/mrs/. sep/. xyt	. vms/. spe/. txt/. csv
Avantage	. vgp/. vms/. vgd/. dts/. dpr/. vgl/ . dti/. mrs	. vgp/. vgx/. doc/. xls
MultiPak	. spe/. pro/. ang/. map/. sem/. pho/ . sxi/. lin/. bse/. sps/. fig/. abs/. npl	. spe/. csv/. pdf/. npl/. pcx/ . eps/. hgl/. tif
PeakFit	. xls/. txt/. dat/. dbf/. cdf/. sav	. prn/. dat/. wk1/. wk3/. txt/ . sav/. sys

3.3　MultiPak 软件基本介绍

本节以 MultiPak 软件为例，简述其界面、窗口、基本功能及支持的数据文件格式。MultiPak 有多个版本，比如 8.2C 版、9.3 版及 9.8 版等。版本越高，功能相对越多，因此建议尽量安装高版本软件。运行 MultiPak 安装程序（setup. exe），按屏幕提示完成安装即可，推荐安装在 C 盘目录下。

软件安装完成后，在安装目录里可以找到文件名为“MultiPak_Manual (E)”的 PDF 版软件手册，内有软件各个菜单功能的详细介绍。所以，分峰拟合操作技巧除了可以参照后续章节外，还可以查阅 MultiPak 英文手册。

3.3.1　MultiPak 软件界面介绍

启动 MultiPak 软件，单击“Open”选项，弹出如图 3.2 所示的界面。选择需要打开的数据文件和模式即可打开要分析的数据。

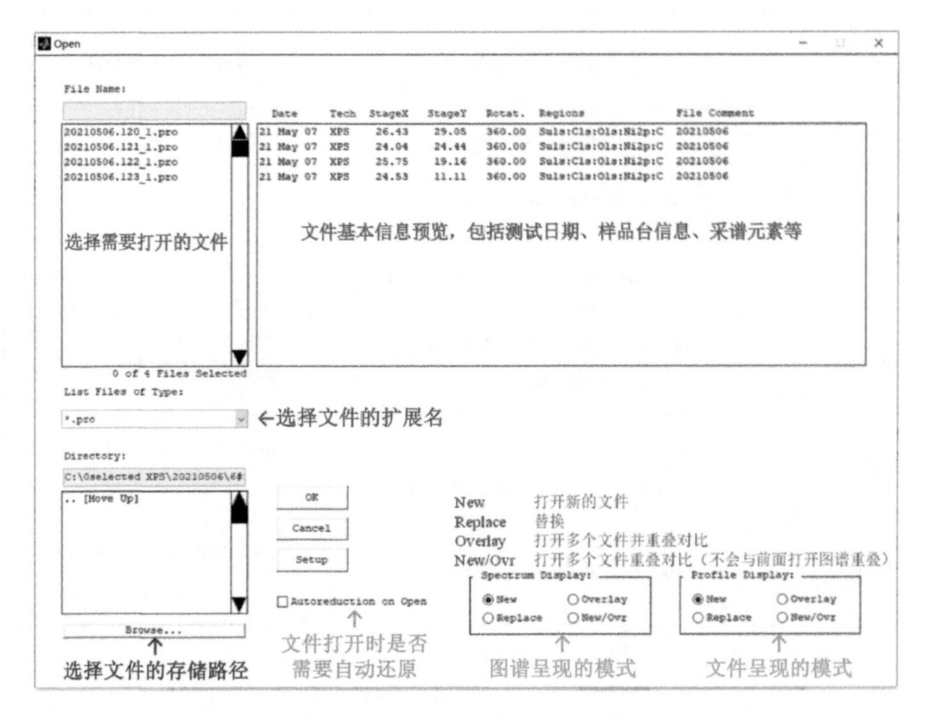

图 3.2 MultiPak 软件的默认打开窗口

打开分析数据后，一般至少有 3 个窗口，其主窗口（“Spectrum”窗口）如图 3.3 所示，另外，还有元素周期表窗口（“Periodic Table”窗口）、“Hide MultiPak”窗口（快速最小化浮动窗口）。若打开深度剖析或面分析数据，还会自动出现“Profile”窗口或“Map”窗口等。若单击“Fit”按钮，还会调出“Curve Fit Setup”窗口；单击“%”按钮，会调出“Notepad”（acsummry－记事本窗口）程序；在下拉菜单中选择“Montage Viewer”，会调出“Montage Viewer”（蒙太奇窗口）等。不同窗口的下拉菜单和工具栏快捷按钮一般也不尽相同，尤其是下部工具栏。

3.3.2 数据文件格式类型

根据测试需求（分析类型）和分析目的（测试目的）的不同，即使使用的都是 ULVAC－PHI 公司的设备，获得的数据文件类型（扩展名）也不相同。表 3.3 对比列举了 MultiPak 软件所支持的文件格式类型与分析类型数据处理参考。

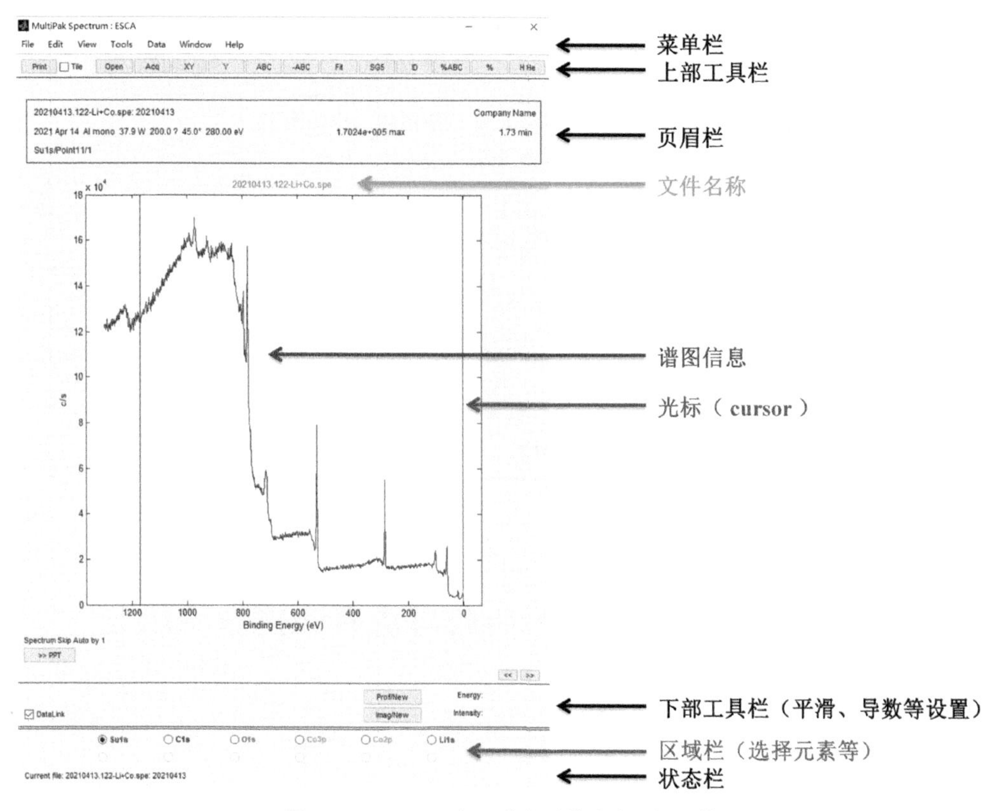

图3.3　MultiPak打开数据时的主窗口界面情况

表3.3　分析类型数据处理参考表

类型	分析目的	数据类型	文件格式类型
定性分析	表面元素识别	全谱/全图谱	.spe
定量分析	对检测到的所有元素进行半定量计算（百分含量）	全谱、精细谱、成分分布mapping图、线扫描图、深度剖析图	.spe，.pro，.ang，.map，.lin
化学态分析	分析所检测到元素的化学态、价态、化学键接	精细谱、深度曲线、成分分布mapping图、线扫描图	.spe，.pro，.map，.lin
深度分析	使用离子源溅射的方式分析成分深度的变化	深度曲线图	.pro
角度解析	检测成分随着不同角度的变化做深度分析	角度分析深度曲线图	.ang

续表

类型	分析目的	数据类型	文件格式类型
成分分布图像	用影像的方式显示元素的分布	光束扫描图像、样品台扫描图像	.map，.spe
线扫描	使用线扫描的方式做组成分析	光束扫描线、样品台扫描线	.lin，.spe
其他	样品观测	SXI、图片（SPS、Intro）	.sxi，.pho
	定位	SXI、图片、图像	.sxi，.pho，.map
报表标注	字体大小，线形图谱（颜色、粗细、型式），图谱输出（重叠、并列、剪辑），说明，标准化，影像上显示分析点，显示微米比例尺，长度测量等功能		

3.4 MultiPak 数据分析处理流程和操作步骤

3.4.1 定性分析

1. 定性分析数据处理流程（表 3.4）

表 3.4 定性分析数据处理流程

目的	按钮控制、键盘控制、鼠标控制			
	步骤 1	步骤 2	步骤 3	步骤 4
自动识别全图谱的峰值	打开文件	按 ID 键		
手动识别全图谱的峰值	打开文件	按住鼠标右键，然后将能量光标与谱峰重叠	从周期表上选取元素	重复上述步骤直到所有元素标识完成
在周期表内完成 ID 时可改变标示内容	下拉元素周期表下方窗口	选择对应内容		

续表

目的	按钮控制、键盘控制、鼠标控制			
	步骤 1	步骤 2	步骤 3	步骤 4
元素周期表内容的设定→转变标示	元素周期表→Transition（在元素上按 Shift 键 + 鼠标左键）			
清除图谱上的批注（标注文字等）	按 ABC 键（全部清除）			
只清除图谱上的标示	单击“Edit”→“Clear Annotation”→“Peak ID”			

2. 谱峰识别/定性分析步骤：在全谱下鉴定所探测到的元素信息

步骤 1：打开全谱文件，如图 3.4 所示。

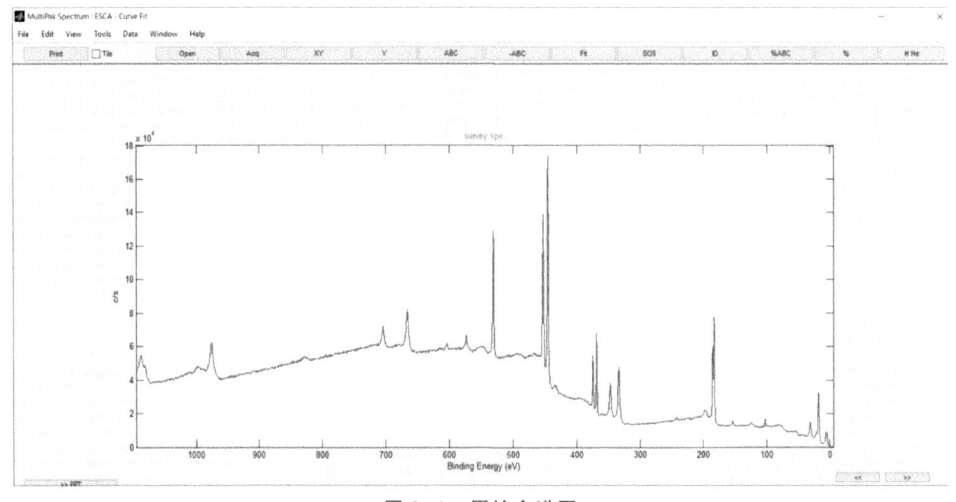

图 3.4　原始全谱图

步骤 2：谱峰自动定性。单击软件窗口快捷工具栏图标“ID”，如图 3.5 所示。

步骤 3：未自动识别的谱峰可手动定性标识。鼠标右键单击（左右拖动）选择需要手动标注的谱峰后，在谱峰空白位置单击右键不松，即可使用能量光标来配对谱峰位置，左右移动鼠标位置（绿色竖线）到所要标注的谱峰位置，松开鼠标右键即可，如图 3.6 所示。

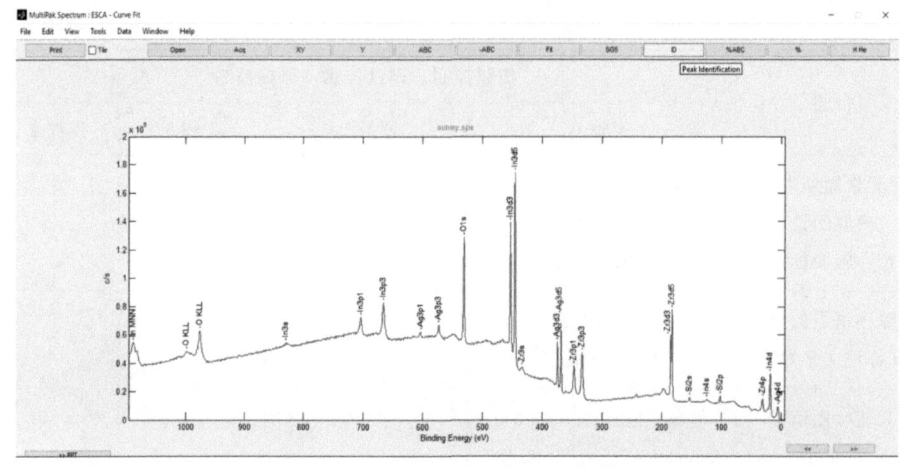

图 3.5　全谱图自动定性识别元素谱峰

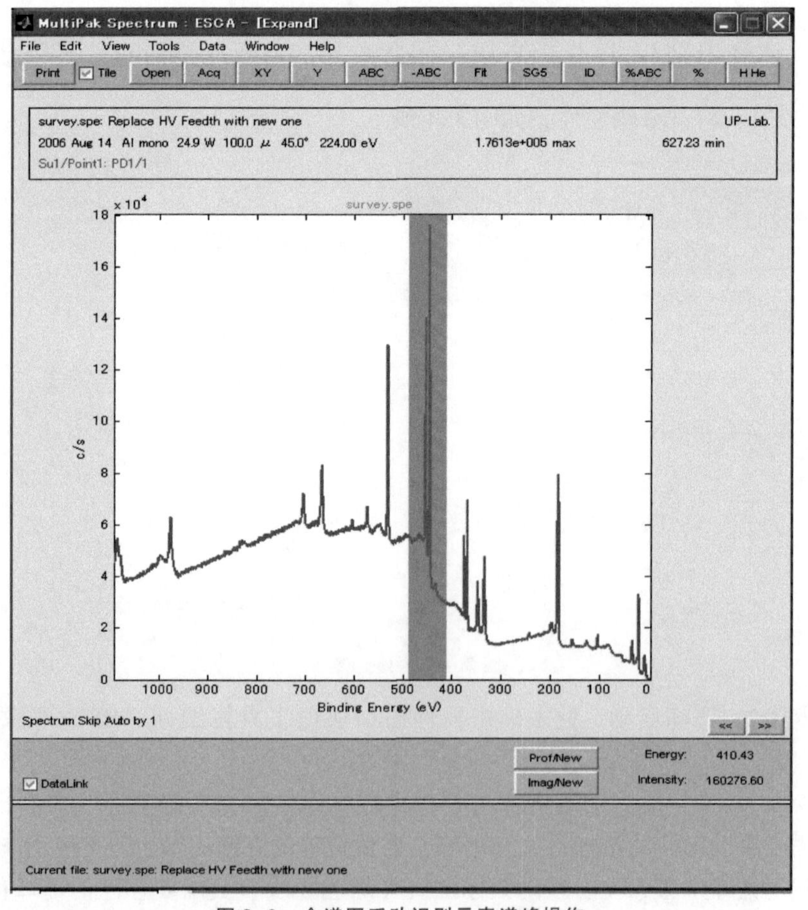

图 3.6　全谱图手动识别元素谱峰操作

步骤4：鼠标单击左键不松，可对应选择谱峰，放大、查看、标注谱峰位置，如图3.7所示。

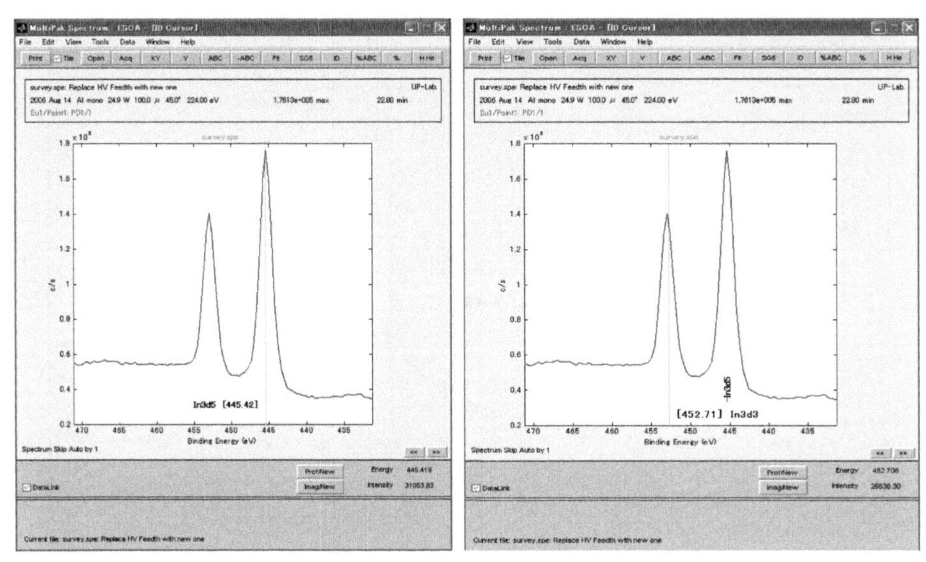

图3.7 全谱图中对特定谱峰的手动识别与元素标注

步骤5：欲分析其他元素，回到全光谱（在快捷工具栏单击“XY”选项），在周期表窗口上单击选择想要分析的元素，如图3.8所示。

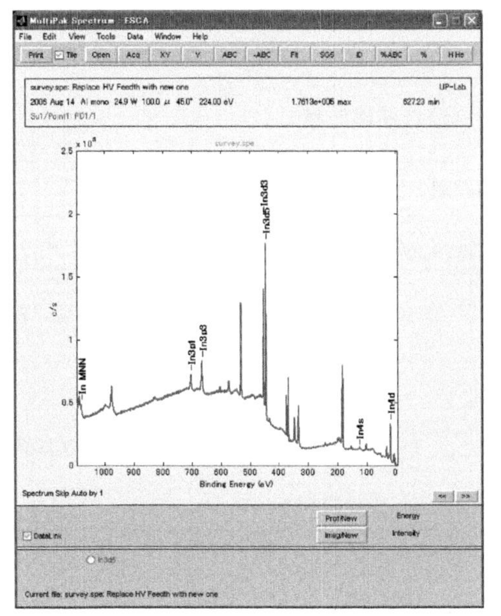

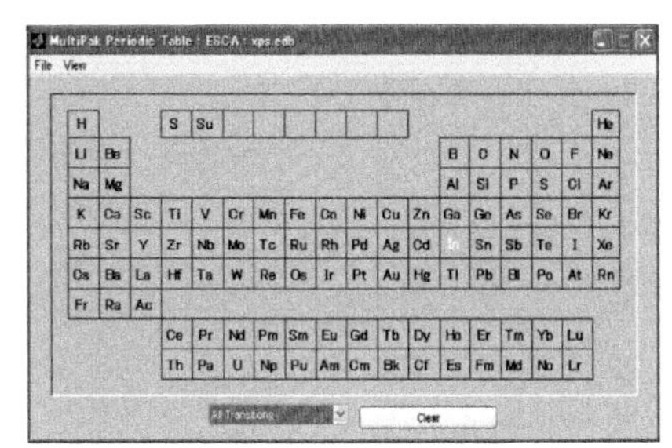

图3.8 全谱图中对特定元素谱峰手动标注

步骤6：在未标识的谱峰中选择强度最高的，重复前面的动作，直到所有谱峰完成标识，如图3.9所示。

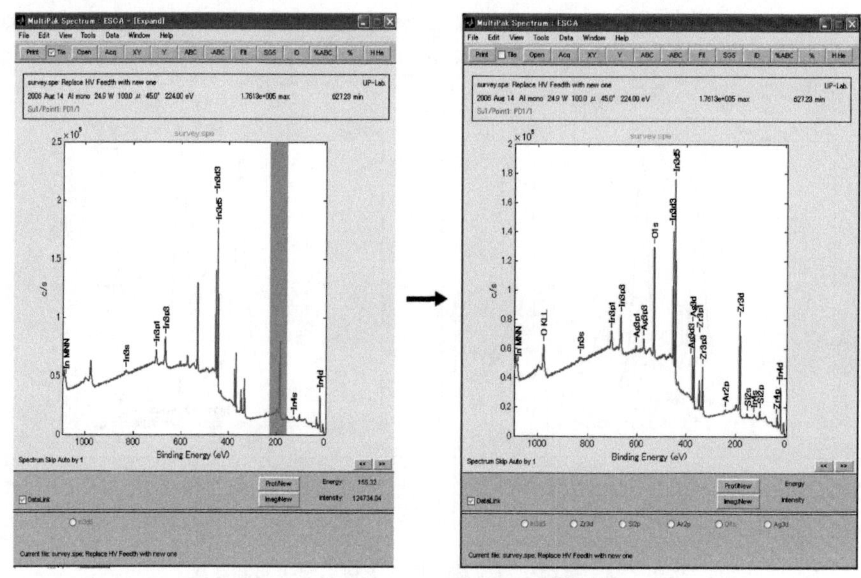

图3.9　全谱图中手动标注其他元素谱峰

3.4.2　定量分析

1. 定量分析数据处理流程（表3.5）

表3.5　定量分析数据处理流程

目的	按钮控制、键盘控制、鼠标控制			
	步骤1	步骤2	步骤3	步骤4
使用全谱或精细谱做定量分析	打开文件	辨识谱峰ID	扣除背底	定量计算
对照/量测其他文件中的元素（只针对分析区域内没有重复）	打开文件（重叠或新的叠图）	扣除背底	按Prof/New键	定量计算
增加/量测新元素在相同区域出现超过一种元素谱峰	从元素周期表上增加元素	扣除背底	定量计算	

续表

目的	按钮控制、键盘控制、鼠标控制			
	步骤1	步骤2	步骤3	步骤4
从被分析元素与量测中移除单一或多个元素	按 Prof/New 键	取消选取的元素	定量计算	
分离及测量重复的谱峰	增加元素到元素周期表	Curve Fitting	定量计算	
定量计算时改变所使用的元素谱峰	元素周期表→transition（Shift + 鼠标左键）	选择谱峰位置	再次辨识	定量计算
变更背底扣除模式（只针对打开的文件）	背底光标（cursor）处按鼠标中键或 Shift + 鼠标左键	选择背底扣除模式		
变更背底扣除模式（改变默认值）	元素周期表→transition（Shift + 鼠标左键）	选择背底扣除模式		
改变平顺条件	数据→平顺/衍生设定	选择平顺模式，点数		
在 MultiPak 窗口显示定量结果	按% ABC 键			
在 Text 档案显示定量结果	按%键			
改变文本文件内容	工具→原子浓度表→格式	选择格式	按%键	

2. 定量分析程序基本操作

步骤1：打开文件，完成谱峰识别（ID或手动标识，有需要的话，可使用平滑工具对图谱平滑），如图3.10所示。

步骤2：完成谱峰识别后，扣除所有元素谱峰的背底，如图3.11所示。

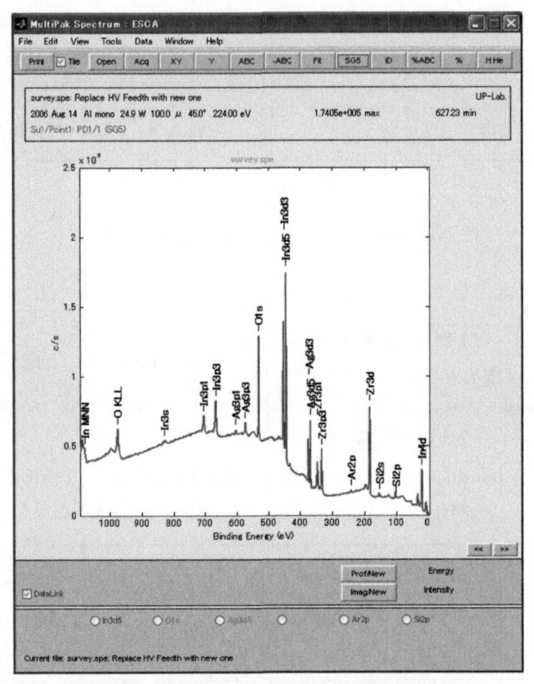

图 3.10　打开全谱完成谱峰元素定性标识

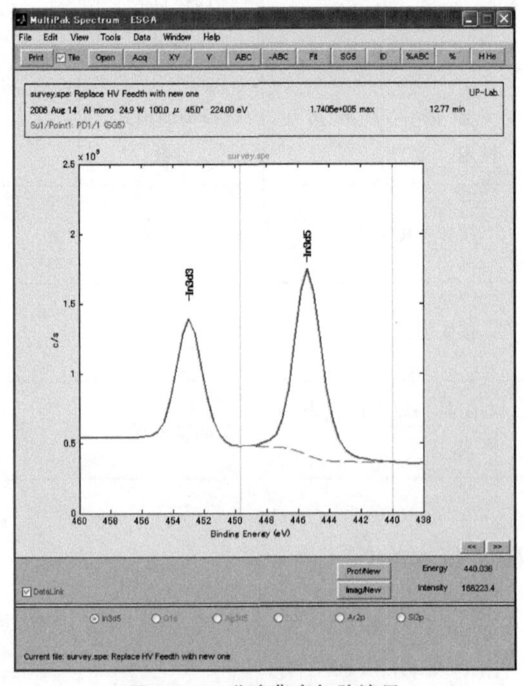

图 3.11　谱峰背底扣除演示

步骤 3：定量显示。单击快捷工具栏中的“%”选项，自动弹出“acsummry：Notepad”窗口，记录信息如图 3.12 所示。图中，RSF 为灵敏度因子；CorrectedRSF 为修正灵敏度因子（与设备和测试参数相关）；最后一列为原子百分比（Atomic%）。

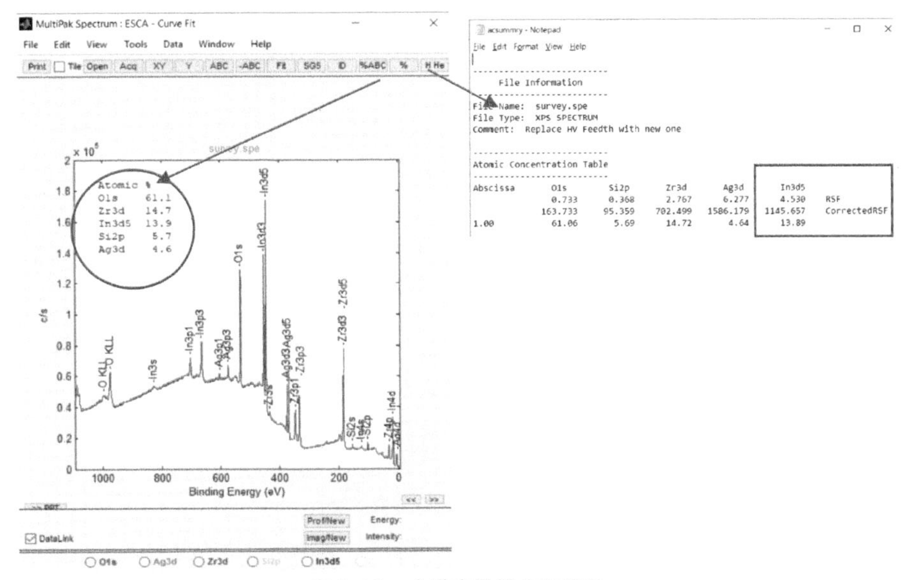

图 3.12　全谱定量操作和显示

3. 同一样品两个文件组合进行全元素精细谱定量

步骤 1：选中需要分析的两个文件，用 Overlay 方式关联打开，如图 3.13 所示。

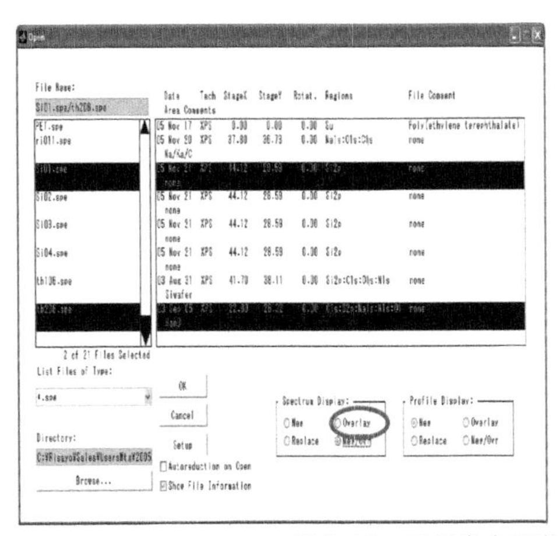
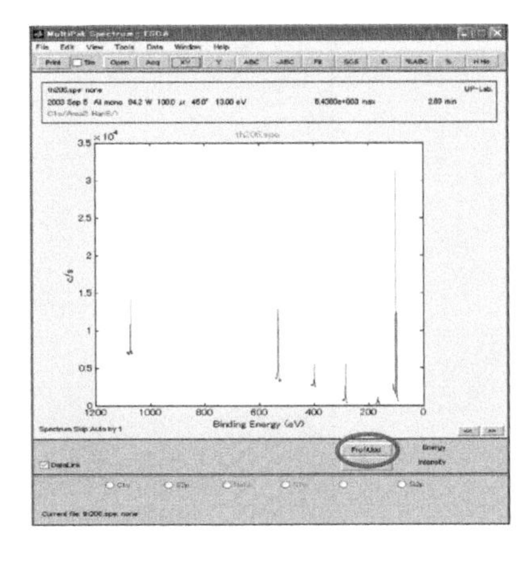

图 3.13　开包含全元素的关联精细谱文件

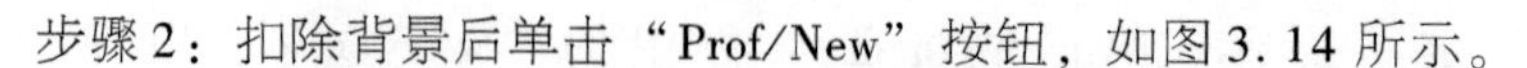
步骤 2：扣除背景后单击“Prof/New”按钮，如图 3.14 所示。

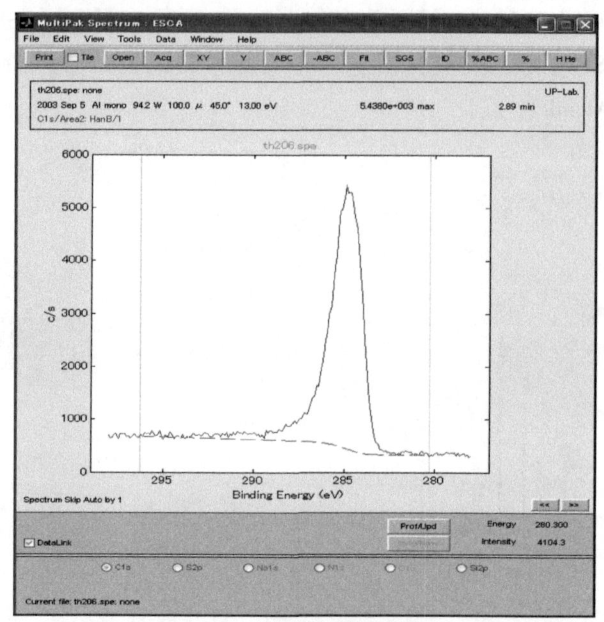

图 3.14　精细谱的背底扣除

步骤 3：将两个文件的数据上传到同一窗口，如图 3.15 所示。

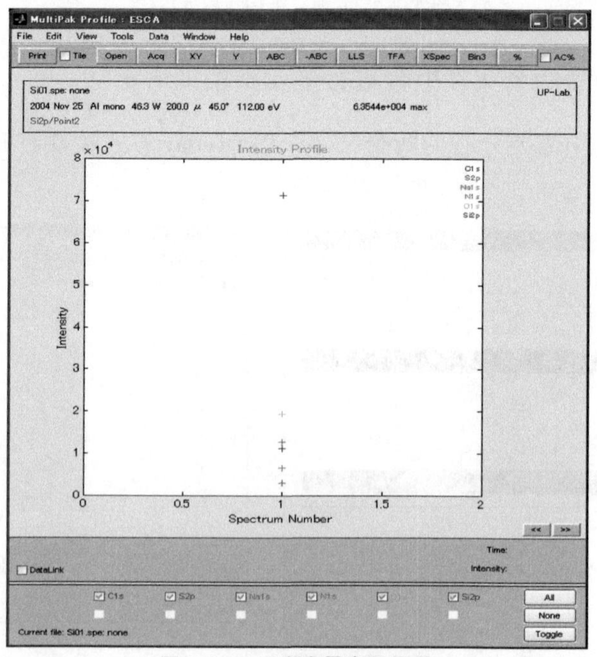

图 3.15　元素定量窗口呈现

步骤4：单击“%”按钮，如图3.16所示。

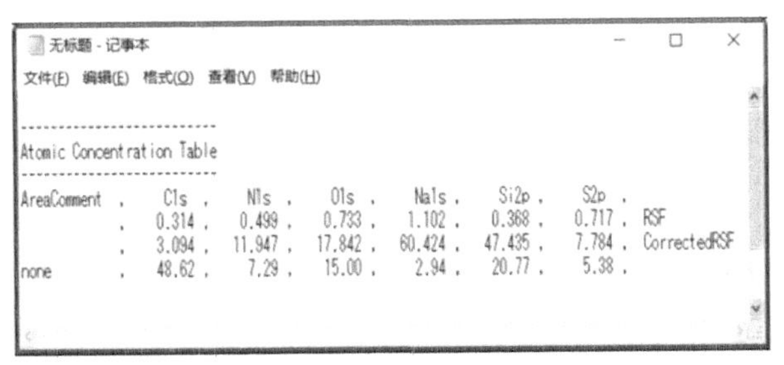

无标题 - 记事本

文件(F)　编辑(E)　格式(O)　查看(V)　帮助(H)

Atomic Concentration Table

AreaComment	C1s	N1s	O1s	Na1s	Si2p	S2p	
	0.314	0.499	0.733	1.102	0.368	0.717	RSF
	3.094	11.947	17.842	60.424	47.435	7.784	CorrectedRSF
none	48.62	7.29	15.00	2.94	20.77	5.38	

图3.16　元素百分含量呈现

*如果两个文件中有相同的元素图谱，而且两个文件中图谱个数不同，叠加操作后再定量将无法操作，错误提示信息如下所示：“Spectral must same number of datapoints in analysis region. Unable to create a profile.”

4. 在相同能量区域有超过一个元素的定量

步骤1：例如在C1s能量范围探测到K2p，当K用元素周期表完成识别后，K2p即可添加进入，如图3.17所示。

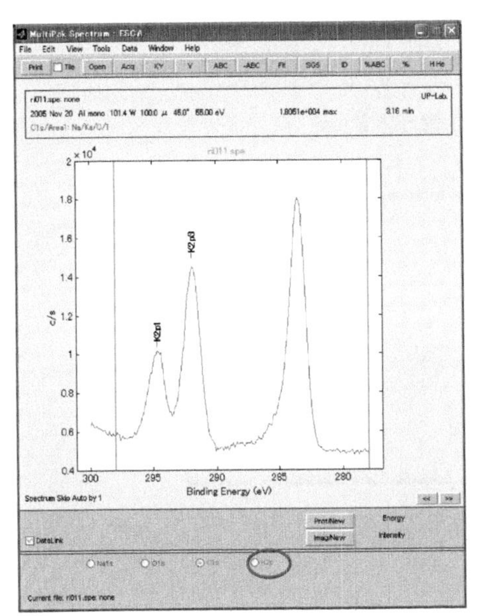

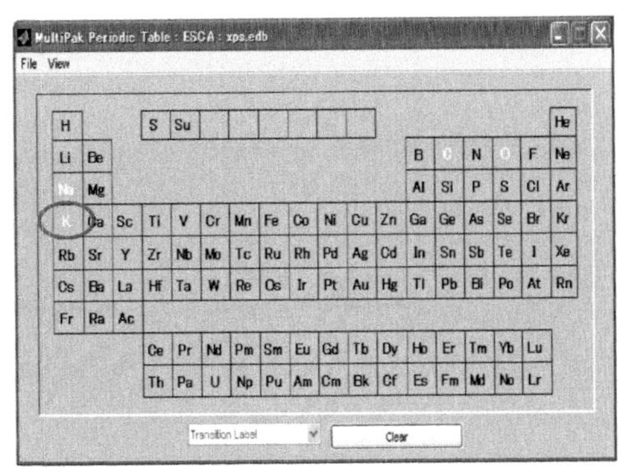

图3.17　C1s精细谱中添加K2p操作演示

步骤2：扣除每一元素的背底，再进行定量，如图3.18所示。

步骤3：定量分析，如图3.19所示。

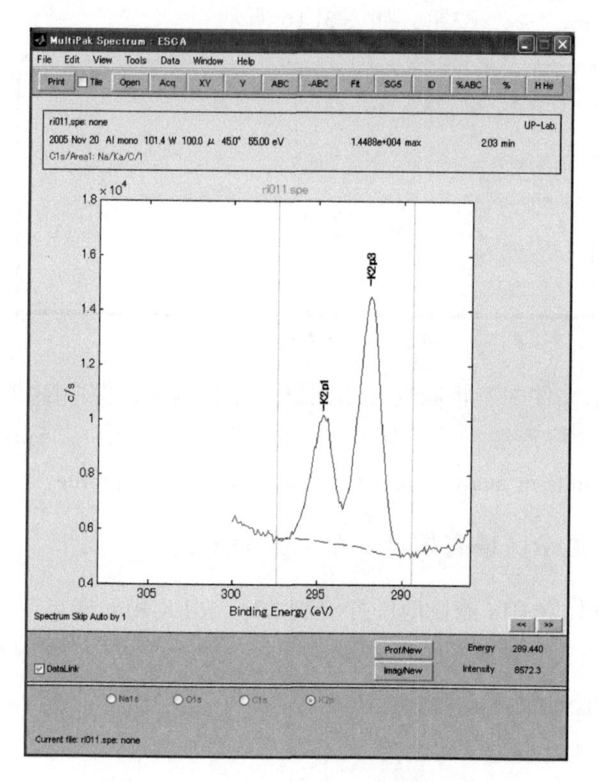

图 3. 18 对 K2p 精细谱进行背底扣除

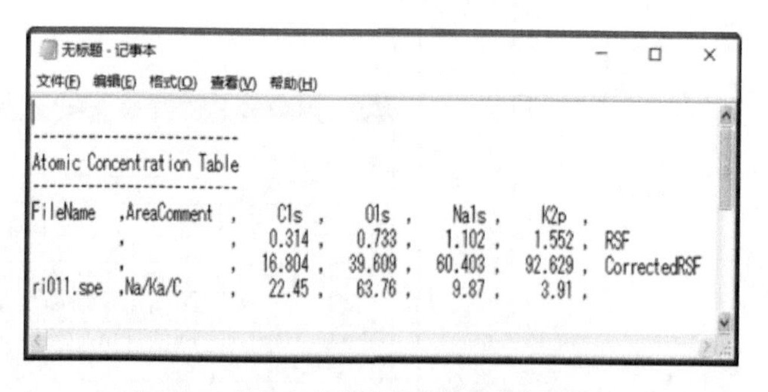

无标题 - 记事本

文件(F) 编辑(E) 格式(O) 查看(V) 帮助(H)

Atomic Concentration Table

FileName	,AreaComment	,	C1s ,	O1s ,	Na1s ,	K2p ,	
	,	,	0.314 ,	0.733 ,	1.102 ,	1.552 ,	RSF
	,	,	16.804 ,	39.609 ,	60.403 ,	92.629 ,	CorrectedRSF
ri011.spe	,Na/Ka/C	,	22.45 ,	63.76 ,	9.87 ,	3.91 ,	

图 3. 19 加入新元素后原子百分含量呈现

5. 定量分析过程中选择或排除特定元素操作

步骤 1：扣除背景后单击“Prof/Upd”按钮，如图 3. 20 所示。

步骤 2：取消不需定量的元素，如图 3. 21 所示。

步骤 3：单击“%”按钮，如图 3. 22 所示。

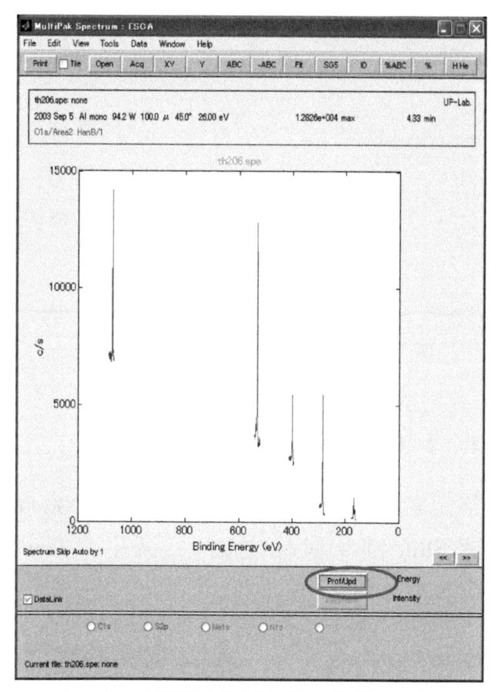

图3.20　精细谱分析进入元素定量窗口操作

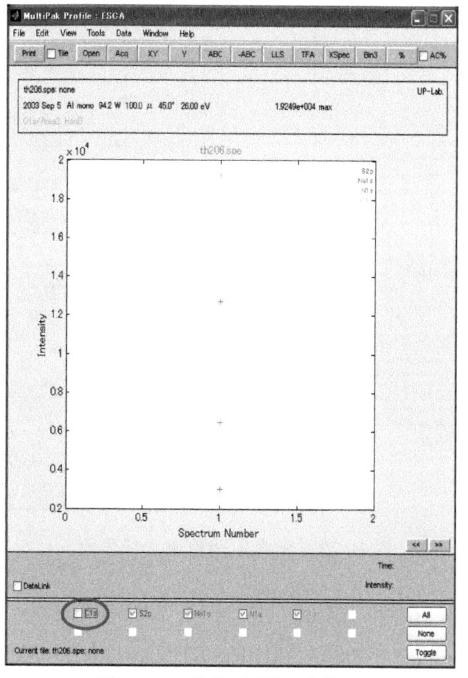

图3.21　选择定量元素操作

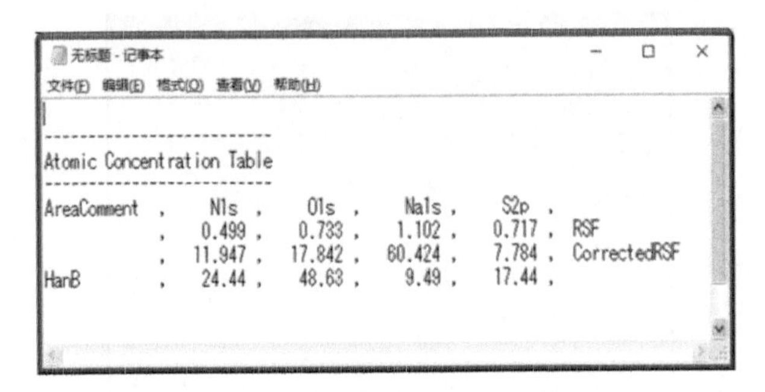

无标题 - 记事本

文件(F) 编辑(E) 格式(O) 查看(V) 帮助(H)

Atomic Concentration Table

AreaComment	N1s	O1s	Na1s	S2p	
	0.499	0.733	1.102	0.717	RSF
	11.947	17.842	60.424	7.784	CorrectedRSF
HarB	24.44	48.63	9.49	17.44	

图 3.22　所选元素原子百分含量呈现

6. 使用定量校正更改元素的谱峰位置

步骤 1：需要调整元素谱峰进行定量分析时，在元素周期表窗口元素符号上单击鼠标中键（或 Shift 键 + 鼠标左键），调出 “Transition” 窗口，如图 3.23 所示。

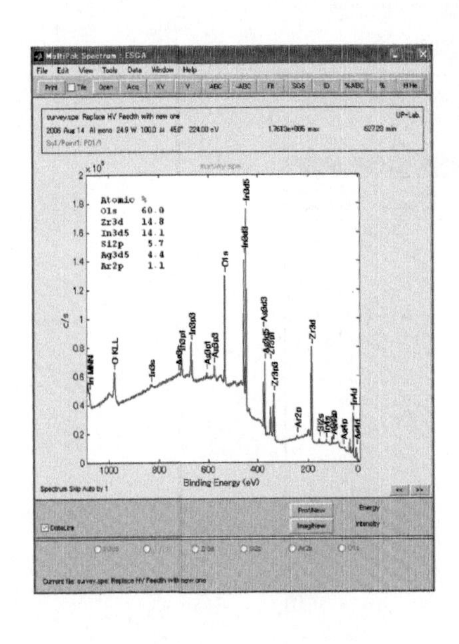

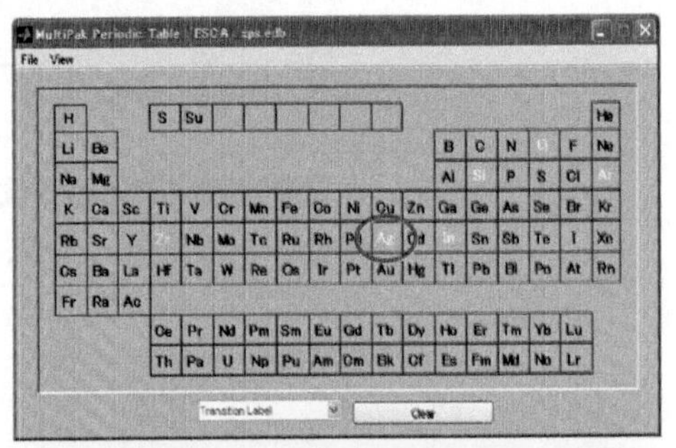

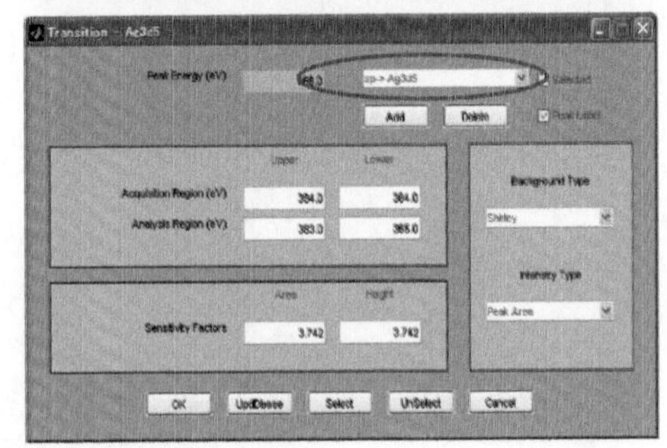

图 3.23　元素不同轨道选择界面

步骤 2：在 “Transition” 窗口，在通道下拉菜单中选择对应谱峰，勾选 “Selected”，单击 “Select” 按钮，即可添加谱峰；扣除背底后，再进行定量操作，如图 3.24 所示。

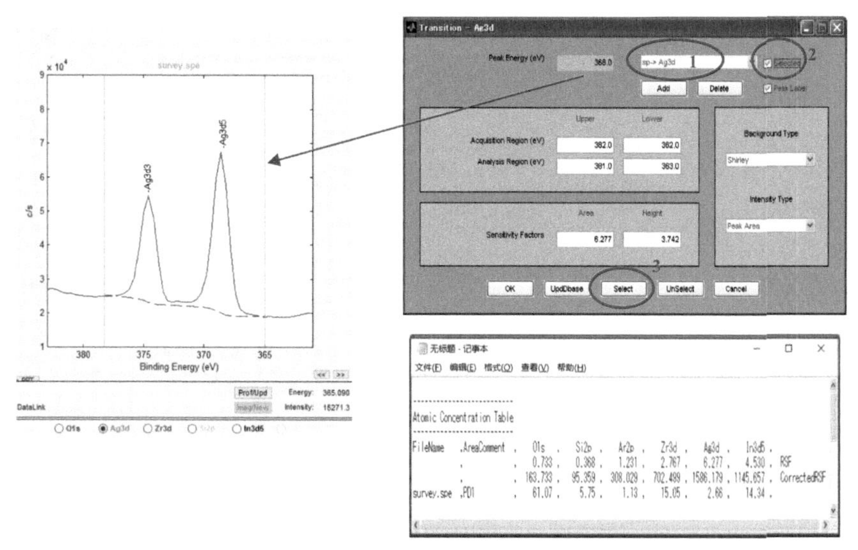

图 3.24　元素不同轨道选择操作

3.4.3　化学态分析

1. 化学态分析数据处理流程（表 3.6）

表 3.6　化学态分析数据处理流程

目的	按钮控制、键盘控制、鼠标控制			
	步骤 1	步骤 2	步骤 3	步骤 4
谱峰能量校正	单击“Data→Shift”			
改变图谱偏移的能量数值	单击“Data→Shift Setup”	输入 PK 能量校正值	单击“Auto Shift”或用光标将该线移到对应谱峰的最高处	
使用 MultiPak 数据库检查峰谱位置的化学态	单击“Tools”→“Chemical State ID”	使用光标配对谱峰位置	查阅数据库	单击“Annotate”按钮
分峰拟合	进入“Fit”页面（单击“Fit”按钮）	添加谱峰（按鼠标右键）	拟合计算（单击“Fit”按钮）	
在“MultiPak”窗口显示曲线拟合结果	拟合计算	单击“Annotate”按钮		

续表

目的	按钮控制、键盘控制、鼠标控制			
	步骤 1	步骤 2	步骤 3	步骤 4
在文本文件中显示曲线拟合结果	拟合计算	单击“ViewSum”按钮		
包含曲线拟合结果的定量计算	拟合计算	不勾选“Setup”	单击“Prof/New”按钮	在深度窗口做定量计算
分离完全一样的谱峰并量测	拟合计算	不勾选“Setup”	单击“Prof/New”按钮	移除不必要的元素，在深度窗口做定量计算
保存曲线拟合结果	拟合计算	在曲线拟合设定窗口单击“File”→“Save Result”		
保存拟合曲线条件	在曲线拟合参数设定窗口选择“File”→“Save As”			

2. 指定特定校正值的化学态分析

步骤 1：选择 C1s 谱峰，如果单击“Data”下拉菜单中的“Shift”，可自动将强度最高的谱峰顶端位移到默认值 284. 8 eV；如果选择“Shift Setup”，可设置特定谱峰的能量值对谱峰进行校正，如图 3. 25（a）所示。

步骤 2：参考文献中的 C—C 位置，输入正确的 PK 能量值。输入数值，按 Enter 键，如图 3. 25（b）所示。例如：PHI 红色数据手册中 C—C 能量值为 284. 8 eV。

单击“Auto Shift”，图谱中强度最高的谱峰将自动被校正匹配到刚才输入的数值。当最强谱峰结合能并非输入能量值时，需要手动校正，可单击鼠标右键，移动光标至与输入能量匹配的谱峰位置。

3. 化学态分析基本操作：显示及分峰拟合结果保存

步骤 1：谱峰校正，选中需要进行分峰的元素后，单击“Fit”按钮，进入“Fitting”窗口；选择背底扣除模式进行背底扣除；选择谱峰拟合函数模式，单击右键添加谱峰；依次加入谱峰补充到拟合不充分的部分；设置参数，如 FWHM 等；单击“Fit”按钮，进行拟合计算，如图 3. 26 所示。

步骤 2：化学态定量，单击“Annotate”按钮，如图 3. 27 所示。

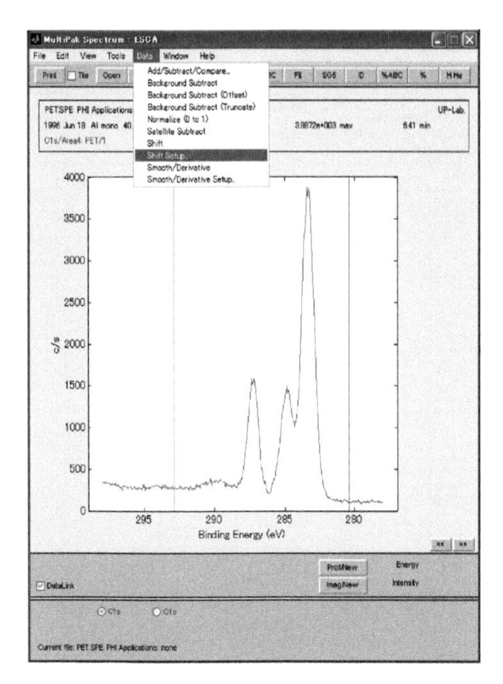

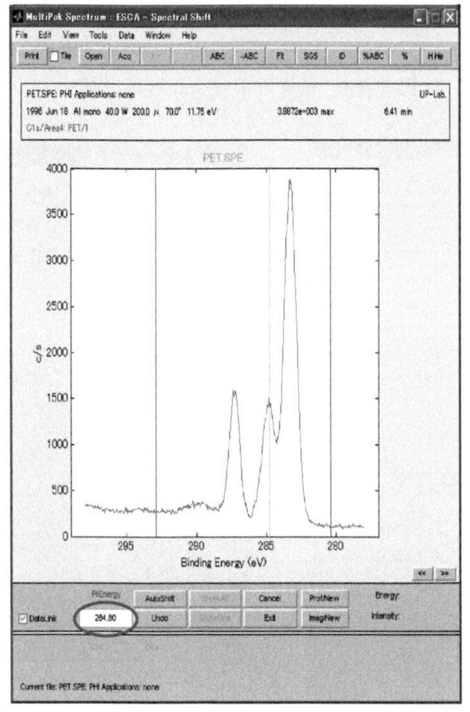

（a）

图 3.25　精细谱谱峰校正操作

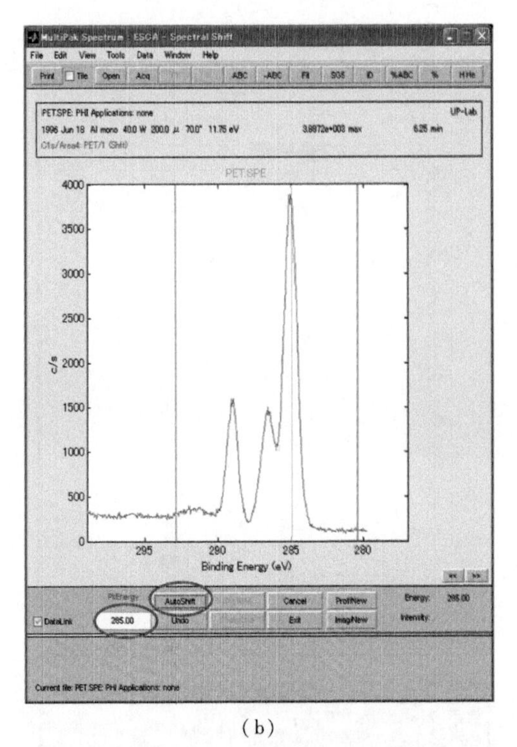

(b)

图 3.25　精细谱谱峰校正操作（续）

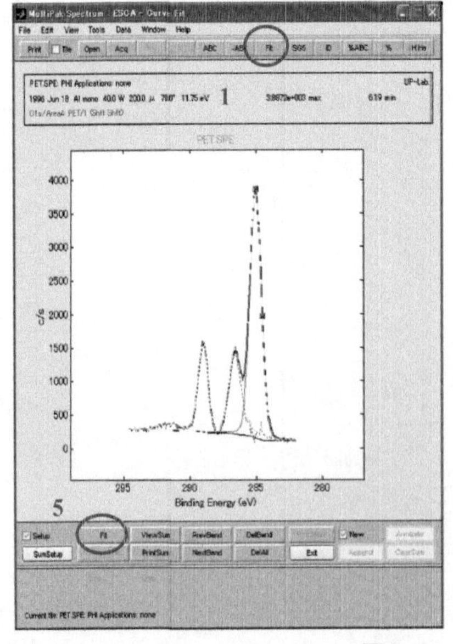

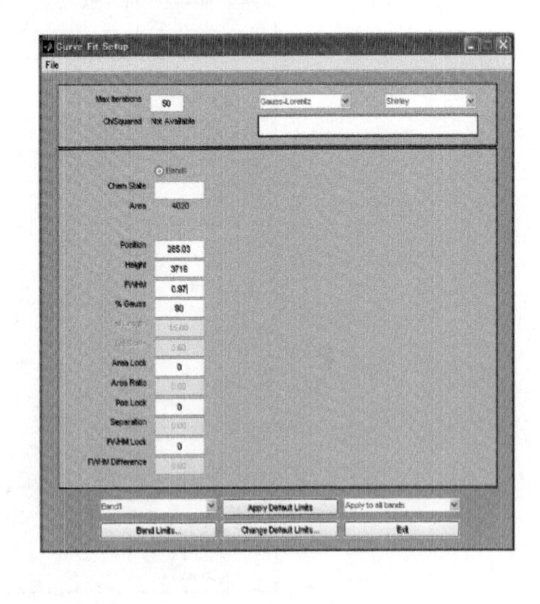

图 3.26　精细谱单峰拟合操作

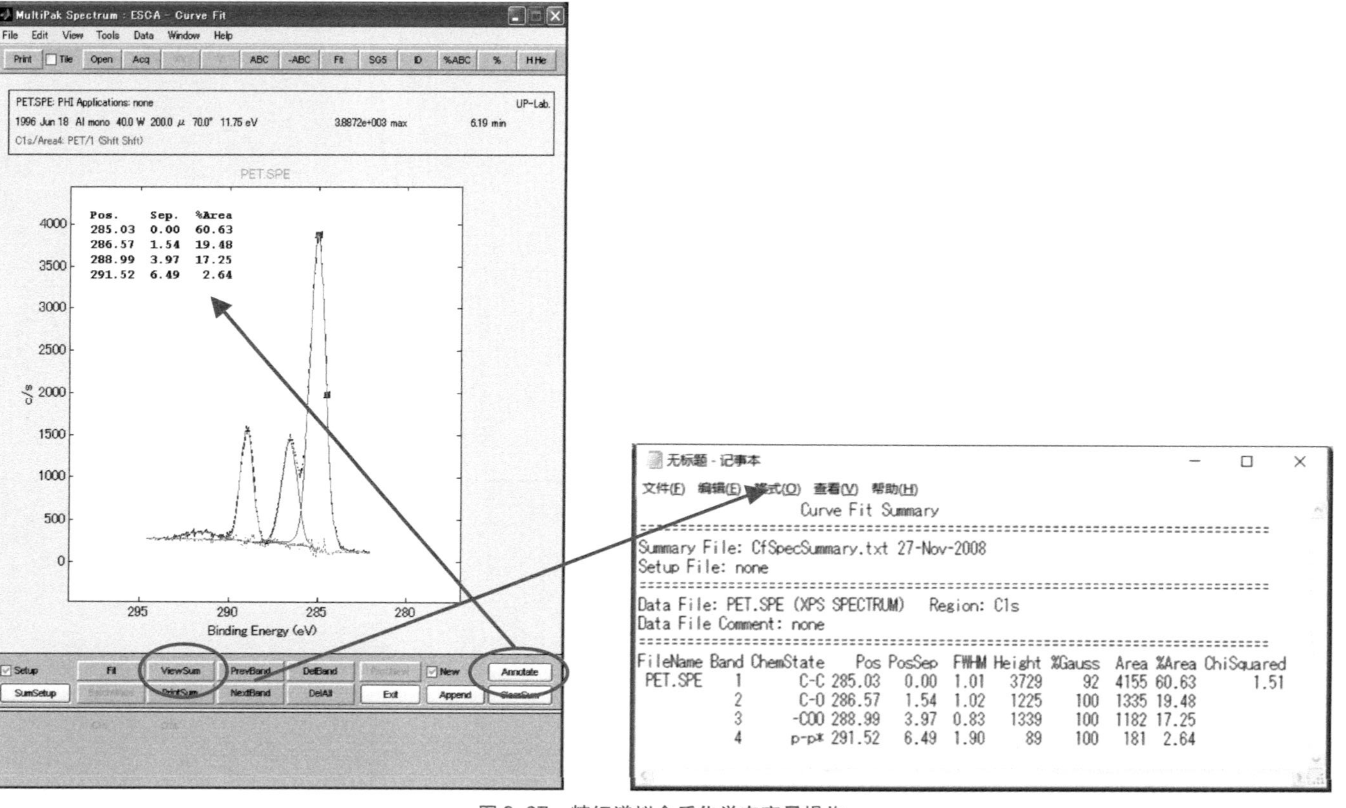

图 3.27　精细谱拟合后化学态定量操作

步骤 3：单击“File”→“Save As”，储存曲线拟合参数，如图 3.28 所示。

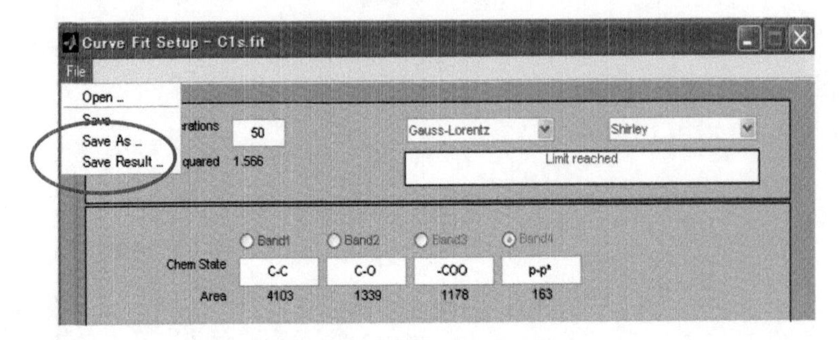

图 3.28 拟合后文件保存和导出

步骤 4：曲线拟合后储存图谱文件：在分峰窗口，单击“File”→“Save Result”；导出拟合文件：单击“File”→“Export to”→“ASCII”，即可用 Origin 等软件打开。

4. 参数锁定分峰拟合（对称峰拟合）

步骤 1：拟合自旋轨道分裂峰，软件集成了特定分裂峰能量差和谱峰面积比，如图 3.29 所示。

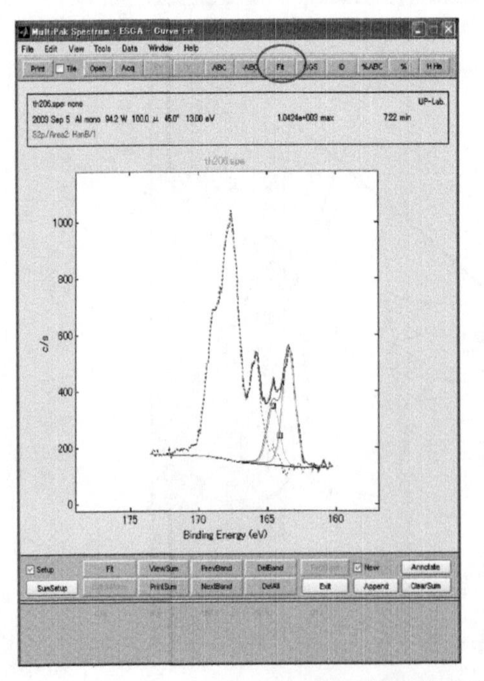

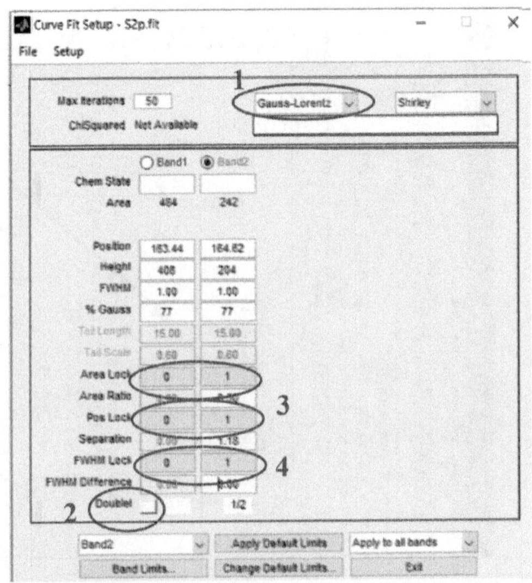

图 3.29 对称峰型 S2p 双峰拟合操作和参数设置

①对称谱峰选择 Gauss – Lorentz 拟合函数。

②以 S2p 为例，从低能开始右击添加 1 个谱峰（S2p3）。

③单击“doublet”，软件可自动添加 S2p1，自动锁定面积比“Area Lock”（p 曲线 2 : 1）和能量差（S2p1 – S2p3 = 1. 18 eV）。

④同种化学态可以设定同样的半峰宽。

步骤 2：重复步骤 1，添加所有谱峰后，单击“Fit”按钮将进行拟合计算，如图 3. 30 所示。

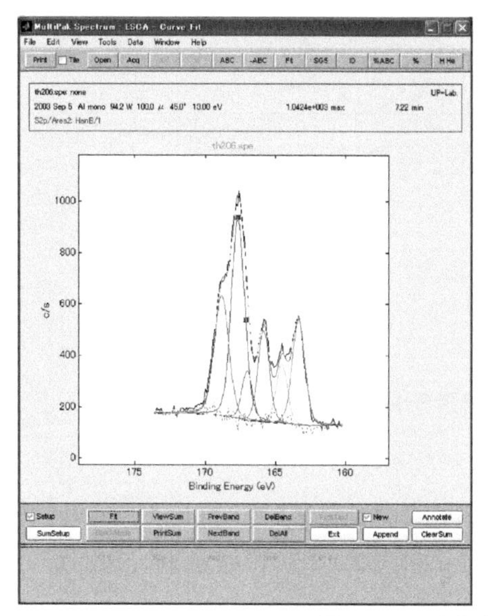

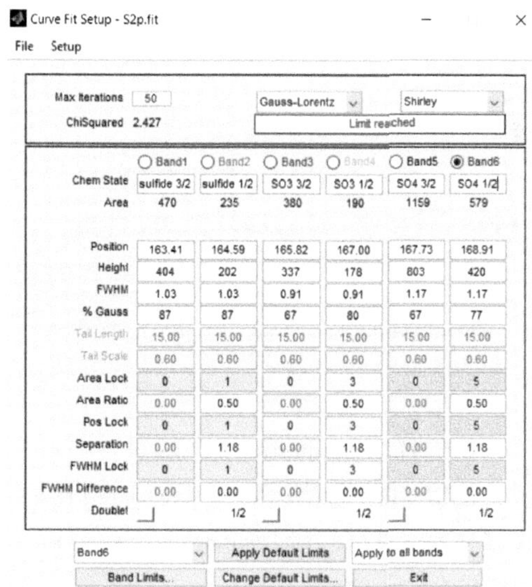

图 3. 30　对称峰型 S2p 双峰拟合呈现

5. 参数锁定分峰拟合（不对称峰拟合）

步骤：拟合自旋轨道分裂峰，软件集成了特定分裂峰能量差和谱峰面积比，如图 3. 31 所示。

①选择 Asymmetric 拟合函数。

②以 Mo3d 为例，右击添加 Mo3d5，单击“doublet”，软件可自动添加 Mo3d3，锁定面积比“Area Lock”（d 曲线 3 : 2）和能量差（Mo3d3 – Mo3d5 = 3. 13 eV）。

③同种化学态可以设定同样的半峰宽。

④往左拖曳谱峰，可调整“Tale Length”和“Tale Scale”。

6. 参数锁定分峰拟合（不对称峰 + 对称峰）

步骤① ~ ⑦（图 3. 32）：

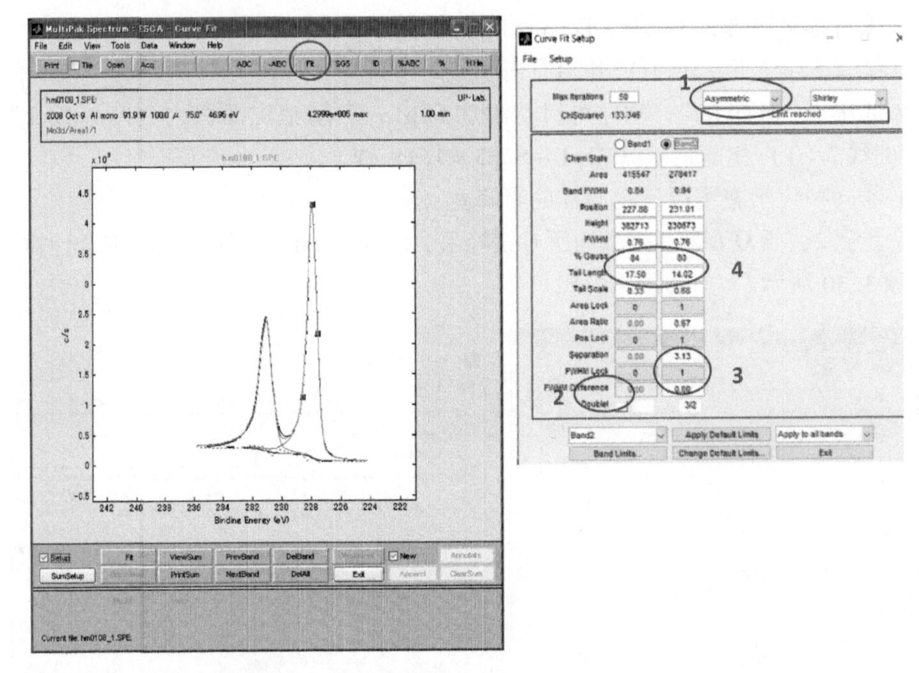

图 3.31　不对称峰型 Mo3d 双峰拟合操作和参数设置

①选择 Asymmetric 拟合函数。

②以 Si2p 为例，右键先添加单质态的硅 Si2p3，单击“doublet”，软件可自动添加 Si2p1，锁定面积比“Area Lock”（p 曲线 2∶1）和能量差（Si2p1 - Si2p3 = 0.61 eV）。

③同种化学态可以设定同样的半峰宽。

④往左拖曳谱峰，可调整 Tale Length 和 Tale Scale 参数。

⑤添加氧化态的 Si2p，因氧化硅 Si2p 谱峰对称，拖尾参数应该设置为“0”。

⑥进入“Band Limits”窗口，锁定“Tale Length”和“Tale Scale”，将拟合窗口中的两个参数设置为“0”。

⑦单击“Fit”按钮，进行拟合计算。

7. 分峰拟合后不同化学态定量

步骤：①以上 Si2p 图谱拟合后，不勾选“Setup”。

②单击“Fit”按钮。

③单击“Prof/New”按钮后，于深度图窗口显示每个拟合分峰的强度，如图 3.33 所示。

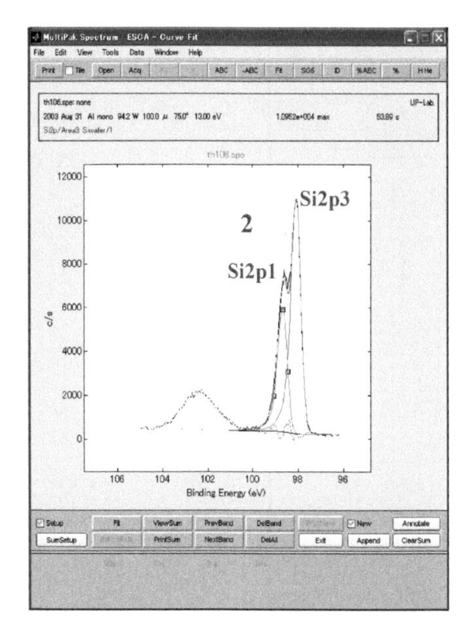

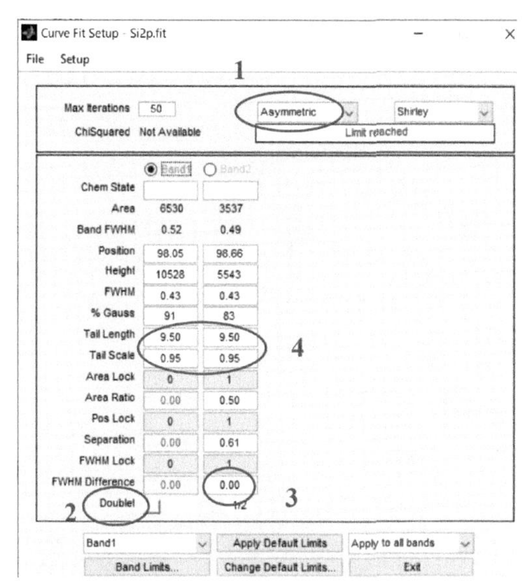

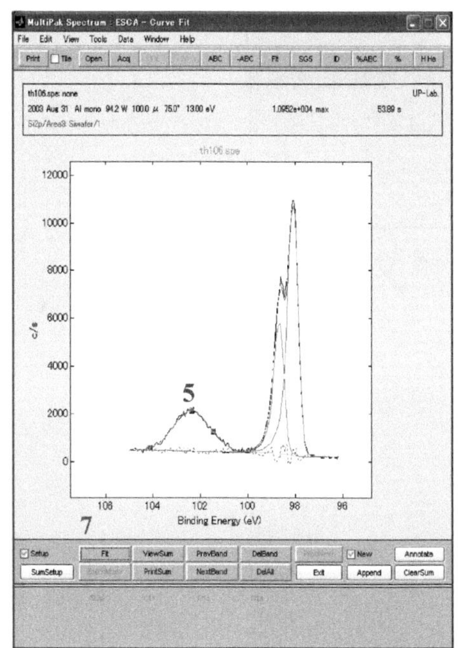

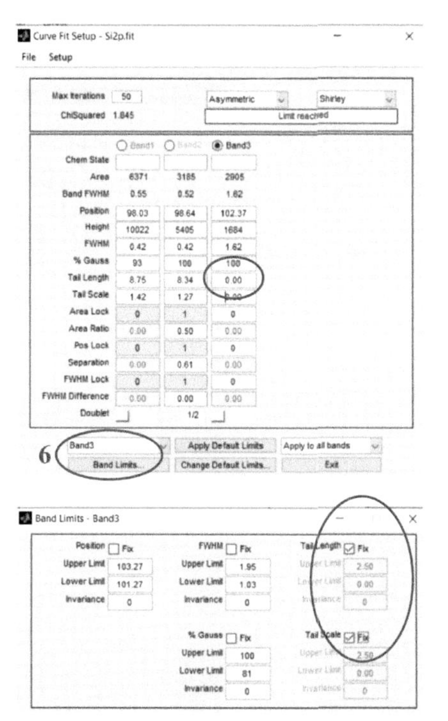

图 3.32　对称和不对称峰型同时存在的 Si2p 精细谱分峰拟合操作

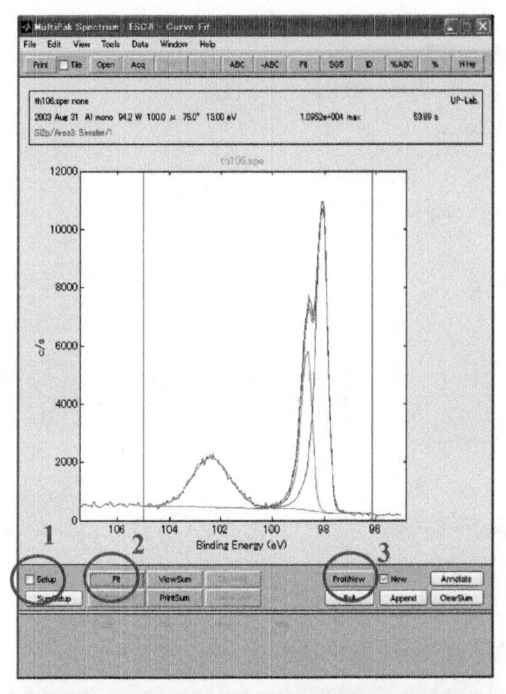

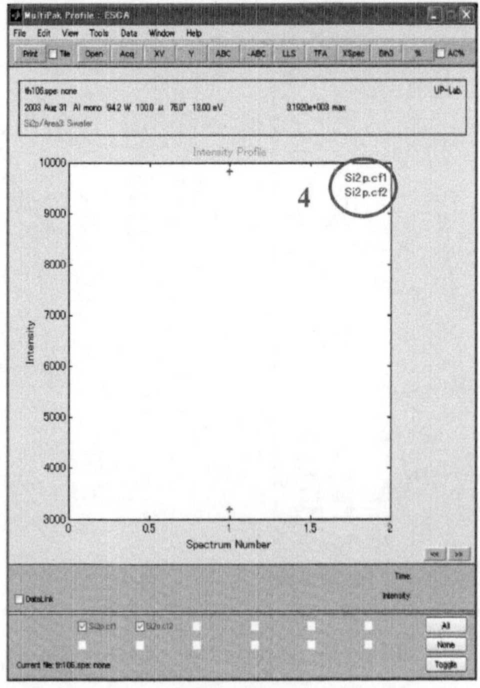

图 3.33　Si2p 精细谱分峰后化学态定量操作

④深度图窗口中，谱线名称后面的标识（cf1、cf2）代表所拟合的化学态，当在分峰拟合时，使用 Area Lock，两个关联被锁定的谱峰强度（如 Si2p1 和 Si2p3）将相加在一起显示成一个化学态的 Si2p 总谱峰强度，如图 3.34 所示。

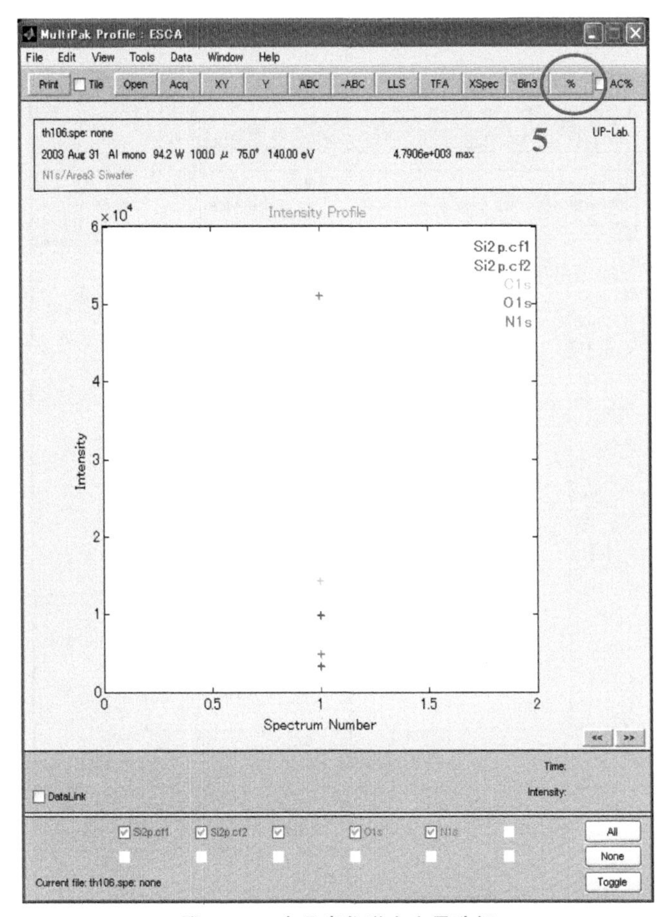

图 3.34　全元素化学态定量选择

⑤单击“%”按钮，软件进行定量分析，如图 3.35 所示。

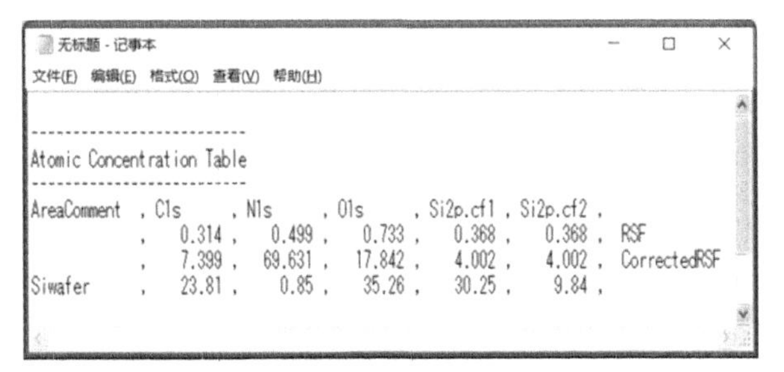
无标题 - 记事本

文件(F) 编辑(E) 格式(O) 查看(V) 帮助(H)

Atomic Concentration Table

AreaComment	C1s	N1s	O1s	Si2p.cf1	Si2p.cf2	
	0.314	0.499	0.733	0.368	0.368	RSF
	7.399	69.631	17.842	4.002	4.002	CorrectedRSF
Siwafer	23.81	0.85	35.26	30.25	9.84	

图 3.35　精细谱化学态原子百分含量呈现

文本文件中包含分峰拟合的定量结果。

8. 重合谱峰的分峰拟合

步骤 1：进行分峰拟合，如图 3. 36 所示。

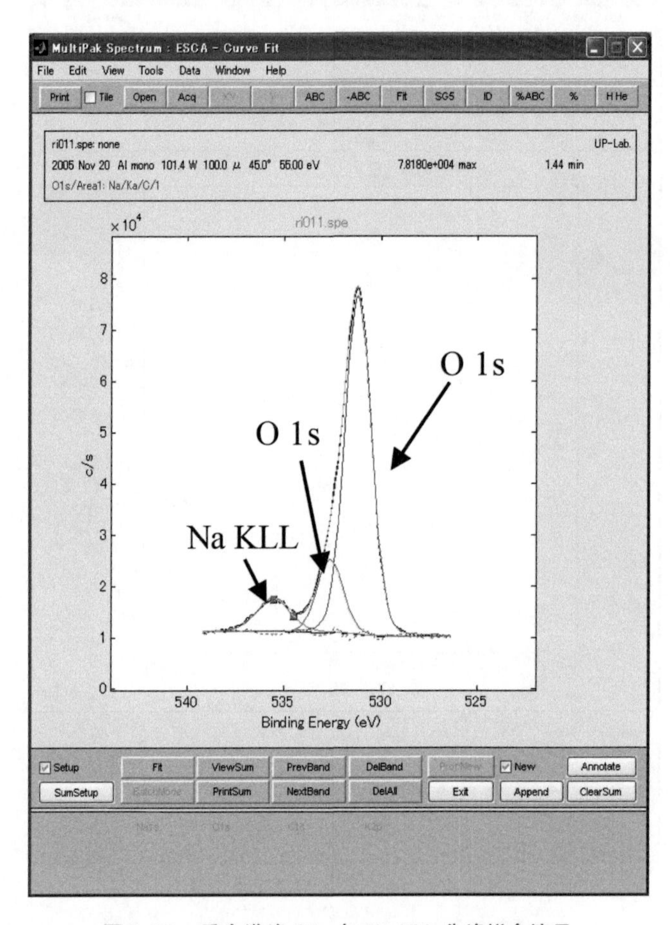

图 3. 36 重合谱峰 O1s 与 Na KLL 分峰拟合演示

步骤 2：不勾选“Setup”，单击“Prof/New”按钮，如图 3. 37 所示。

步骤 3：定量中取消不属于该元素的分峰，如图 3. 38 所示。

步骤 4：分离重叠谱峰后的定量结果，如图 3. 39 所示。

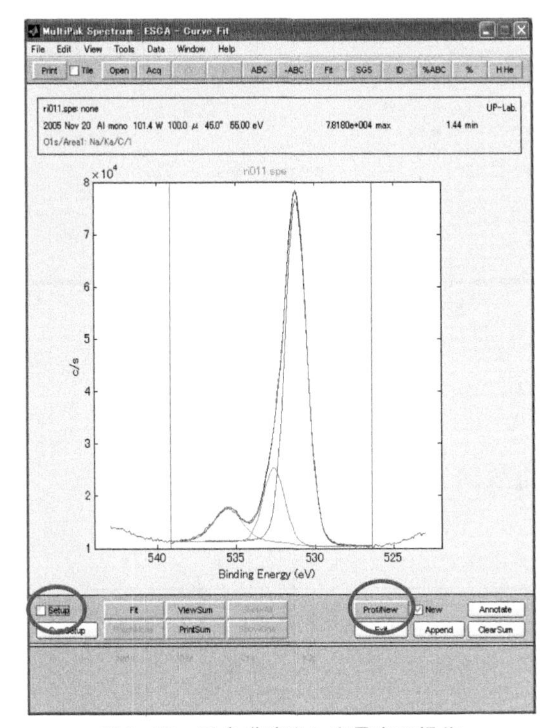

图 3. 37　重合谱峰进入定量窗口操作

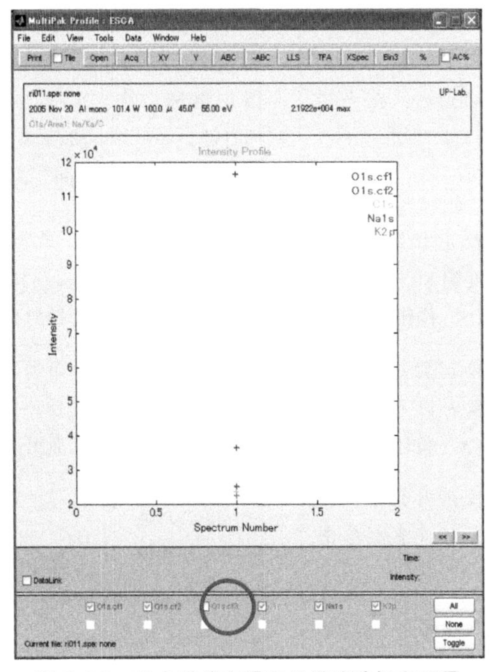

图 3. 38　重合谱峰定量窗口谱峰选择和设置

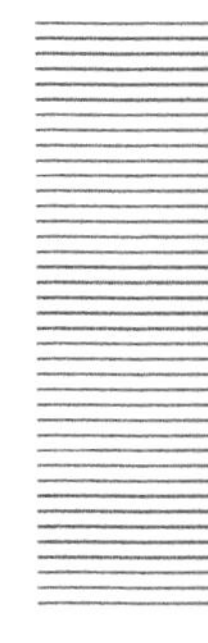

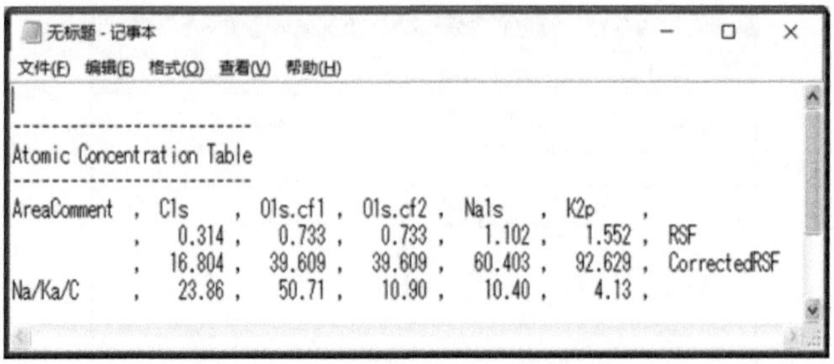

```
无标题 - 记事本
文件(F) 编辑(E) 格式(O) 查看(V) 帮助(H)

---------------------------
Atomic Concentration Table
---------------------------
AreaComment  ,  C1s     ,  O1s.cf1 ,  O1s.cf2 ,  Na1s    ,  K2p     ,
             ,   0.314  ,   0.733  ,   0.733  ,   1.102  ,   1.552  ,  RSF
             ,  16.804  ,  39.609  ,  39.609  ,  60.403  ,  92.629  ,  CorrectedRSF
Na/Ka/C      ,   23.86  ,   50.71  ,   10.90  ,   10.40  ,    4.13  ,
```

图 3.39　重合谱峰原子百分含量呈现

3.4.4　深度剖析

1. 深度剖析的数据处理（表 3.7）

表 3.7　深度剖析的数据处理

目的	按钮控制、键盘控制、鼠标控制			
	步骤 1	步骤 2	步骤 3	步骤 4
查看强度	打开文件	扣除背底		
查看原子浓度	打开文件	扣除背底	单击“AC%”	
建立化学态深度图（使用拟合曲线）	校正背景（背底扣除）后，在光谱窗口上单击“Fit”按钮	添加谱峰（按鼠标右键）	不勾选设定，单击“Fit”按钮，然后单击“Prof/Upd”按钮	在拟合曲线前先检查已完成的深度图
建立化学态深度图（使用 LLS 拟合）	校正背景后，在深度窗口下面单击“LLS”按钮	往左拖曳→挑选内部标的光谱区域	单击“Spec/New”按钮确认所选择的光谱区域	单击“Fit”按钮
建立化学态深度图（使用 TFA 内部标的图谱）	校正背景后，在深度窗口下面单击“TFA”按钮	单击“PCA”按钮→决定系数	单击“SpecTFA”按钮→选择内部标准图谱	
建立化学态深度图（使用 TFA 外部标的图谱）	校正背景后，在深度窗口下面单击“TFA”按钮	单击“PCA”按钮→决定系数	检查“Basic On”→选择外部标准图谱	
删除深度图中不需要的元素	在深度图窗口取消区域框			

续表

目的	按钮控制、键盘控制、鼠标控制			
	步骤 1	步骤 2	步骤 3	步骤 4
在文本文件中显示深度图数据	单击“%”按钮			
完成曲线平顺	单击“Bin3”按钮			
更改水平轴的单位	在水平轴单击“Shift + Left”按钮	更改单位		
更改溅射速率(需要在更改横轴单位前)	单击“Tools”→“Depth Calibrate”	输入“Layer”→单击“Add”按钮	输入“Rate”	

2. 建立化学态深度分析：使用分峰拟合（一）

步骤：背景扣除之后，单击“Fit”按钮（图谱所显示的为全部深度周期图谱的平均值），当想要使用某些特定周期数据来进行曲线拟合时，不勾选“Setup”，移动屏幕右边滑动条，然后选择特定周期，如图 3.40 所示。

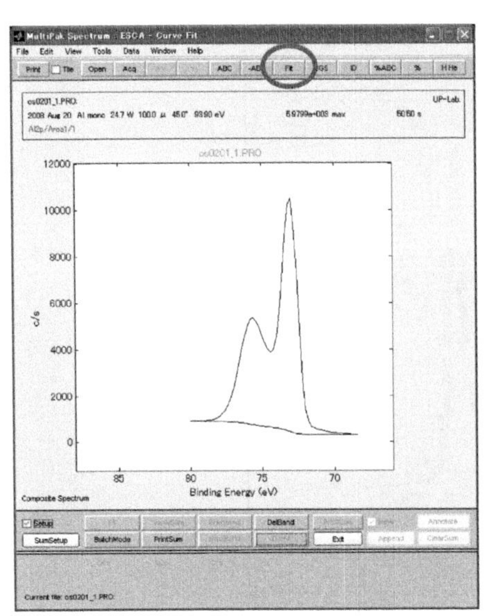

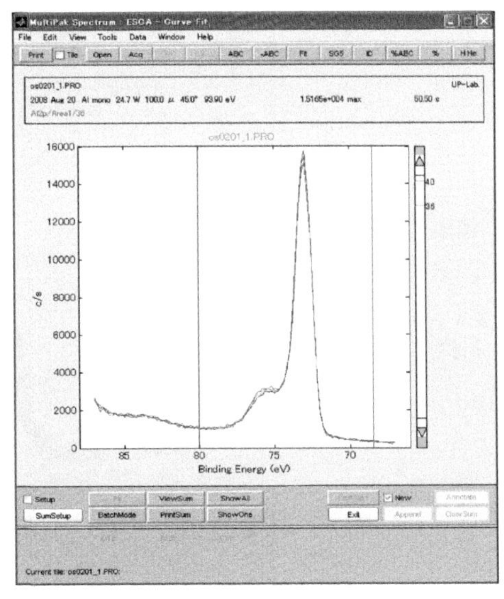

图 3.40　深度剖析精细谱背底扣除和特定采谱周期选择操作

参考前面化学态分析的方法进行拟合，如图 3.41 所示。

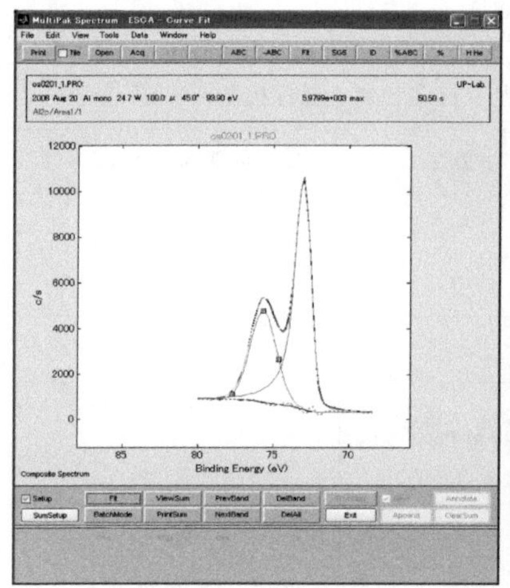
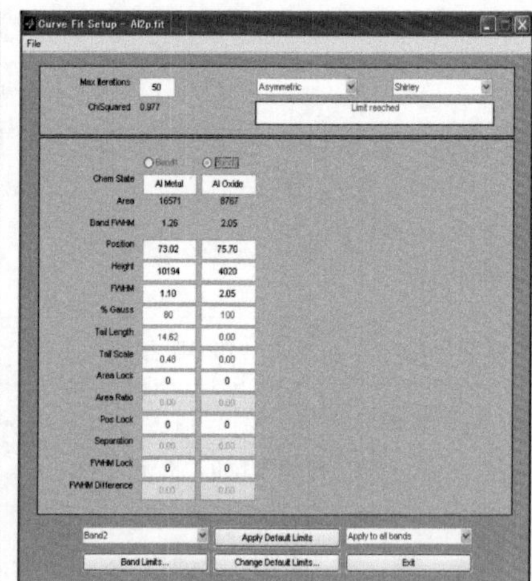

图 3.41　深度剖析精细谱拟合操作

3. 建立化学态深度分析：使用分峰拟合（二）

步骤：

①不勾选“Setup”。

②单击下部工具栏的 Fit 按钮，如图 3.42 所示。

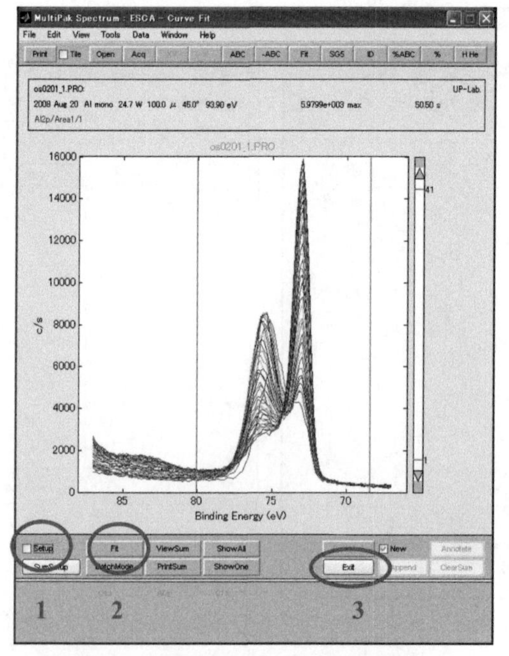

图 3.42　深度剖析精细谱拟合后定量操作

③单击“Prof/Upd”按钮，如图3.43所示。

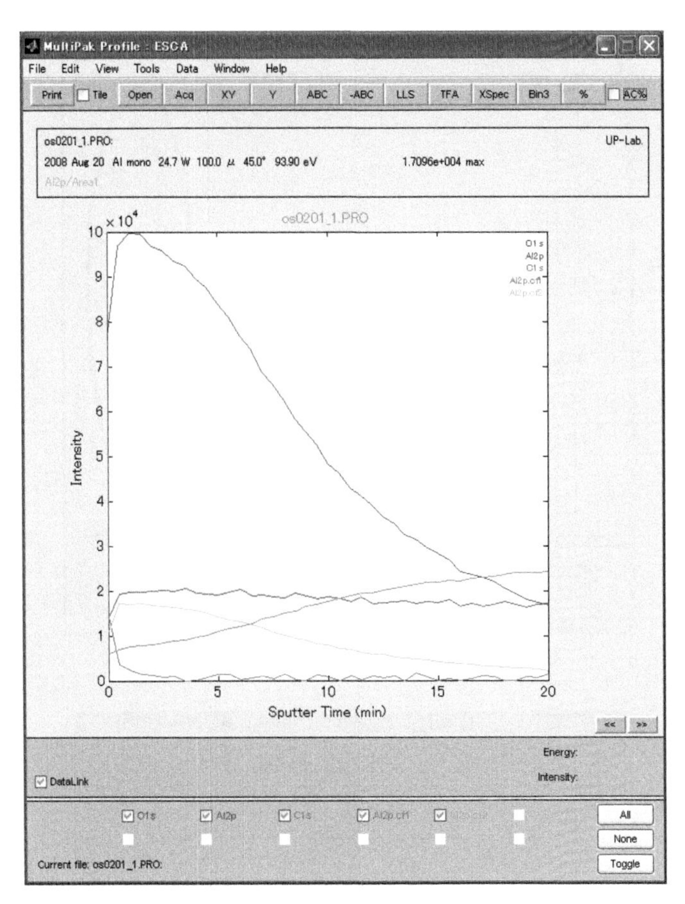

图3.43 深度剖析曲线生成

④移动右边的滑动条，将显示每一周期的曲线拟合结果。确认每一周期的曲线拟合是否正确，如图3.44所示。

⑤当移动图谱上的滑动条时，特定周期的位置将显示于深度窗口（屏幕上的黄色线），如图3.45所示。

⑥得到化学态深度曲线，如图3.46所示。

4. 建立化学态深度图（使用LLS）

步骤1：扣除背景后，得到元素深度曲线，单击LLS按钮，如图3.47所示。

选择元素以完成LLS（在元素上单击或是单击“Profile Line”按钮），如图3.48所示。

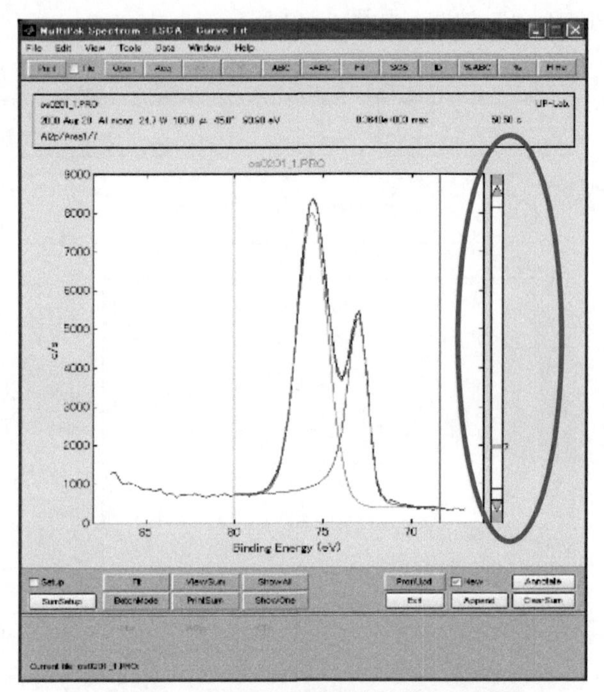

图 3.44　深度剖析数据每层精细谱拟合呈现

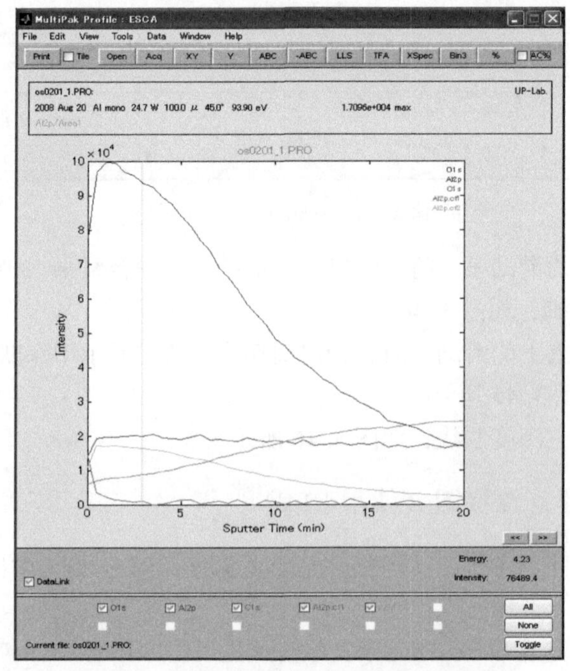

图 3.45　化学态深度剖析曲线每层位置呈现

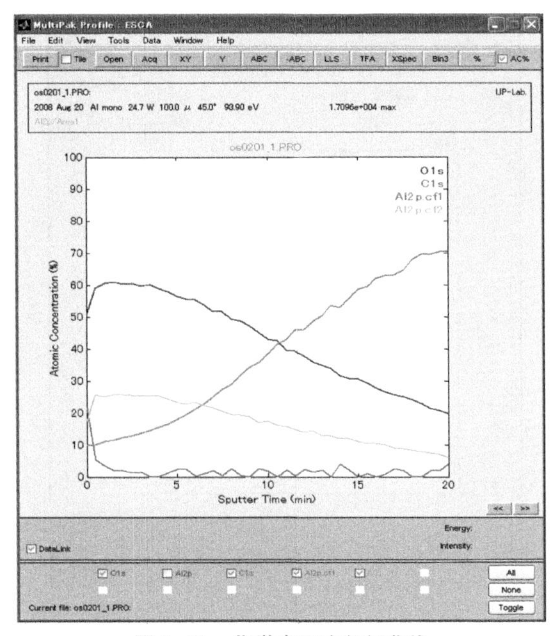

图3.46　化学态深度剖析曲线

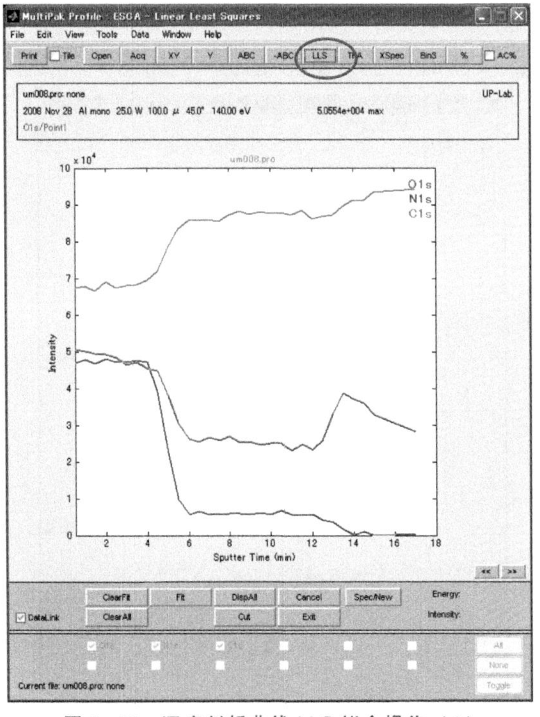

图3.47　深度剖析曲线LLS拟合操作（1）

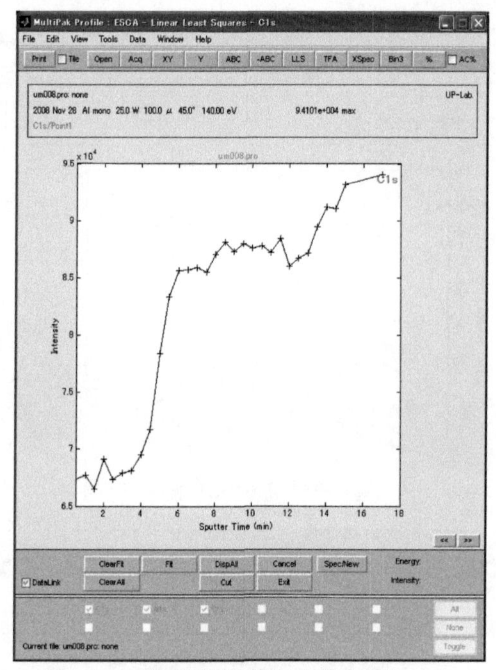

图 3.48　深度剖析曲线 LLS 拟合操作（2）

步骤 2：往左拖曳选择要作为标准单层膜层成分的区段，然后单击“Spec/Upd”按钮，所选区段图谱将显示在图谱窗口，如图 3.49 所示。

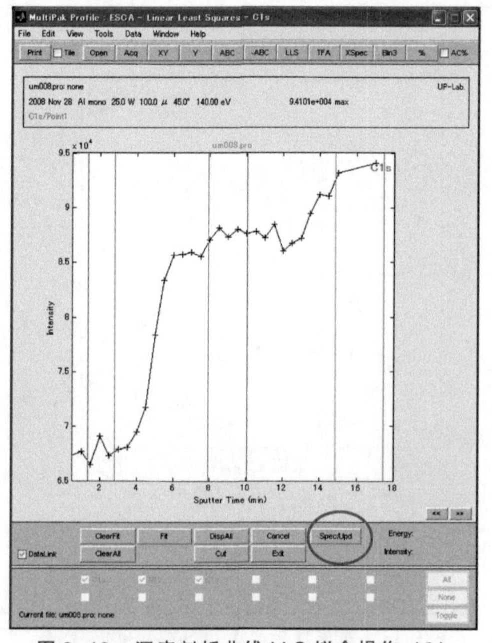

图 3.49　深度剖析曲线 LLS 拟合操作（3）

步骤 3：将所选择区域上的光谱平均，如图 3.50 所示。

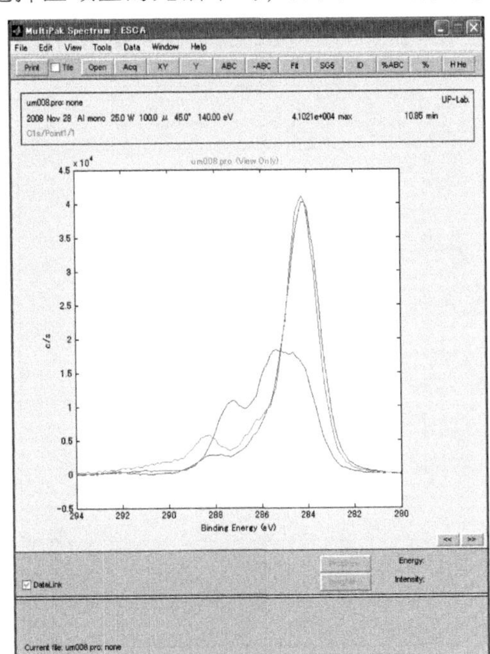

图 3.50　深度剖析曲线 LLS 拟合操作（4）

步骤 4：单击“Fit”按钮，如图 3.51 所示。

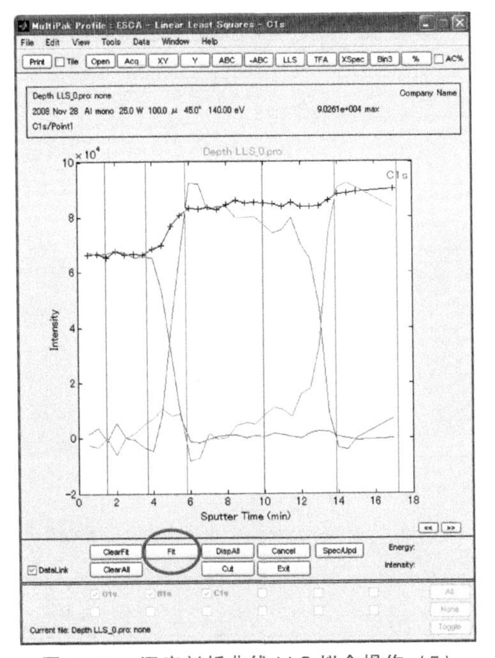

图 3.51　深度剖析曲线 LLS 拟合操作（5）

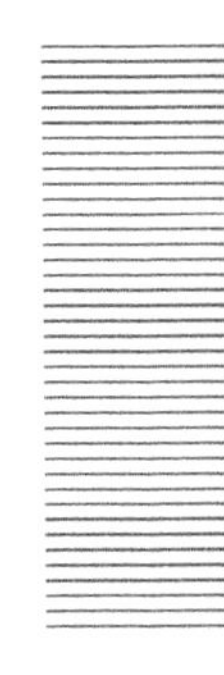

在执行 LLS 前，取消不统计深度的元素，如图 3.52 所示。

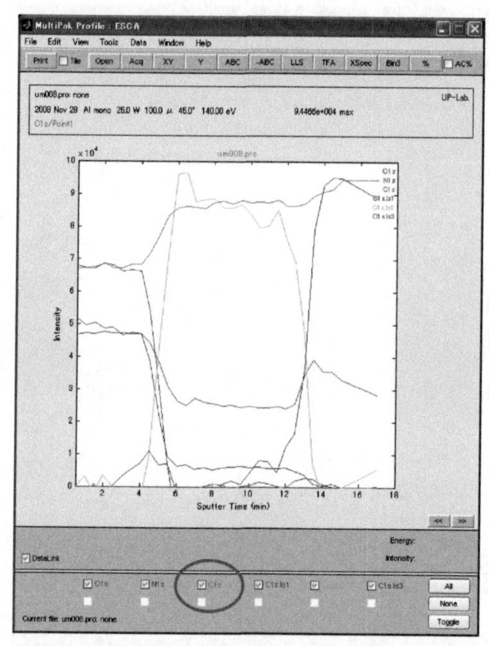

图 3.52　深度剖析曲线 LLS 拟合操作（6）

执行 LLS 后的深度分析图如图 3.53 所示。

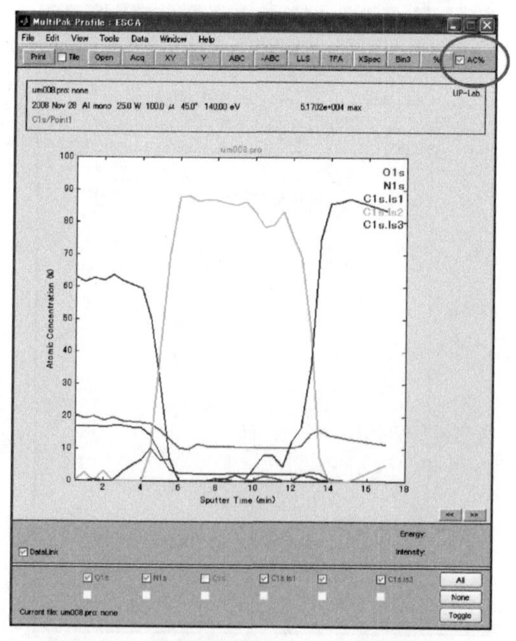

图 3.53　深度剖析曲线 LLS 拟合操作（7）

5. 建立化学态深度图（使用 TFA，内部标准和外部标准）

例如：两个样品中 Fe 的氧化层厚度是不一样的，如图 3.54 所示。

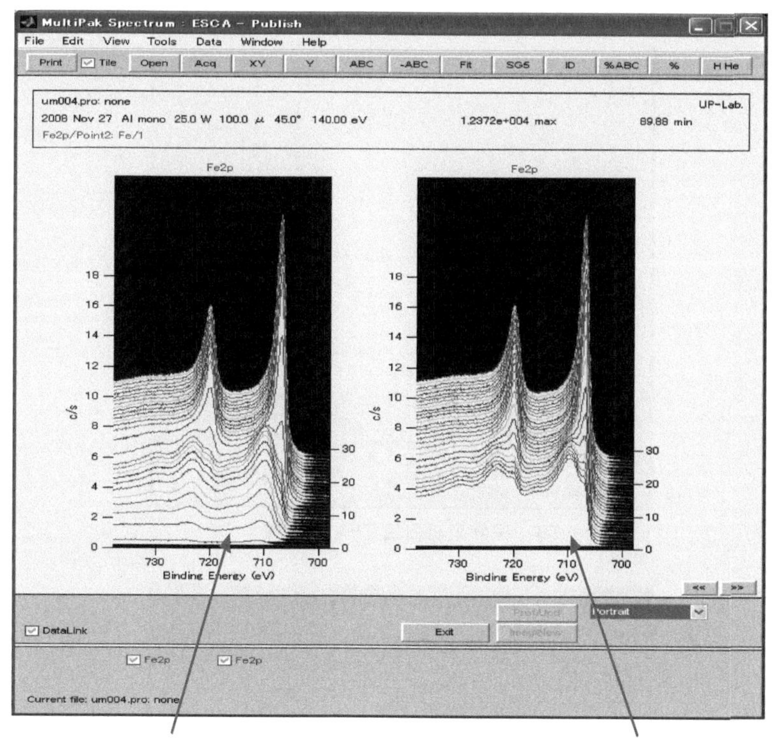

图 3－54　深度剖析曲线 TFA 拟合操作（1）

步骤 1：首先，使用样品 A 的数据，将数据保存并可作为外部标准图谱。

①打开文件，选择元素扣除背底后，单击“TFA”按钮，如图 3.55 所示。

②选择完成 TFA 后的元素（在元素或是深度线上单击），如图 3.56 所示。

步骤 2：单击“PCA”按钮后进入图 3.57 所示窗口，在此决定系数。

单击 SpecTFA 键后进入图 3.58 所示画面，保存所选择的系数作为外部标准图谱。

单击“SaveSpec”按钮，储存图谱，如图 3.59 所示；保存后，在“TFA”窗口单击“Cancel”按钮退出。

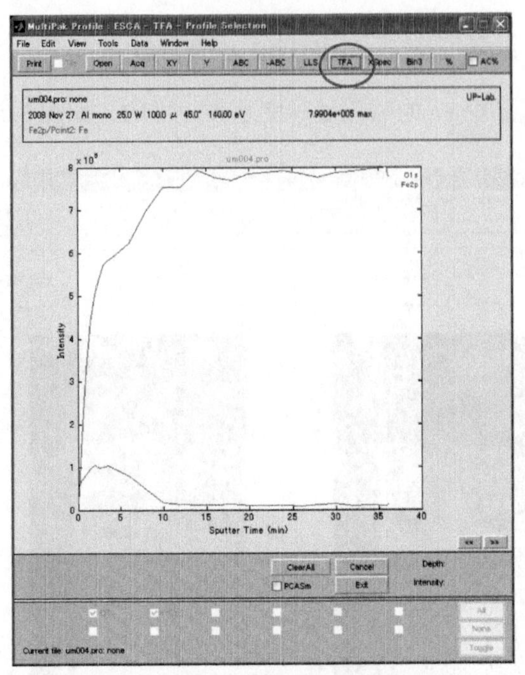

图 3.55　深度剖析曲线 TFA 拟合操作（2）

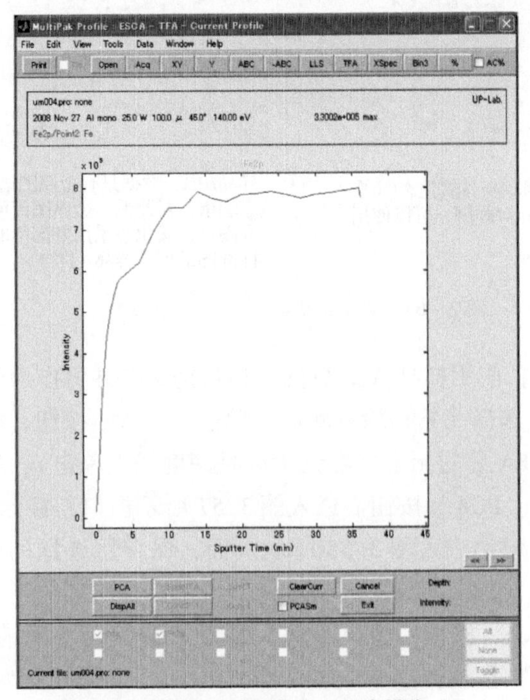

图 3.56　深度剖析曲线 TFA 拟合操作（3）

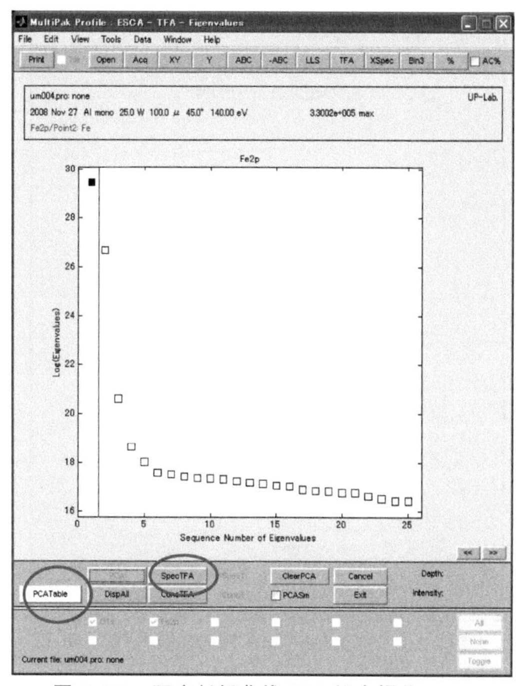

图3.57　深度剖析曲线TFA拟合操作（4）

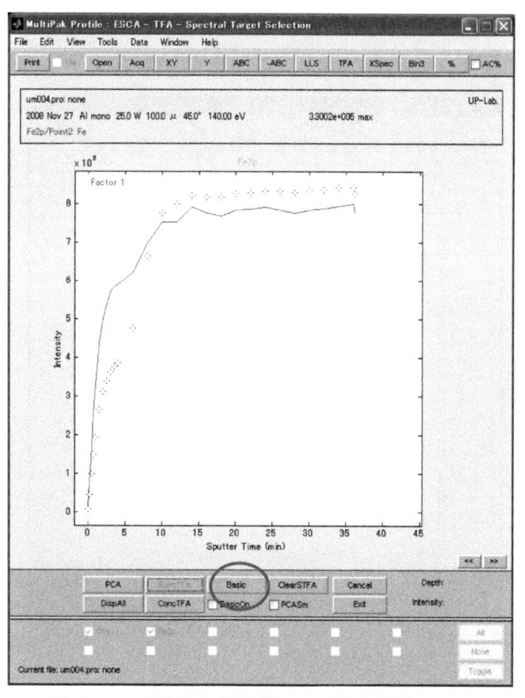

图3.58　深度剖析曲线TFA拟合操作（5）

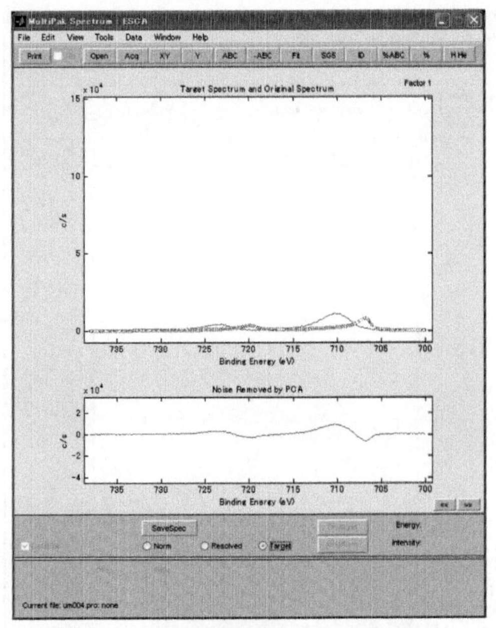

图 3.59　深度剖析曲线 TFA 拟合操作（6）

步骤 3：关于样品 B 的数据，处理程序上需使用到外部标准图谱和内部标准图谱。

打开样品 B 文件后，进入“TFA”窗口，如图 3.60 所示。

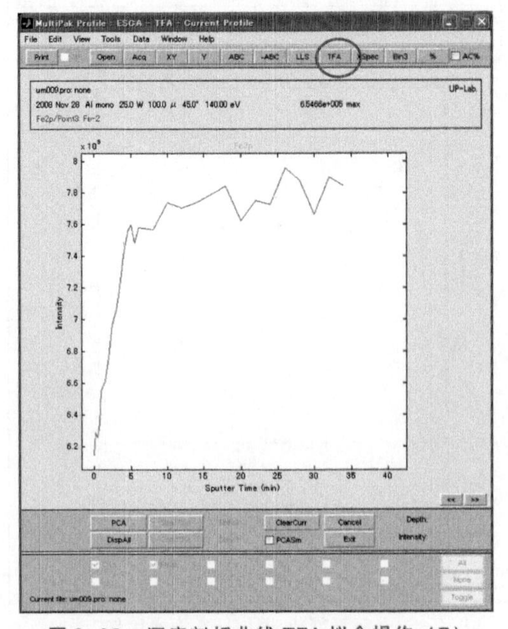

图 3.60　深度剖析曲线 TFA 拟合操作（7）

单击“PCA”按钮，决定系数，如图3.61所示。

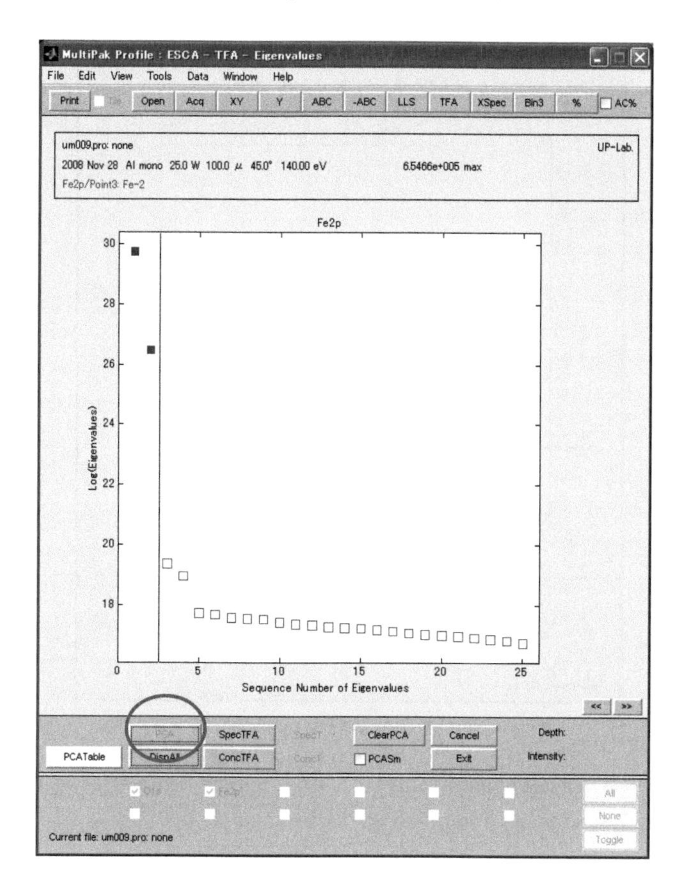

图3.61　深度剖析曲线TFA拟合操作（8）

单击“SpecTFA”按钮，于Factor1（Fe氧化物）使用外部标准图谱；单击“Basic”按钮，打开之前保存的图谱；于Factor2（Fe金属）使用内部标准图谱，选择含有金属图谱的数据，如图3.62所示。

指定后的外部标准与内部标准“TFA”窗口，如图3.63所示。

执行“TFA”前，取消勾选不需要的元素，如图3.64所示。

执行“TFA”后的深度分析图如图3.65所示。

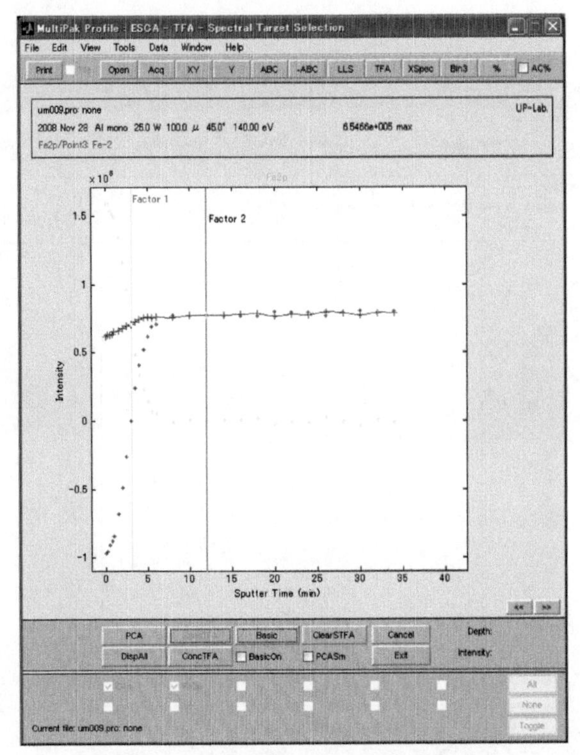

图 3.62　深度剖析曲线 TFA 拟合操作（9）

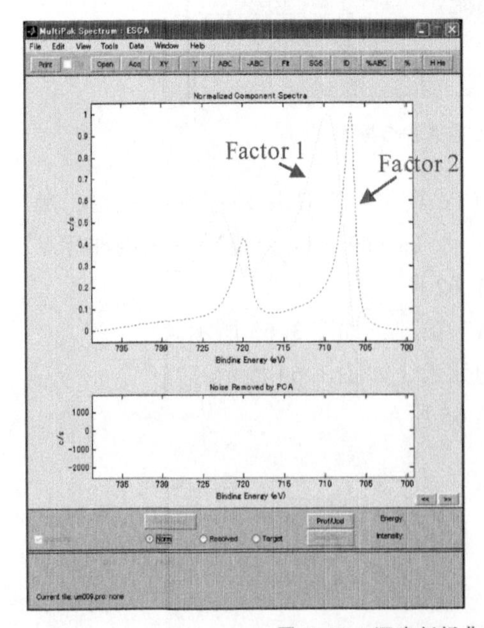

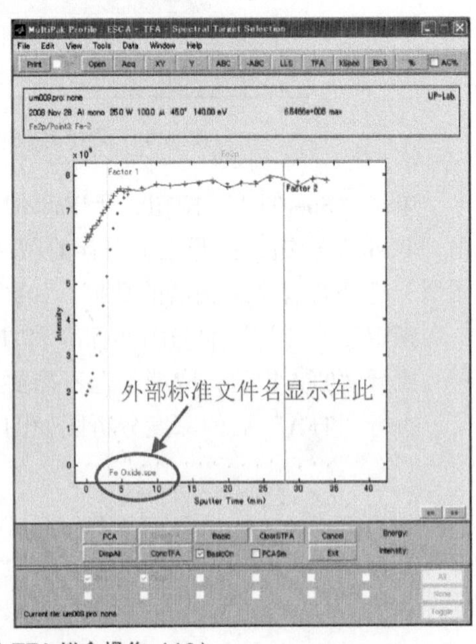

图 3.63　深度剖析曲线 TFA 拟合操作（10）

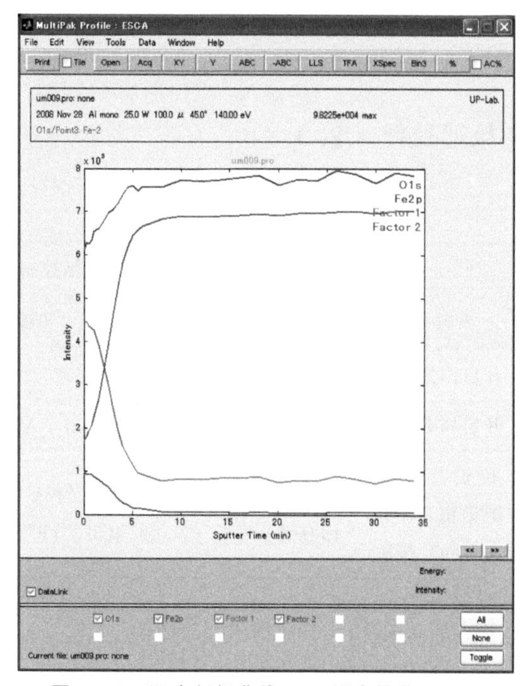

图 3. 64　深度剖析曲线 TFA 拟合操作（11）

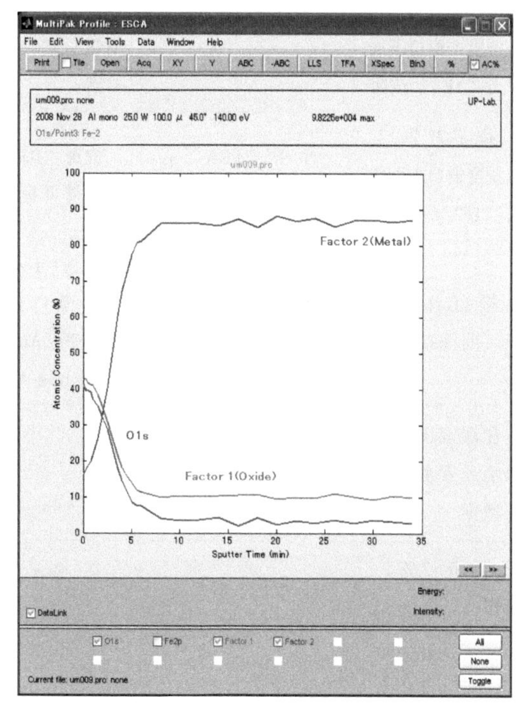

图 3. 65　执行 TFA 后的深度曲线图

3.4.5 变角分析

1. 变角分析的数据处理（表 3.8）

表 3.8 变角分析的数据处理

目的	按钮控制、键盘控制、鼠标控制			
	步骤 1	步骤 2	步骤 3	步骤 4
查看强度	开启档案	扣除背景		
查看原子浓度	开启档案	扣除背景	单击“AC%”	
建立化学态深度图（使用曲线拟合）	校正背景后，在图谱窗口下面单击“Fit”按钮	添加谱峰（按鼠标右键）	不勾选“Setup”，单击“Fit”按钮	单击“Prof/Upd”按钮
建立化学态深度图（使用 LLS 拟合）	校正背景后，在深度图窗口下面单击“LLS”按钮	往左拖曳→挑选内部标的图谱区域	单击“Spec/New”按钮确认所选择的光谱区域	单击“Fit”按钮
建立化学态深度图（使用 TFA 内部标的图谱）	校正背景后，在深度图窗口下面单击“TFA”按钮	单击“PCA”按钮→决定系数	单击“SpecTFA”按钮→选择内部标的图谱	
建立化学态深度图（使用 TFA 外部标的图谱）	校正背景后，在深度窗口下面单击“TFA”按钮	单击“PCA”按钮→决定系数	检查“Basic On”→选择外部标的图谱	
进行薄膜厚度/未知层的结构分析（使用 UTFA）	进行背景校正、曲线拟合等	单击“Prof/Up”按钮	单击“Tools”（在深度图窗口）→“Ultra ThinFilm Analysis”→“Structure Analysis”	
删除深度图中不必要的元素	在深度图窗口取消元素前面的区域框			
在文本文件中显示深度图数据	单击“%”按钮			
完成平顺	单击“Bin3”按钮			

2. 使用 UTFA 分析膜厚及薄层结构

步骤 1：同深度剖析图谱曲线拟合，如图 3. 66 所示。

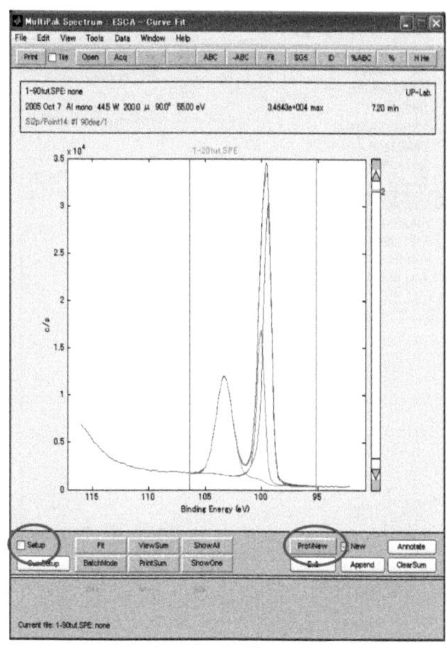

图 3. 66　变角分析精细谱拟合操作

步骤 2：化学态深度曲线生成，如图 3. 67 所示。

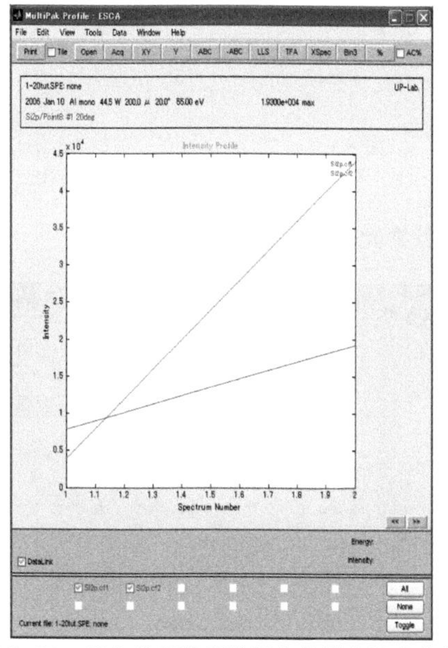

图 3. 67　变角分析精细谱拟合化学态深度曲线

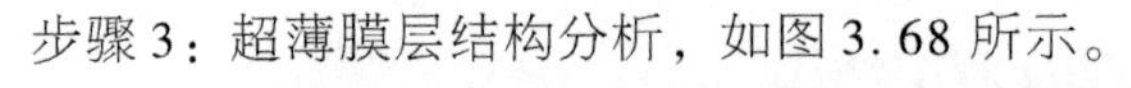

步骤 3：超薄膜层结构分析，如图 3.68 所示。

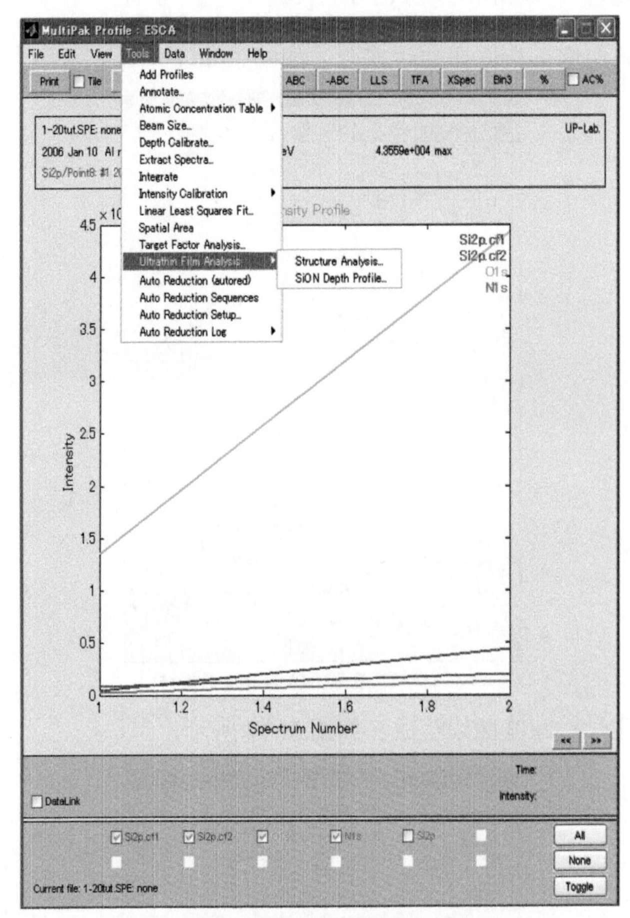

图 3.68　变角分析超薄膜层结构分析操作（1）

步骤 4：勾选膜层相关元素，如图 3.69 所示。

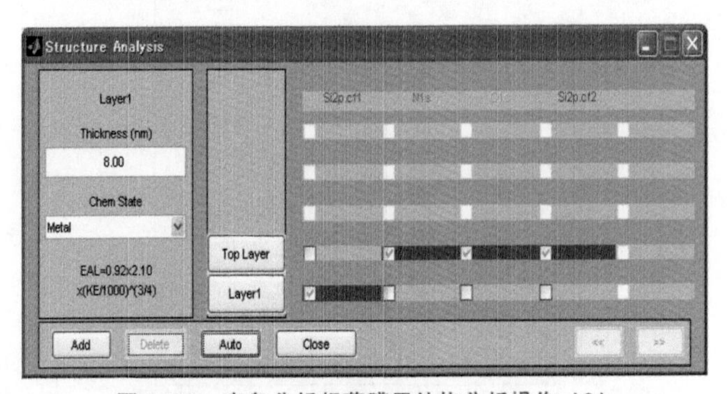

图 3.69　变角分析超薄膜层结构分析操作（2）

分析结果如图3.70所示。

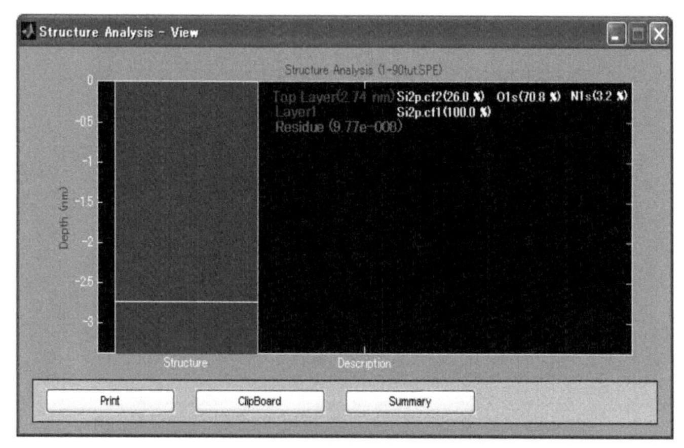

图3.70　变角分析超薄膜层结构分析操作（3）

3.4.6　图像（Mapping）分析

1. 成分分布图像（Mapping）的数据处理（表3.9）

表3.9　成分分布图像的数据处理

目的	按钮控制、键盘控制、鼠标控制			
	步骤1	步骤2	步骤3	步骤4
查看强度分布	打开文件	扣除背底		
查看原子浓度	打开文件	扣除背底	单击“AC%”	
建立Stage扫描图像	打开文件	扣除背底	单击“Tools”（图谱窗口）→“Stage Map Boundary setup”	
查看化学态分布（使用曲线拟合）	校正背景后，在图谱窗口下面单击“Fit”按钮	添加谱峰（按鼠标右键）	不勾选“Setup”，单击“Fit”按钮	
查看化学态分布（使用LLS拟合）	校正背景后，在图谱窗口下面单击“Fit”按钮	选择内部标准图谱范围	单击“Spec/New”按钮确认所选择的光谱区域	单击“Fit”按钮

续表

目的	按钮控制、键盘控制、鼠标控制			
	步骤 1	步骤 2	步骤 3	步骤 4
更改图像上的颜色	在 MAP 窗口借由下拉选单做变更	不勾选元素	定量计算	
RGB 叠图显示	叠图影像可个别显示成红、蓝、绿色	单击“Tools”→“RGB 叠图”		
图像上显示微米尺	单击“Tools”→“Standard Annotation”			
图像上的标尺测量	单击“Tools”→“Tape measure”			
完成图像平滑	单击“Smooth”按钮			
保存图像为 TIFF 格式	单击“TIFF”按钮			
Y 方向强度变化的修正	“Data”→“Monochromator correction”			

2. 成分分布图像查看分布（强度分布/原子浓度）

步骤 1：打开文件，如图 3.71 所示。

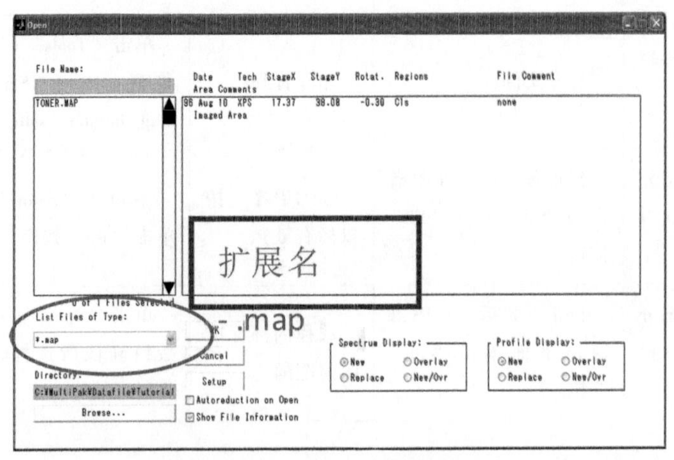

图 3.71　成分分布图文件选择与打开

步骤 2：谱峰背底扣除，如图 3.72 所示。

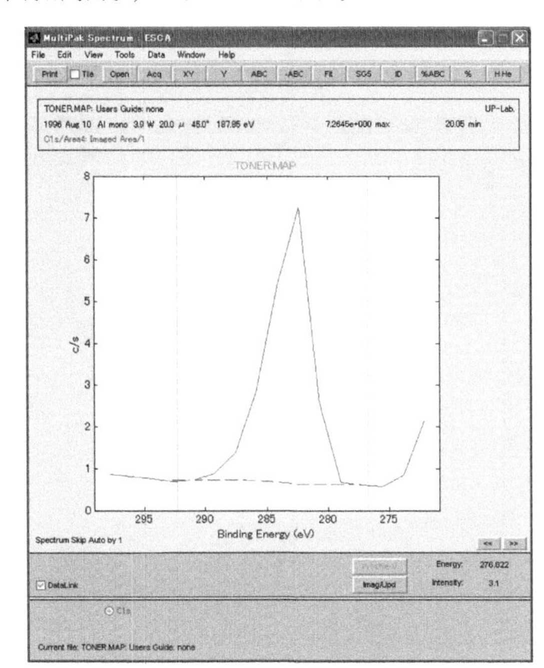

图 3.72　Mapping 精细谱背底扣除

步骤 3：C1s 强度分布影像（LLS 处理前/后），如图 3.73 所示。

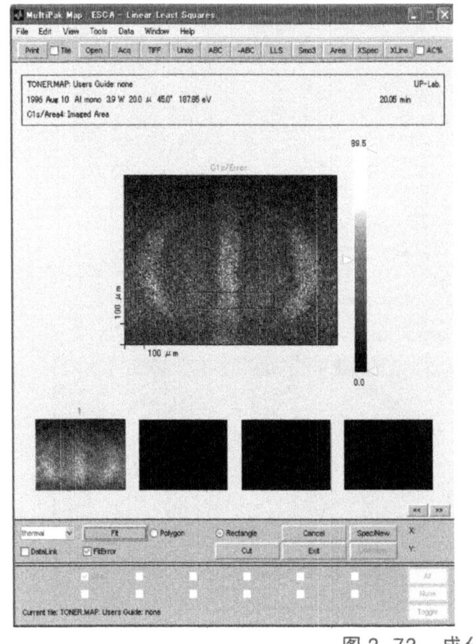

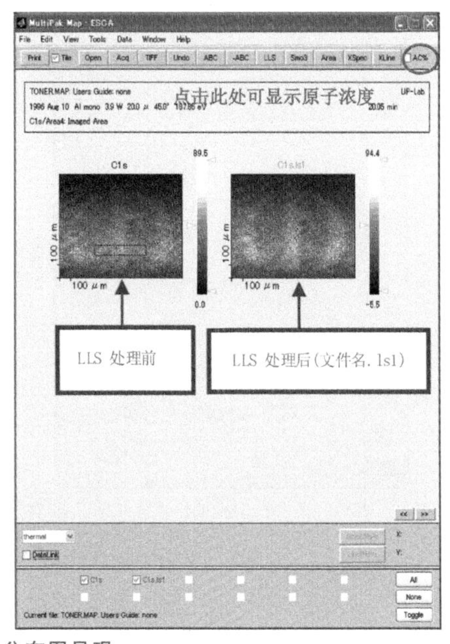

图 3.73　成分分布图呈现

3. X 射线束扫描图像/化学态分布（使用谱峰曲线拟合方法）

步骤 1：打开文件，谱峰背底扣除，如图 3.74 所示。

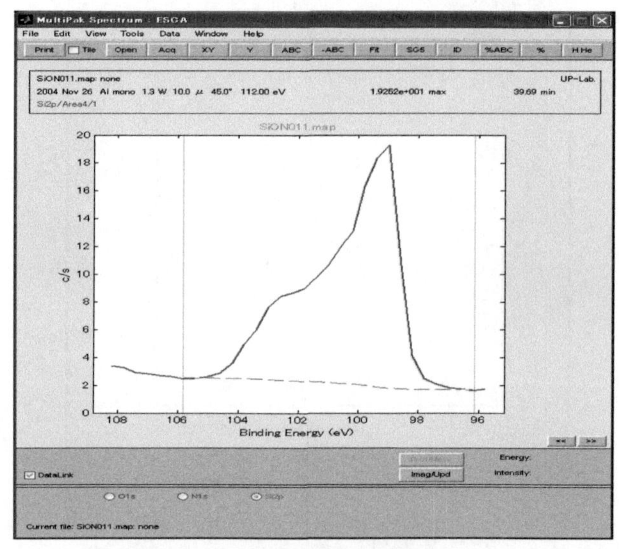

图 3.74　分峰拟合图像处理操作（1）

步骤 2：分峰拟合（同精细谱操作），如图 3.75 所示。

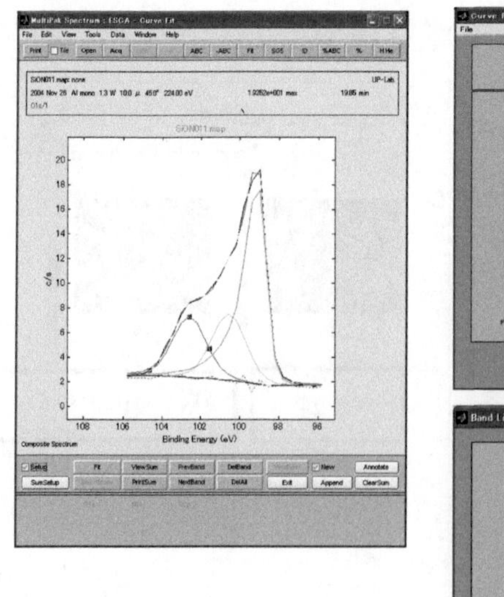

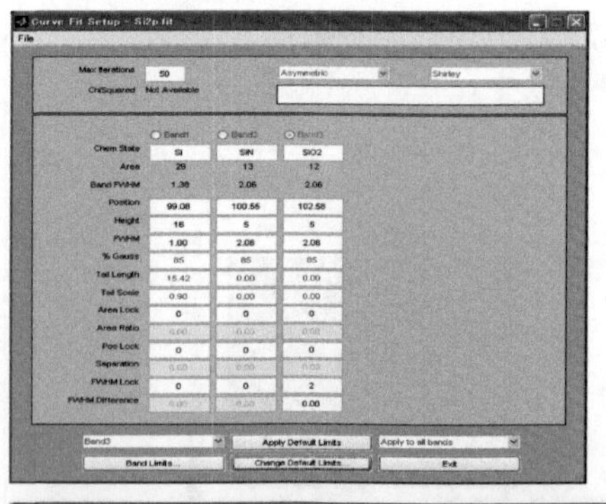

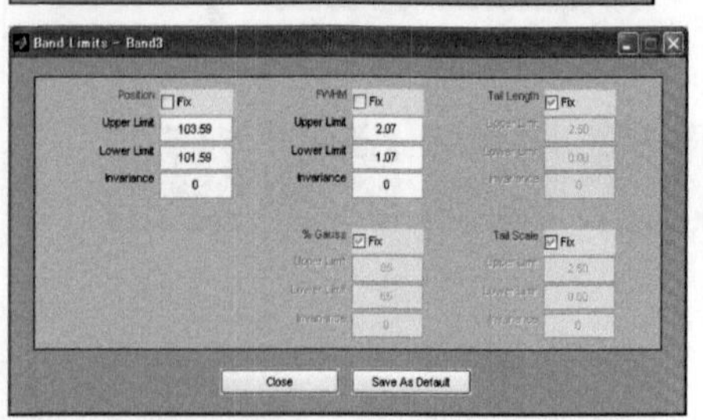

图 3.75　分峰拟合图像处理操作（2）

步骤3：取消勾选“Setup”，依次单击“Fit”和“Map/New”按钮，如图3.76所示。

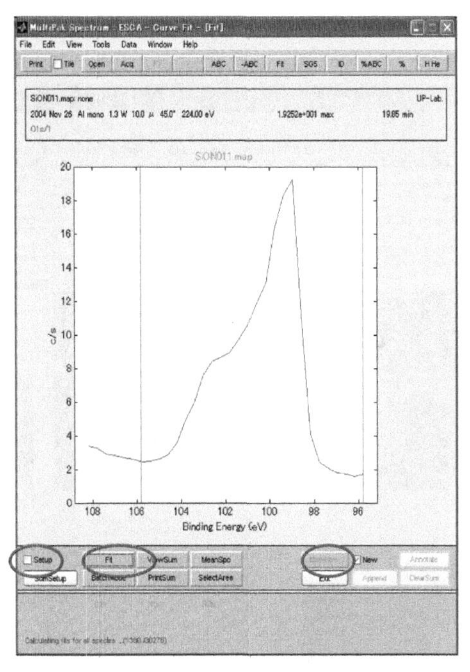

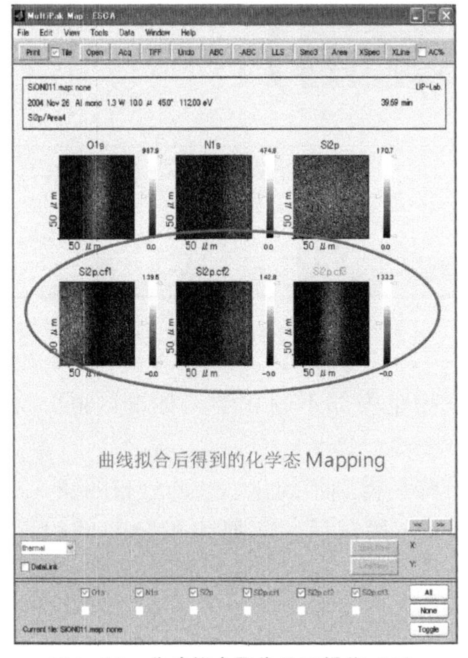

图3.76　分峰拟合图像处理操作（3）

4. X 射线束扫描图像/化学状态分布（使用 LLS 方法）

步骤 1：图谱扣除背景后，单击“LLS”按钮，如图 3.77 所示。

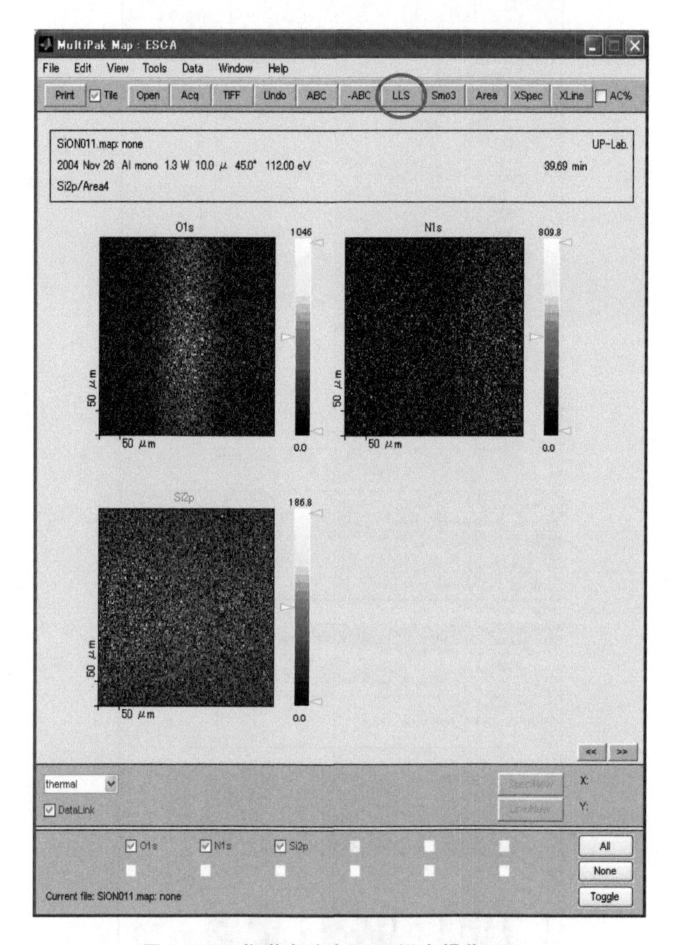

图 3.77　化学态分布 LLS 拟合操作（1）

步骤 2：往左拖曳指定内部不同化学态标准区间，确定后单击“Fit”按钮，如图 3.78 所示。

步骤 3：在 LLS 分峰后得到不同化学态的分布图像（Si）。

当单击“Spec/New”按钮后，将显示指定区域的平均图谱，如图 3.79 所示。

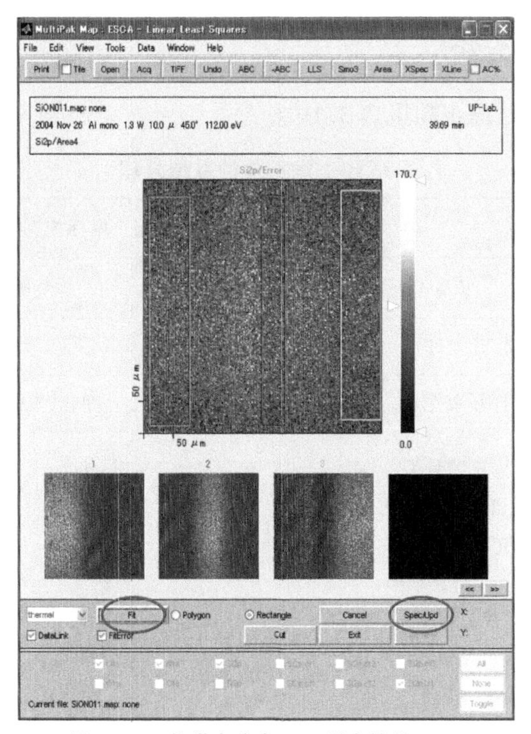

图 3.78　化学态分布 LLS 拟合操作（2）

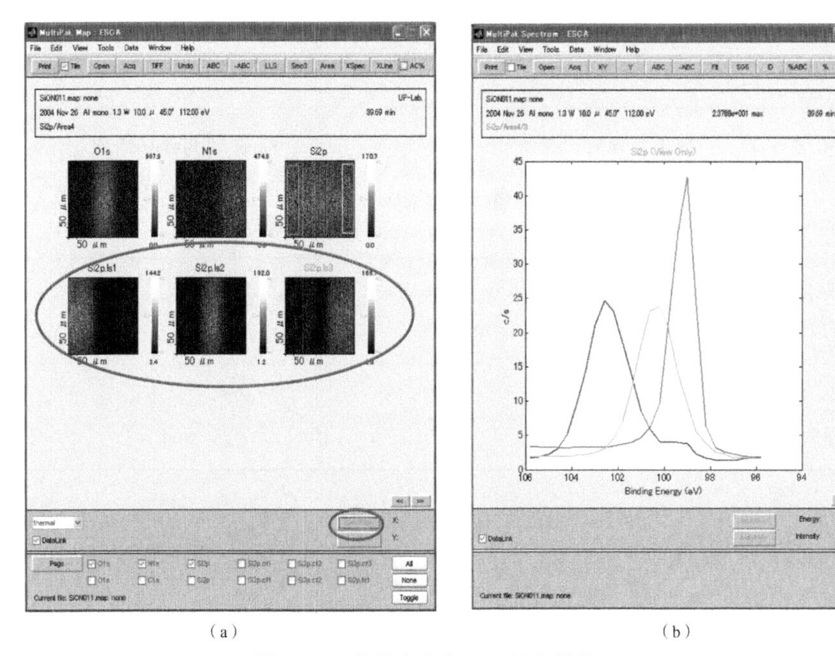

(a)　　　　　　　　　　　　　　　　(b)

图 3.79　化学态分布 LLS 拟合操作（3）

3.4.7 线扫描分析

线扫描的数据处理步骤见表 3.10。

表 3.10 线扫描的数据处理

目的	按钮控制、键盘控制、鼠标控制			
	步骤 1	步骤 2	步骤 3	步骤 4
查看强度分布	打开文件	扣除背底		
查看原子浓度	打开文件	扣除背底	单击“AC%”	
建立化学态深度图（使用曲线拟合）	校正背景后，在图谱窗口上单击“Fit”按钮	添加谱峰（单击鼠标右键）	取消勾选“Setup”，单击“Fit”按钮	单击“Prof/Upd”按钮
建立化学态深度图（使用 LLS 拟合）	校正背景后，在深度窗口上单击“LLS”按钮	往左拖曳→挑选内部标的光谱区域	单击“Spec/New”按钮确认所选择的光谱区域	单击“Fit”按钮
建立化学态深度图（使用 TFA 内部标的光谱）	校正背景后，在深度窗口上单击“TFA”按钮	单击“PCA”按钮→决定系数	单击“SpecTFA”按钮→选择内部标定光谱	
建立化学态深度图（使用 TFA 外部标的光谱）	校正背景后，在深度窗口上单击“TFA”按钮	单击“PCA”按钮→决定系数	检查“BasicOn”→选择外部标定光谱	
删除深度图中不必要的元素	在深度窗口取消元素前面的区域框			
在文本文件显示深度图的数据	单击“%”按钮			

3.4.8 报告制作

1. 报告制作流程（表 3.11）

表3.11　报告制作流程

目的	按钮控制、键盘控制、鼠标控制	
	步骤1	步骤2
在metafile格式下将“MultiPak”窗口粘贴在PowerPoint、Word、Excel等文字处理软件中	单击“Edit”→复制到Clipboard	
在bitmap格式下将“MultiPak”窗口粘贴在PowerPoint、Word、Excel等文字处理软件中	单击“Edit”→复制到Clipboard（bitmap）	
变更纵轴与横轴的字号	单击“File”→“Options”→“System Setting”	变换系统常数的字型与大小
变更颜色、粗细、图谱线、深度线的种类	单击“Shift”按钮+“Left click on line”（单击鼠标中键）	数据属性的变换
插入相应颜色的标签到图谱上	单击“Tools”→“Legend”→“XXXX”	选择对应内容
在MultiPak中设定字型颜色与插入内文的大小	单击“ABC”按钮	设定更改
以重叠的方式显示图谱	单击“Tools”→“Stack Plot”	
以平铺的方式显示图谱	单击“Tools”→“Montage Viewer”→“Tile”	
以蒙太奇图示的方式显示图谱	单击“Tools”→“Montage Viewer”→“Montage”	
以归一化方式显示图谱	单击“Data”→“Normalize”（0 to 1）	
转换图谱成其他文件格式（ASCII转换、PDF输出等）	单击“File”→“Export to”	输入文档名/储存
在图像上显示分析的点、面（SXI、Photo）	打开文件	单击“Tools”→“SpatialArea”

2. 报告制作功能全谱示例

①插入与谱线相同颜色的评论：单击“Tools”→“Legend”→“Area Comment”。变更 AC% 表格的颜色：Shift + 左键单击 table。
贴图谱屏幕到位图形式：单击“Edit”→“Copy to Bitmap”，如图 3.80 所示。

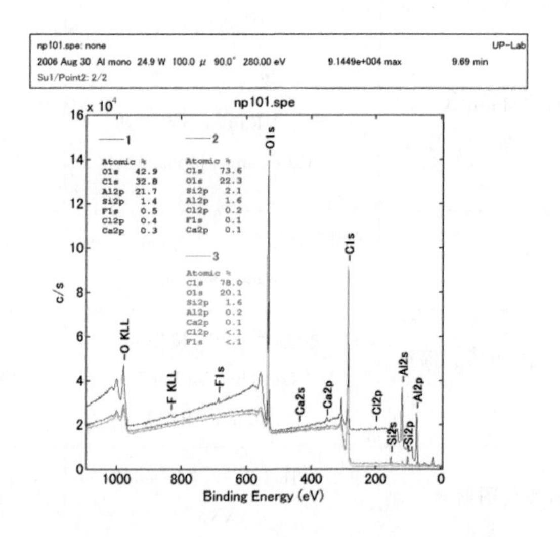

图 3.80 报告制作中全谱定性定量标识与呈现

②插入与谱线相同颜色的评论：单击“Tools”→“Legend”→“Area Comment”。显示叠图：单击“Tools”→“Stack Plot”，如图 3.81 所示。

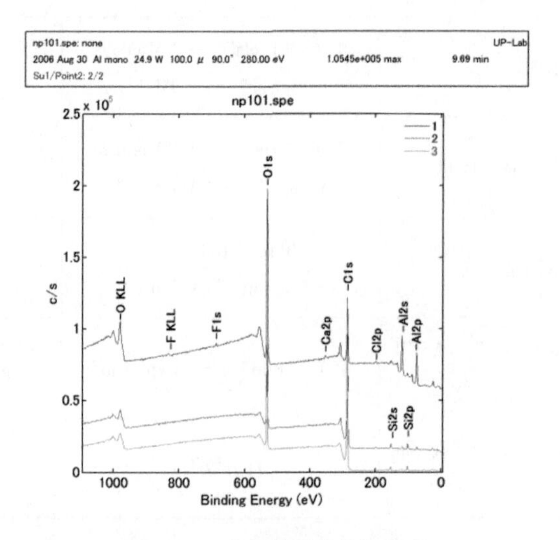

图 3.81 全谱叠图操作与呈现

③在 SXI 上插入要分析的点：单击 "Tools" → "Spatial Area"。

改变分析点的颜色与图谱一致：Shift + 左键单击文字。

在 SXI 上显示光标尺：单击 "Tools" → "Standard Annotation"，如图 3.82 所示。

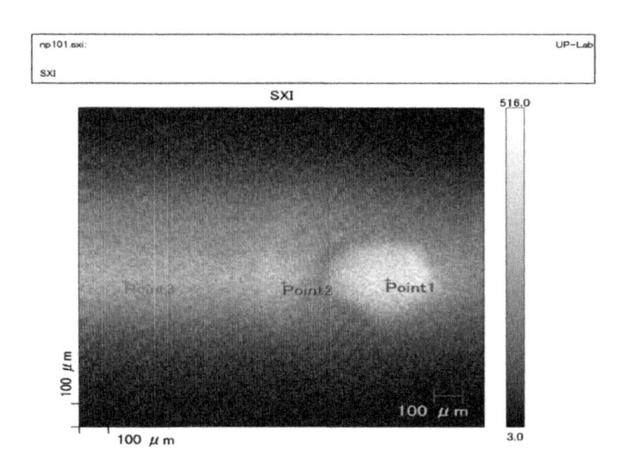

图 3.82　SXI 图像标识与呈现

④在样品的图片上插入分析区域：单击 "Tools" → "Spatial Area"，如图 3.83 所示。

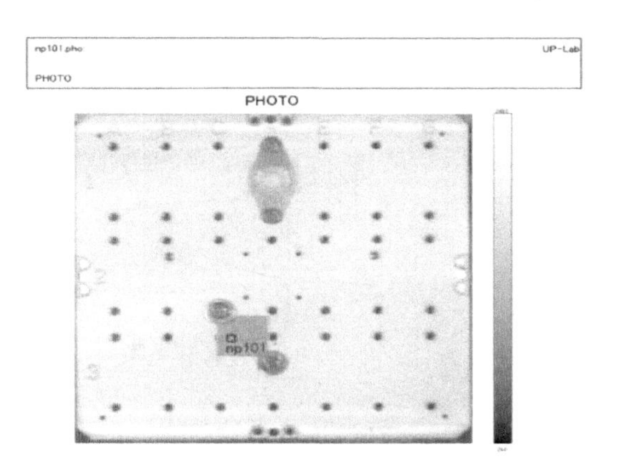

图 3.83　样品定位图标识与呈现

3. 报告制作功能精细谱示例

图谱平铺显示：单击 "Tools" → "Montage Viewer" → "Tile"，如图 3.84 所示。

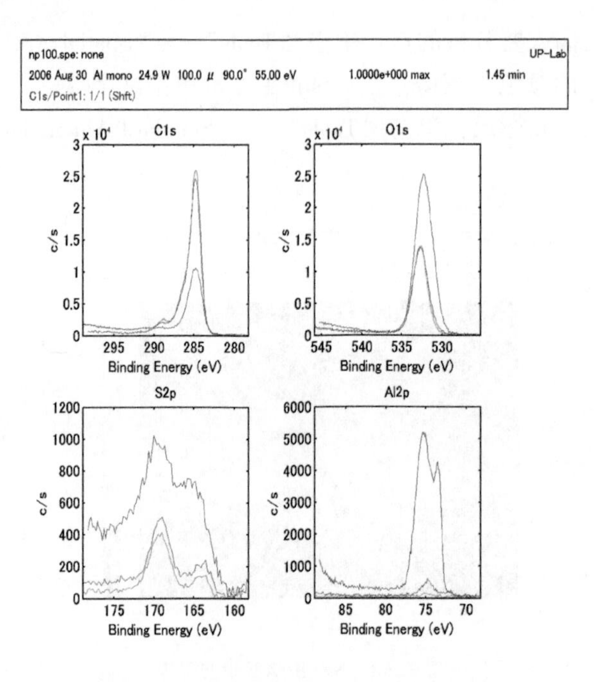

图 3.84 精细谱叠图（Tile）操作与呈现

图谱显示：单击“Tools”→“Montage Viewer”→“Montage”，如图 3.85 所示。

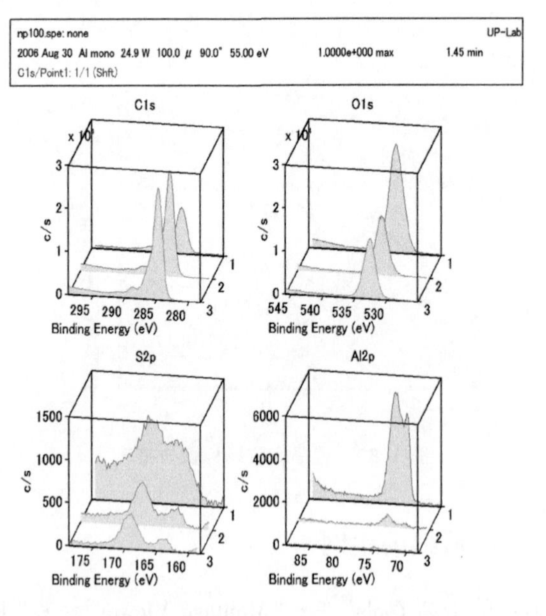

图 3.85 精细谱叠图（Montage）操作与呈现（1）

图谱剪辑显示：单击“Tools”→“Montage Viewer”→“Montage”，如图 3.86 所示。

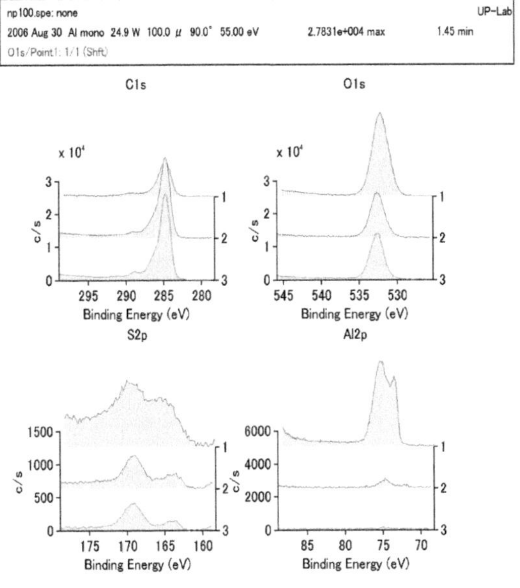

图 3.86　精细谱叠图（Montage）操作与呈现（2）

化学态的谱峰标识：单击“Tools”→“Chemical State ID”→“Annotate”，如图 3.87 所示。

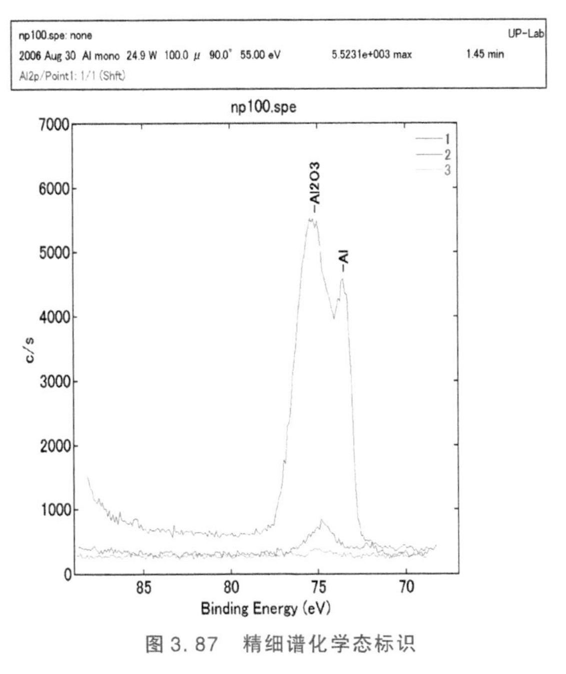

图 3.87　精细谱化学态标识

|3.5 MultiPak 实操案例|

3.5.1 常规表面分析案例

XPS 最主要的功能之一即为常规表面分析，使用 ULVAC－PHI 设备进行常规表面分析得到的数据格式为“.spe”。下面用实际案例演示常规表面分析全谱和精细谱的详细分析操作步骤。

1. 数据打开与存储

单击“Open”，选择对应数据的路径，选定拟分析的数据（注意选择对应的数据格式类型），打开数据，如图 3.88 所示。

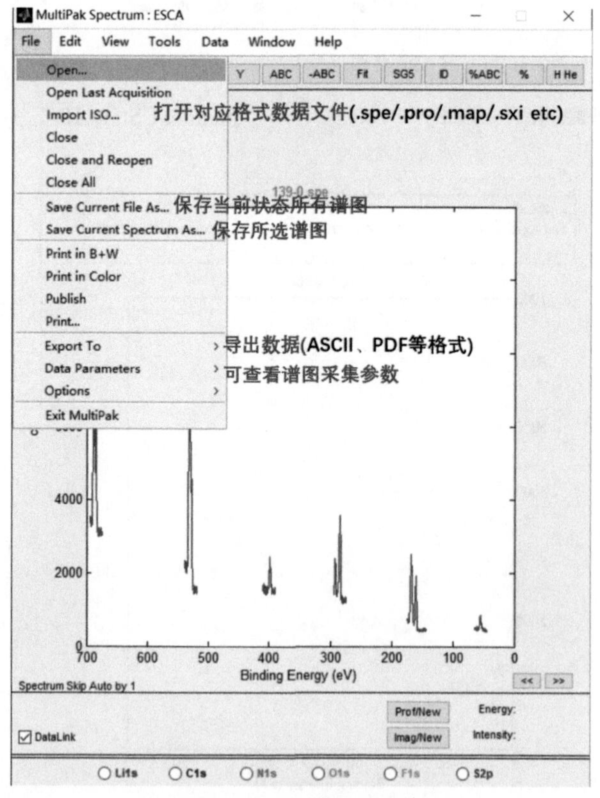

图 3.88 操作实例之文件打开

2. 全谱分析（图3.89）

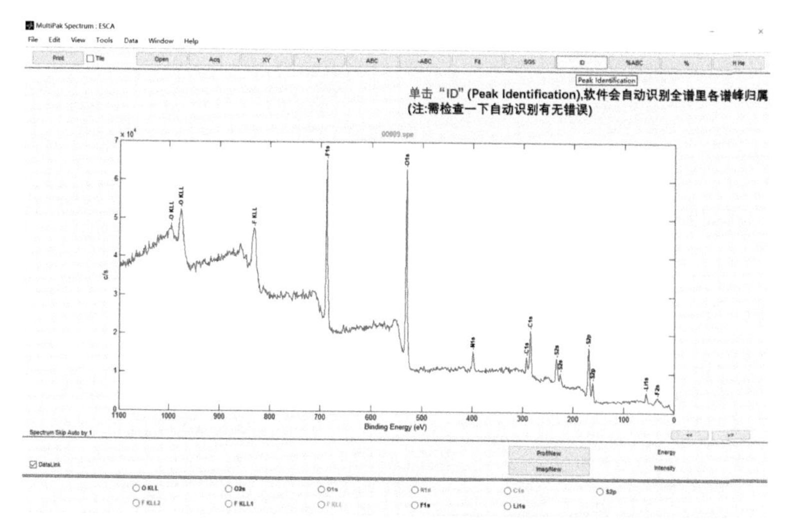

图3.89 操作实例之全谱分析

3. 荷电校正（用C1s进行校正）（图3.90）

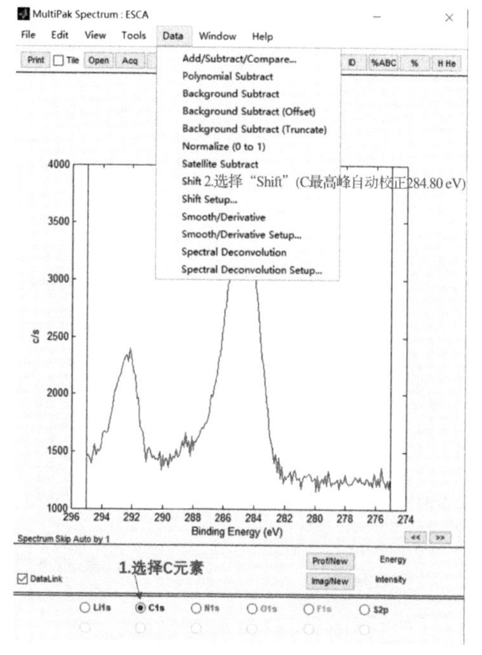

图3.90 操作实例之精细谱荷电自动校正

也可以选择其他已知元素谱峰进行校正（图 3.91）。

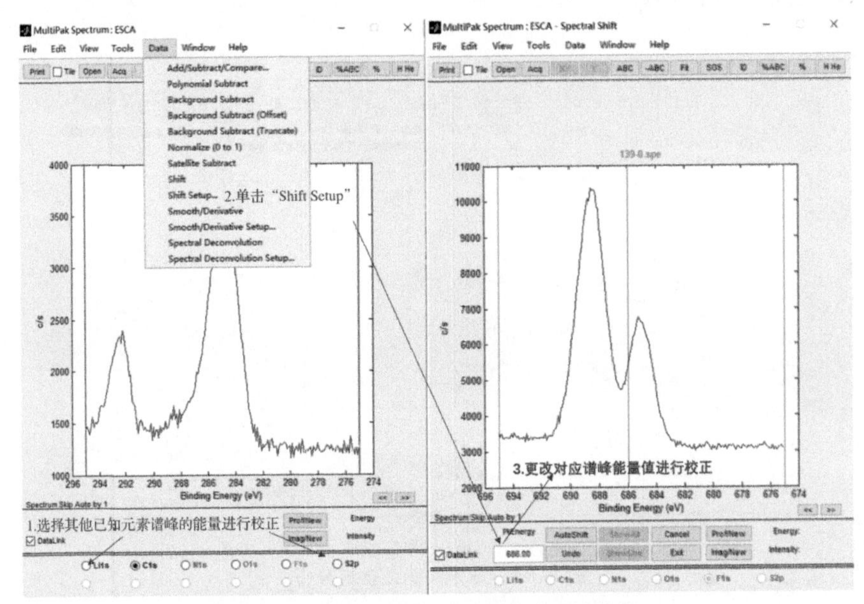

图 3.91　操作实例之精细谱荷电手动校正

4. 背底扣除（图 3.92）

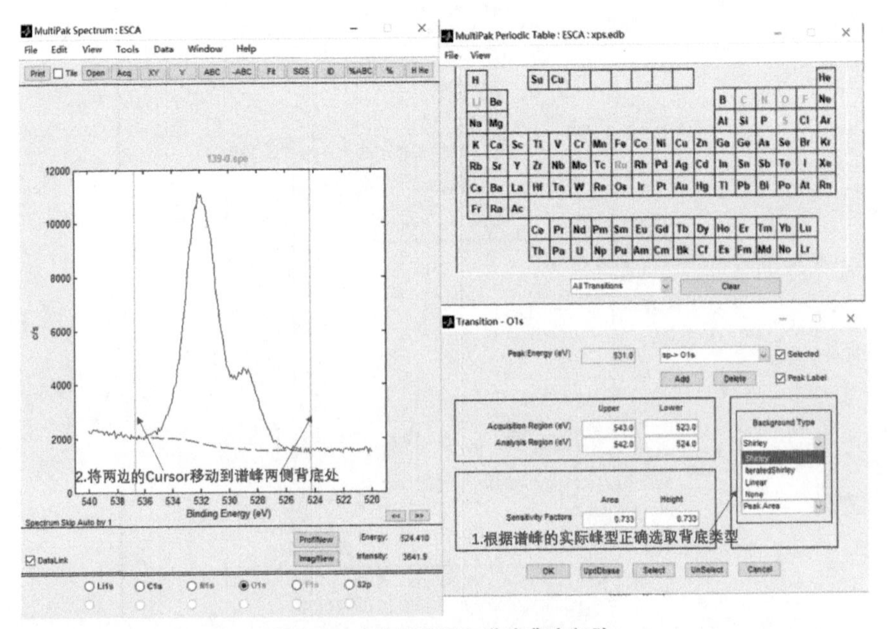

图 3.92　操作实例之谱峰背底扣除

5. 单峰拟合－添加谱峰（图3.93）

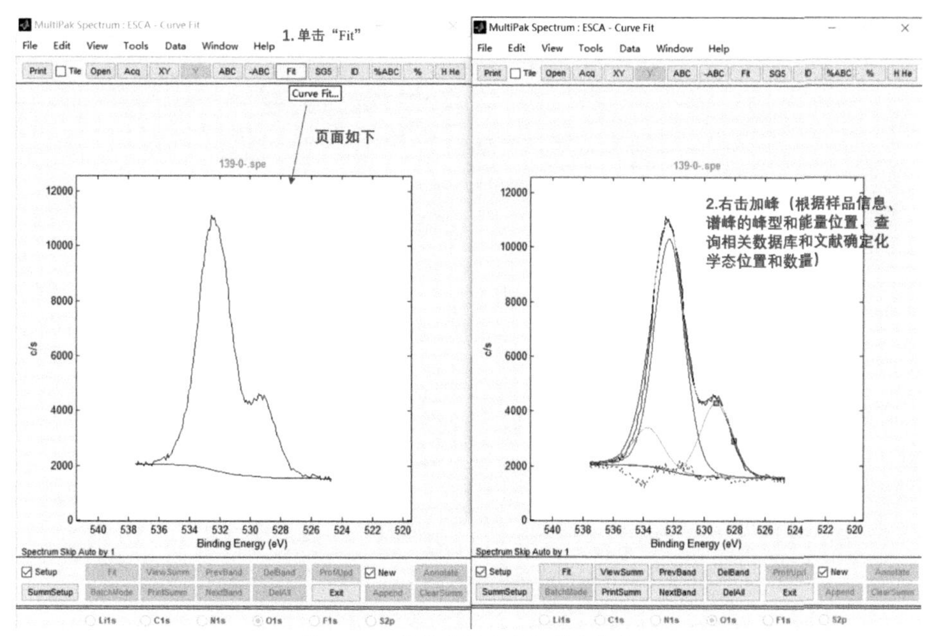

图3.93　操作实例之单峰拟合操作

6. 单峰拟合－调整拟合参数（图3.94）

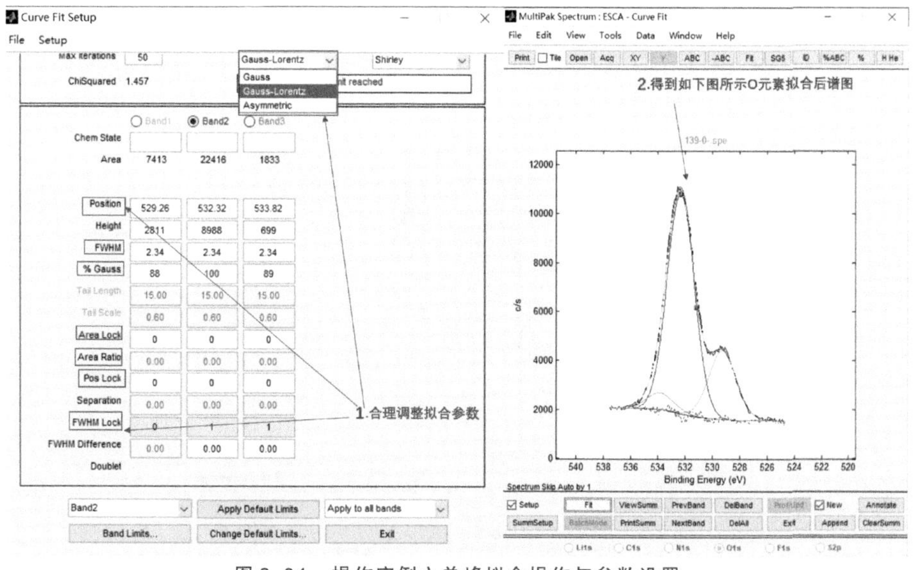

图3.94　操作实例之单峰拟合操作与参数设置

7. 单峰拟合－标注价态和保存数据（图 3.95）

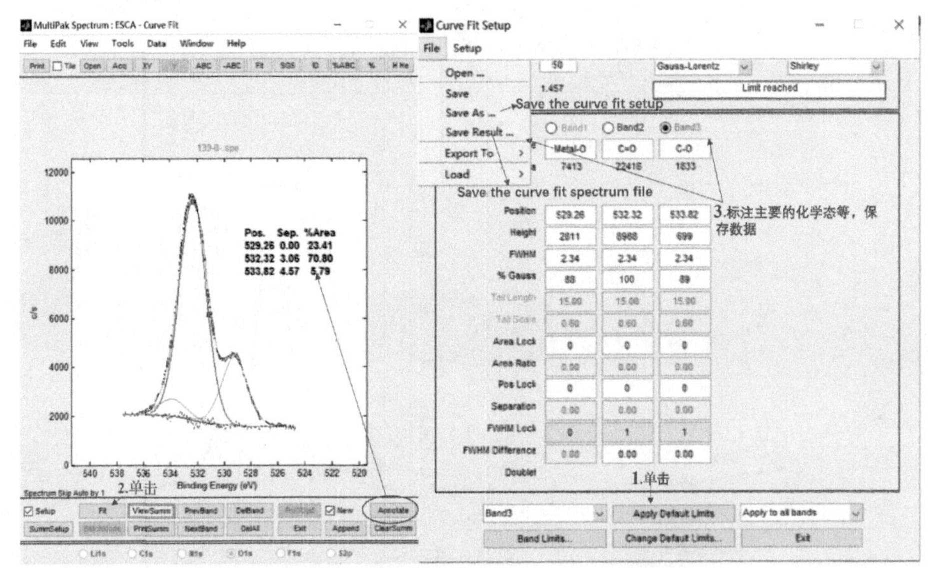

图 3.95　操作实例之单峰拟合操作及拟合文件保存导出

8. 双峰拟合－添加谱峰（图 3.96）

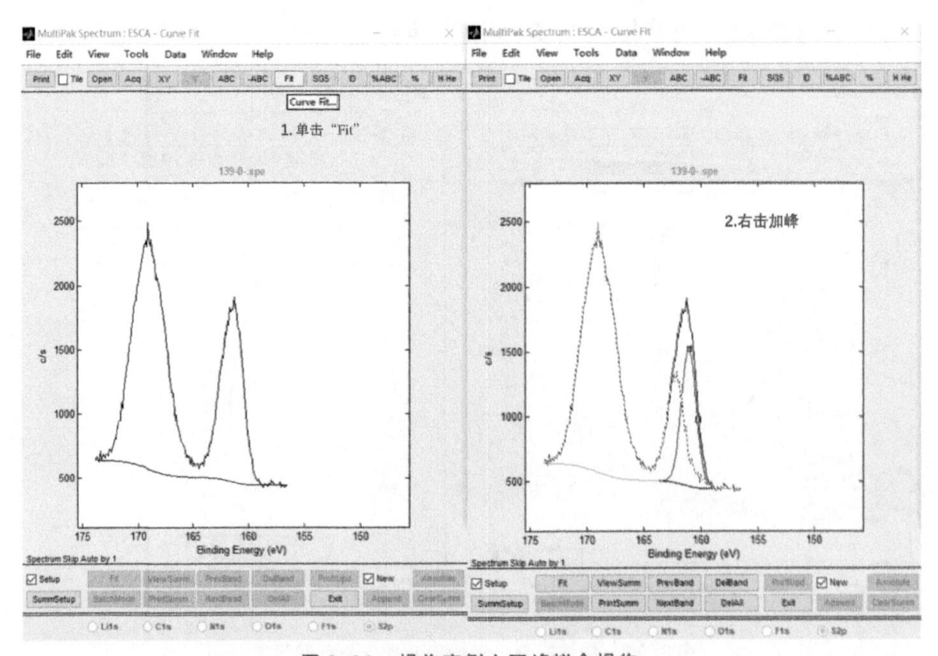

图 3.96　操作实例之双峰拟合操作

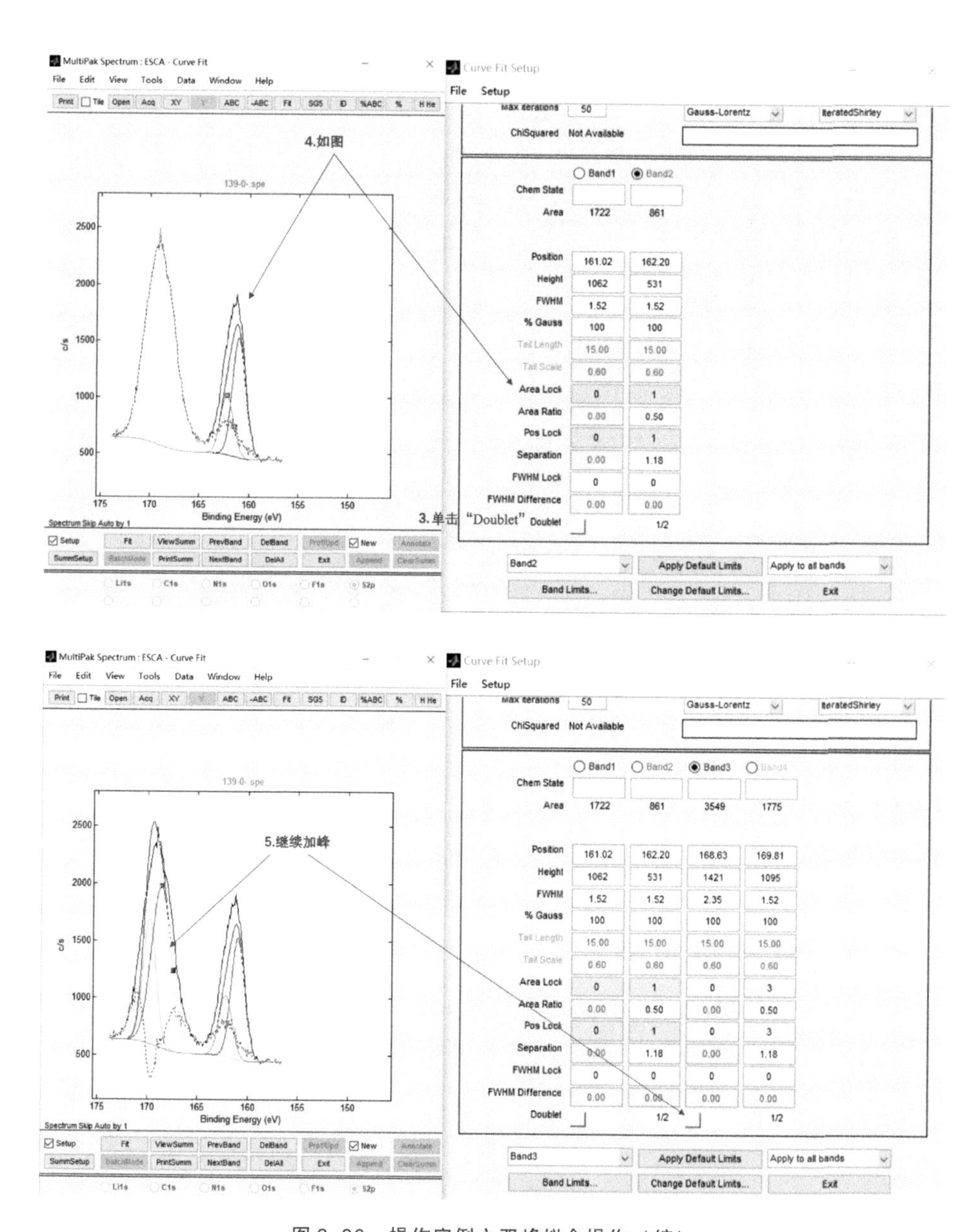

图3.96　操作实例之双峰拟合操作（续）

9. 双峰拟合 – 调整拟合参数和保存数据（图 3.97）

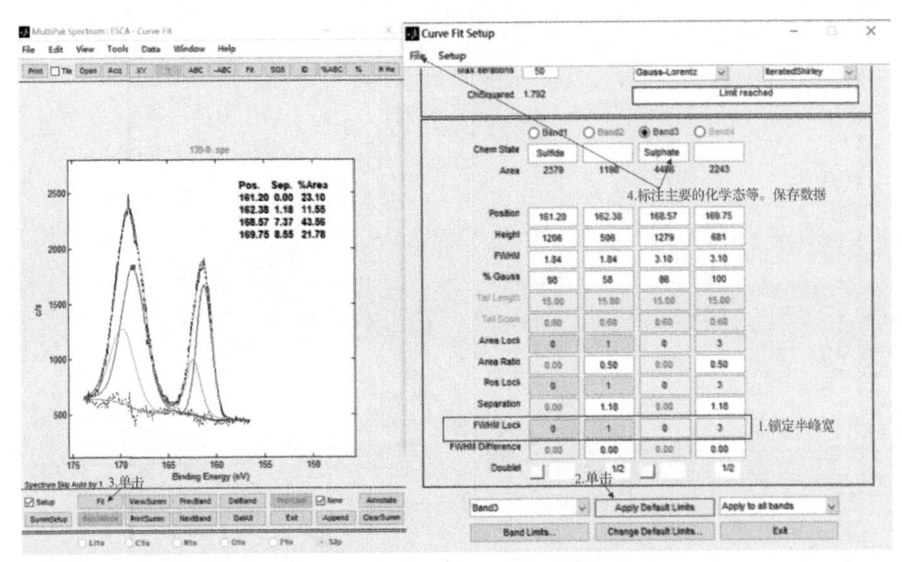

图 3.97　操作实例之双峰拟合操作

10. 化学态定量分析（图 3.98）

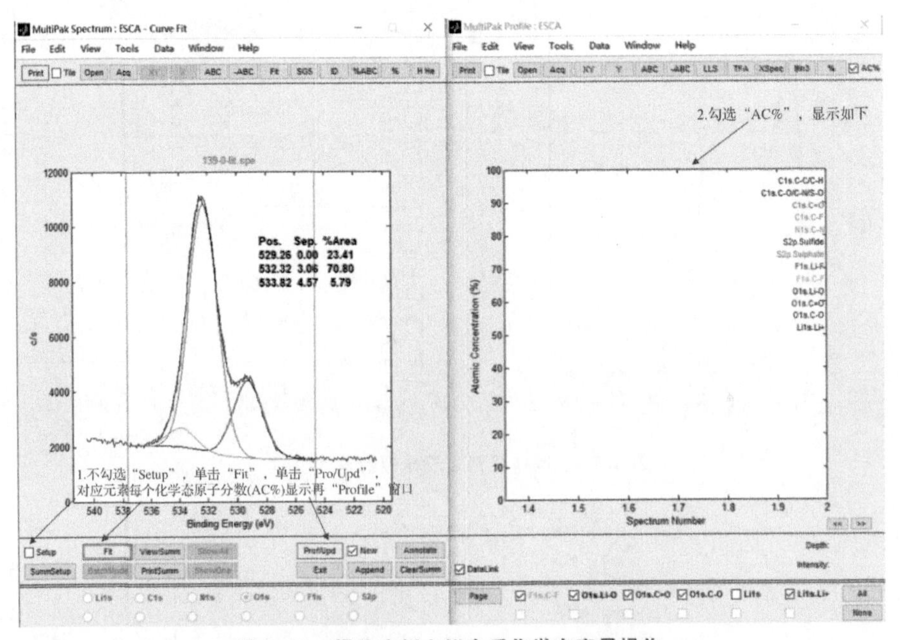

图 3.98　操作实例之拟合后化学态定量操作

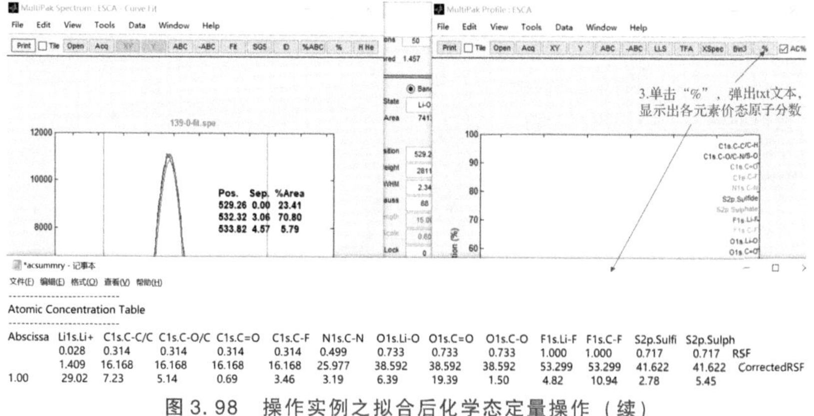

图 3.98　操作实例之拟合后化学态定量操作（续）

3.5.2　深度剖析实操案例

深度剖析也是 XPS 常用的功能之一，对 ULVAC－PHI 设备来说，得到的数据格式为“.pro”。下面结合 Li－S（锂－硫）电极材料的案例演示一下深度剖析数据的具体分析操作步骤。

1. 打开数据，查看图谱整体情况（图 3.99）

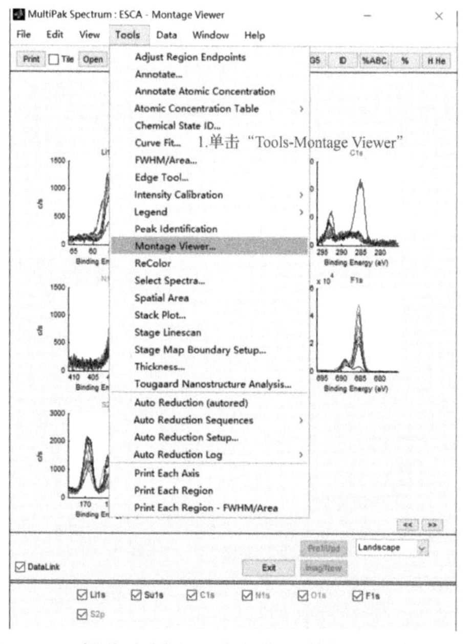

图 3.99　操作实例之深度剖析文件打开及参数设置

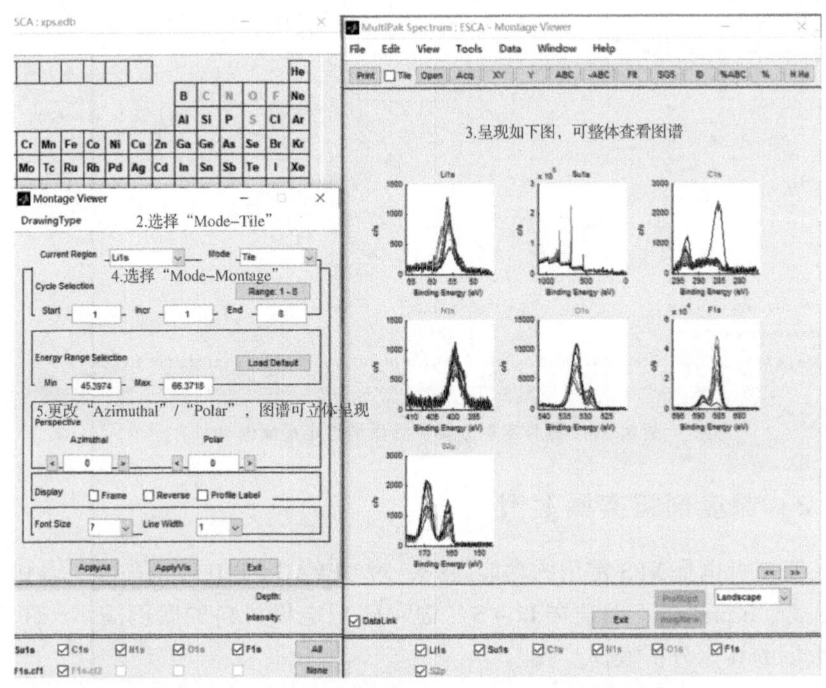

图 3.99　操作实例之深度剖析文件打开及参数设置（续）

2. 元素深度变化曲线（图 3.100）

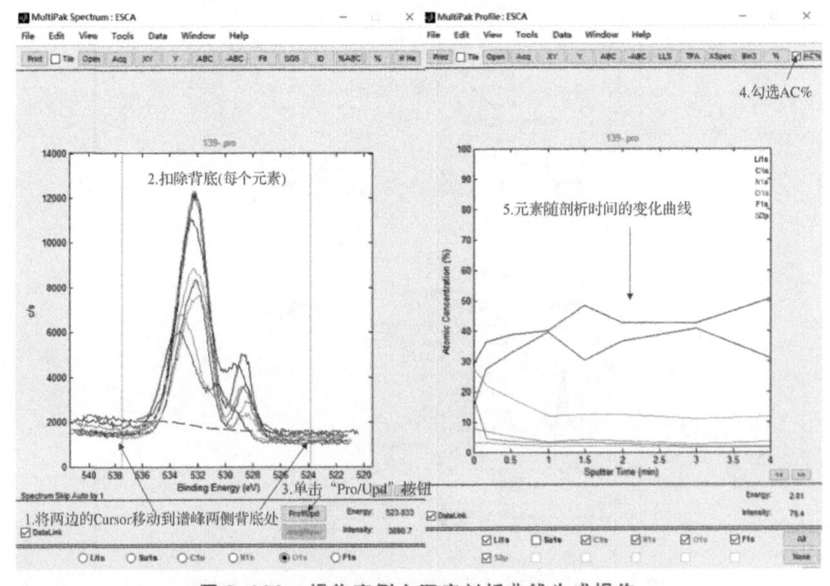

图 3.100　操作实例之深度剖析曲线生成操作

3. 横轴坐标转换（时间转换成深度）（图 3.101）

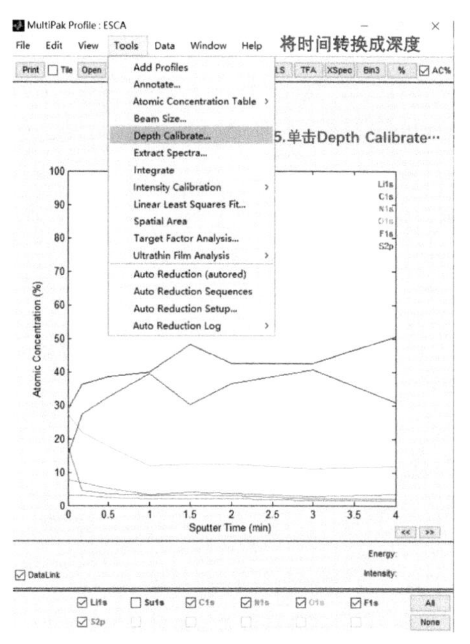

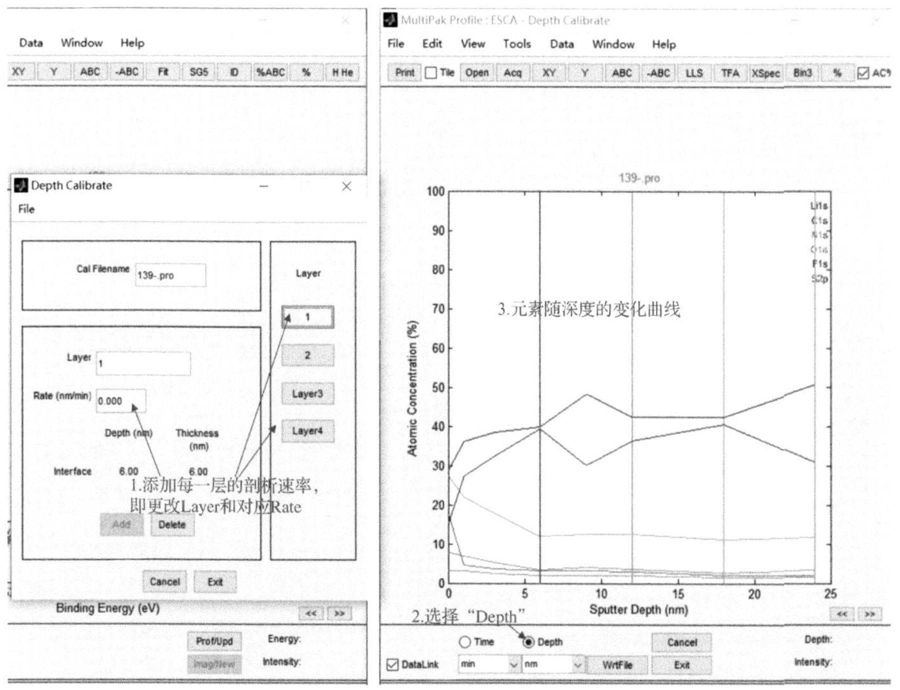

图 3.101　操作实例之时间轴转深度轴操作

4. 精细谱分峰拟合－荷电校正（选择已知元素 F 谱校正）（图 3.102）

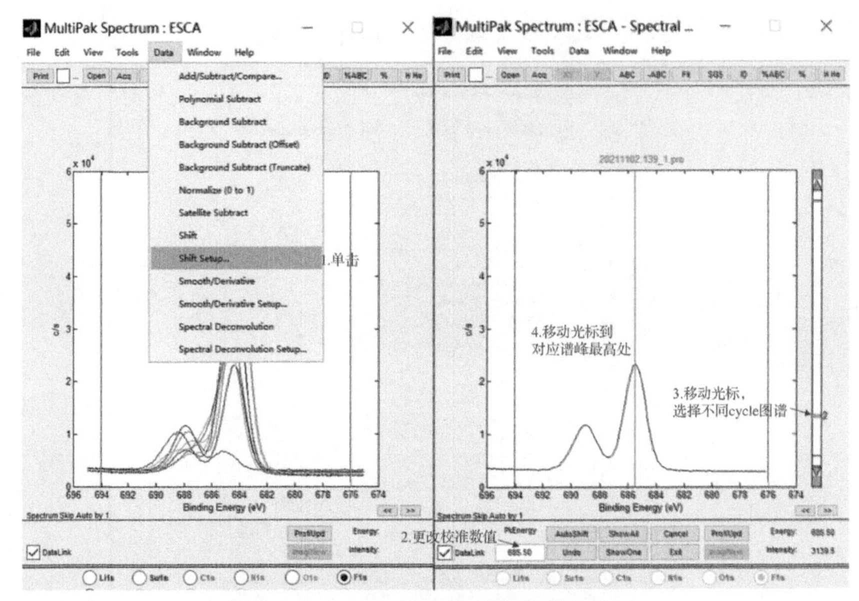

图 3.102　操作实例之深度剖析荷电校正

5. 精细谱分峰拟合－背底扣除（图 3.103）

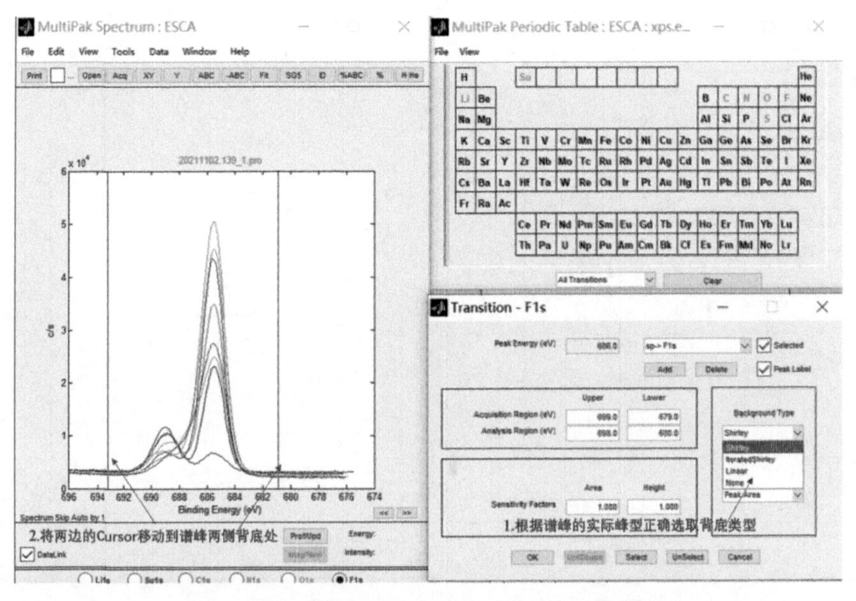

图 3.103　操作实例之深度剖析精细谱背底扣除

6. 精细谱分峰拟合 – 添加谱峰（图 3.104）

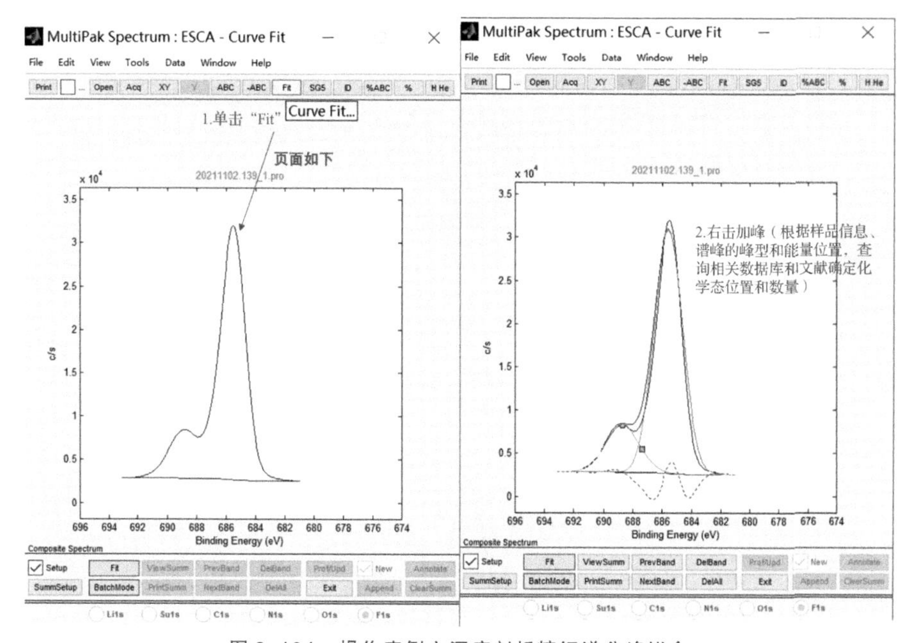

图 3.104　操作实例之深度剖析精细谱分峰拟合

7. 精细谱分峰拟合 – 调整拟合参数（图 3.105）

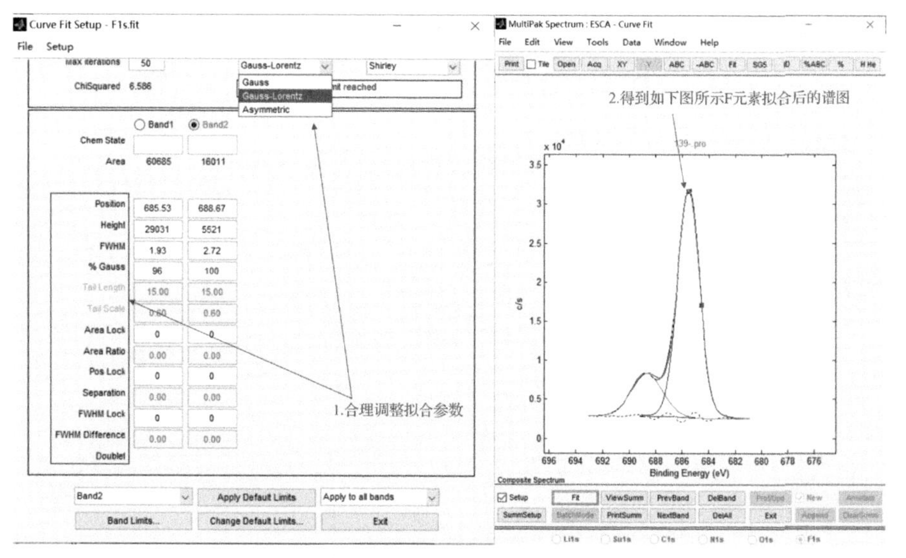

图 3.105　操作实例之深度剖析精细谱分峰拟合

8. 精细谱分峰拟合－查看图谱拟合情况（图 3.106）

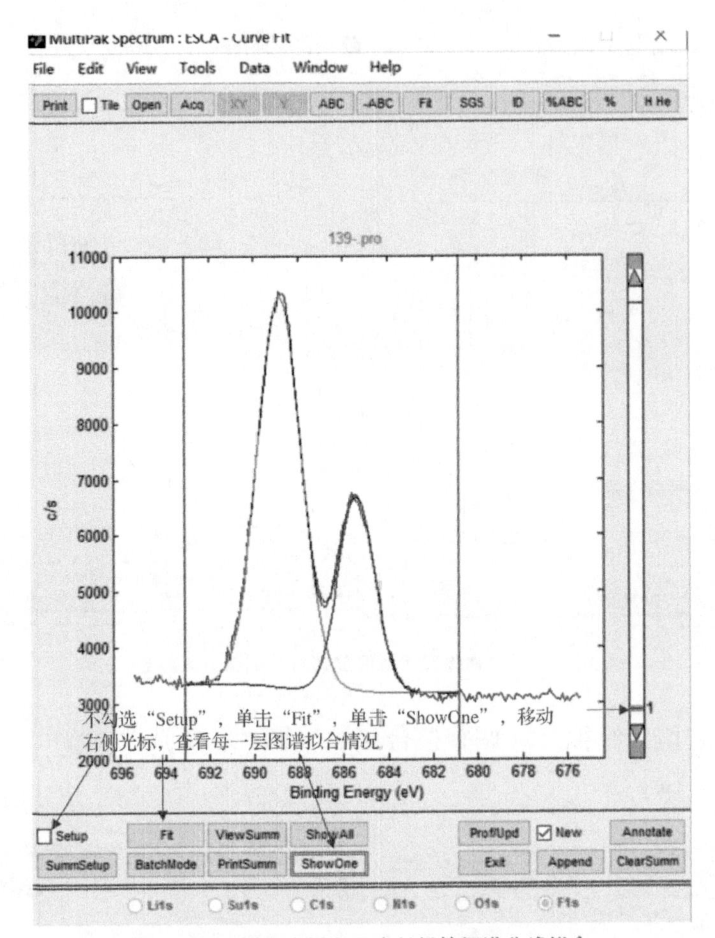

图 3.106 操作实例之深度剖析精细谱分峰拟合

9. 精细谱分峰拟合 – 深度变化曲线呈现（图 3.107）

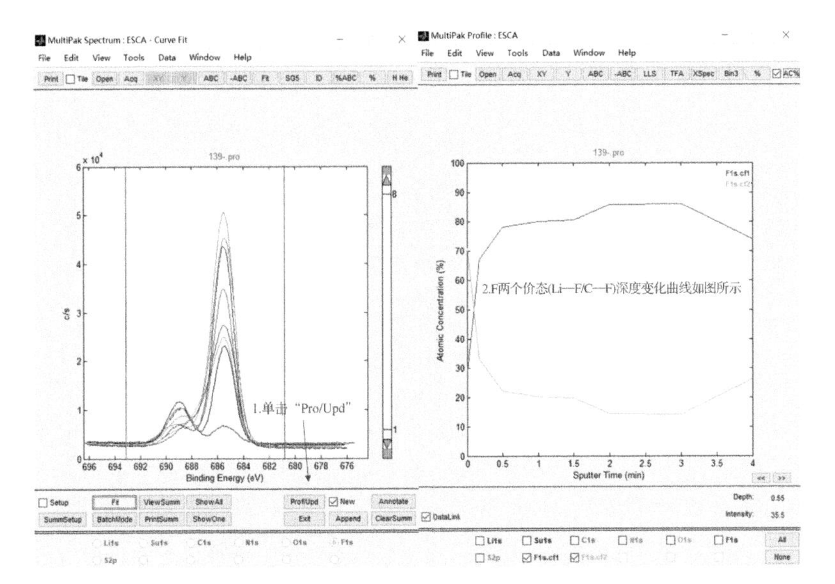

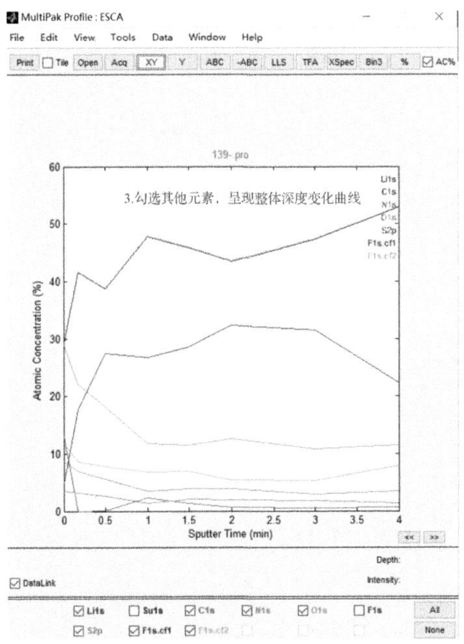

图 3.107　操作实例之化学态深度分布曲线

第4章

X射线光电子能谱数据分析实战篇

本章结合了大量的标准数据库、文献资料、实际典型案例，按元素序数依次对常用元素的XPS数据进行分析，并将用到的信息进行归纳总结，其中包括了元素基本信息、化学态归属参考、精细图谱（分峰）参考及推荐资料等。结合样品信息和测试需求，通过分析案例进一步演示了具体材料的分峰拟合情况，给出了全谱分析、精细谱分峰拟合、分峰后化学态归属及其定量分析等参考数据。其中，针对某些元素和案例还会有解析说明或注意事项，这些内容都是研究人员宝贵经验的积累和大有裨益的总结，对XPS数据分析具有很强的指导和参考意义。

4.1 锂（Li）

1. 基本信息（表 4.1）

表 4.1 Li 的基本信息

原子序数	3
元素	锂 Li
元素谱峰	Li1s
重合谱峰	$Au5p_{3/2}$、Fe3p、$Co3p_{3/2}$
化学态归属说明	以 C1s 吸附碳 C—C/C—H 结合能 284.8 eV 对所有谱峰进行校准，Li1s 化学态归属参考 XPS 数据手册以及 XPS 数据网站信息
Li1s 精细谱分析方法	• 锂很活泼，很容易和空气中的氧气和水汽反应，分析锂化合物的化学态一定要在手套箱中制备样品，以及用惰性转移装置传输样品。 • Li1s 电离截面较小，谱峰信号很弱，谱峰采集时，需要增加扫描次数；含量很低的时候很难判断化学态，并且锂不同化学态的结合能都分布在一定的能量范围内（54～56 eV），因此很难仅根据结合能区分锂的不同化学态，需要结合其他元素的化学态分析结果来一起推断。 • 与其他谱峰重合的时候，需要通过分峰拟合进行定性和半定量分析

2. Li1s 化学态归属参考（表 4.2）

表 4.2　不同化学态 Li1s 的结合能参考

化学态	Li1s 结合能/eV	标准偏差/±eV
Li	52.5	0.5
Li_2O	55.6	0.3
O1s@ Li_2O = (528.5 ±0.5) eV		
LiOH	54.9	0.3
O1s@ LiOH = (531.2 ±0.2) eV		
Li_2CO_3	55.2	0.1
O1s@ $LiCO_3$ = (531.5 ±0.1) eV，同时确认 C1s 谱峰中有碳酸盐		
LiF	56.2	0.6
F1s@ LiF = (685.5 ±0.7) eV		
$LiClO_4$	56.0	0.2
LiBr	56.8	0.3
$LiClO_4$	56.4	0.8
$Li_4P_2O_7$	55.5	0.1
Li_3PO_4	55.4	0.2
O1s@ Li_3PO_4 = (531.3 ±0.1) eV，P2$p_{3/2}$@ Li_3PO_4 = (133.3 ±0.1) eV		
Li_2SO_4	55.8	0.3
$LiBO_2$	55.0	0.3
LiCl	56.2	0.1
Cl2$p_{3/2}$@ LiCl = (198.6 ±0.1) eV		

3. Li1s 精细图谱参考（图 4.1、图 4.2）

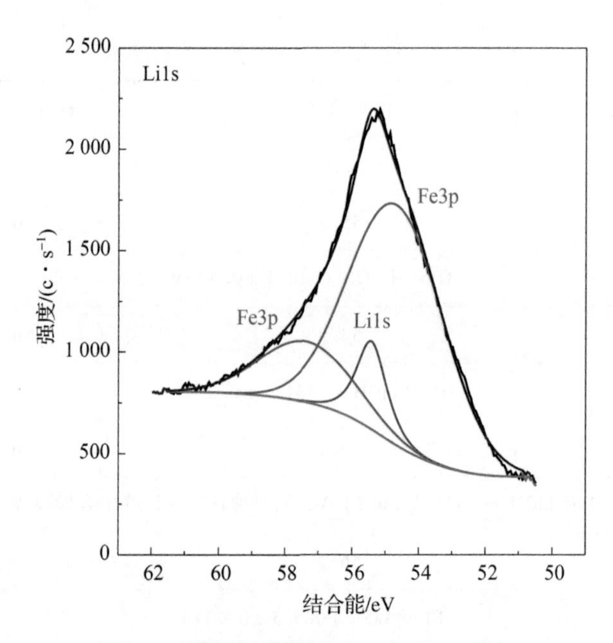

图 4.1 磷酸铁锂材料中 Li1s 与 Fe3p 重合

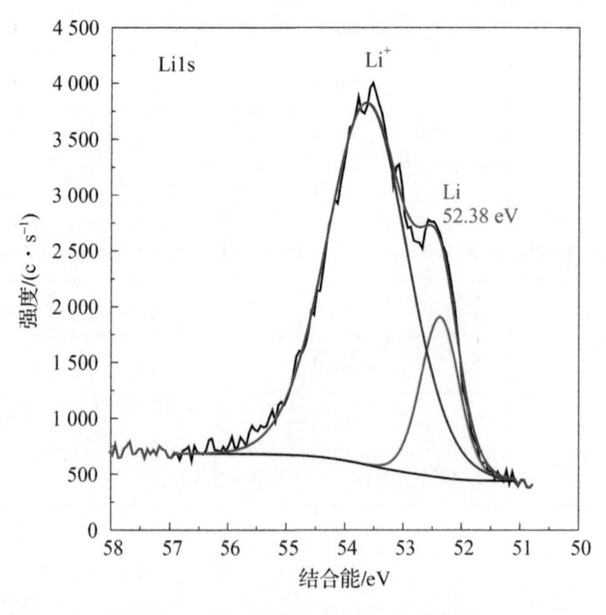

图 4.2 锂极片表面混合化学态的 Li1s

4. 分析案例

样品信息和分析需求：锂离子电池极片（满电状态下，拆解的软包电池）。

拟合元素：Li、F、O。

（1）全谱（图 4.3）

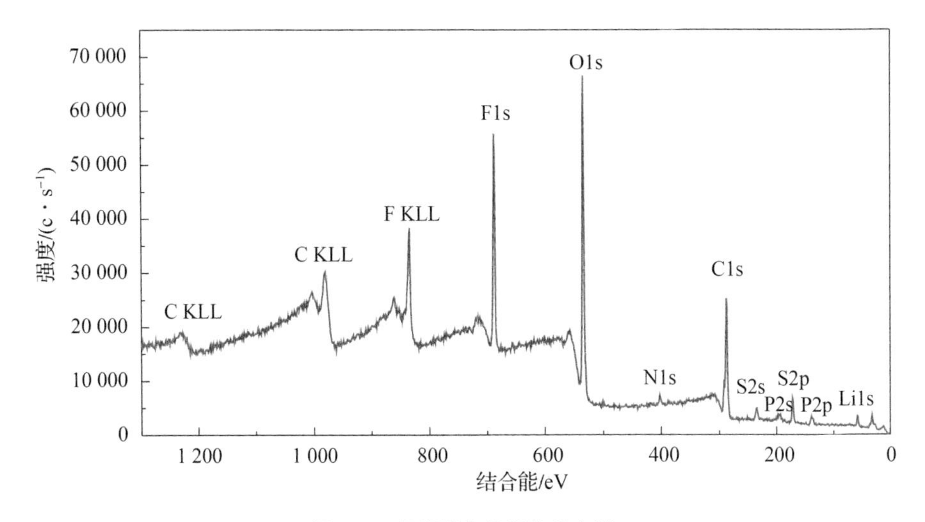

图 4.3　锂离子电池极片的全谱

（2）精细谱图分峰拟合（图 4.4）

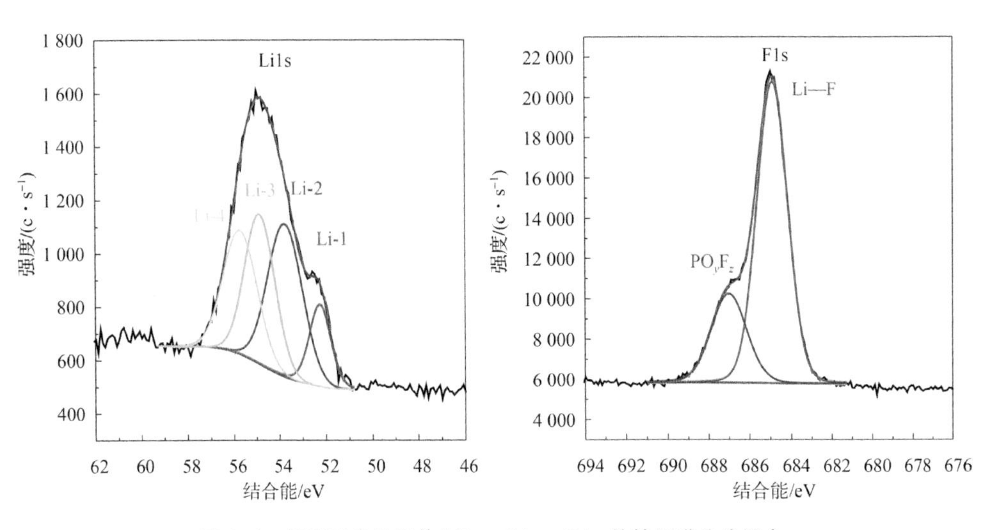

图 4.4　锂离子电池极片 Li1s、F1s、O1s 的精细谱分峰拟合

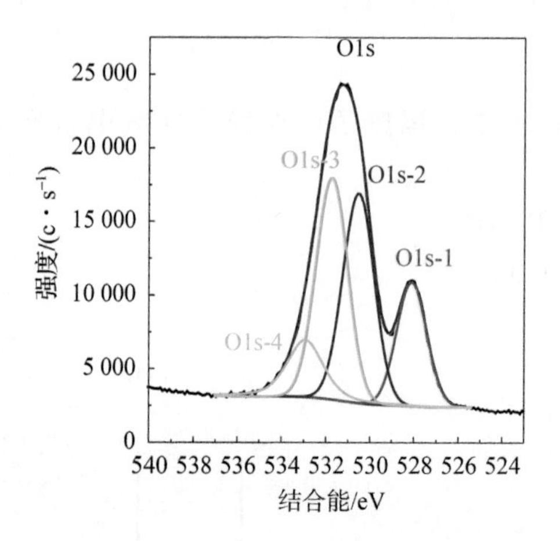

图 4.4 锂离子电池极片 Li1s、F1s、O1s 的精细谱分峰拟合（续）

(3) 分峰拟合后化学态归属（表 4.3）

表 4.3 锂离子电池极片分峰拟合后化学态归属

谱峰	结合能/eV	化学态	原子百分比/%	
Li1s－1	52.25	Li	11.81	100.00
Li1s－2	53.74	Li_2O	32.94	
Li1s－3	54.83	Li_2CO_3/ROLi/$ROCO_2Li$/Li—OH/$Li_xPO_yF_z$	28.62	
Li1s－4	55.69	LiF	26.63	
O1s－1	528.11	金属氧化物：Li_2O	18.57	100.00
O1s－2	530.53	Li—OH/R—OLi	33.42	
O1s－3	531.72	CO_3/C ═O	35.38	
O1s－4	532.92	C—O/—PO_yF_z	12.62	
F1s	684.89	LiF	74.24	100.00
F1s	687.00	—PO_yF_z	25.76	

5. 全元素化学态定量分析（表4.4）

表4.4 锂离子电池极片分峰拟合后化学态全元素化学态定量分析

AC%	Li1s				O1s				F1s	
AC%	Li	Li_2O	Li_2CO_3/ROLi/ $ROCO_2Li$/ Li—OH/ $Li_xPO_yF_z$	LiF	Li_2O	Li—OH /R—OLi	CO_3/ C=O	C—O/ $Li_xPO_yF_z$	Li—F	$Li_xPO_yF_z$
100	5.14	14.34	12.46	11.59	7.67	13.81	14.62	5.21	11.25	3.90
100	43.53				41.31				15.15	

推荐资料

Wagner C D, Naumkin A V, Kraut-Vass A, Allison J W, Powell C J, Rumble Jr J R. NIST Standard Reference Database 20, Version 3.4 (web version) [M]. National Institute of Standards and Technology: Gaithersburg, MD, 2003: 20899.

4.2 铍（Be）

1. 基本信息（表4.5）

表4.5 Be的基本信息

原子序数	4
元素	铍 Be
元素谱峰	Be1s
重合谱峰	Cu3s、Ni3s、Au5s

续表

化学态归属说明	以 C1s 吸附碳 C—C/C—H 结合能 284.8 eV 对所有谱峰进行校准，Be1s 化学态归属参考 XPS 数据手册以及 XPS 数据网站信息
Be1s 谱峰分析方法	Be1s 电离截面小，谱峰信号灵敏度比较低，含量很低时，精细谱扫描次数要增多。判断化学态时，可以同时扫描 Be1s 和俄歇谱峰，结合俄歇参数一起判断化学态

2. Be1s 化学态归属参考（表 4.6）

表 4.6　不同化学态的 Be1s 结合能以及俄歇参数参考

化学态	Be1s 结合能/eV	Be KLL/eV	修正俄歇参数 α'/eV
Be	110.5	103.0	213.5
Be_2C	111.3	100.4	211.7
Be_3N_2	113.8	96.7	210.5
BeO	113.5	93.7	207.2

3. Be 精细图谱参考（图 4.5 ~ 图 4.9）

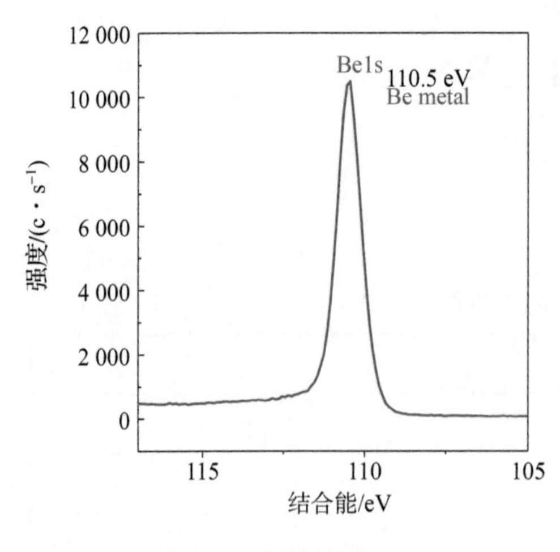

图 4.5　铍金属 Be1s

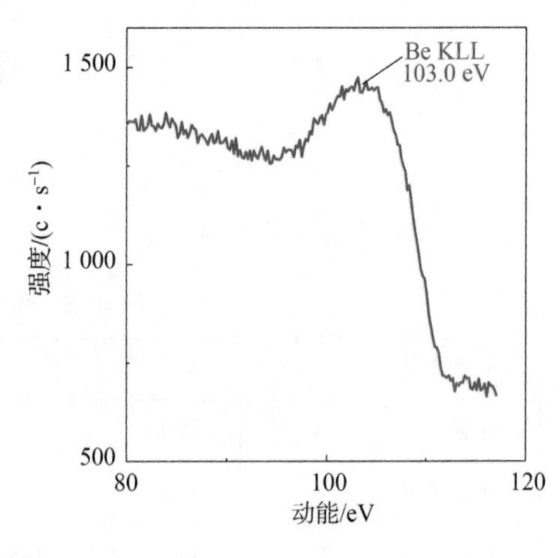

图 4.6　铍金属 Be KLL

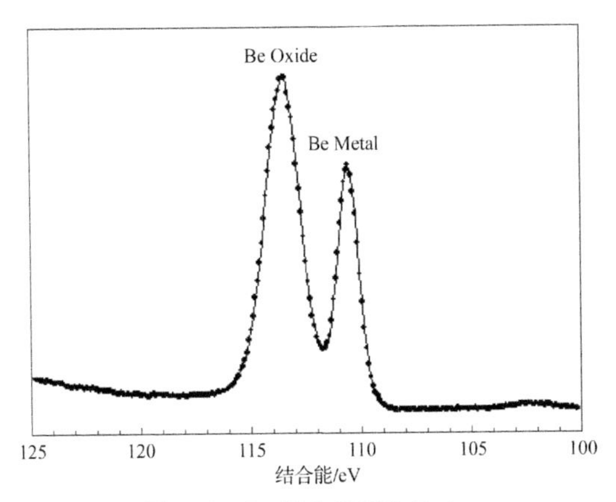

图4.7 Be氧化表面的Be1s

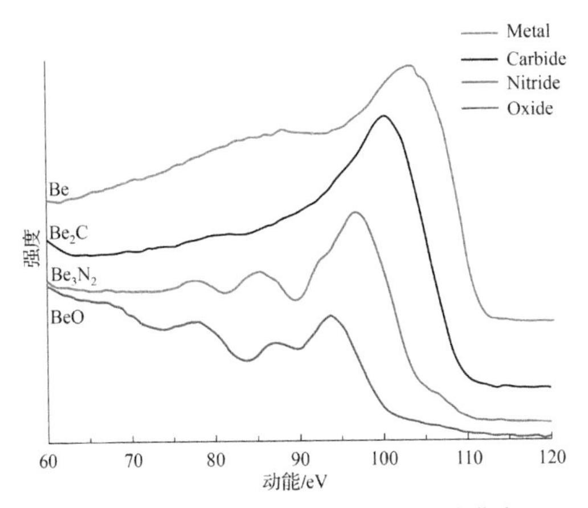

图4.8 各种化学态的Be KLL俄歇谱峰

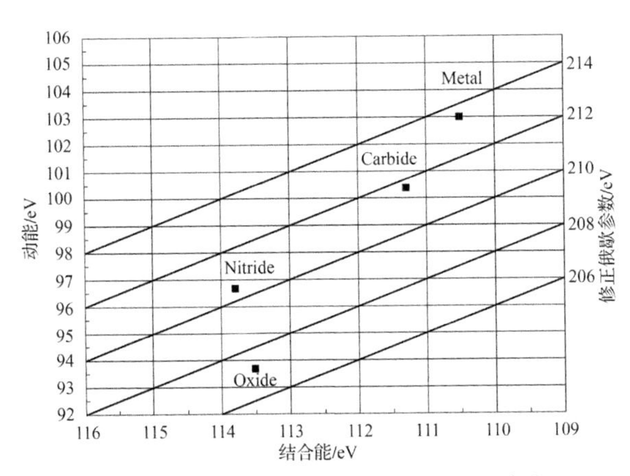

图4.9 Be各种化学态修正俄歇参数α'参考

|推 荐 资 料|

[1] Mallinson C F, Castle J E, Watts J F. The chemical state plot for beryllium compounds [J]. Surface and Interface Analysis, 2015 (47): 994 - 995.
[2] Wagner C D. Chemical shifts of Auger lines, and the Auger parameter [J]. Faraday Discussions of the Chemical Society, 1975 (60): 291 - 300.
[3] Mallinson C F, Castle J E, Watts J F. Beryllium and beryllium oxide by XPS [J]. Surface Science Spectra, 2013 (20): 86 - 96.
[4] Mallinson C F, Castle J E, Watts J F. Analysis of the Be KLL Auger transition of beryllium Nitride and beryllium carbide by AES [J]. Surface Science Spectra, 2015 (22): 71 - 80.

|4.3 硼 (B)|

1. 基本信息 (表 4.7)

表 4.7 B 的基本信息

原子序数	5
元素	硼 B
元素谱峰	B1s
重合谱峰	Si2s plasmon、P2s、Zr3d
化学态归属说明	以 C1s 吸附碳 C—C/C—H 结合能 284.8 eV 对所有谱峰进行校准，B1s 化学态归属参考 XPS 数据手册以及 XPS 数据网站信息
B1s 谱峰分析方法	• B1s 电离截面小，谱峰信号灵敏度比较低，原子百分比高于 1% 时才能被探测到，含量很低时，精细谱扫描次数要增多。 • 当测试 B 掺杂硅基底时，Si2s 谱的能量损失峰与 B1s 的重合，对 B 识别带来干扰。这种 B 掺杂硅样品不适合用 XPS 表征，可以用 SIMS 分析

2. B1s 化学态归属参考（表 4.8）

表 4.8　不同化学态的 B1s 结合能参考

化学态	B1s 结合能/eV	标准偏差/±eV
B	187.3	0.9
B_2O_3	192.9	0.7
$NaBH_4$	187.9	0.9
BN	190.9	0.7
H_3BO_3	193.3	0.3
$NaBF_4$	195.2	0.5
$Na_2B_4O_7\cdot 10H_2O$	192.6	0.3
硼化物（Borides）	188.1	0.7

3. B1s 精细图谱参考（图 4.10）

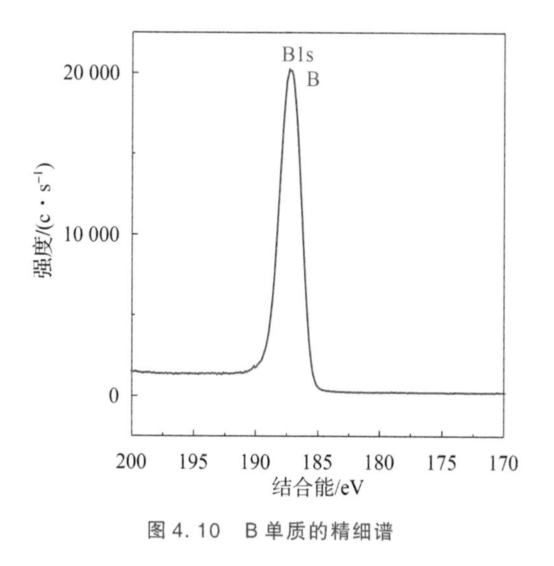

图 4.10　B 单质的精细谱

4. 分析案例

样品信息和分析需求：样品为钼铝硼陶瓷和氯化锌在高温反应的产物，清洗后烘干，测试 Mo 和 B 的化学态。

拟合元素：B、Mo。

（1）精细图谱分峰拟合（图4.11、图4.12）

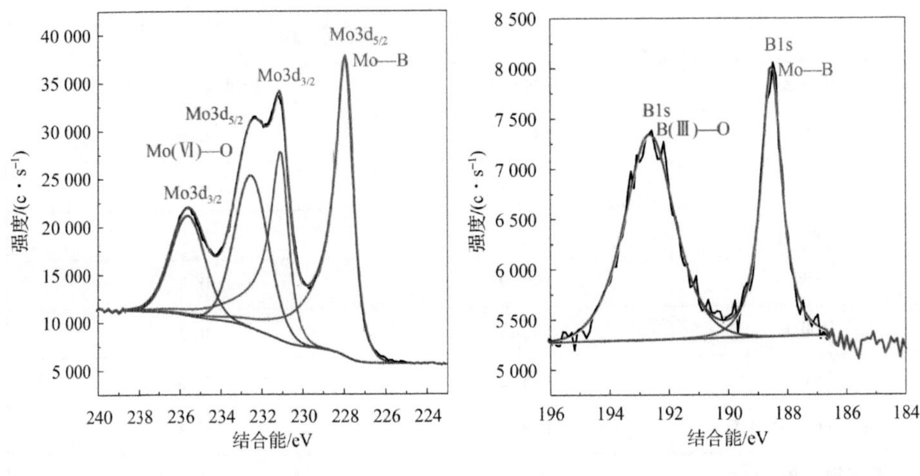

图4.11　Mo3d的精细谱　　**图4.12　B1s的精细谱**

（2）分峰拟合后化学态归属（表4.9）

表4.9　钼铝硼陶瓷材料分峰拟合后的化学态归属

谱峰	结合能/eV	化学态	原子百分比/%	
Mo3d$_{5/2}$	227.88	Mo—B（硼化钼）	60.76	100.00
Mo3d$_{3/2}$	231.02			
Mo3d$_{5/2}$	232.47	Mo(Ⅵ)—O	39.24	
Mo3d$_{3/2}$	235.57			
B1s	188.52	Mo—B（硼化钼）	38.29	100.00
B1s	192.63	B(Ⅲ)—O	61.71	

（3）解析说明

从两个元素精细谱的数据可以看出两个元素都包含两种化学态。Mo3d精细谱中有两对自旋轨道分裂峰，结合能在228 eV左右的Mo3d$_{5/2}$归属为硼化钼，金属态钼也在此能量位置，但此时可以结合含量关系以及对B1s化学态分析结果关联判定。而结合能在233 eV左右的Mo3d$_{5/2}$归属为正六价氧化钼。硼化钼用不对称性峰型而氧化态用对称峰型拟合，锁定能量差和面积比可得到两种化学态的百分含量。

B1s精细谱中可明显地区分出两种化学态，结合能在188.5 eV左右可归属为硼化物，而结合能在193 eV左右为正三价氧化硼，通过分峰拟合可得到两种硼化学态的百分含量。

推荐资料

Wagner C D, Naumkin A V, Kraut - Vass A, Allison J W, Powell C J, Rumble Jr J R. NIST Standard Reference Database 20, Version 3.4 (web version) [M]. National Institute of Standards and Technology: Gaithersburg, MD, 2003: 20899.

4.4　碳（C）

1. 基本信息（表4.10）

表4.10　C的基本信息

原子序数	6
元素	碳C
元素谱峰	C1s
重合谱峰	K2p、Se LMM、Ru3d、Sr3$p_{1/2}$
化学态归属说明	以C1s吸附碳C—C/C—H结合能284.8 eV对所有谱峰进行校准，C1s化学态归属参考XPS数据手册以及XPS数据网站信息
C1s精细谱分析方法	• 大部分暴露在空气中的样品表面都有一层吸附碳氢化合物，此吸附碳通常为小的有机分子，也包含少量的C—O/C=O与氧结合的化学键，厚度只有1～2 nm，用氩离子源清洁很容易去除（用低能离子源或团簇离子源去除可减少对分析表面的化学态损伤）。 • 不同化学态的C1s结合能有差异，当材料是非碳材料的时候，可以用吸附碳C—C/C—H结合能284.8 eV（默认）对所有谱峰进行荷电校准；但溅射后没有吸附碳的情况下，要结合样品材料信息以及其他谱峰的峰型特点、结合能等信息对谱峰进行荷电校正。

续表

C1s 精细谱分析方法	• 绝缘材料的谱峰校正就采用吸附碳的 C1s 中 C—C/C—H 结合能 284.8 eV 进行校正，当然，有一定的偏差范围。 • 有机高分子材料（聚合物）通常采用 C1s 中 C—C/C—H 结合能 285 eV 进行校正，各化学键归属可参考常用的 XPS 聚合物手册。 • 对吸附碳 C1s 精细谱的拟合如果谱峰信号不好或能量分辨不佳，可以锁定拟合参数，比如 C—O（C—OH，C—O—C）结合能比 C—C/C—H 高 1.5 eV 左右，而 C ═O 比 C—C/C—H 高 3.0 eV 左右，O—C ═O 的结合能比 C—C/C—H 高 4 ~ 4.5 eV 左右；可以把谱峰半峰宽设置与主峰 C—C/C—H 相同。 • 样品表面本身是碳材料的情况下拟合需要考虑实际的碳材料的能量位置，比如吸附碳、有机碳、石墨、石墨烯碳、金刚石碳、碳化物和碳酸盐等；在样品中有其他元素同时存在的情况下，除了碳谱峰，还需要结合其他元素的谱峰结合能进行荷电校正。 • 对于导电碳样品，如石墨碳、石墨烯等，C1s 谱峰都呈现不对称性；在谱峰高能端都有不对称拖尾现象，在 291 eV 左右有 $\pi \rightarrow \pi^*$ 震激跃迁；拟合这种谱峰峰型所用的拟合参数最好参考标准样品的图谱（比如半峰宽、结合能、拖尾参数等）；如果不清楚这种不对称性，就可能把不对称性拖尾拟合成 C—O/C ═O/C—N 等化学键。 • 当 sp^2 C—C 为主要成分时，C1s 结合能在 284 eV 左右，谱峰呈现不对称性；sp^3 C—C 为主要成分时，C1s 结合能在 285 eV 左右，谱峰呈现对称性；两者结合能差 1 eV 左右。 • 氧化石墨烯的 C1s 谱峰比较复杂，包含 sp^2 和 sp^3 结构，当拟合 sp^2 结构时，用不对称性峰型；而拟合 sp^3 结构以及其他官能团谱峰时，用对称峰型。 • PE（聚乙烯）中因呈现振动结构，其 C1s 谱峰峰型不对称，如果不清楚此谱峰特点，就有可能错误地把谱峰拖尾部分拟合成 C—O 等化学键；拟合 PE 和 PP（聚丙烯）C1s 精细谱时，需采用不对称模式。 • 有芳香环结构的有机材料（如 PET 等），在高能 291 eV 附近有明显的震激卫星峰（$\pi \rightarrow \pi^*$），其与 K2p3 有重合，拟合时需注意明确是否有 K2p 存在，判断 K 是否存在可参考全谱中是否检测到 K2s 谱峰。 • 采用 X 射线激发的 C KLL 俄歇谱峰可用于半定量分辨 sp^2 和 sp^3：测量 C KLL 微分谱中峰高到峰谷的能量差（D - Parameter）。但这种办法不适合有氧化态的碳材料

续表

其他注意事项	• 有些聚合物材料不耐X射线辐照，比如有机氟、有机氯材料等，随着X射线辐照，分子结构会发生降解；测试时，需要减少测试时间；扫描时，可先扫描精细谱如F1s、Cl2p、C1s、O1s等，再扫描全谱。 • 高分子材料的表面清洁和深度剖析膜层结构需要采用氩团簇离子源。 • 要减少X射线辐照带来的损伤，采用X射线束扫描分析优于定点分析

2. C1s化学态归属参考（表4.11）

表4.11　不同化学态的C1s结合能参考

化学态	C1s结合能/eV	标准偏差/±eV
金属碳化物	282.5	1.0
石墨、石墨烯（Carbon）	284.0	0.3
金刚石碳（Carbon）	284.8	0.3
C—C/C—H（吸附碳）	284.8	0.3
C—C/C—H（有机材料）	285.0	0.3
C—O(C—OH/C—O—C)	286.5	0.2
C═O	288.0	0.5
O—C═O	289.0	0.5
碳酸酯（盐）(Carbonates)[$(CO_3)^{2-}$]	289.3	0.6
碳酸钙（Calcium carbonate）	289.5	0.1
碳酸银（Silver carbonate）	288.5	0.3
CF	290.5	0.5
CF_2	292	0.3
CF_3	294	0.3

3. C1s 精细图谱参考（图 4.13 ~ 图 4.19）

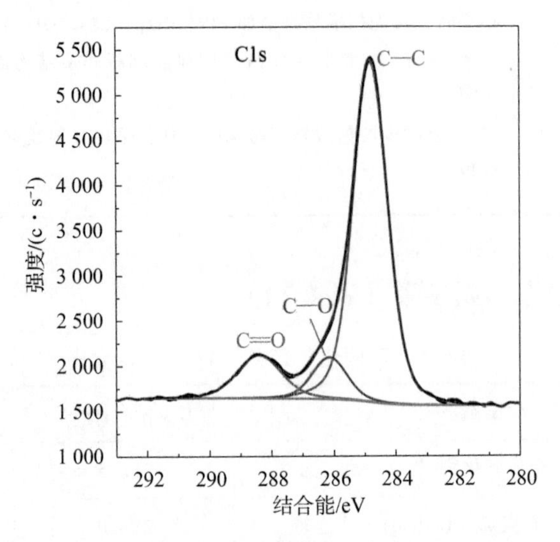

图 4.13　污染碳 C1s 分峰

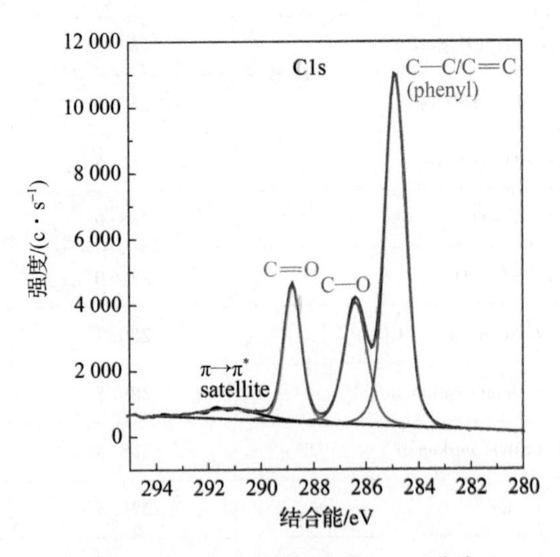

图 4.14　PET（芳香环结构）C1s 分峰

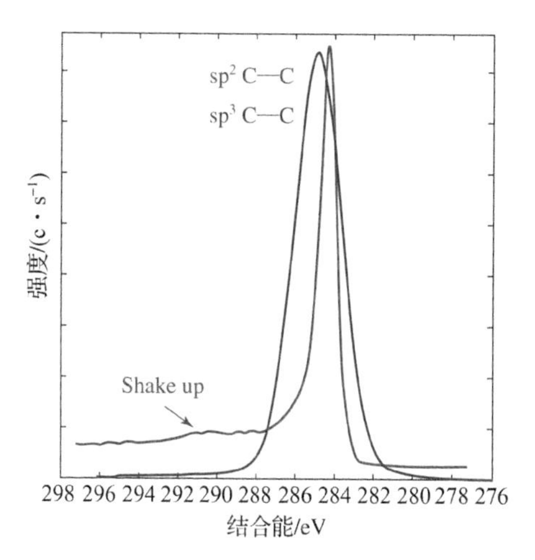

图 4.15　金刚石和石墨碳 C1s 谱峰对比

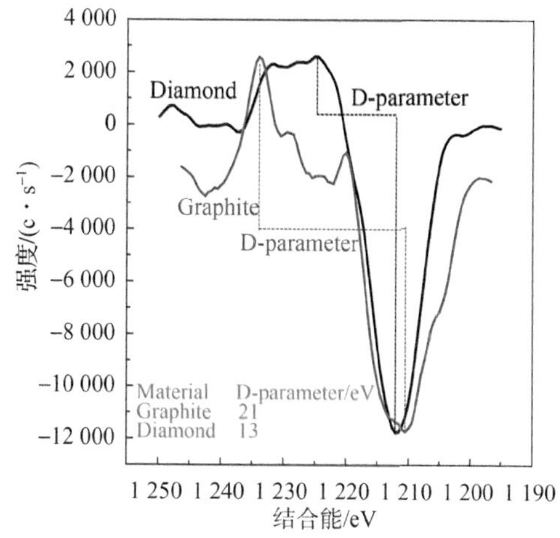

图 4.16　石墨和金刚石碳 D – parameter

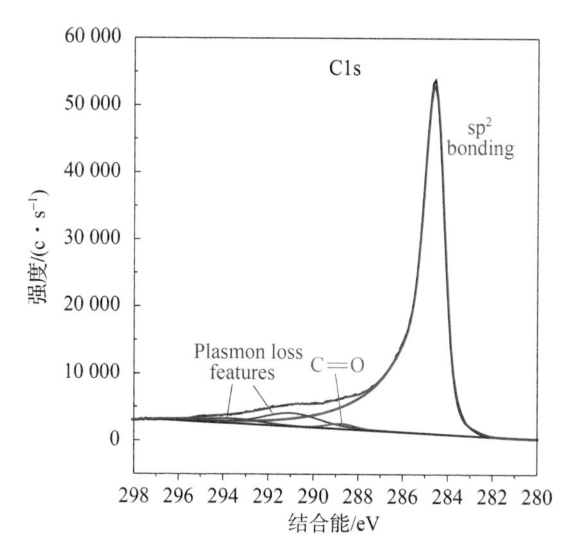

图 4.17　石墨烯 C1s 分峰拟合

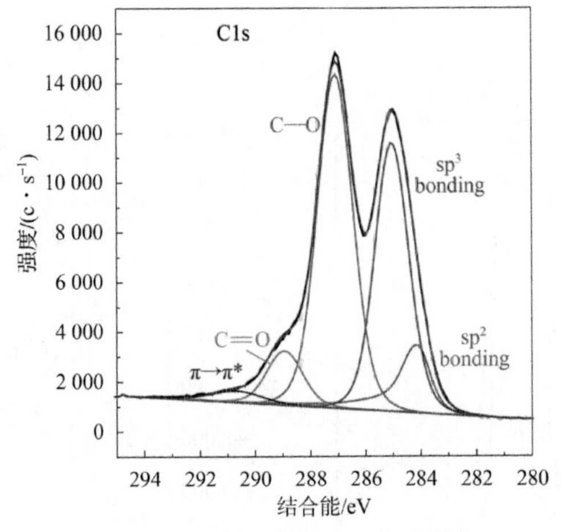

图 4.18 氧化石墨烯 C1s 分峰拟合

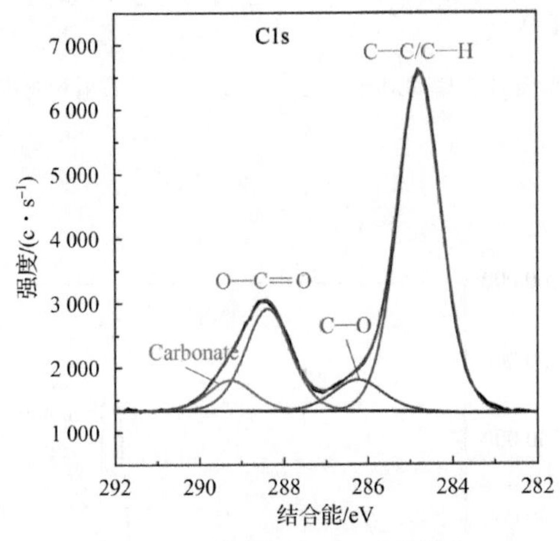

图 4.19 碳酸盐中 C1s 分峰拟合

|推 荐 资 料|

吸附碳参考：

[1] Barr T L, Seal S. Nature of the use of adventitious carbon as a binding energy standard [J]. Journal of Vacuum Science & Technology A, 1995 (13): 1239 - 1246.

[2] Swift P. Adventitious carbon—the panacea for energy referencing [J]. Surface and Interface Analysis, 1982 (4): 47 - 51.

[3] Miller D J, Biesinger M C, McIntyre N S. Interactions of CO_2 and CO at fractional atmosphere pressures with iron and iron oxide surfaces: one possible mechanism for surface contamination [J]. Surface and Interface Analysis, 2002 (33): 299-305.

[4] Piao H, McIntyre N S. Adventitious carbon growth on aluminium and gold-aluminium alloy surfaces [J]. Surface and Interface Analysis, 2002 (33): 591-594.

聚合物数据库：

[1] Beamson G, Briggs D. High Resolution XPS of Organic Polymers The Scienta ESCA300 Database [M]. John Wiley & Sons, 1992.

[2] Kratos Polymer Handbook. http://www.kratos.com/EApps/polybook2a.pdf.

[3] Crist B V. Handbook of monochromatic XPS spectra, polymers and polymers damaged by X-rays [M]. Wiley, 2000.

4.5 氮（N）

1. 基本信息（表4.12）

表4.12　N的基本信息

原子序数	7
元素	氮 N
元素谱峰	N1s
重合谱峰	$Ta4p_{3/2}$、$Mo3p_{3/2}$、$Cd3d_{5/2}$ 如果Mo和N同时存在，采集Mo3p和N1s整个能量范围（370~455 eV），包括$Mo3p_{3/2}$和$Mo3p_{1/2}$。 如果Ta和N同时存在，采集$Ta4p_{3/2}$/N1s能量范围（370~450 eV）就足够了
化学态归属说明	以C1s吸附碳C—C/C—H结合能284.8 eV对所有谱峰进行校准，N1s化学态归属参考XPS数据手册以及XPS数据网站信息
N1s精细谱分析方法	• 常规有机含N化合物中，N1s谱峰拟合主要用对称拟合。 • 氮化物中，比如氮化钛中的N1s有震激卫星峰，氮氧化硅中的N1s有多种化学态。 • 常见的环状结构中的谱峰N1s不同化学态结合能请参考表4.15
其他注意事项	溅射时如果出现N谱峰，可能由氩气里混入的空气引入

2. N1s 化学态归属参考（表 4.13 ~ 表 4.15）

表 4.13 不同化学态的 N1s 结合能参考

化合物	N1s 结合能/eV	标准偏差/ ± eV
铵（Ammonium）NH_4^+	401.7	0.6
烷基铵（AlkyI Ammonium）NR_4^+	401.6	0.7
金属氮化物	397	0.3
Si_3N_4	397.8	0.5
TiN	397.2	0.2
BN	398.3	0.4
亚硝酸盐（酯）（Nitrite）NO_2^-	403.9	0.7
硝酸盐（酯）（Nitrate）NO_3^-	407.2	0.6
氰化物（Cyanides）CN^-	399.4	0.8
有机氮（Organic Matrix）	399.0 ~ 400.6	

表 4.14 有机含 N 化合物中 N1s 的结合能参考

化合物	结合能/eV	标准偏差/ ± eV
酰胺（Amide），N—(C═O)—	399.7	0.3
N—(C═O)—O—	400.3	0.3
N—(C═O)—N	399.9	0.3
亚胺（Imide），(C═O)—N—(C═O)	400.6	0.1
硝基（Nitro），$—NO_2$	405.7	0.2
氮氧基（Nitrooxy），$—O—NO_2$	408.3	0.2
胺（Amine），$C—NR_2$(R = C，H)	399.4	0.8
聚苯胺（Polyaniline），$(C_6H_4)NH_x$	400.1	1.6
淡色马拉定（Leucoemaraldine）	399.5	0.1
亚胺（Imine），C═N—C	399.0	0.4
亚胺（Imine），R═N—R（R 为芳香结构/aromatic）	398.3	0.0
N 在芳香环结构中（N in Aromatic Ring）（例如，吡啶/Pyridine）	399.5	0.4
腈（Nitrile）（—C≡N：）	399.5	0.6

续表

化合物	结合能/eV	标准偏差/±eV
丙二腈（Malononitrile）　N≡C—CH_2—C≡N	402.3	0.6
翡翠（Emeraldine/pernigraniline）	398.4	0.1

表4.15　环状结构中含N化合物N1s的结合能参考

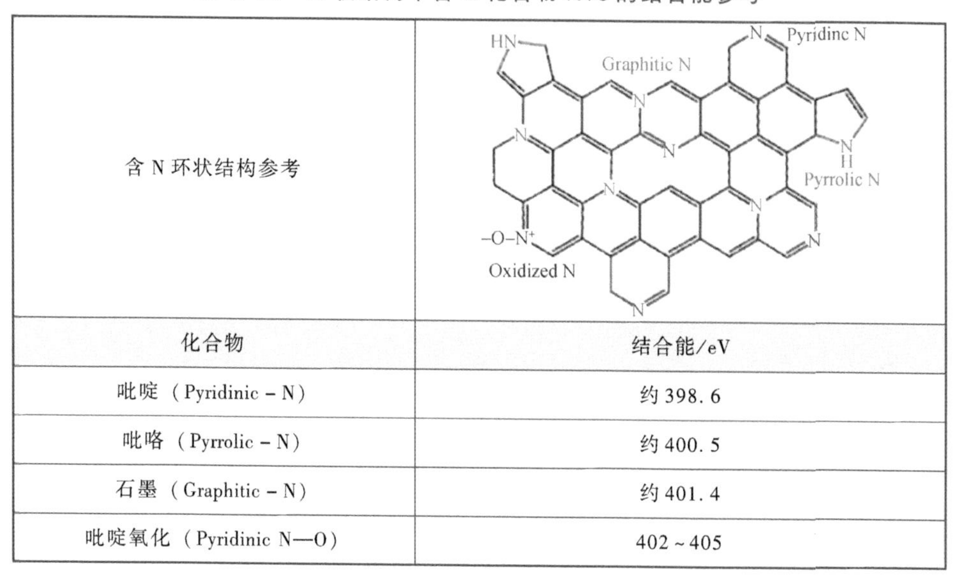

含N环状结构参考	（结构图）
化合物	结合能/eV
吡啶（Pyridinic－N）	约398.6
吡咯（Pyrrolic－N）	约400.5
石墨（Graphitic－N）	约401.4
吡啶氧化（Pyridinic N—O）	402～405

3. N1s精细图谱参考（图4.20～图4.23）

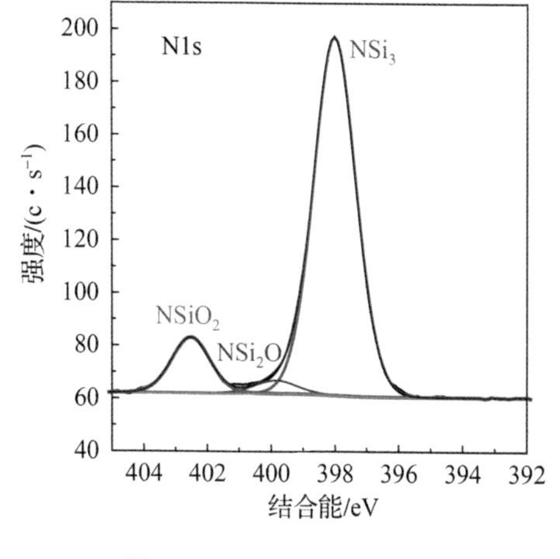

图4.20　SiN_xO_y的N1s峰

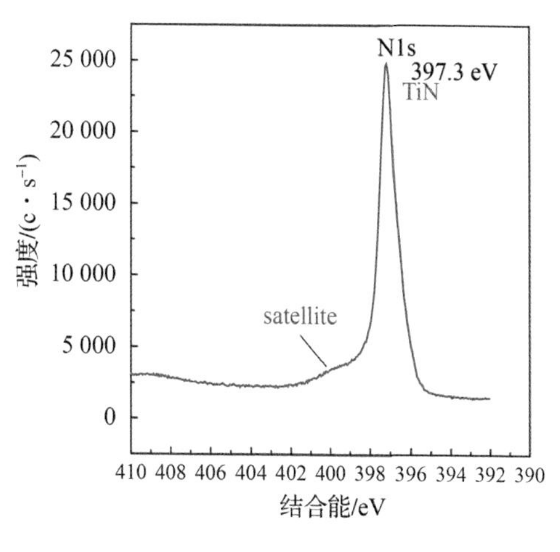

图4.21　TiN的N1s峰（有震激特征峰）

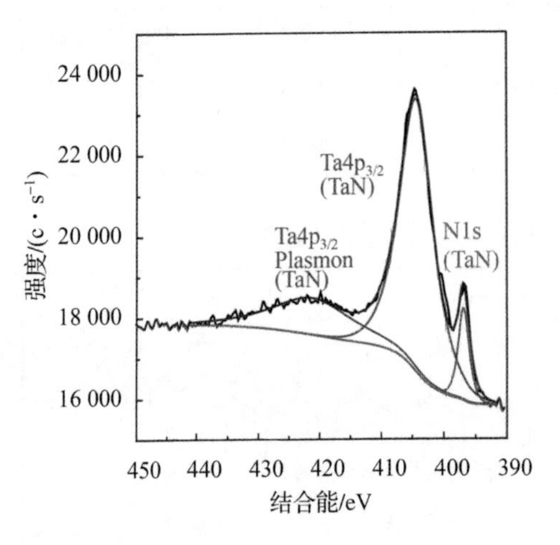

图 4.22　N1s 与 Ta4p 峰重合

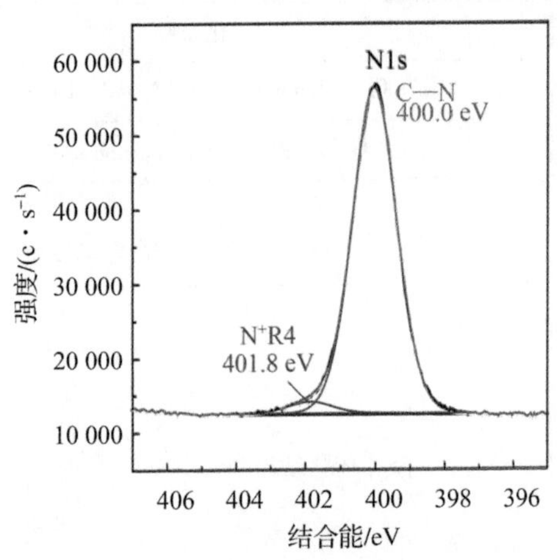

图 4.23　有机氮材料的 N1s 峰

4. 分析案例

样品信息和分析需求：有机含氮材料。

拟合元素：C，N。

（1）全谱（图 4.24）

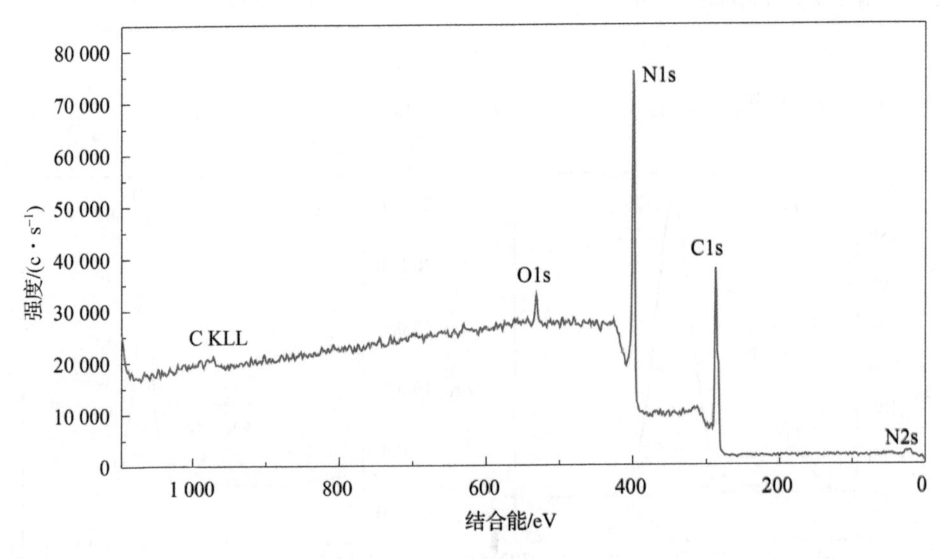

图 4.24　有机含氮材料全谱

（2）精细图谱分峰拟合（图4.25、图4.26）

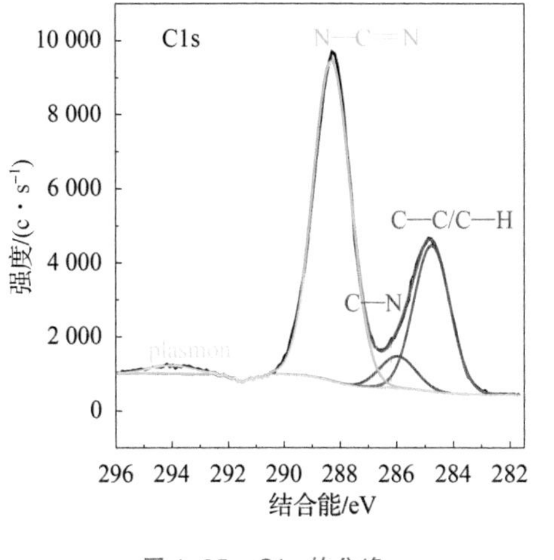

图4.25　C1s的分峰

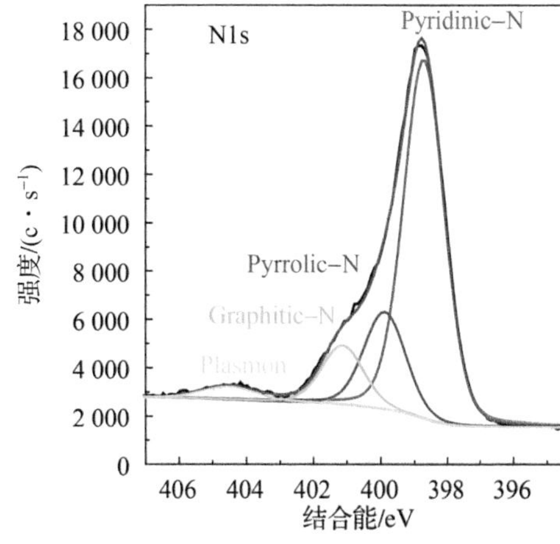

图4.26　N1s的分峰

（3）分峰拟合后化学态归属（表4.16）

表4.16　分峰拟合后化学态归属

谱峰	结合能/eV	化学态	原子百分比/%	
C1s-1	284.77	C—C/C—H	28.15	100.00
C1s-2	285.97	C—N	6.01	
C1s-3	288.29	N—C＝N	63.82	
C1s-4	294.03	Plasmon	2.02	
N1s-1	398.72	Pyridinic-N	67.70	100.00
N1s-2	399.88	Pyrrolic-N	18.27	
N1s-3	401.12	Graphitic-N	11.05	
N1s-4	404.53	Plasmon	2.98	

5. 化学态定量分析（图 4.17）

表 4.17　化学态定量分析

谱峰	C1s				N1s				O1s
	C—C/C—H	C—N	N—C=N	Plasmon	=N—/Pyridinic—N	C—N/Pyrrolic—N	Graphitic—N	Plasmon	C—O
AC%	13.66	2.92	30.96	0.98	33	8.91	5.39	1.45	2.74
	48.52				47.30				2.74

推荐资料

[1] Wagner C D, Naumkin A V, Kraut - Vass A, Allison J W, Powell C J, Rumble Jr J R. NIST Standard Reference Database 20, Version 3.4 (web version) [M]. National Institute of Standards and Technology: Gaithersburg, MD, 2003: 20899.

[2] Beamson G, Briggs D. High Resolution XPS of Organic Polymers The Scienta ESCA300 Database [M]. John Wiley & Sons, 1992.

[3] Mohtasebi A, Chowdhury T, Hsu L H H, Biesinger M C, Kruse P. Interfacial charge transfer between phenyl - capped aniline tetramer films and iron oxide surfaces [J]. The Journal of Physical Chemistry C, 2016 (120): 29248 - 29263.

[4] Nishimura O, Yabe K, Iwaki M. X - ray photoelectron spectroscopy studies of high - dose nitrogen ion implanted - chromium: a possibility of a standard material for chemical state analysis [J]. Journal of Electron Spectroscopy and Related Phenomena, 1989 (49): 335 - 342.

[5] Lippitz A, Hubert T. XPS investigations of chromium nitride thin films [J]. Surface and Coatings Technology, 2005 (200): 250 - 253.

[6] Milosev I, Strehblow H H, Navinsek B, Panja P. Chromium nitride by XPS [J]. Surface Science Spectra, 1998 (5): 138 - 144.

[7] Jaeger D, Patscheider J. A complete and self - consistent evaluation of XPS spectra of TiN [J]. Journal of Electron Spectroscopy and Related Phenomena, 2012 (185): 523 - 534.

[8] Saha N C, Tompkins H G. Titanium nitride oxidation chemistry: An X - ray photoelectron spectroscopy study [J]. Journal of Applied Physics, 1992 (72): 3072 - 3079.

[9] Rignanese G M, Pasquarello A, Charlier J C, Gonze X, Car R. Nitrogen Incorporation

at Si(001) – SiO_2 Interfaces: Relation between N1s Core – Level Shifts and Microscopic Structure [J]. Physical Review Letters, 1997 (79): 5174.

4.6　氧（O）

1. 基本信息（表4.18）

表4.18　O的基本信息

原子序数	8
元素	氧 O
元素谱峰	O1s
重合谱峰	Na KLL、Sb3d、Pd3p、V2p 当Pd与O同时存在时，采集精细谱范围525 ~ 580 eV，确保整个Pd3p谱峰中的两个自旋轨道分裂峰都完整呈现。 当Sb与O同时存在时，采集精细谱范围525 ~ 550 eV，确保整个Sb3d谱峰中的两个自旋轨道分裂峰都完整呈现
化学态归属说明	以C1s吸附碳C—C/C—H结合能284.8 eV对所有谱峰进行校准，O1s化学态归属参考XPS数据手册以及XPS数据网站信息
O1s精细谱分析方法	• O1s谱峰通常很宽，包含多种化学态，结合能分布多有重合，因此需要先分析其他元素的谱峰，最后再对O1s进行分峰拟合；能量位置以及半峰宽设置带来的误差直接影响不同氧化态的含量关系。 • 纯的金属氧化物中的O1s结合能比较低（≤530 eV，晶态），容易区分且半峰宽比其他化学态小；缺陷氧的结合能较高（530.5 ~ 532 eV）。 • 除了金属氧化物中的O1s结合能比较特征，其他化学态的结合能分布的能量范围都比较相近，通过分峰拟合很难区分。 • 531 ~ 532 eV范围中包括有机C=O键接、碳酸盐、金属氢氧化物、非晶态金属氧化物（或缺陷氧/空位氧）、硫酸盐、硅酸盐等。 • 533 eV左右可归属为有机C—O键接，高于533 eV左右可判断为水 H_2O/SiO_2等；有机氟氧化物中的O1s在535 eV左右。 • 当有重合谱峰存在时，如 $Sb3d_{5/2}$ 与O1s重合，可以用 $Sb3d_{3/2}$ 分峰以及判断不同化学态的百分含量；再由 $Sb3d_{5/2}$ 与 $Sb3d_{3/2}$ 能量差、谱峰面积比以及半峰宽相等的信息拟合对应化学态的 $Sb3d_{5/2}$，剩余谱峰的面积即是O1s的谱峰，通过对O1s进一步分峰拟合可得到氧的化学态以及百分含量

续表

其他注意事项	• 采用氩离子源对金属氧化物尤其是过渡金属氧化物溅射时，有择优溅射问题（即氧优先被移除），金属元素的谱峰往低能位移（呈现被还原态），所以离子源能量选择尽可能低。 • 采用氩离子源溅射进行深度剖析时，最好先采集 O1s 精细谱，再扫描其他元素的谱峰

2. O1s 化学态归属参考（表 4.19、表 4.20）

表 4.19　不同化学态的 O1s 结合能参考

化学态	O1s 结合能/eV
金属氧化物（metal oxide）	529 ~ 530
金属碳酸盐（metal carbonates）	531.5 ~ 532
Al_2O_3	531.1
SiO_2	532.9
C—SO_2—C	531.6 ~ 531.8
O ═C—N	531.3 ~ 532.1
Si—O—Si（PDMS）	532
备注：PDMS 中 Si2$p_{3/2}$ 在 101.79 eV 左右（Si2p = 102.0 eV），C1s = 284.38 eV；如果位移 C1s 到 285.0 eV，则 Si2$p_{3/2}$ = 102.41 eV（Si2p = 102.6 eV），O1s = 532.62 eV。	
—O*—(C═O)—O*—	533.8 ~ 534.0
—O—(C═O*)—O—	532.3 ~ 532.5
—(C═O)—O*—(C═O)—	533.8 ~ 534.1
—(C═O*)—O—(C═O*)—	532.5 ~ 532.8
O*—(C═O)—C（芳香环 Aromatic）	533.0 ~ 533.2
O—(C═O*)—C（芳香环 Aromatic）	531.6 ~ 531.7
O*—(C═O)—C（脂肪链 Aliphatic）	533.2 ~ 533.9
O—(C═O*)—C（脂肪链 Aliphatic）	531.9 ~ 532.5
C═O（芳香环 Aromatic）	531.2 ~ 531.3

续表

化学态	O1s 结合能/eV
C ═O（脂肪链 Aliphatic）	532.3～532.4
O—(C—O)—O	532.9～533.1
O—C—O	532.9～533.5
C—O—C（芳香环 Aromatic）	532.9～533.5
C—O—C（脂肪链 Aliphatic）	532.4～532.9
O—F_x	535

表 4.20　部分氧化物中 O1s 的结合能

化学态	O1s 结合能/eV	标准偏差/±eV
Al_2O_3	531.0	1.0
$Al(OH)_3$	531.3	0.2
AlO(OH)	531.5	0.3
$Al_2O_3 \cdot 3H_2O$（Gibbsite 三水铝矿）	531.4	0.3
As_2O_3	531.9	0.4
As_2O_5	531.9	0.4
B_2O_3	533.1	0.1
H_3BO_3	533.4	0.3
$Na_2B_4O_7$	533.7	0.3
BaO	528.9	0.9
BaO_2	530.8	0.3
碳酸盐（Carbonates）	531.3	0.3
Fe_2O_3	529.9	0.3
Fe_3O_4	529.7	0.4
FeO	530.0	0.2
$FeOO^*H$	530.9	0.7
$Fe(OH)_3$	531.3	0.3
Ga_2O_3	530.9	0.7
H_2O	534.4	1.8

续表

化学态	O1s 结合能/eV	标准偏差/±eV
氢氧化物（Hydroxides）M—(OH)$_x$	531.3	0.3
MoO_2	530.5	0.5
MoO_3	530.6	0.4
Nb_2O_5	530.4	0.5
NbO_2	530.7	0.3
$Ni(OH)_2$	531.3	0.3
NiO	529.6	0.4
P_2O_5	533.5	1.0
PO_4^{3-}	531.0	1.0
$P_2O_7^{4-}$	531.1	0.9
PO_3^-	532.6	1.1
PbO	529.4	1.2
PbO_2	528.4	0.9
SO_4^{2-}	532.2	0.6
SiO_2	532.9	0.4
TiO_2	530.0	0.2
Ta_2O_5	530.3	0.3

3. O1s 精细图谱参考（图 4.27、图 4.28）

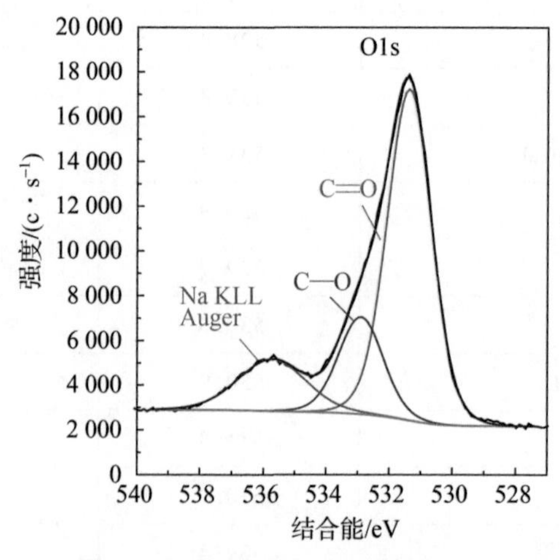

图 4.27　Na KLL 与 O1s 重合分峰

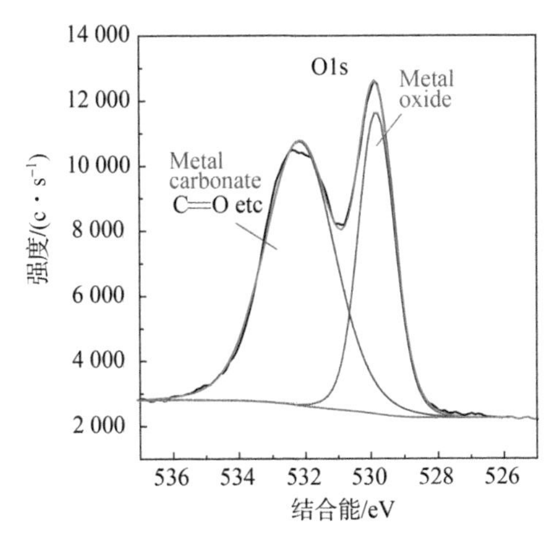

图4.28　金属氧化物碳酸盐混合态的O1s分峰

推荐资料

[1] Beamson G, Briggs D. High Resolution XPS of Organic Polymers The Scienta ESCA300 Database [M]. John Wiley & Sons, 1992.

[2] Biesinger M C, Lau L W, Gerson A R, Smart R S C. Resolving surface chemical states in XPS analysis of first row transition metals, oxides and hydroxides: Sc, Ti, V, Cu and Zn [J]. Applied Surface Science, 2010 (257): 887 - 898.

[3] Biesinger M C, Payne B P, Grosvenor A P, Lau L W, Gerson A R, Smart R S C. Resolving surface chemical states in XPS analysis of first row transition metals, oxides and hydroxides: Cr, Mn, Fe, Co and Ni [J]. Applied Surface Science, 2011 (257): 2717 - 2730.

[4] Hagelin - Weaver H A, Weaver J F, Hoflund G B, Salaita G N. Electron energy loss spectroscopic investigation of Ni metal and NiO before and after surface reduction by Ar^+ bombardment [J]. Journal of Electron Spectroscopy and Related Phenomena, 2004 (134): 139 - 171.

[5] Norton P R, Tapping G L, Goodale J W. A photoemission study of the interaction of Ni (100), (110) and (111) surfaces with oxygen [J]. Surface Science, 1977 (65): 13 - 36.

[6] Biesinger M C, Payne B P, Lau L W, Gerson A R, Smart R S C. X - ray photoelectron spectroscopic chemical state quantification of mixed nickel metal, oxide and hydroxide

systems [J]. Surface and Interface Analysis, 2009 (41): 324 - 332.

[7] Biesinger M C, Brown C, Mycroft J R, Davidson R D, McIntyre N S. X - ray photoelectron spectroscopy studies of chromium compounds [J]. Surface and Interface Analysis, 2004 (36): 1550 - 1563.

[8] Payne B P, Biesinger M C, McIntyre N S. X - ray photoelectron spectroscopy studies of reactions on chromium metal and chromium oxide surfaces [J]. Journal of Electron Spectroscopy and Related Phenomena, 2011 (184): 29 - 37.

[9] Nohira H, Tsai W, Besling W, Young E, Pétry J, Conard T, Vandervorst W, De Gendt S, Heyns M, Maes J, Tuominen M. Characterization of ALCVD - Al_2O_3 and ZrO_2 layer using X - ray photoelectron spectroscopy [J]. Journal of Non - crystalline Solids, 2002 (303): 83 - 87.

4.7 氟 (F)

1. 基本信息（表 4.21）

表 4.21 F的基本信息

原子序数	9
元素	氟 F
元素谱峰	F1s
重合谱峰	Cu LMM
化学态归属说明	以 C1s 吸附碳 C—C/C—H 结合能 284.8 eV 对所有谱峰进行校准，F1s 化学态归属参考 XPS 数据手册以及 XPS 数据网站信息
F1s 谱峰分析方法	F1s 谱峰呈对称性。 • 有机氟和无机氟化物的 F1s 结合能差别很明显，但具体到不同氟化物和不同的有机氟时，F1s 结合能位移又不特征。例如有机氟中 C1s 谱峰中 CF_2 和 CF_3 结合能有 3 eV 左右的差值，但 F1s 结合能没有明显位移。 • 含氟有机物不耐 X 射线辐照，采集图谱时，需要先扫描 F1s 和 C1s 谱峰，再扫描全谱和其他元素的精细谱

2. F1s 化学态归属参考（表 4.22）

表 4.22　不同化学态的 F1s 结合能参考

化学态	F1s 结合能/eV	标准偏差/±eV
金属氟化物（Metal Fluoride）	685	0.9
	最大值 687.8，最小值 682.4	
$\text{-(}CF_2\text{—}CF_2\text{)-}_n$	689.9	0.3
$\text{-(}CF_2CH_2\text{)-}_n$	688.8	0.7
$\text{-(}CHFCH_2\text{)-}_n$	688.0	1.5
$\text{-(}CHFCHF\text{)-}_n$	689.1	1.0
$\text{—}CH_2CHFCH_2\text{—}$(PVF)	686.94	0.3
$OOCCF_3$(PVTFA)	688.16	0.3
$\text{—}CF_3$	689.2	1.3
BF_3	686.1	0.6
$AlF_3 \cdot 3H_2O$	686.3	0.0
AlF_3	687.7	0.2
SiF_6^{2-}	686.3	0.3
PF_6^-	687.8	0.2
SF_6	690.3	1.7

3. F1s 精细图谱参考（图 4.29）

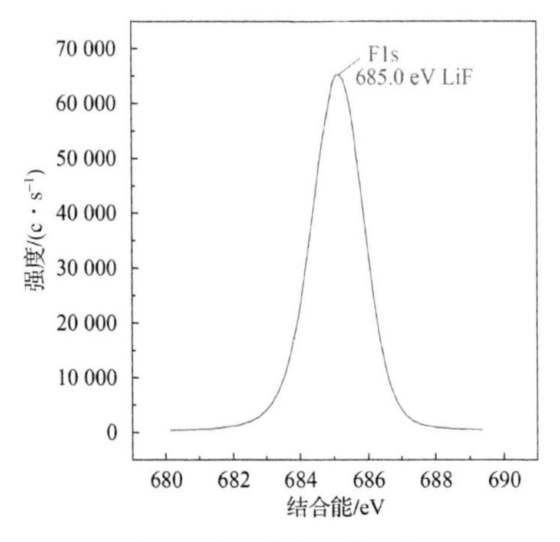

图 4.29　LiF 中的 F1s 峰

4. 分析案例

样品信息和分析需求：有机氟不同化学态分析。

拟合元素：C、F。

（1）精细图谱（图 4.30、图 4.31）

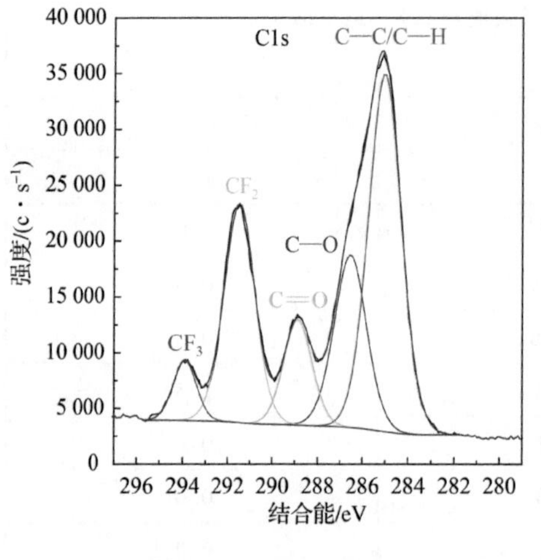

图 4.30　C1s 分峰

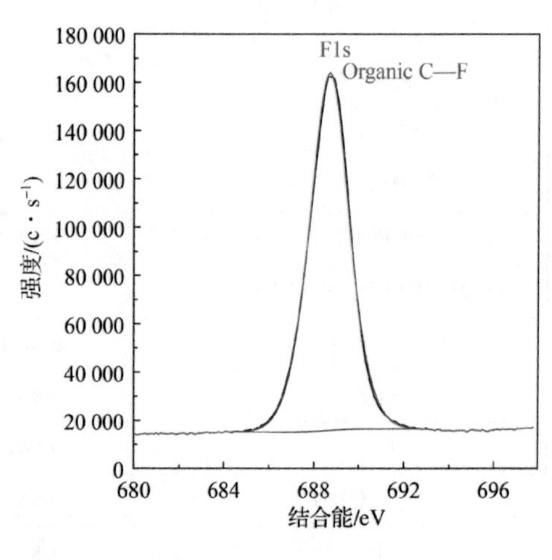

图 4.31　F1s 分峰

（2）分峰拟合后化学态归属（表 4.23）

表 4.23　分峰拟合后化学态归属

谱峰	结合能/eV	化学态	原子百分比/%	
C1s-1	285.03	C—C/C—H	40.92	100.00
C1s-2	286.55	C—O	19.75	
C1s-3	288.86	C=O	10.46	
C1s-4	291.48	CF_2	24.13	
C1s-5	293.9	CF_3	4.74	
F1s	688.67	Organic C—F	100.00	100.00

（3）解析说明

结合能在 291.48 eV 左右的 C1s 可归属为—CF_2；更高结合能在 293.9 eV 附近的 C1s 可归属为—CF_3。但无论是 CF_2 还是 CF_3 化学键接，F1s 的结合能并无明显差异，都在 688~689 eV。

如果存在—O—CF_x化学键接，则在 O1s 高能位置（535 eV 左右）有特征谱峰，但此案例中没有出现，故没有讨论 O1s。

推荐资料

Beamson G, Briggs D. High Resolution XPS of Organic Polymers The Scienta ESCA300 Database [M]. John Wiley & Sons, 1992.

4.8 钠（Na）

1. 基本信息（表 4.24）

表 4.24　Na 的基本信息

原子序数	11
元素	钠 Na
元素谱峰	Na1s
重合谱峰	Ti LMM。 当 Na 和 Ti 有重合时，同时扫描 Na2s 或 Na KLL 谱峰。 Na KLL 谱峰与 O1s 有重合
化学态归属说明	以 C1s 吸附碳 C—C/C—H 结合能 284.8 eV 对所有谱峰进行校准，Na1s 化学态归属参考 XPS 数据手册以及 XPS 数据网站信息
Na1s 精细谱分析方法	• 不同钠化学态的结合能位移很小，很难仅根据 Na1s 的结合能去判断不同化学态；同时，结合 Na KLL 俄歇谱峰和俄歇参数去判断。 • 钠金属谱峰有不对称性，拟合时需考量

2. Na1s 化学态归属参考（表 4.25）

表 4.25 不同化学态的 Na1s 结合能参考

化学态	Na1s 结合能/eV	标准偏差/±eV	修正俄歇参数 α′(1s－KLL)/eV	标准偏差/±eV
Na	1 071.4	0.5	2 065.9	0.3
NaF	1 071.5	0.8	2 060.3	0.6
NaCl	1 071.9	0.6	2 062.2	0.5
NaBr	1 071.9	0.6	2 062.5	0.5
NaI	1 071.6	0.2	2 062.9	0.8
NaOH	1 072.6	0.3	—	—
Na_2O	1 072.5	0.3	2 062.3	0.3
$NaClO_4$	1 071.5	0.5	—	—
Na_2SO_4	1 071.6	0.8	2 061.7	0.6
Na_2SO_3	1 071.8	0.8	2 062.2	0.6
Na_2SSO_3	1 071.6	0.3	2 061.7	0.3
$NaPO_3$	1 071.7	0.1	2 061.0	0.3
Na_3PO_4	1 071.1	0.2	2 061.2	0.3
Na_2HPO_4	1 071.6	0.1	2 061.4	0.2
NaH_2PO_4	1 072.0	0.3	2 061.1	0.3
Na_2CO_3	1 071.6	0.1	2 061.3	0.3
$NaHCO_3$	1 071.3	0.3	2 061.1	0.3
$NaNO_2$	1 071.6	0.3	2 061.4	0.3
$NaNO_3$	1 071.4	0.3	2 061.6	0.8
Na_2MoO_4	1 071.4	0.6	2 061.9	0.3
Na_2CrO_4	1 071.2	0.3	2 062.2	0.3
$Na_2Cr_2O_7$	1 071.1	0.7	2 062.0	0.3
Na_2SiF_6	1 071.9	0.3	2 059.4	0.3
$NaC_2H_3O_2$	1 071.4	0.4	2 061.0	0.3
$Na(AlSi_3O_8)$	1 072.2	0.0	2 061.2	0.0

3. Na1s 精细图谱参考（图 4.32、图 4.33）

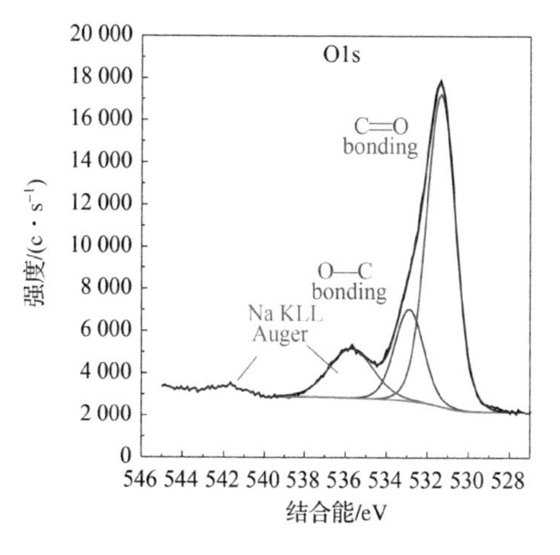

图 4.32　$NaHCO_3$中 Na KLL 与 O1s 重合

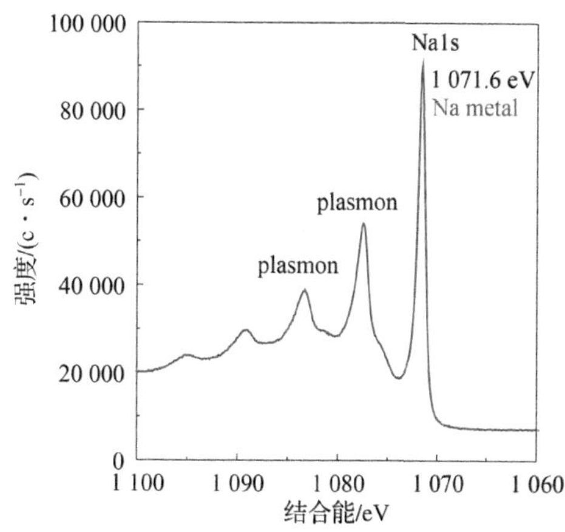

图 4.33　金属 Na 的 Na1s 峰

4. 分析案例

样品信息和分析需求：钠离子电池极片（充放电循环后），手套箱制样，用氩离子源溅射清洁表面后再采谱分析。

拟合元素：Na、F、P、O。

（1）全谱（图 4.34）

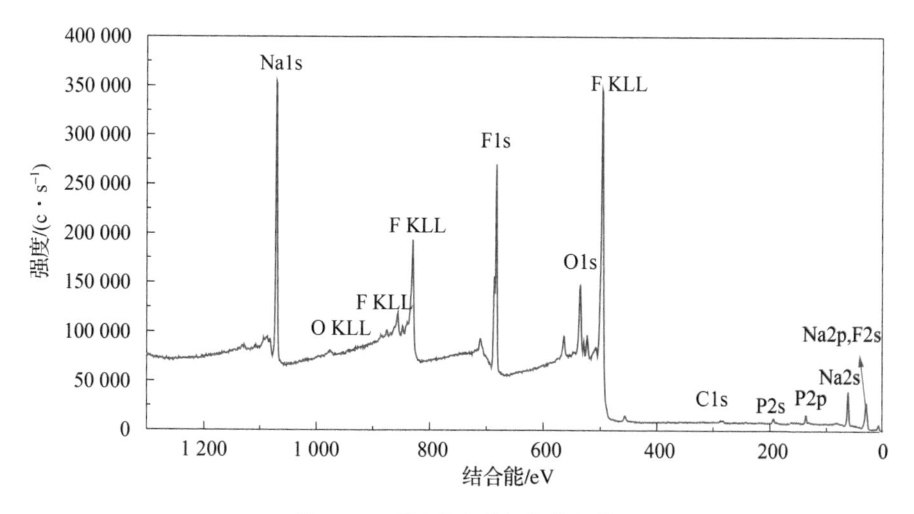

图 4.34　钠离子电池极片的全谱

(2) 精细图谱分峰拟合（图 4.35 ~ 图 4.39）

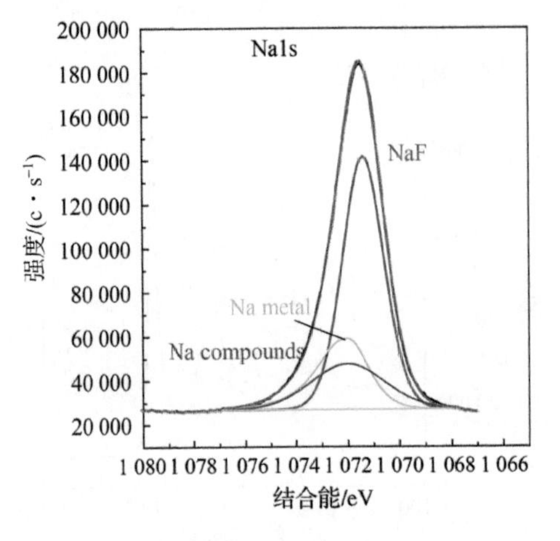

图 4.35 Na1s 分峰

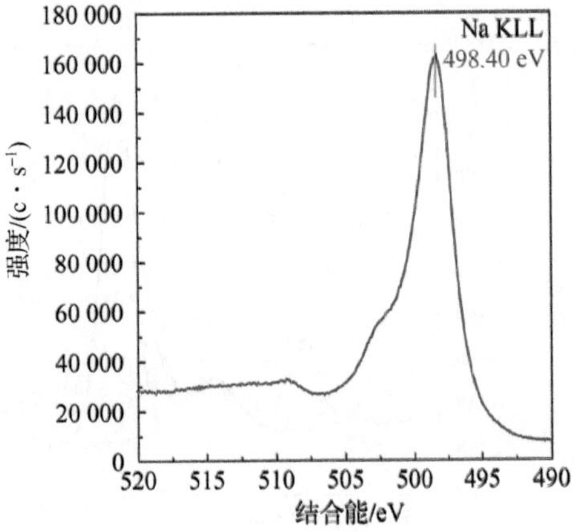

图 4.36 Na 的 Na KLL 峰

注：修正俄歇参数

$= \alpha' = \alpha + h\nu_{X-ray} = E_K^A(\mathrm{Na\ KLL}) + E_B^P(\mathrm{Na1s})$

$= (1\ 486.6 - 498.40) + 1\ 071.38 = 2\ 059.58(\mathrm{eV})$，主要可归属为 NaF。

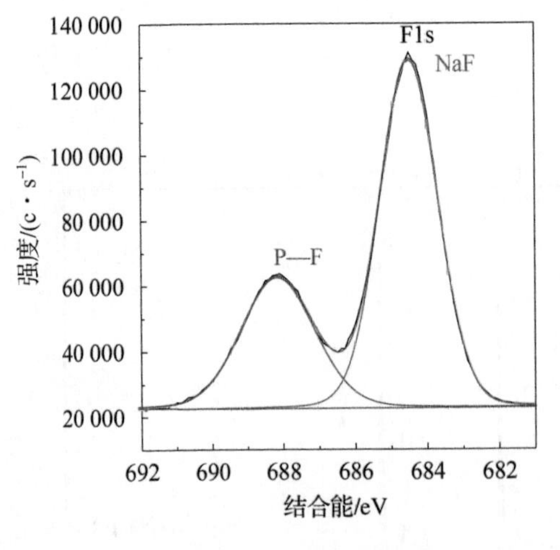

图 4.37 F1s 分峰

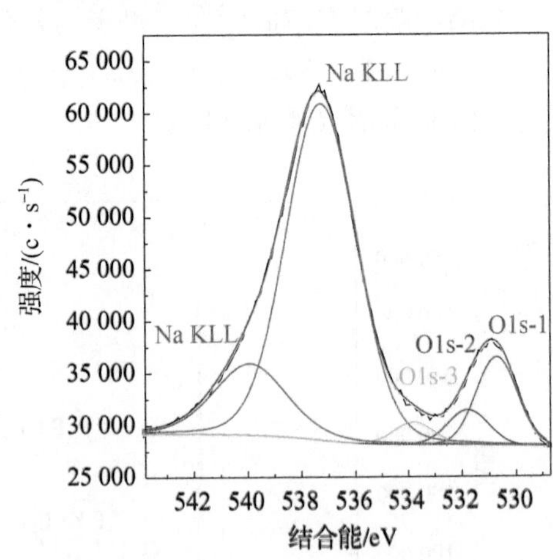

图 4.38 O1s 分峰与 Na KLL 重合

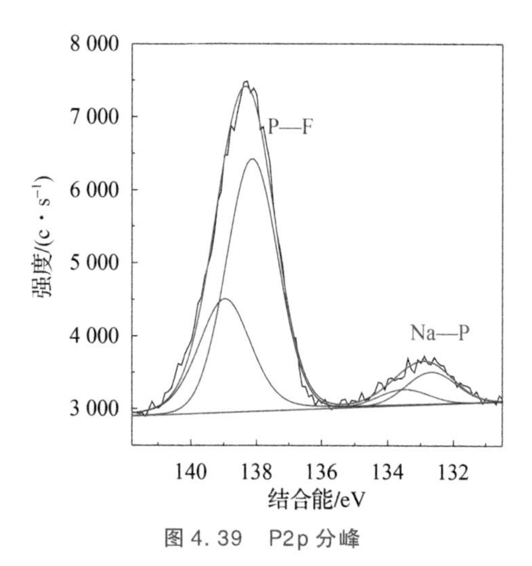

图 4.39　P2p 分峰

（3）分峰拟合后化学态归属（表 4.26、表 4.27）

表 4.26　分峰拟合后化学态归属

谱峰	结合能/eV	化学态	原子百分比/%	
Na1s	1 072.00	Na	18.17	100.00
Na1s	1 071.38	NaF	65.08	
Na1s	1 072.00	Na^+（Na—O/Na—OH/Na—PO_x/$Na_xPO_yF_z$）	12.14	
O1s-1	530.70	金属氧化物 Na—O	60.75	100.00
O1s-2	531.76	C═O/M—OH/P—O	23.90	
O1s-3	533.81	C—O	15.35	
Na KLL	537.23	—	—	—
Na KLL	539.89	—	—	—
F1s	684.49	氟化物 Na—F	66.79	100.00
F1s	688.15	P—F/PO_x—F	33.21	
$P2p_{3/2}$	132.69	P—O（PO_x）	11.04	100.00
$P2p_{1/2}$	133.53			
$P2p_{3/2}$	138.14	P—F（PF_x）/PO_y—F	88.97	
$P2p_{1/2}$	138.98			

表 4.27　全元素化学态定量分析

AC%	Na1s			O1s－1	O1s－2	O1s－3	F1s	F1s	P2p	P2p
AC%	Na	Na—F	Na^+其他化学态	Na—O	C ═O/M—OH/P—O	C—O	Na—F	P—F/PO_x—F	PO_x	P—F
100	8.86	32.08	7.82	2.89	1.14	0.73	29.32	14.58	0.29	2.30
100	48.76			4.76			43.9		2.59	

（4）解析说明

此案例比较复杂，Na KLL 俄歇谱峰与 O1s 重合，需要分峰拟合后才能准确定量；另外，Na 的成分也比较复杂，不能只根据 Na1s 结合能判断化学态，需要结合俄歇谱峰和俄歇参数，从俄歇参数分析结果以及分峰拟合后的含量可以看出主要是氟化钠；此外，结合其他元素的化学态分析结果判断应该有单质钠、氧化钠及少量的磷酸盐、氟磷酸盐等。

钠金属很活泼，很容易氧化，此案例中采用手套箱保护进样且溅射去除表面后看更深层的成分信息，可以测到钠单质。

4.9　镁（Mg）

1. 基本信息（表 4.28）

表 4.28　Mg 的基本信息

原子序数	12
元素	镁 Mg
元素谱峰	Mg1s
重合谱峰	Cl LMM
化学态归属说明	以 C1s 吸附碳 C—C/C—H 结合能 284.8 eV 对所有谱峰进行校准，Mg1s 化学态归属参考 XPS 数据手册以及 XPS 数据网站信息

续表

Mg1s/Mg2p 谱峰分析方法	• Mg 与 Cl 同时存在时，含量高时，Mg1s 与 Cl LMM 重合严重，需同时扫描 Mg2p 或 Mg2s 谱峰进行定性定量。 • Mg KLL 俄歇谱峰（结合能 300～306 eV）能量位移与化学态相关，可用于化学态判断

2. Mg1s/Mg2p 化学态归属参考（图 4.29）

表 4.29　不同化学态的 Mg2p 结合能和修正俄歇参数 α' 参考

化学态	Mg2p 结合能/eV	标准偏差/±eV	2p－KLL 修正俄歇参数 α'/eV	标准偏差/±eV
Mg	49.6	0.2	1 235.2	0.3
MgO	50.7	0.4	1 231.1	0.4
O1s@ MgO(530.6 ±0.9) eV				
MgF_2	50.9	0.1	1 229.1	0.0

3. Mg1s 精细图谱参考（图 4.40、图 4.41）

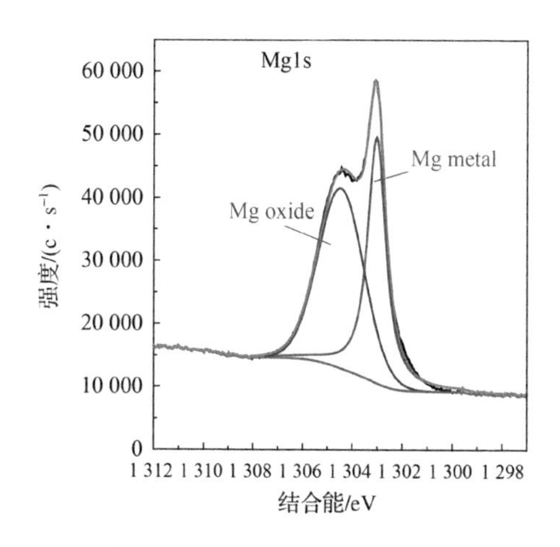

图 4.40　镁金属表面氧化 Mg1s

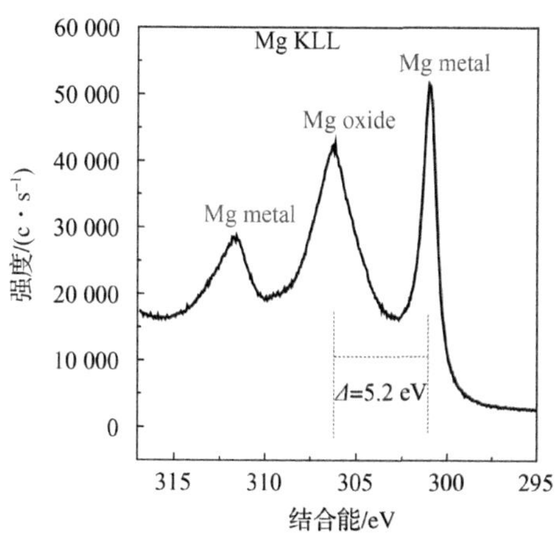

图 4.41　镁金属表面氧化 Mg KLL

|推 荐 资 料|

Wagner C D, Naumkin A V, Kraut - Vass A, Allison J W, Powell C J, Rumble Jr J R. NIST Standard Reference Database 20, Version 3.4 (web version) [M]. National Institute of Standards and Technology: Gaithersburg, MD, 2003: 20899.

|4.10 铝 (Al)|

1. 基本信息（表 4.30）

表 4.30 Al 的基本信息

原子序数	13
元素	铝 Al
元素谱峰	Al2p
重合谱峰	Pt4f、Cu3p 如发现有重合，精细谱需要同时扫描 Al2s 谱峰用于定量分析
化学态归属说明	以 C1s 吸附碳 C—C/C—H 结合能 284.8 eV 对所有谱峰进行校准，Al2p 化学态归属参考 XPS 数据手册以及 XPS 数据网站信息
Al2p 自旋轨道分裂峰以及分峰方法	$\Delta_{金属}(Al2p_{1/2} - Al2p_{3/2}) = 0.42$ eV • 在特定测试条件下，只有金属态的铝能检测出自旋轨道分裂峰，谱峰呈不对称性。 • 其他化学态的铝分峰时不用特别区分自旋轨道分裂峰，比如氧化铝；Al2p 谱峰呈对称性。 • 氧化铝是绝缘材料，氧化态的谱峰位置随着氧化铝厚度不同而不同。 • Al_2O_3、$Al(OH)_3$ 以及 AlOOH 这几种氧化态的铝很难用 XPS 区分，Al2p 结合能以及俄歇参数都比较相近

2. Al2p 化学态归属参考（表 4.31）

表 4.31 不同化学态的 Al2p 结合能参考

化学态	Al2p 结合能/eV	标准偏差/±eV	修正俄歇参数 α′	标准偏差/±eV
Al 金属	72.7	0.3	1 466.13	0.04
Al_2O_3	74.1	1.0	1 461.86	0.22
$Al(OH)_3$	74.8	1.0	1 461.65	0.31
AlO(OH)	75.2	1.2	1 461.81	0.01
Al 的硅酸盐（Al - Silicate）	74.4	1.0	1 461.44	0.03
三水铝矿（Gibbsite）	73.9	0.5	—	—
$AlCl_3$	74.7	0.3	—	—

3. Al2p 精细图谱参考（图 4.42）

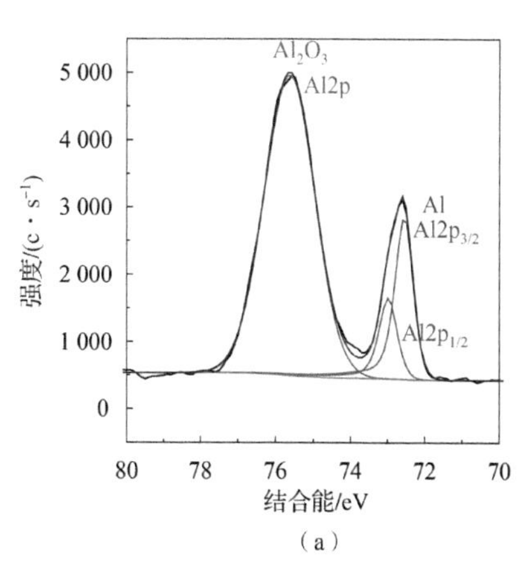

(a)

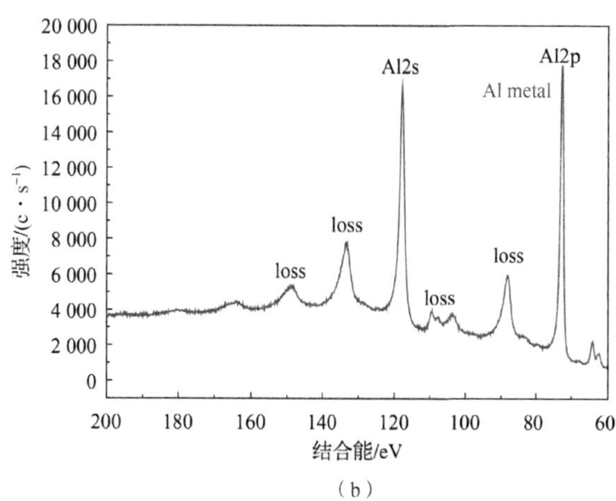

(b)

图 4.42 Al2p 精细图谱

(a) Al 金属表面氧化层 Al2p 的精细谱参考；(b) Al 金属 Al2p 和 Al2s 的能量损失谱峰

4. 分析案例

样品信息和分析需求：水泥成分主要为硅酸钙、二氧化硅等，烘干后测试 Ca、Si、C、O、K 和 Al 的化学态。

拟合元素：Ca、Si、C、K、O、Al。

（1）精细图谱分峰拟合（图 4.43～图 4.47）

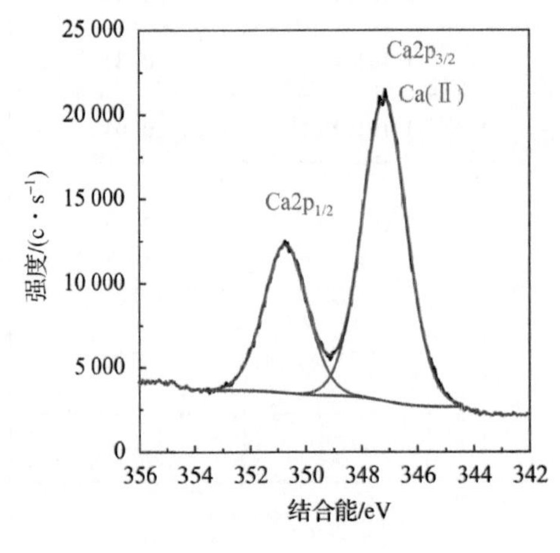

图 4.43　Ca2p 分峰

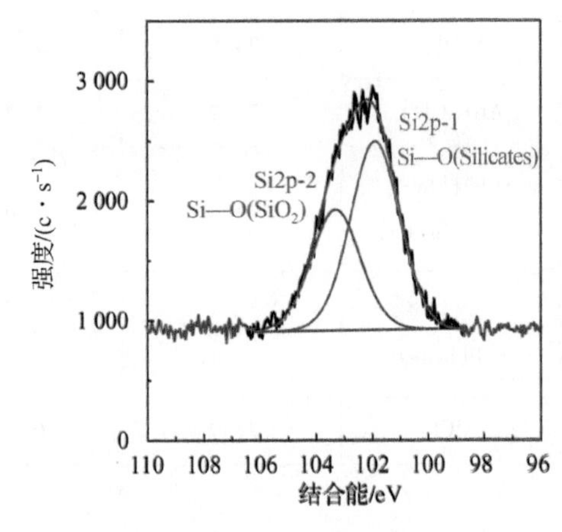

图 4.44　Si2p 分峰

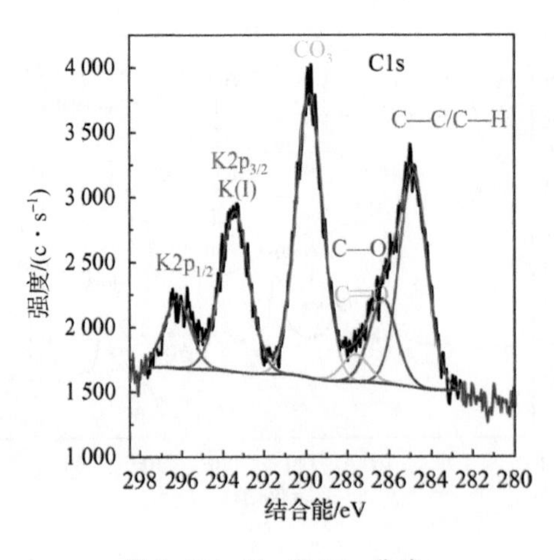

图 4.45　C1s 和 K2p 分峰

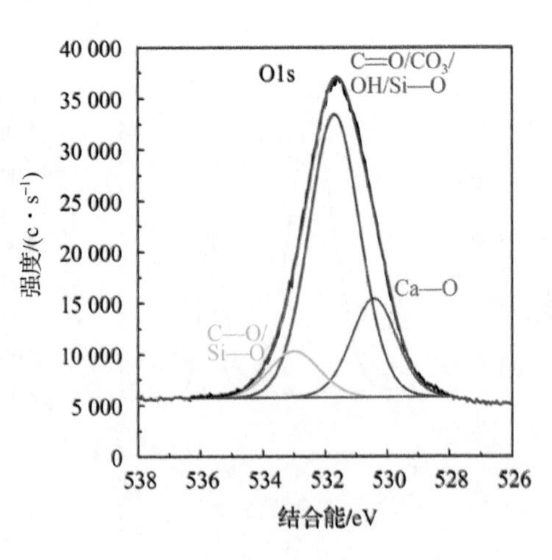

图 4.46　O1s 分峰

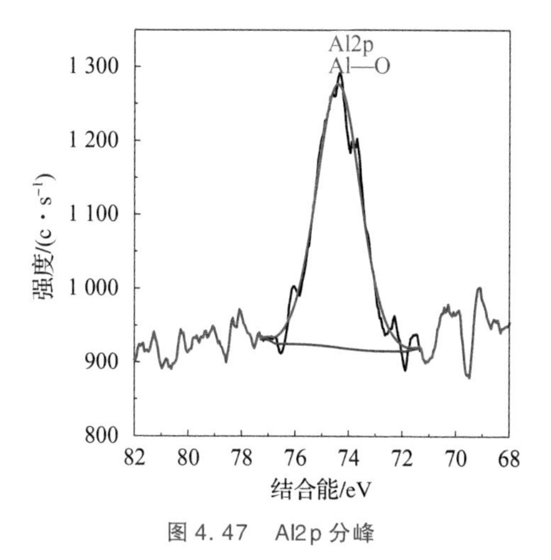

图 4.47　Al2p 分峰

（2）分峰拟合后化学态归属（表 4.32）

表 4.32　分峰拟合后化学态归属

谱峰	结合能/eV	化学态	原子百分比/%	
Ca2$p_{3/2}$	347.15	Ca(Ⅱ)($CaCO_3$/CaO/Ca—OH/$Ca_xSi_yO_z$)	100.00	100.00
Ca2$p_{1/2}$	350.7			
Si2p-1	101.88	Si—O（硅酸盐）	61.00	100.00
Si2p-2	103.29	Si—O（SiO_2）	39.00	
C1s-1	284.84	C—C/C—H	35.01	100.00
C1s-2	286.27	C—O	13.91	
C1s-3	287.62	C═O	4.52	
C1s-4	289.82	CO_3	46.56	
K2$p_{3/2}$	293.41	K（Ⅰ）	100.00	100.00
K2$p_{1/2}$	296.21			
O1s-1	530.41	Ca—O/K—O	21.20	100.00
O1s-2	531.69	Al—O/CO_3/C═O/—OH/Si—O	67.56	
O1s-3	533	C—O/Si—O(SiO_2)	11.24	
Al2p	74.38	Al—O	100	100.00

(3) 原子百分比（表 4.33）

表 4.33　化学态定量分析

谱峰	化学态	原子百分比/%		
C1s-1	C—C/C—H	5.24	14.96	100.00
C1s-2	C—O	2.08		
C1s-3	C=O	0.68		
C1s-4	CO_3	6.96		
Si2p-1	硅酸盐（Silicate）	7.55	12.37	
Si2p-2	SiO_2	4.82		
O1s-1	Ca—O 等	12.02	56.68	
O1s-2	Al—O/CO_3/C=O 等	38.29		
O1s-3	C—O/SiO_2	6.37		
$K2p_{3/2}$	K(Ⅰ)	1.65	1.65	
$Ca2p_{3/2}$	Ca(Ⅱ)[Ca—O/Ca—CO_3]	11.88	11.88	
Al2p	Al—O	2.46	2.46	

(4) 解析说明

此案例中 K2p 与 C1s 有重合，结合能位于 293 eV 的 C1s，通常对应有机碳氟化合物，但成分里没有 F，故此处为 $K2p_{3/2}$，并且同样有 $K2p_{1/2}$ 的谱峰。K 的不同化学态中，$K2p_{3/2}$结合能差异不大；Ca 的不同化学态中，$Ca2p_{3/2}$结合能也差别不大，但碳酸钙的图谱中有特征能量损失谱峰，并且结合 C1s 图谱中 CO_3的化学键（结合能在 289～290 eV 范围）可以判断有碳酸钙存在。根据含量可知，钙的化学态除了碳酸钙外，还有其他化学态。

硅酸盐中的 Si2p 结合能为 101.5～103 eV，而氧化硅 SiO_2在 103.5 eV 左右，所以从硅的精细谱可以判断有硅酸盐和氧化硅存在。铝的不同氧化态中的 Al2p 结合能也没有明显差异，在 74 eV 左右。

推荐资料

Wagner C D, Naumkin A V, Kraut - Vass A, Allison J W, Powell C J, Rumble Jr J R. NIST Standard Reference Database 20, Version 3.4 (web version) [M]. National Institute of Standards and Technology: Gaithersburg, MD, 2003: 20899.

4.11　硅（Si）

1. 基本信息（表4.34）

表4.34　Si的基本信息

原子序数	14
元素	硅 Si
元素谱峰	Si2p
重合谱峰	Al2p Plasmon、La4d 当有重合谱峰存在的时候，同时扫描 Si2s
化学态归属说明	以 C1s 吸附碳 C—C/C—H 结合能 284.8 eV 对所有谱峰进行校准，Si2p 化学态归属参考 XPS 数据手册以及 XPS 数据网站信息
Si2p 自旋轨道分裂峰以及分峰方法	$\Delta_{金属}(Si2p_{1/2} - Si2p_{3/2}) = 0.63$ eV • 自旋轨道分裂峰能量差很小，分峰拟合时，除了单质态需要区分 Si2p3 和 Si2p1 外，其他硅化学态不用特别区分，拟合时可以只添加 Si2p。 • 单质硅的谱峰峰型不对称，拟合时用不对称函数模式；晶体或无定形硅会影响分裂峰的能量分辨

2. Si2p 化学态归属参考（表 4.35）

表 4.35 不同化学态的 Si2p 结合能参考

化学态	Si2p 结合能/eV	标准偏差/±eV
Si	99.4	0.3
SiO_2	103.5	0.3
SiC	100.3	0.3
C1s@ SiC（碳化硅）：283.0±0.8		
SiN	101.7	0.5
有机硅（Silicone/Siloxane）	102.4	0.9
Talc 滑石粉 $Mg_3Si_4O_{10}(OH)_2$	$Si2p_{3/2}$ = 103.13，Si2p = 103.3	
硅酸盐（Silicates）	101.6~103.8	
PDMS	PDMS（有机硅油）里的 $Si2p_{3/2}$@ 101.79 eV（Si2p = 102.0 eV）基于 C1s@ 284.38 eV 以及 O1s@ 532.00 eV。 如果校正 C1s 至 285.0 eV，则 $Si2p_{3/2}$@ 102.41 eV（Si2p = 102.6 eV）以及 O1s@ 532.62 eV	

3. Si2p 精细图谱参考（图 4.48、图 4.49）

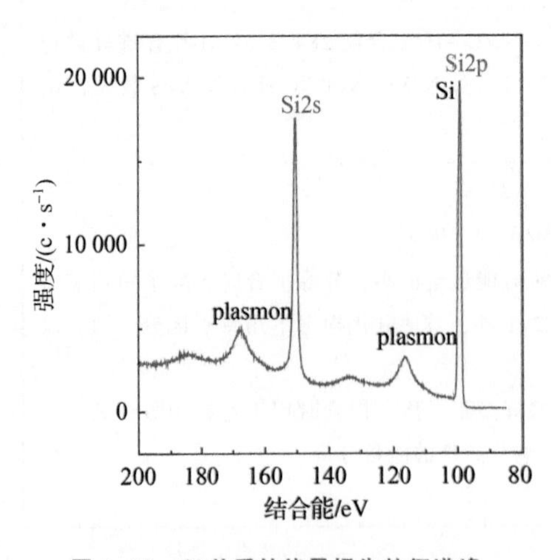

图 4.48 Si 单质的能量损失特征谱峰

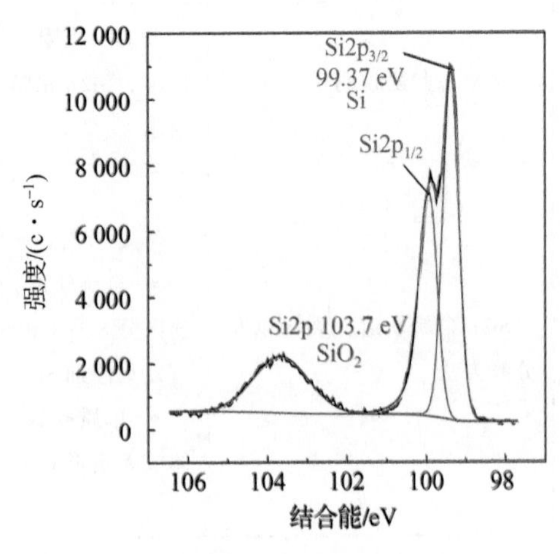

图 4.49 暴露空气硅片的 Si2p

推荐资料

[1] Wagner C D, Naumkin A V, Kraut - Vass A, Allison J W, Powell C J, Rumble Jr J R. NIST Standard Reference Database 20, Version 3.4 (web version) [M]. National Institute of Standards and Technology: Gaithersburg, MD, 2003: 20899.

[2] Wagner C D, Passoja D E, Hillery H F, Kinisky T G, Six H A, Jansen W T, Taylor J A. Auger and photoelectron line energy relationships in aluminum - oxygen and silicon - oxygen compounds [J]. Journal of Vacuum Science and Technology, 1982 (21): 933 - 944.

[3] Gonzalez - Elipe A R, Espinos J P, Munuera G, Sanz J, Serratosa J M. Bonding - state characterization of constituent elements in phyllosilicate minerals by XPS and NMR [J]. The Journal of Physical Chemistry, 1988 (92): 3471 - 3476.

[4] Beamson G, Briggs D. High Resolution XPS of Organic Polymers The Scienta ESCA300 Database [M]. John Wiley & Sons, 1992.

4.12 磷（P）

1. 基本信息（表4.36）

表4.36　P的基本信息

原子序数	15
元素	磷 P
元素谱峰	P2p
重合谱峰	Zn3s、Si2p plasmon
化学态归属说明	以C1s吸附碳C—C/C—H结合能284.8 eV对所有谱峰进行校准，P2p化学态归属参考XPS数据手册以及XPS数据网站信息
P2p自旋轨道分裂峰以及分峰方法	$P2p_{1/2} - P2p_{3/2} = 0.87$ eV 无论是单质的P2p还是化合物的，都测到明显的分裂峰

2. P 化学态归属参考（表 4.37、表 4.38）

表 4.37 不同化学态的 P2p 结合能参考

化学态	$P2p_{3/2}$结合能/eV	标准偏差/±eV
PO_4^{3-}（磷酸盐或酯 phosphate）	133.2	0.7
$P_2O_7^{4-}$（焦磷酸盐或酯 pyrophosphate）	133.2	0.6
PO_3^-（偏磷酸盐或酯 metaphosphate）	134.6	0.5
P	130.2	0.3
P_2O_5	135.3	0.2
P_4O_{10}	135.6	0.1
H_3PO_4	135.2	0.3
H_3PO_3	134.3	0.3
$ZnPO_4$	134.0	0.3
$CaPO_4$	133.2	0.3
InP	128.7	0.6
GaP	129.1	0.4
$P(C_6H_5)_3$	131.0	0.4
$PO(C_6H_5)_3$	132.6	0.4
（O1s@530.9～531.1 eV）		
PF_6^-	136.4	0.8
Li_3PO_4膜层	133.20～133.35	
Li1s@55.26～55.52 eV		

表 4.38 P2s 不同化学态结合能参考

化学态	P2s 结合能/eV	标准偏差/±eV
PO_4^{3-}	190.7	0.7
$P_2O_7^{4-}$	190.6	0.0
PO_3^-	191.7	0.1
P	187.9	0.1
P_2O_5	192.8	0.3
InP	186.4	0.7
GaP	186.8	0.3

3. P2p 精细图谱参考（图 4.50）

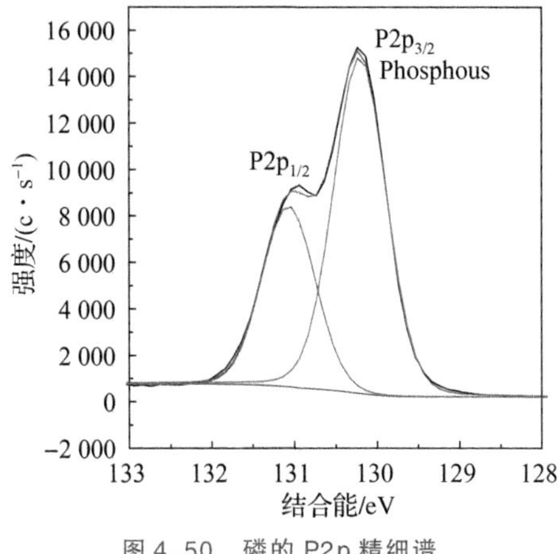

图 4.50　磷的 P2p 精细谱

4. 分析案例

样品信息和分析需求：黑磷材料，测试表面 P 的不同化学态以及含量。

拟合元素：P。

（1）精细图谱分峰拟合（图 4.51）

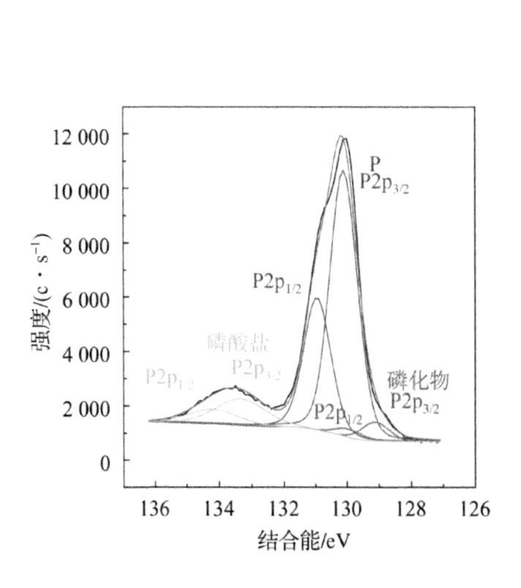

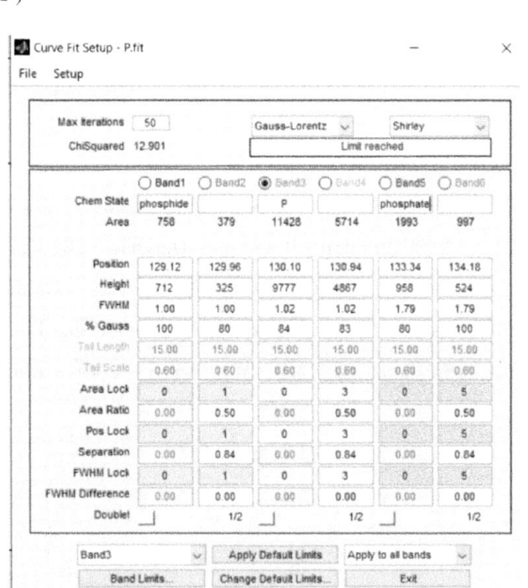

图 4.51　P2p 分峰及其拟合参数参考

(2) 分峰拟合后化学态归属（表 4.39）

表 4.39　分峰拟合后化学态归属

谱峰	结合能/eV	化学态	原子百分比/%	
$P2p_{3/2}$	129.12	磷化物（phosphide）	5.34	100.00
$P2p_{1/2}$	129.96			
$P2p_{3/2}$	130.10	磷 P	80.60	
$P2p_{1/2}$	130.94			
$P2p_{3/2}$	133.34	磷酸盐（phosphate）	14.06	
$P2p_{1/2}$	134.18			

(3) 解析说明

此案例中磷有三种化学态，每种化学态的自旋轨道分裂峰中的半峰宽设置相等，但不同价态之间的谱峰半峰宽有差异。结合能在 129 eV 左右的 $P2p_{3/2}$ 归属为磷化物，结合能在 130 eV 左右为单质磷，而结合能在 133 eV 左右的化学态为磷酸盐。

推 荐 资 料

[1] Wagner C D, Naumkin A V, Kraut－Vass A, Allison J W, Powell C J, Rumble Jr J R. NIST Standard Reference Database 20, Version 3.4 (web version) [M]. National Institute of Standards and Technology: Gaithersburg, MD, 2003: 20899.

[2] Moulder J F, Stickle W F, Sobol P E, Bomben K D. Handbook of X－ray Photoelectron Spectroscopy [M]. Minnesota: Perkin－Elmer Corporation, 1992.

4.13　硫（S）

1. 基本信息（表4.40）

表4.40　S的基本信息

原子序数	16
元素	硫 S
元素谱峰	S2p
重合谱峰	S2p与Si2s plasmon、Bi4f、Se3p重合。 有谱峰重合的时候，需要同时扫描S2s谱峰用于定性、定量辅助分析
化学态归属说明	以C1s吸附碳C—C/C—H结合能284.8 eV对所有谱峰进行荷电校准，S2p化学态归属参考XPS数据手册以及XPS数据网站信息
S2p自旋轨道分裂峰以及分峰方法	$\Delta(S2p_{1/2}-S2p_{3/2})=1.18$ eV • 谱峰面积比$S2p_{1/2}$：$S2p_{3/2}$为1：2左右。 • 同种化学态拟合时，两个谱峰的半峰宽可设置为相等。 • 自旋轨道分裂谱峰的能量差小，设备的能量分辨率区分不开，需要通过软件分峰拟合把不同化学态的两个对峰区分出来
S2p与Se3p重合时分峰说明	由于S2p峰值与$Se3p_{3/2}$峰、$Se3p_{1/2}$峰以及S2s谱峰与Se3s谱峰重叠，因此，有重合时，从XPS全谱扫描数据中很难对硫进行定量分析。通过采集S2p/Se3p高分辨率精细谱，扫描能量范围设置为174～154 eV。 因$Se3p_{3/2}$与$3p_{1/2}$自旋轨道分裂峰能量差为5.8 eV左右，谱峰面积比$3p_{3/2}$与$3p_{1/2}$设置为2：1左右，剩余谱峰即可归属为S2p峰值。 选择各自的R.S.F.值，可以定量出Se：S的比率
其他注意事项	不建议测试单质S，其蒸气会污染其他样品以及腔室，使银和铜变色。 含S的自组装单层膜（SAMs）不耐X射线辐照

2. S2p 化学态归属参考（表 4.41）

表 4.41　不同化学态的 S2p 结合能参考

化学态	结合能 $S2p_{3/2}$/eV	标准偏差 /±eV	化学态	结合能 $S2p_{3/2}$/eV	标准偏差 /±eV
无机含硫化合物			有机含硫化合物		
AgS_2	160.8	0.1	有机二硫化物（—C—S—S—C—）	164.0	0.5
CoS_2	162.4	0.4	C—SO_2—C	167.7	0.3
Ga_2S_3	162.2	0.3	无机含硫化合物		
As_2S_3	164.8	0.3	SO_4^{2-}	168.9	0.6
As_4S_4	163.1	0.3	S^*SO_3	163.0	0.6
FeAsS	161.9	0.5	SS^*O_3	168.7	0.5
MnS	161.7	0.3	$Na_2S_2O_2S^*O_3$	168.8	
MnS_2	161.9	0.3	C—S—C	163.6	0.1
MoS_2	162.4	0.6	SO_2—C	167.6	0.1
S(0)	163.9	0.5	C—SO_2^- Na^+	168.2	
SO_3^{2-}	167.4	1.2	C—S—C	163.7	0.6
CuS	162.1	0.6	C—S—H	163.8	0.4
CuS_2	161.9	0.4	C_4S—H	164.0	0.3
FeS	161.1	0.4	Au—S—C	162.7	0.2
FeS_2	162.5	0.5	R_2—SO	165.5	0.5
$CuFeS_2$	161.5	0.1	有机二硫化物（—C—S—S—C—）	164.0	0.5
NiS	162.1	0.7	C—SO_3—H	168.1	0.2
Ni_3S_2	163.0	0.3	C—SO_3—Na	168.1	0.2
ZnS	161.6	0.3	—	—	—
PbS	160.6	0.6	—	—	—
PtS	163.4	0.4	—	—	—
WS_2	162.6	0.4	—	—	—
SnS	161.1	0.3	—	—	—
Co_9S_8	162.9	0.2	—	—	—

3. S2p 精细图谱参考（图 4.52、图 4.53）

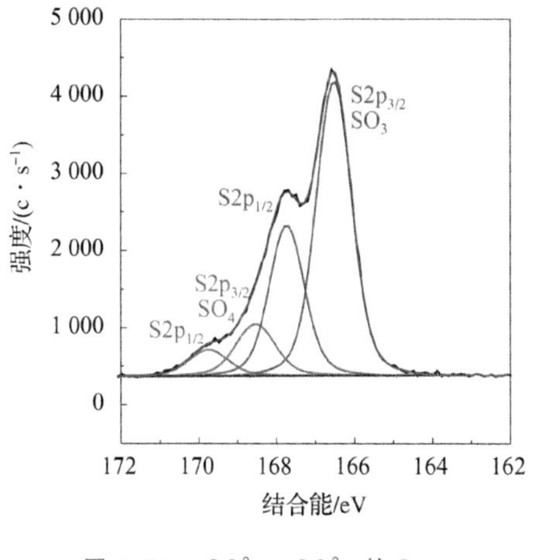

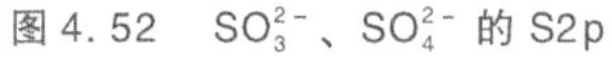
图 4.52　SO_3^{2-}、SO_4^{2-} 的 S2p

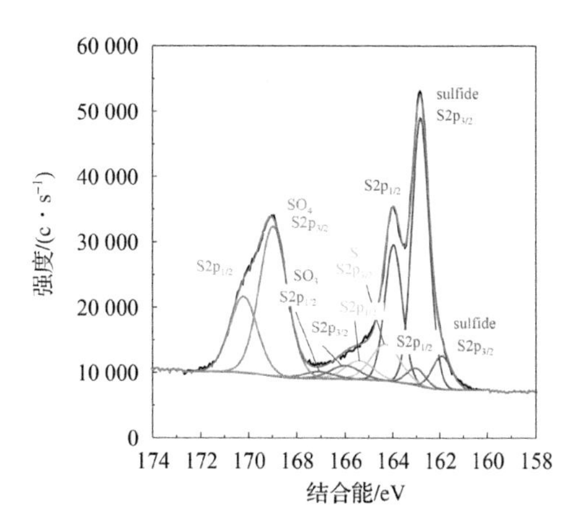

图 4.53　多种硫化物共存体系的 S2p

4. 分析案例

样品信息和分析需求：锂极片，XPS 深度剖析表征不同化学态的深度变化情况。

拟合元素：S、Li、C、O、F。

（1）元素深度剖析曲线

图 4.54 为不同元素的精细谱深度剖析蒙太奇叠图，可直观显示不同元素成分从表面到深度的化学态变化。另外，也能看出 C1s/O1s/S2p 都有多种化学态，并且随着深度不同，化学态的谱峰有明显变化；需要通过软件进行分峰拟合，得到不同化学态的归属以及分析不同化学态随着深度的变化情况。而 F1s 结合能在 685 eV 附近，主要归属为氟化物（LiF），锂的各种化合物化学态的结合能在 54 ~ 56 eV；N1s 谱峰信号比较弱，说明含量低，在此案例中不作为重点讨论。

从图 4.55 中的深度剖析曲线可以看出不同元素从表面到深度的含量变化。C 主要分布在表面，随着溅射的进行，Li/O/F 含量逐渐升高。

（2）化学态深度剖析曲线

S2p 多层精细谱分峰拟合及拟合参数如图 4.56 所示。

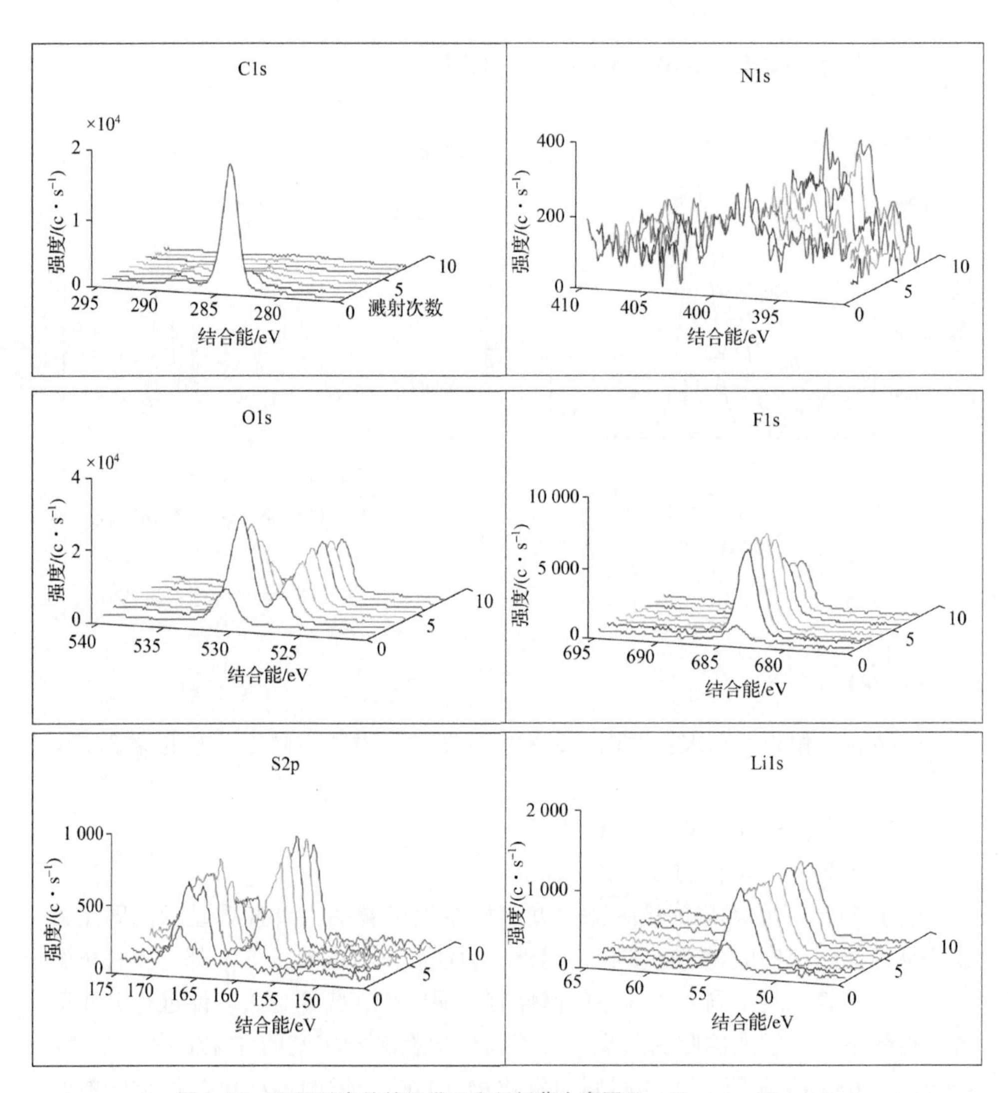

图 4.54 不同元素的精细谱深度剖析蒙太奇图示（Montage Viewer）

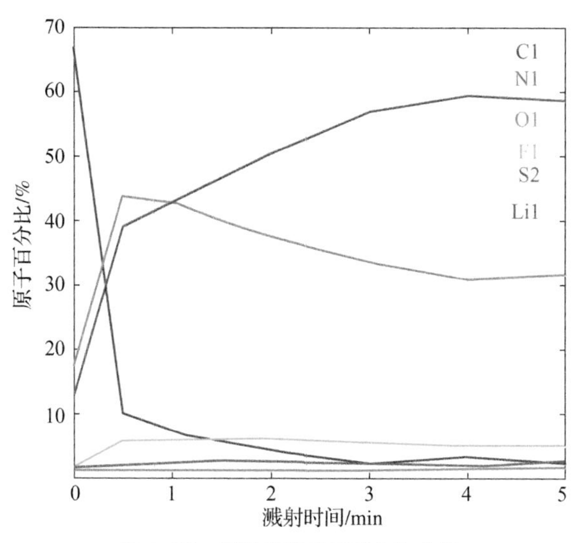

图 4.55　不同元素的深度分布曲线

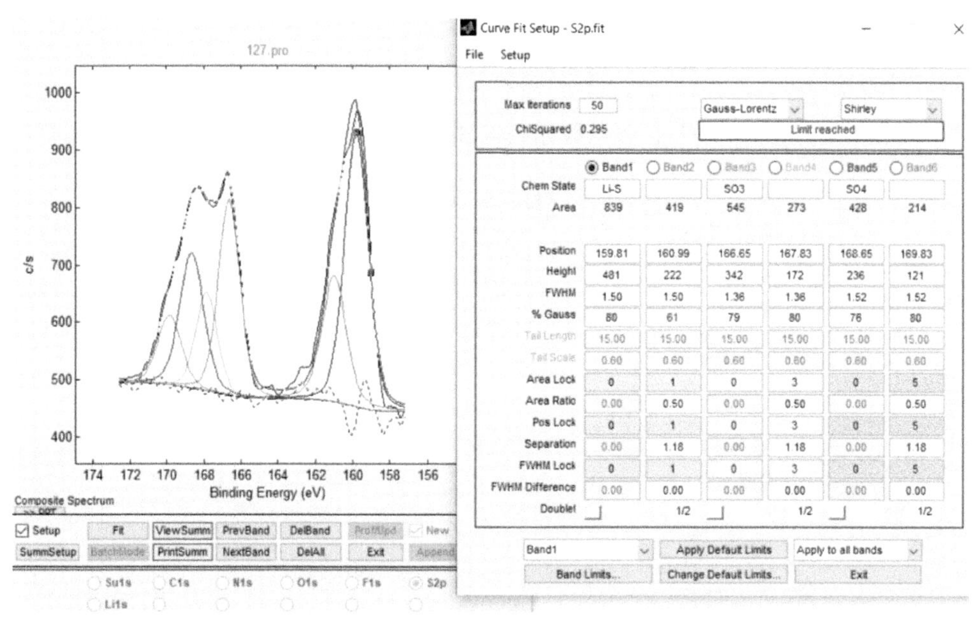

图 4.56　S2p 不同化学态分峰拟合及拟合参数

结合能低于 163.5 eV 的 $S2p_{3/2}$主要归属为硫化物，在此案例中主要是硫化锂；亚硫酸盐（SO_3）中的 $S2p_{3/2}$结合能通常在 166～167 eV 区间；硫酸盐（SO_4）的结合能通常高于 168 eV。通过分析以及软件拟合，可以得到三种化学态的硫。

从图 4.57 中可以看出表面主要是硫酸盐，随着深度变化，硫化物（主要是硫化锂）的含量逐渐增加。

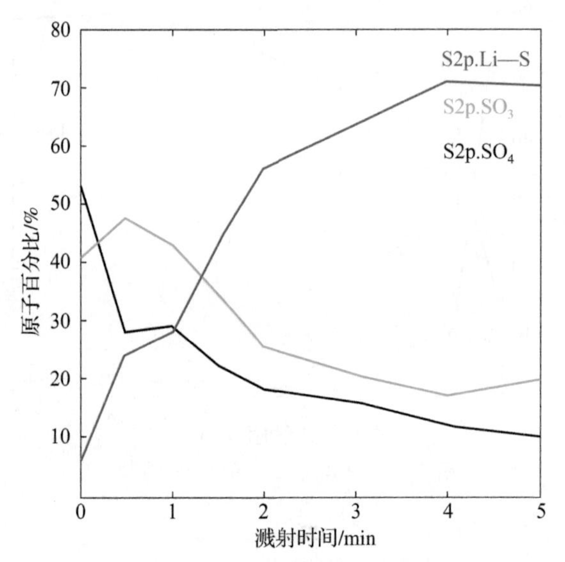

图 4.57　S2p 不同化学态的深度分布曲线

O1s 多层精细谱分峰拟合参数如图 4.58 所示。

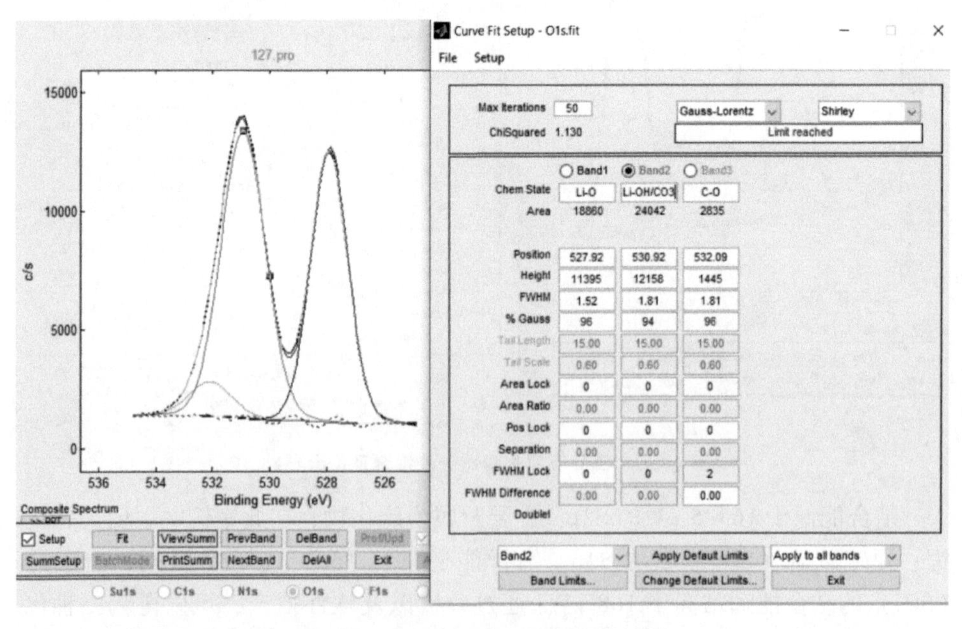

图 4.58　O1s 不同化学态分峰拟合参数

结合能低于 531 eV 的 O1s 主要归属为金属氧化物，在此案例中主要是氧化锂；金属氢氧化物、碳酸盐、硫酸盐及 C ═O 化学键中的 O1s 的能量区间在 531～532.5 eV；而 C—O 化学键结合能通常在 532～533.5 eV。

从图 4.59 中可以看出表面主要是氢氧化锂和碳酸锂，随着深度变化，氧化锂的含量逐渐增加。

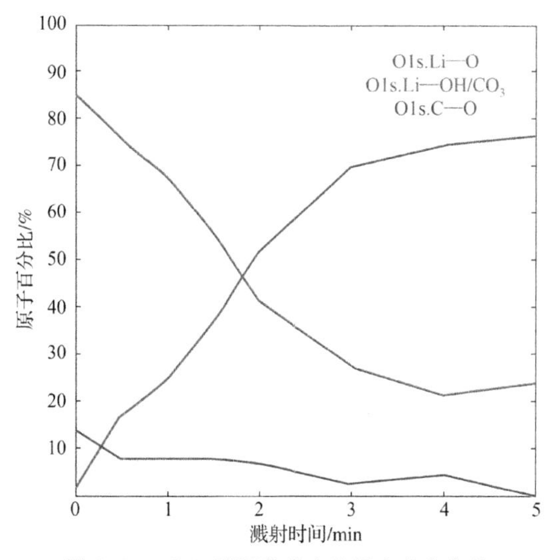

图 4.59　O1s 不同化学态的深度分布曲线

C1s 多层精细谱分峰拟合参数如图 4.60 所示。

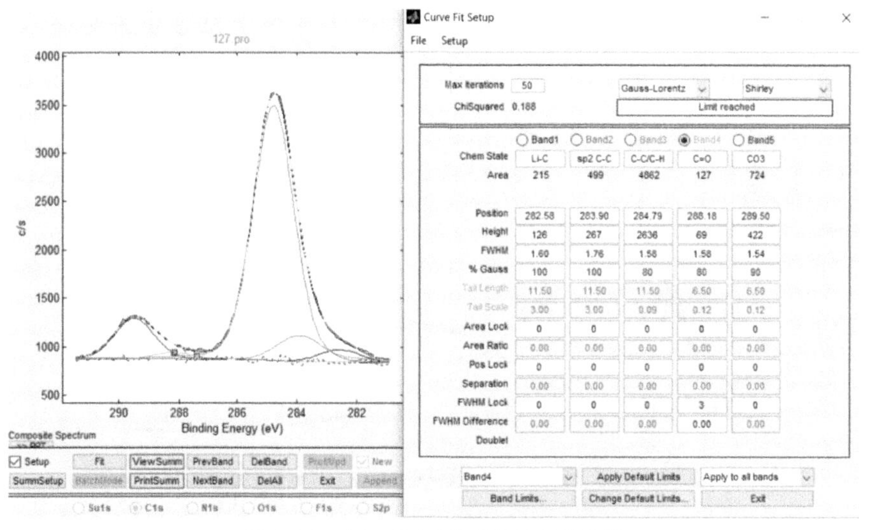

图 4.60　C1s 不同化学态分峰拟合参数

从图 4.61 中可以看出表面主要是吸附碳氢化合物，随着深度变化，无机碳、碳酸盐（主要是碳酸锂）以及碳化锂的含量逐渐增加。

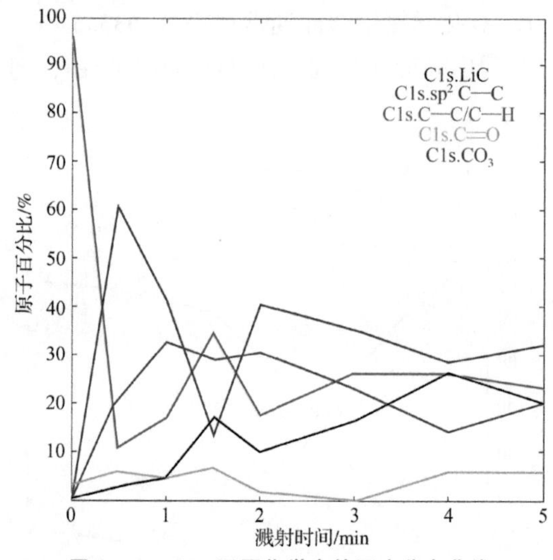

图 4.61　C1s 不同化学态的深度分布曲线

从图 4.62 所有元素的化学态深度剖析曲线可以看出，表面主要是吸附碳氢化合物，近表面主要是氢氧化锂、碳酸锂和氟化锂；随着深度变化，氢氧化锂和碳酸锂含量下降，氧化锂的含量逐渐增加，氟化锂的含量比较稳定。

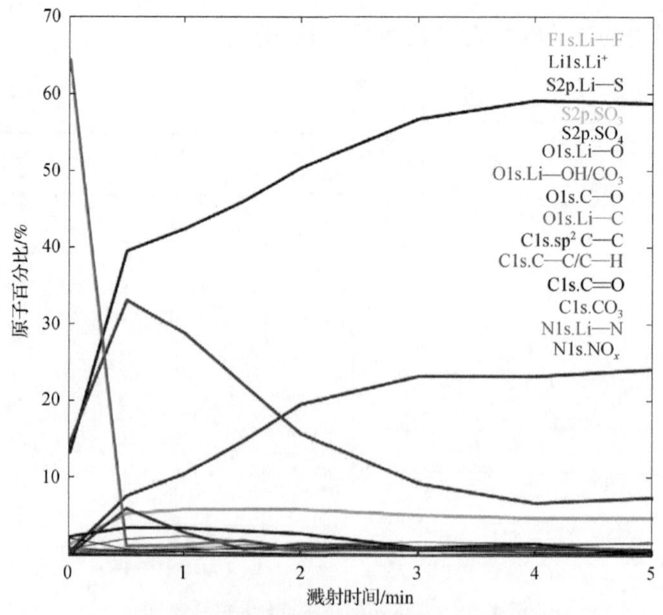

图 4.62　所有元素不同化学态深度剖析曲线

从图 4.63 化学态深度剖析曲线可以看出，近表面有硫酸锂及硝酸锂；随着深度变化，硫化锂及少量的碳化锂的含量逐渐增加。

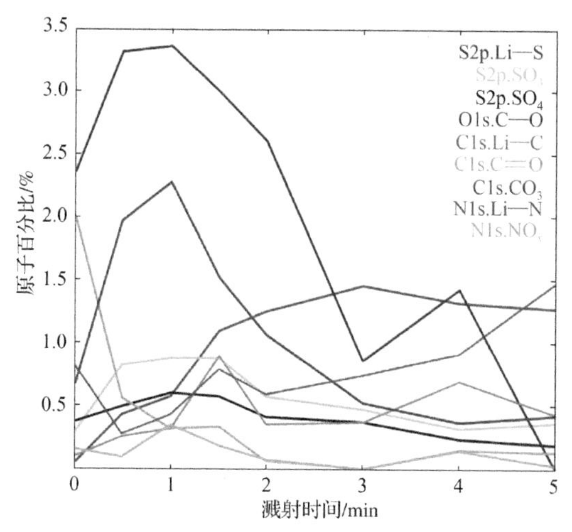

图 4.63　所有元素不同化学态深度剖析曲线——低含量成分显示

综上所述，由深度剖析数据可以看出，极片表面有吸附碳氢化合物，近表面主要是锂的氟化物、氢氧化物、碳酸盐、硫酸盐以及硝酸盐；随着深度变化，氢氧化锂、硫酸锂和碳酸锂含量下降，而氧化锂、硫化锂以及少量的碳化锂的含量逐渐增加，氟化锂含量变化不明显。

推荐资料

[1] Wagner C D, Naumkin A V, Kraut - Vass A, Allison J W, Powell C J, Rumble Jr J R. NIST Standard Reference Database 20, Version 3.4 (web version) [M]. National Institute of Standards and Technology: Gaithersburg, MD, 2003: 20899.

[2] Smart R S, Skinner W M, Gerson A R. XPS of sulphide mineral surfaces: metal - deficient, polysulphides, defects and elemental sulphur [J]. Surface and Interface Analysis, 1999 (28): 101 - 105.

[3] Pratt A R, Muir I J, Nesbitt HW. X - ray photoelectron and Auger electron spectroscopic studies of pyrrhotite and mechanism of air oxidation [J]. Geochimica et Cosmochimica Acta, 1994 (58): 827 - 841.

[4] Nesbitt H W, Scaini M, Hochst H, Bancroft G M, Schaufuss A G, Szargan R. Synchrotron XPS evidence for Fe^{2+}—S and Fe^{3+}—S surface species on pyrite fracture - surfaces, and their

3D electronic states [J]. American Mineralogist, 2000 (85): 850 - 857.
[5] Pratt A R, Nesbitt H W. Core level electron binding energies of realgar (As_4S_4) [J]. American Mineralogist, 2000 (85): 619 - 622.
[6] Nesbitt H W, Muir I J, Prarr A R. Oxidation of arsenopyrite by air and air - saturated, distilled water, and implications for mechanism of oxidation [J]. Geochimica et Cosmochimica Acta, 1995 (59): 1773 - 1786.
[7] Pettifer Z E, Quinton J S, Skinner W M, Harmer S L. New interpretation and approach to curve fitting synchrotron X - ray photoelectron spectra of (Fe, Ni) 9S8 fracture surfaces [J]. Applied Surface Science, 2020 (504): 144458.
[8] Beamson G, Briggs D. High Resolution XPS of Organic Polymers The Scienta ESCA300 Database [M]. John Wiley & Sons, 1992.
[9] Gobbo P, Biesinger M C, Workentin M S. Facile synthesis of gold nanoparticle (AuNP) - carbon nanotube (CNT) hybrids through an interfacial Michael addition reaction [J]. Chemical Communications, 2013 (49): 2831 - 2833.
[10] Gobbo P, Novoa S, Biesinger M C, Workentin M S. Interfacial strain - promoted alkyne - azide cycloaddition (I - SPAAC) for the synthesis of nanomaterial hybrids [J]. Chemical Communications, 2013 (49): 3982 - 3984.
[11] Gobbo P, Mossman Z, Nazemi A, Niaux A, Biesinger M C, Gillies E R, Workentin M S. Versatile strained alkyne modified water - soluble AuNPs for interfacial strain promoted azide - alkyne cycloaddition (I - SPAAC) [J]. Journal of Materials Chemistry B, 2014 (2): 1764 - 1769.

4.14 氯（Cl）

1. 基本信息（表 4.42）

表 4.42 Cl 的基本信息

原子序数	17
元素	氯 Cl
元素谱峰	Cl2p
重合谱峰	Se LMM、As3s 当有重合谱峰出现时，需要同时采集 Cl2s 谱峰

续表

化学态归属说明	以 C1s 吸附碳 C—C/C—H 结合能 284.8 eV 对所有谱峰进行校准，Cl2p 化学态归属参考 XPS 数据手册以及 XPS 数据网站信息
Cl2p 自旋轨道分裂峰以及分峰方法	$\Delta(Cl2p_{1/2}-Cl2p_{3/2})=1.6$ eV • 拟合时，需要呈现自旋轨道分裂峰。 • 有机含氯组分不耐 X 射线辐照或离子源溅射，Cl 会损失；精细谱采谱时，先扫描 Cl 和 C，再扫描全谱和其他元素

2. Cl2p 化学态归属参考（表 4.43）

表 4.43　不同化学态的 Cl2p 结合能参考

化学态	$Cl2p_{3/2}$ 结合能/eV	标准偏差/±eV
$—C_xCl$	200.5	0.3
$—C_xCl_2$	200.8	0.3
$—CCl_3$	200.7	0.5
ClO_4^-	208.6	0.3
ClO_3^-	206.3	0.3
ClO_2^-	203.4	0.3
NaCl	198.2	0.4
KCl	198.8	0.7
LiCl	199.6	0.1
$CaCl_2$	199.0	0.3
$SrCl_2$	199.1	0.3
All Alkali Cl^-	198.6	0.7
$TiCl_4$	198.2	0.3
VCl_2	197.8	0.3
VCl_3	197.1	0.3
$CrCl_3$	199.5	0.3
$FeCl_2$	198.8	0.3

续表

化学态	$Cl2p_{3/2}$结合能/eV	标准偏差/±eV
$FeCl_2$	199.4	0.3
$FeCl_3$	199.0	0.3
$FeCl_3$	199.4	0.3
$NiCl_2$	198.8	0.4
$NiCl_2$	199.9	0.3
CuCl	198.6	0.3
$CuCl_2$	198.8	0.7
$CuCl_2$	199.3	0.1
$ZnCl_2$	198.8	1.2
Cl—O—Si	200.8	0.3

3. Cl2p 精细图谱参考（图 4.64）

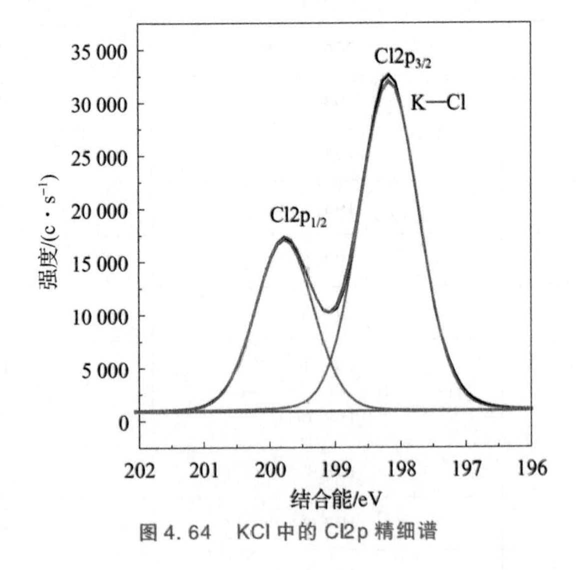

图 4.64　KCl 中的 Cl2p 精细谱

4. 分析案例

样品信息和分析需求：抗癌药物，将一定量的索拉菲尼和姜黄素用溶剂溶解后加入水相中均匀混合，干燥后进行测试。需要分析 C、N、O、F、Cl 的化学态。

索拉菲尼分子式：　　　　　　　　　　姜黄素结构式：

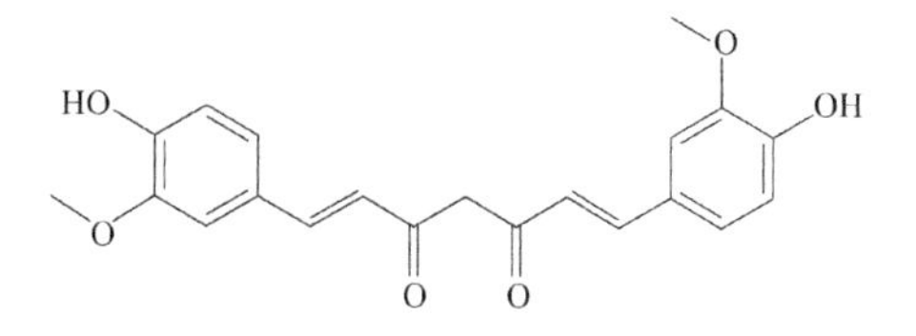

拟合元素：Cl，F，C，N，O。

（1）精细图谱分峰拟合（图4.65～图4.69）

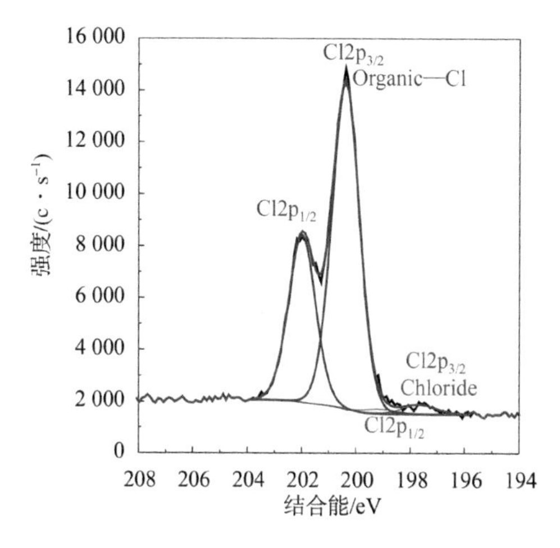

图4.65　Cl2p分峰

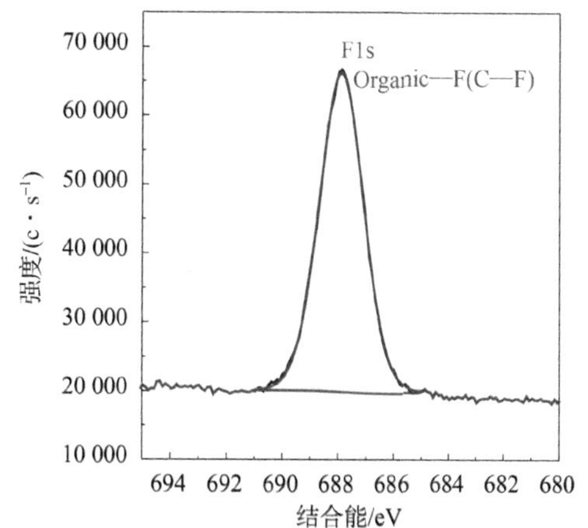

图4.66　F1s分峰

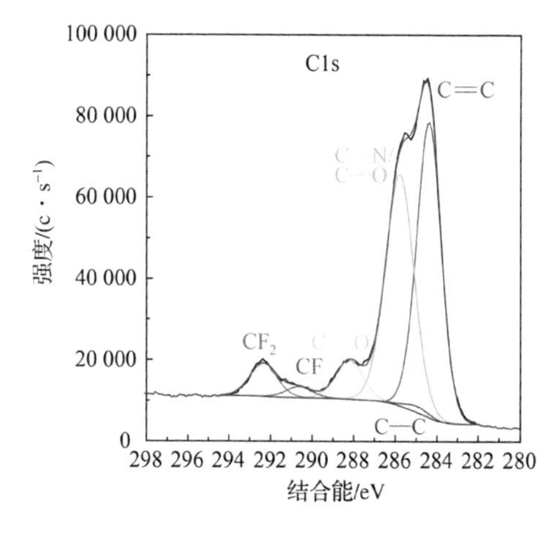

图4.67　C1s分峰

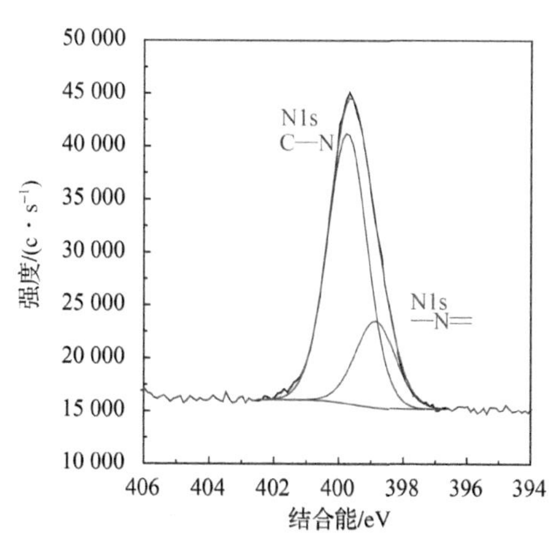

图4.68　N1s分峰

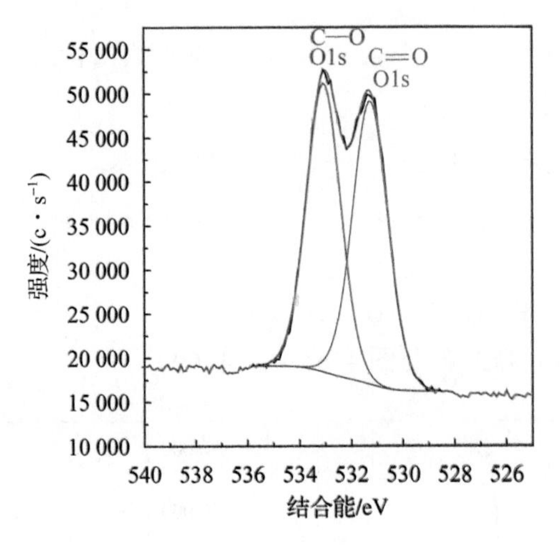

图 4.69 O1s 分峰

(2) 分峰拟合后化学态归属（表 4.44）

表 4.44 分峰拟合后化学态归属

谱峰	结合能/eV	化学态	原子百分比/%	
$Cl2p_{3/2}$	197.68	氯化物（Chloride）	3.49	100.00
$Cl2p_{3/2}$	200.39	有机氯（Organic－Cl）	96.51	
F1s	687.9	有机氟（Organic－F(C—F)）	100.00	100.00
C1s－1	284.41	C═C	44.91	100.00
C1s－2	285.00	C—C/C—H	0.93	
C1s－3	285.80	C—N/C—O	40.23	
C1s－4	288.21	C═O	6.57	
C1s－5	290.65	CF	1.82	
C1s－6	292.36	CF_2	5.56	
N1s	398.88	—N═	24.32	100.00
N1s	399.74	C—N	75.68	
O1s	531.24	C═O	50.51	100.00
O1s	533.05	C—O(C—O—C/C—OH)	49.49	

（3）解析说明

此案例中清楚呈现了索拉菲尼和姜黄素分子结构中各种元素化学键的存在状态：O1s精细谱中可清晰分辨C—O（C—O—C/C—OH）和C ═O两种化学键；F1s结合能在688 eV左右，主要对应有机氟化物；Cl2$p_{3/2}$结合能主要在200.4 eV左右，归属为有机氯，但有极少量的游离氯离子；N1s图谱中可以分峰成两种化学态，低能（398 ~ 399 eV）范围的N1s归属为“—N ═”，而400 eV左右的归属为“C—N（H）—”；C1s精细谱中，芳香环结构中的C ═C结合能相对比较低（284.4 eV左右），C—O/C—N的结合能都在285.7 ~ 287 eV比较相近的能量区间，有机C—F的结合能相对较高，通常高于289 eV，从分峰拟合的结果来看，原结构中的CF_3有可能分解成CF和CF_2。

推 荐 资 料

[1] Wagner C D, Naumkin A V, Kraut - Vass A, Allison J W, Powell C J, Rumble Jr J R. NIST Standard Reference Database 20, Version 3.4 (web version) [M]. National Institute of Standards and Technology: Gaithersburg, MD, 2003: 20899.

[2] Bello I, Chang W H, Lau W M. Mechanism of cleaning and etching Si surfaces with low energy chlorine ion bombardment [J]. Journal of Applied Physics, 1994 (75): 3092 - 3097.

4.15　氩（Ar）

1. 基本信息（表4.45）

表4.45　Ar的基本信息

原子序数	18
元素	氩 Ar
元素谱峰	Ar2p
重合谱峰	—

续表

化学态归属说明	以 C1s 吸附碳 C—C/C—H 结合能 284.8 eV 对所有谱峰进行校准，Ar2p 化学态归属参考 XPS 数据手册以及 XPS 数据网站信息
Ar2p 自旋轨道分裂峰以及分峰方法	$\Delta(\mathrm{Ar2p_{1/2}} - \mathrm{Ar2p_{3/2}}) = 2.12$ eV • 采用氩离子源溅射或清洁样品表面，如果离子源能量比较高，氩离子很容易注入表面，从而可以探测到注入的氩。基体效应不同时，氩结合能有位移（$\mathrm{Ar2p_{3/2}}$：240.3～242.3 eV），但不代表真实的化学态位移。 • 谱峰归属采用 Ar2s，结合能@319 eV 左右

2. Ar2p 化学态归属参考（表 4.46）

表 4.46　不同化学态的 Ar2p 结合能参考

化学态	结合能 $\mathrm{Ar2p_{3/2}}$/eV
基体效应不同，结合能有位移	240.3～242.3

3. Ar2p 精细图谱参考（图 4.70）

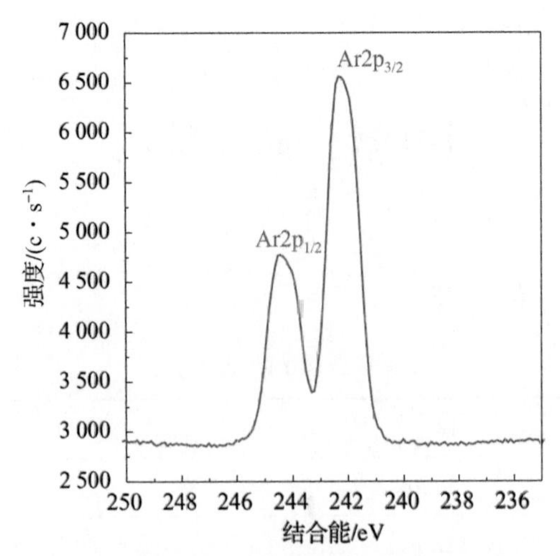

图 4.70　溅射硅片表面注入的氩的 Ar2p 峰

|推 荐 资 料|

Moulder J F, Stickle W F, Sobol P E, Bomben K D. Handbook of X - ray Photoelectron Spectroscopy [M]. Minnesota: Perkin - Elmer Corporation, 1992.

|4.16 钾(K)|

1. 基本信息(表4.47)

表4.47 K的基本信息

原子序数	19
元素	钾 K
元素谱峰	K2p
重合谱峰	C1s;全谱定量K可以选择K2s谱峰
化学态归属说明	以C1s吸附碳C—C/C—H结合能284.8 eV对所有谱峰进行校准,K2p化学态归属参考XPS数据手册以及XPS数据网站信息。
K2p自旋轨道分裂峰以及分峰方法	$\Delta_{KCl}(K2p_{1/2}-K2p_{3/2})=2.8$ eV • K2p与C1s中的C—F的谱峰以及芳香环结构的震激峰($\pi\rightarrow\pi^*$)有重合,这种情况下首先判断是否有F,F1s是否归属为有机氟,如果没有有机氟,明确K2p有两个自旋轨道分裂峰;从全谱中K2s(@378 eV左右)是否存在也可以明确判断C谱峰中是否有K2p谱峰。 • 钾很活泼,容易氧化,不同化学态的$K2p_{3/2}$结合能都比较相近(@293 eV左右),很难区分,因此需要结合其他元素的化学态分析结果来判断,比如KCl、KF等

2. K 化学态归属参考（表 4.48）

表 4.48 不同化学态的 K2p3 结合能参考

化学态	$K2p_{3/2}$结合能/eV	标准偏差/ ± eV
K	294.7	0.3
KF	292.8	0.3
KCl	292.7	0.2
KBr	293.0	0.1
KI	292.8	0.3
$KClO_3$	292.9	0.4
$KClO_4$	293.1	0.4
KCN	294.7	0.3
K_2SO_4	292.9	0.6
$K_2Cr_2O_7$	292.5	0.5
$K_4P_2O_7$	292.2	0.0
$KMnO_4$	292.8	0.3
K_3PO_4	292.5	0.3

3. K2p 精细图谱参考（图 4.71）

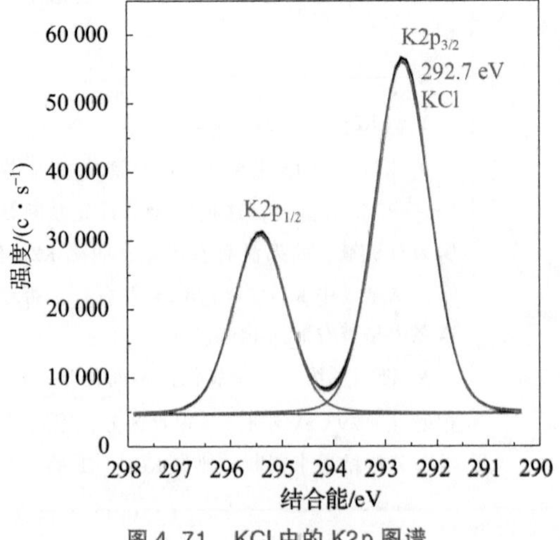

图 4.71 KCl 中的 K2p 图谱

推荐资料

Wagner C D, Naumkin A V, Kraut－Vass A, Allison J W, Powell C J, Rumble Jr J R. NIST Standard Reference Database 20, Version 3.4 (web version) [M]. National Institute of Standards and Technology: Gaithersburg, MD, 2003: 20899.

4.17　钙（Ca）

1. 基本信息（表4.49）

表4.49　Ca的基本信息

原子序数	20
元素	钙 Ca
元素谱峰	Ca2p
重合谱峰	Mg KLL Mg存在时，同时扫描Ca2s和Ca2p精细谱，用Ca2s进行定量分析
化学态归属说明	以C1s吸附碳C—C/C—H结合能284.8 eV对所有谱峰进行校准，Ca2p化学态归属参考XPS数据手册以及XPS数据网站信息
Ca2p自旋轨道分裂峰以及分峰方法	$\Delta_{carbonate}(Ca2p_{1/2}-Ca2p_{3/2})=3.55$ eV • 不同化合物的Ca2p3结合能差别很小，很难用结合能信息判断化学态。 • $CaCO_3$的Ca2p精细谱中有明显的能量损失谱峰，而三价磷酸钙的精细谱中卫星峰很弱
其他注意事项	• $CaCO_3$不耐长时间X射线辐照，会分解成CaO和CO_2。 • CaO和$Ca(OH)_2$在空气中会与CO_2作用，形成碳酸钙

2. Ca2p 化学态归属参考（表 4.50）

表 4.50　不同化学态的 Ca2p 结合能参考

化学态	$Ca2p_{3/2}$结合能/eV	标准偏差/±eV
Ca	345.8	0.8
$CaCO_3$	347.0	0.5
$CaCO_3$中 O1s：531.1 eV/C1s(CO_3)：289.2～289.4 eV		
CaO	346.6	0.5
$Ca(OH)_2$	346.7	0.3
CaF_2	348.3	0.6
$CaCl_2$	348.3	0.4
CaS	346.5	
$CaHPO_4$	347.5	0.2
$CaPO_4$	347.3	0.3
$CaPO_4$中 $P2p_{3/2}$：133.2 eV/P2s：190.7 eV/O1s：531.1 eV		
$Ca(NO_3)_2$	348.6	0.2
$CaSO_4$	348.0	0.3
$CaSO_4$中 O1s：532.5 eV/$S2p_{3/2}$：169.6 eV		
石膏（$CaSO_4 \cdot 2H_2O$）	348.2	0.1
石膏（$CaSO_4 \cdot 2H_2O$）中 O1s(SO_4)：532.1～532.4 eV/O1s(H_2O)：533.4～533.5 eV/$S2p_{3/2}$：169.3 eV		

3. Ca2p 精细图谱参考（图 4.72）

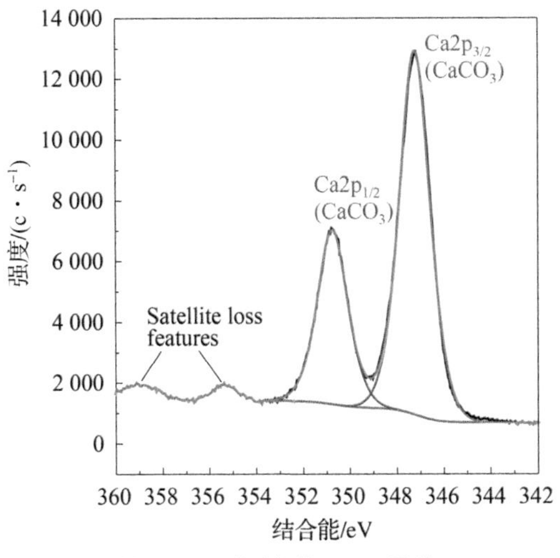

图 4.72　碳酸钙的 Ca2p 图谱

4. 分析案例

样品信息和分析需求：基本材料是磷酸钙、羟基磷灰石类；分析 Ca、P、O 的化学态和百分含量。

拟合元素：Ca，P，O。

（1）精细图谱分峰拟合（图 4.73 ~ 图 4.75）

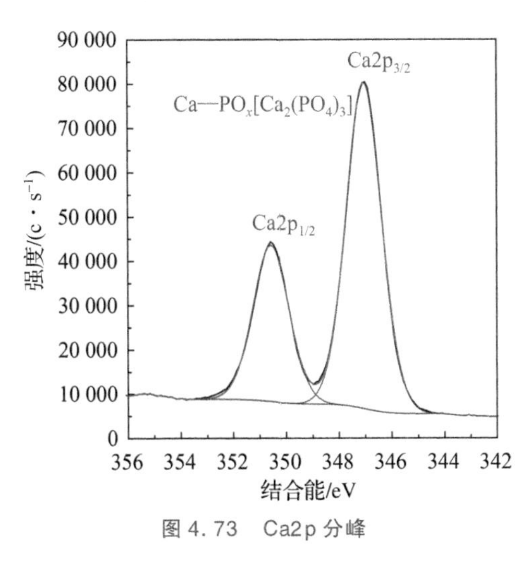

图 4.73　Ca2p 分峰

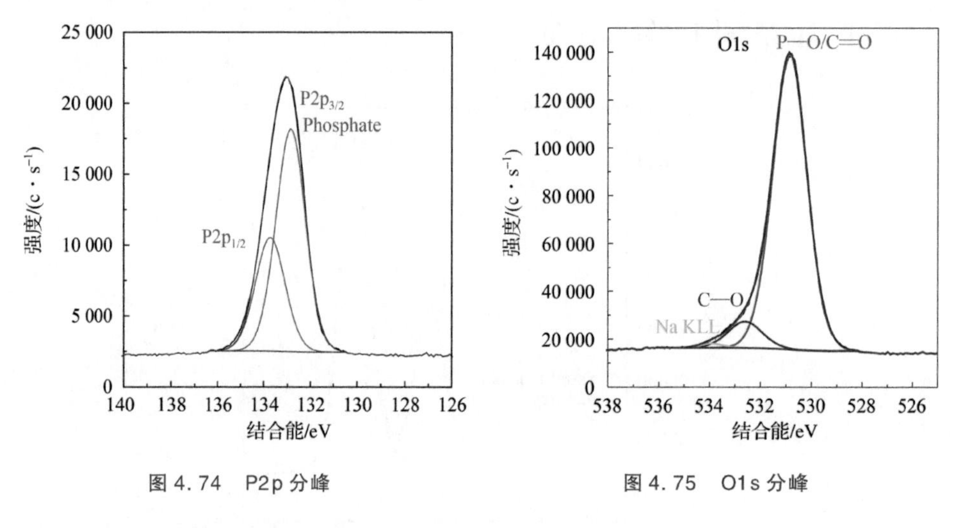

图 4.74　P2p 分峰

图 4.75　O1s 分峰

（2）分峰拟合后化学态归属（表 4.51）

表 4.51　分峰拟合后化学态归属

谱峰	结合能/eV	化学态	原子百分比/%	
$Ca2p_{3/2}$	347.04	Ca—PO_x[$Ca_2(PO_4)_3$]	100.00	100.00
$Ca2p_{1/2}$	350.57			
$P2p_{3/2}$	132.86	磷酸盐（Phosphate）	100.00	100.00
$P2p_{1/2}$	133.73			
O1s	530.86	C ═O/P—O	91.78	100.00
O1s	532.61	C—O	8.22	

（3）解析说明

Ca 的不同化合物（氧化态、磷酸盐、氢氧化物等）中 $Ca2p_{3/2}$ 的结合能都很相近，均为 347 eV 左右，因此需要结合其他元素的精细谱进行分析以及含量计算得到化学态归属。此案例中除了分析 Ca2p，还需要通过分析 P2p 和 O1s 精细谱进行判断，从 P2p 精细谱可以判断 P 主要是磷酸盐；而 O1s 分峰后也有磷酸盐化学态以及碳氧化学键接；之后根据 Ca、PO_4(P2p)、PO_4(O1s) 的比例关系来判断是否是磷酸钙。

4.18 钪（Sc）

1. 基本信息（表4.52）

表4.52 Sc的基本信息

原子序数	21
元素	钪 Sc
元素谱峰	Sc2p
重合谱峰	Ta4$p_{3/2}$、Cd3$d_{5/2}$、N1s、Ge LMM、Se LMM
化学态归属说明	以 C1s 吸附碳 C—C/C—H 结合能 284.8 eV 对所有谱峰进行校准，Sc2p 化学态归属参考 XPS 数据手册以及 XPS 数据网站信息
Sc2p 自旋轨道分裂峰以及分峰方法	$\Delta_{金属}(Sc2p_{1/2}-Sc2p_{3/2})=4.74$ eV $\Delta_{氧化物-Sc_2O_3}(Sc2p_{1/2}-Sc2p_{3/2})=4.45$ eV • Sc2p 谱峰比较特殊，其自旋轨道分裂峰的半峰宽不同，Sc2$p_{1/2}$的半峰宽比 Sc2$p_{3/2}$的宽；且不同化学态的能量差不同。 • 没有未配对电子，拟合时按常规添加双峰。 • 谱峰强度比 Sc2$p_{3/2}$和 Sc2$p_{1/2}$可锁定为 2∶1。 • 金属态的图谱呈现不对称性，而氧化态的图谱为对称峰型，拟合时需注意

2. Sc2p 化学态归属参考（表4.53）

表4.53 不同化学态的 Sc2p 结合能参考

化学态	Sc2$p_{3/2}$结合能/eV	标准偏差/±eV
Sc 金属	398.45	0.02
Sc(Ⅲ)氧化物(Oxide)（粉末）	401.71	0.09

续表

化学态	$Sc2p_{3/2}$结合能/eV	标准偏差/±eV
Sc(Ⅲ)氧化物（粉末）中的 O1s（晶格氧）	~529.7	
Sc(Ⅲ)氧化物（粉末）中的 O1s（缺陷氧或金属氢氧化物）	晶格氧结合能+1.6，并且半峰宽为晶格氧的2倍左右	
ScOOH（刚接触空气）	402.97	0.11
ScOOH（长时间暴露在空气中）	402.87	0.05
ScOOH 中的 O1s（金属氢氧化物）	~531.8，并且半峰宽比较宽（2.6左右）	

3. Sc2p 精细图谱参考（图 4.76、图 4.77）

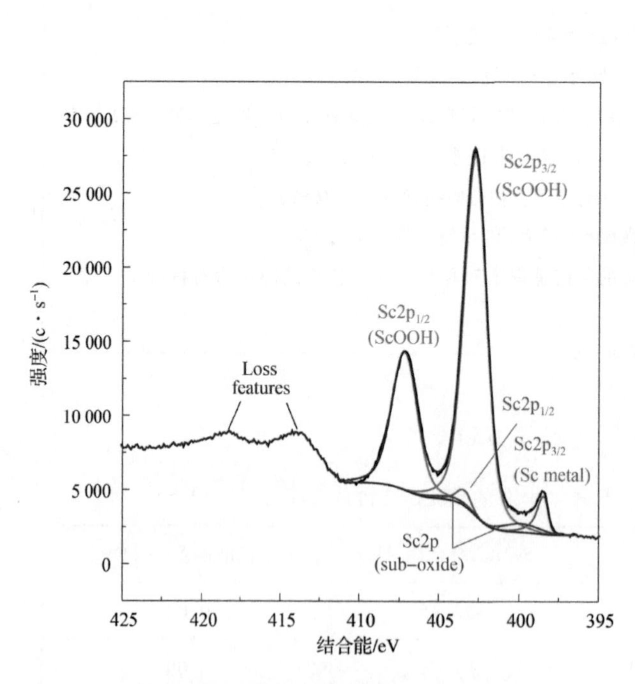

图 4.76　Sc 金属表面氧化层 Sc2p 分析

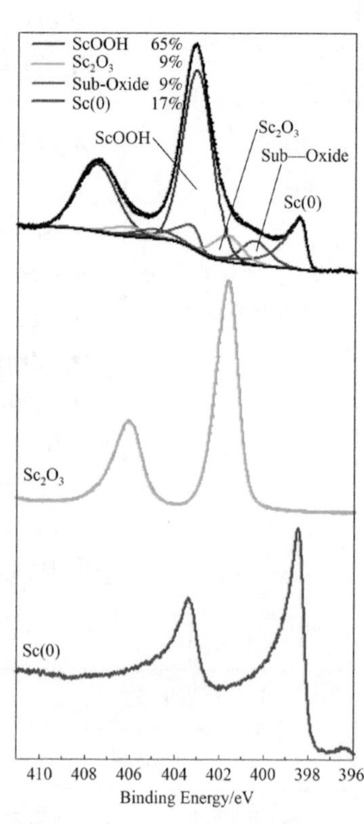

图 4.77　文献中 Sc2p 图谱参考

|推荐资料|

[1] Wagner C D, Naumkin A V, Kraut - Vass A, Allison J W, Powell C J, Rumble Jr J R. NIST Standard Reference Database 20, Version 3.4 (web version) [M]. National Institute of Standards and Technology: Gaithersburg, MD, 2003: 20899.

[2] Moulder J F, Stickle W F, Sobol P E, Bomben K D. Handbook of X - ray Photoelectron Spectroscopy [M]. Minnesota: Perkin - Elmer Corporation, 1992.

[3] Biesinger M C, Lau L W, Gerson A R, Smart R S. Resolving surface chemical states in XPS analysis of first row transition metals, oxides and hydroxides: Sc, Ti, V, Cu and Zn [J]. Applied Surface Science, 2010 (257): 887 - 898.

[4] Sharpe A G. Inorganic Chemistry [M]. New York: Longman Scientific & Technical, 1988.

|4.19　钛（Ti）|

1. 基本信息（表4.54）

表4.54　Ti的基本信息

原子序数	22
元素	钛 Ti
元素谱峰	Ti2p
重合谱峰	$Ru3p_{3/2}$、$In3d_{3/2}$
化学态归属说明	以C1s吸附碳C—C/C—H结合能284.8 eV对所有谱峰进行校准，Ti2p化学态归属参考XPS数据手册以及XPS数据网站信息。 如果样品成分中有金属Ti，也可以用金属Ti的$Ti2p_{3/2}$（结合能为453.7 eV）对谱峰进行荷电校正

续表

Ti2p 自旋轨道分裂峰以及分峰方法	$\Delta_{金属}$(Ti2$p_{1/2}$ − Ti2$p_{3/2}$) = 6.17 eV；但不同价态的 Ti 氧化物的分裂峰能量差不同，详见表 4.55。 • 金属 Ti 的 Ti2p 谱峰峰型呈不对称性。 • 拟合时，根据不同化学态可锁定分裂峰的能量差。 • 两个谱峰半峰宽不相等：Ti2$p_{1/2}$ 比 Ti2$p_{3/2}$ 更宽（详见表 4.55）。 • 谱峰面积比（Ti2$p_{3/2}$：Ti2$p_{1/2}$）约为 2：1。 • 因为 Ti2p 谱峰的特殊性，可以先通过对标准样品采谱分析（如常见金属 Ti 和正四价氧化钛）得到标准图谱，再对标准图谱进行分析，从而得到相关的拟合参数
其他注意事项	• 采用氩离子源对氧化钛溅射，会有择优溅射的问题（氧会被优先移除），图谱中呈现氧化态被还原的现象。 • 可以采用 Xe 离子源进行溅射，对氧化钛的化学态损伤比较小

2. Ti2p 化学态归属参考（表 4.55）

表 4.55　不同化学态的 Ti2p 结合能参考

化学态	Ti2$p_{3/2}$ 结合能/eV	标准偏差 /±eV	Ti2$p_{1/2}$ − Ti2$p_{3/2}$ 能量差/eV	FWHM/eV (20 eV PE, Ti2$p_{3/2}$)	FWHM/eV (20 eV PE, Ti2$p_{1/2}$)
Ti(0)	453.74	0.3	6.1	0.69	0.83
Ti(Ⅱ)Oxide	455.5	0.6	5.6	—	—
Ti(Ⅲ)Oxide	457.3	0.7	5.2	—	—
Ti(Ⅳ)Oxide	458.7	0.2	5.7	1.04	2.01
TiN	454.9	0.3	5.9	—	—
$SrTiO_3$	458.4	0.3	5.7	—	—

3. Ti2p 精细图谱参考（图 4.78 ~ 图 4.81）

TiO_2 中，Ti2$p_{3/2}$ 和 Ti2$p_{1/2}$ 能量差为 5.7 eV。面积比（Ti2$p_{1/2}$：Ti2$p_{3/2}$）为 0.28 左右。半峰宽（Ti2$p_{1/2}$：Ti2$p_{3/2}$）为 1.68 左右。而且 TiO_2 有特征的震激卫星峰@472 eV 左右。

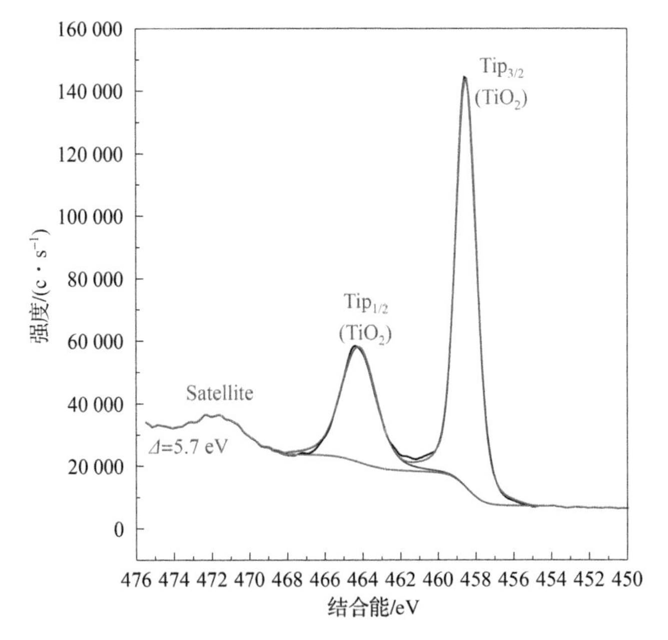

Name	Peak BE	Height CPS	Height Ratio	Area CPS.eV	Area Ratio	FWHM fit param (eV)	L/G Mix (%) Convolve	Tail Mix (%)	Tail Height (%)	Tail Exponent
Ti2p3 TiO2	458.50	131090.74	1.00	195018.05	1.00	1.29	26.51	100.00	0.00	0.0000
						0.5 : 3.5		fixed	fixed	fixed
Ti2p1 TiO2	464.20	37024.47	0.28	92472.45	0.47	2.17	26.51	100.00	0.00	0.0000
	E+5.70	E/3.54				E*1.68	E*1	E*1	E*1	E*1

图 4.78　TiO_2 氧化钛中的 Ti2p 精细谱及其拟合参数

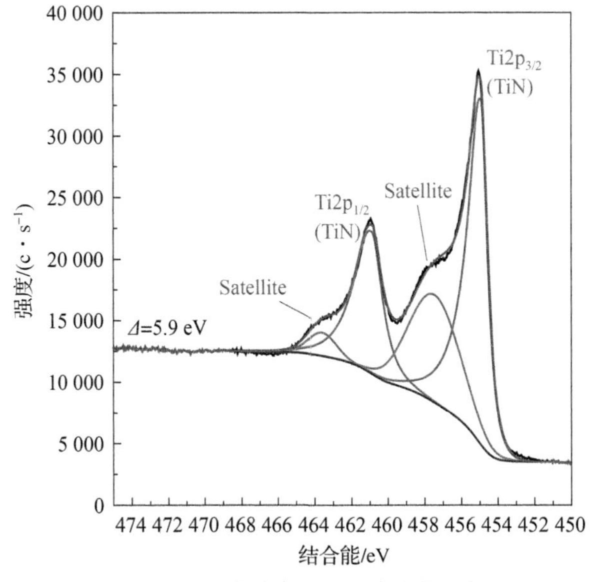

图 4.79　氮化钛中 Ti2p 谱中的震激峰

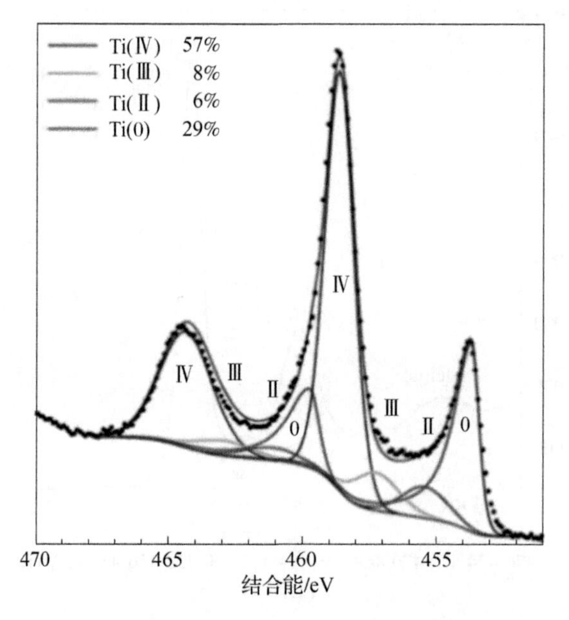

图 4.80 不同价态的氧化钛 Ti2p 拟合

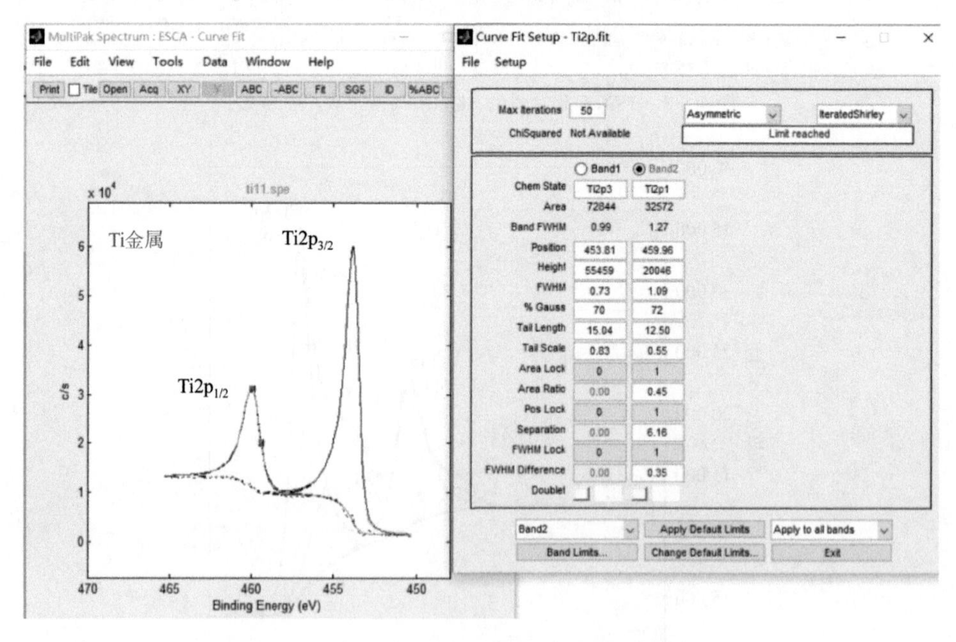

图 4.81 Ti 金属的 Ti2p 标准图谱和拟合参数参考

4. 分析案例

样品信息和分析需求：钛化合物不同化学态解析以及含量分析。

拟合元素：Ti。

（1）全谱（图 4. 82）

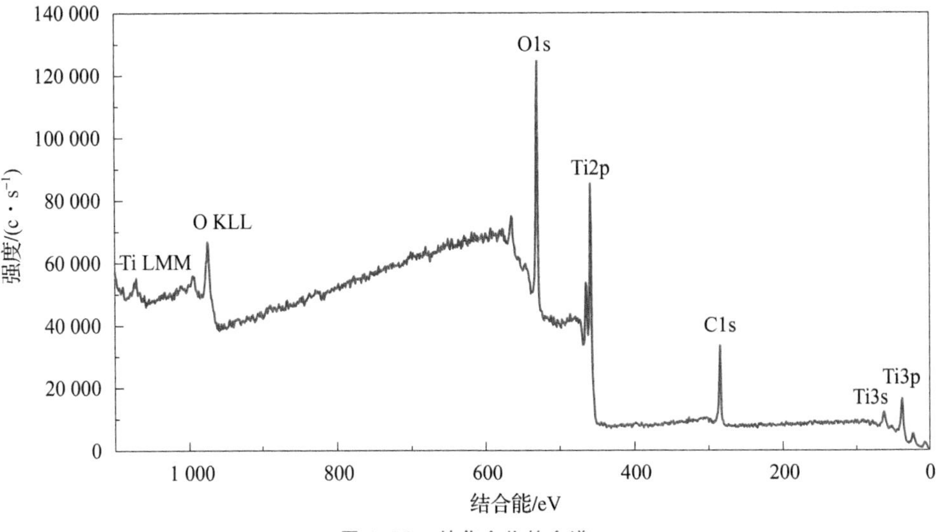

图 4. 82　钛化合物的全谱

（2）精细图谱分峰拟合（图 4. 83～图 4. 85）

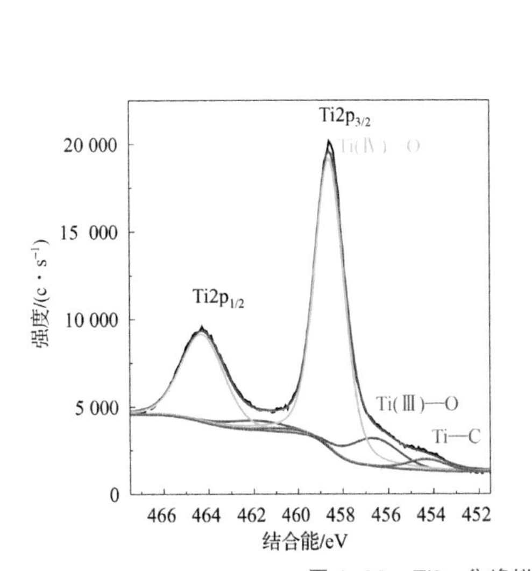

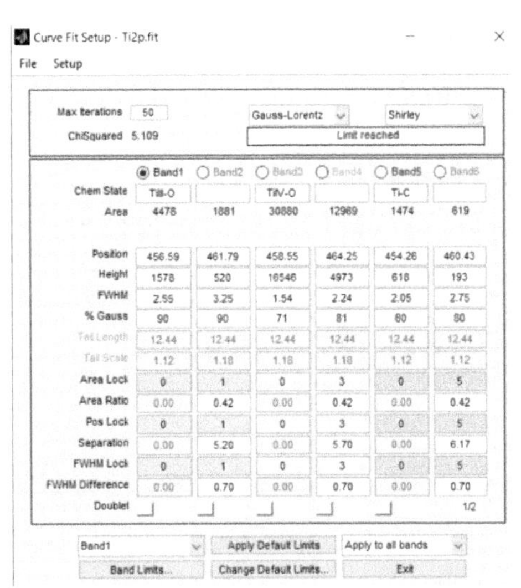

	Band1	Band2	Band3	Band4	Band5	Band6
Chem State	TiII-O		TiIV-O		Ti-C	
Area	4476	1881	30880	12969	1474	619
Position	456.59	461.79	458.55	464.25	454.26	460.43
Height	1578	520	16546	4973	618	193
FWHM	2.55	3.25	1.54	2.24	2.05	2.75
% Gauss	90	90	71	81	80	80
Tail Length	12.44	12.44	12.44	12.44	12.44	12.44
Tail Scale	1.12	1.18	1.18	1.18	1.12	1.12
Area Lock	0	1	0	3	0	5
Area Ratio	0.00	0.42	0.00	0.42	0.00	0.42
Pos Lock	0	1	0	3	0	5
Separation	0.00	5.20	0.00	5.70	0.00	6.17
FWHM Lock	0	1	0	3	0	5
FWHM Difference	0.00	0.70	0.00	0.70	0.00	0.70
Doublet						1/2

图 4. 83　Ti2p 分峰拟合及其拟合参数参考

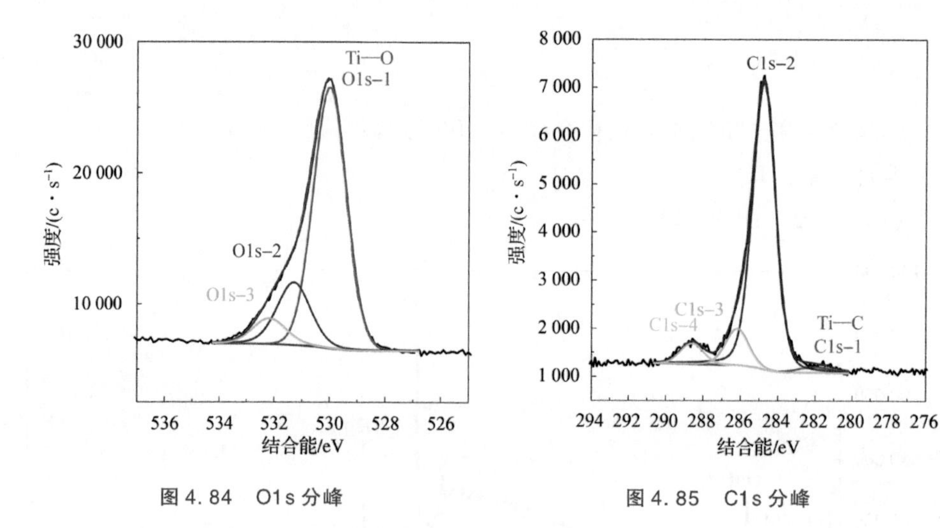

图 4.84　O1s 分峰　　　　图 4.85　C1s 分峰

（3）分峰拟合后化学态归属（表 4.56）

表 4.56　分峰拟合后化学态归属

谱峰	结合能/eV	化学态	原子百分比/%	
$Ti2p_{3/2}$	454.26	Ti/Ti—C	4.15	100.00
$Ti2p_{1/2}$	460.43			
$Ti2p_{3/2}$	456.59	Ti(Ⅲ)—O	12.14	
$Ti2p_{1/2}$	461.79			
$Ti2p_{3/2}$	458.55	Ti(Ⅳ)—O	83.72	
$Ti2p_{1/2}$	464.25			
O1s-1	530.01	金属氧化物 Ti—O	73.07	100.00
O1s-2	531.30	空位氧 (Vacant—O)/C ═O	19.16	
O1s-3	532.17	C—O	7.77	
C1s-1	282.01	碳化物 (Carbide)（Ti—C）	2.36	100.00
C1s-2	284.77	C—C/C—H	81.97	
C1s-3	286.16	C—O	10.31	
C1s-4	288.59	C ═O	5.36	

（4）化学态含量分析（表4.57）

表4.57　全元素化学态定量分析（AC%）

AC%	C1s-1	C1s-2	C1s-3	C1s-4	O1s-1	O1s-2	O1s-3	Ti2p	Ti2p	Ti2p
AC%	碳化物（Carbide） Ti—C	C—C/C—H	C—O	C=O	金属氧化物 Ti—O	C=O 空位氧	C—O	Ti(Ⅲ)—O Ti_2O_3	Ti(Ⅳ)—O TiO_2	Ti—C
100	0.79	27.26	3.43	1.78	34.57	9.06	3.68	2.36	16.27	0.81
100	33.26				47.31			19.44		

（5）解析说明

全谱扫描主要判断样品表面是否包含C、O、Ti三种元素。分别对三个元素进行精细谱扫描，根据谱峰峰型以及结合能位置分别将三种元素的精细谱进行分峰拟合。三种元素之间的化学键合是相互佐证的。比如对碳化钛的判断，因为C1s精细谱中有低能（282 eV）的对应碳化物；而Ti2p谱峰中也有低能的（454 eV）碳化钛的钛；Ti2p谱中主要是正四价氧化物、少量的三价氧化钛，结合O1s谱峰中530 eV的金属氧化物谱峰，从含量上也是可以相互印证的。

Ti2p谱峰拟合参数设定比如自旋轨道分裂峰的能量差、半峰宽、谱峰面积比等都与化学态相关。

推荐资料

[1] Wagner C D, Naumkin A V, Kraut-Vass A, Allison J W, Powell C J, Rumble Jr J R. NIST Standard Reference Database 20, Version 3.4 (web version) [M]. National Institute of Standards and Technology: Gaithersburg, MD, 2003: 20899.

[2] Moulder J F, Stickle W F, Sobol P E, Bomben K D. Handbook of X-ray Photoelectron Spectroscopy [M]. Minnesota: Perkin-Elmer Corporation, 1992.

[3] Biesinger M C, Payne B P, Hart B R, Grosvenor A P, McIntryre N S, Lau L W, Smart R S. Quantitative chemical state XPS analysis of first row transition metals, oxides and hydroxides [J]. Journal of Physics: Conference Series, 2008 (100): 012025.

[4] Biesinger M C, Lau L W, Gerson A R, Smart R S. Resolving surface chemical states in XPS analysis of first row transition metals, oxides and hydroxides: Sc, Ti, V, Cu and Zn [J]. Applied Surface Science, 2010 (257): 887-898.

4.20 钒（V）

1. 基本信息（表 4.58）

表 4.58 V 的基本信息

原子序数	23
元素	钒 V
元素谱峰	V2p
重合谱峰	O1s；谱峰扫描时能量范围（507 ~ 540 eV），有重合时，谱峰分峰拟合也一起进行
化学态归属说明	V 含量较低时，以 C1s 吸附碳 C—C/C—H 结合能 284.8 eV 对所有谱峰进行校准，V2p 化学态归属参考 XPS 数据手册以及 XPS 数据网站信息。 V 含量较高时，可以以金属（钒）氧化物的 O1s 结合能 530.0 eV 对谱峰进行校准
V2p 自旋轨道分裂峰以及分峰方法	$\Delta_{金属}(V2p_{1/2} - V2p_{3/2})$：7.6 eV 左右 $\Delta_{V_2O_5}(V2p_{1/2} - V2p_{3/2})$：7.4 eV 左右 • 金属 V 的 V2p 谱峰峰型不对称。 • $V2p_{1/2}$ 谱峰 FWHM 比 $V2p_{3/2}$ 谱峰更宽；$V2p_{1/2}$ 峰高比预期更低；两个分裂峰的谱峰面积比低于 2 : 1。 • 金属 V 和 V_2O_5 谱峰半峰宽比较窄，而 V(Ⅲ) 和 V(Ⅳ) 氧化态的谱峰半峰宽相对较宽。 • V_2O_5 不耐 X 射线辐照，长时间辐照会被还原成四价态的氧化钒；V2p 精细谱扫描时要控制时间

2. V2p 化学态归属参考（表 4.59）

表 4.59　不同化学态的 $V2p_{3/2}$ 结合能参考

化学态	$V2p_{3/2}$ 结合能/eV	标准偏差/±eV
V(0)	512.4	0.2
V(Ⅰ) 和/或 V(Ⅱ)	513.7	0.2
V(Ⅲ) 氧化态	515.3	0.2
V(Ⅳ) 氧化态	516.3	0.2
V(Ⅴ) 氧化态	517.2	0.6

以 O1s（金属态）结合能 530.0 eV 进行谱峰校正，V2p 精细谱不同化学态结合能、半峰宽、分裂峰能量差见表 4.60。

表 4.60　V2p 精细谱化学态参考

化学态	$V2p_{3/2}$ /eV	Std. DeV. /±eV	$V2p_{1/2}$ − $V2p_{3/2}$ 能量差/eV	FWHM, $V2p_{3/2}$ /eV	FWHM, $V2p_{1/2}$ /eV	FWHM, $V2p_{3/2}$ 混合氧化态/eV	FWHM, $V2p_{1/2}$ 混合氧化态/eV
V(0)	512.4	0.2	7.62			0.9~1.3	1.3~1.7
V(Ⅰ) 和/或 V(Ⅱ)	513.7	0.2	7.33~7.35			2.0~2.3	2.6~3.4
V(Ⅲ) 氧化态	515.3	0.2	7.33~7.35	3.3~3.4	4.0~4.4	2.7~4.0	3.1~4.7
V(Ⅳ) 氧化态	516.3	0.2	7.33~7.35	1.2	2.6~3.0	2.2~3.2	3.1~3.7
V(Ⅴ) 氧化态	517.2	0.6	7.33~7.48	0.9	2.4	1.0~1.5	2.6

3. V2p 精细图谱参考（图 4.86）

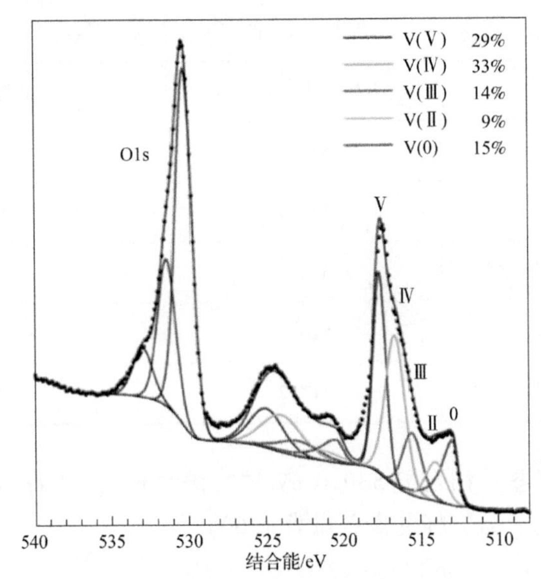

图 4.86　金属钒（暴露空气）表面成分的 V2p 和 O1s 分峰示例

4. 分析案例

样品信息和分析需求：钒化物掺杂分析。

拟合元素：Cu、S、V。

(1) 全谱（图 4.87）

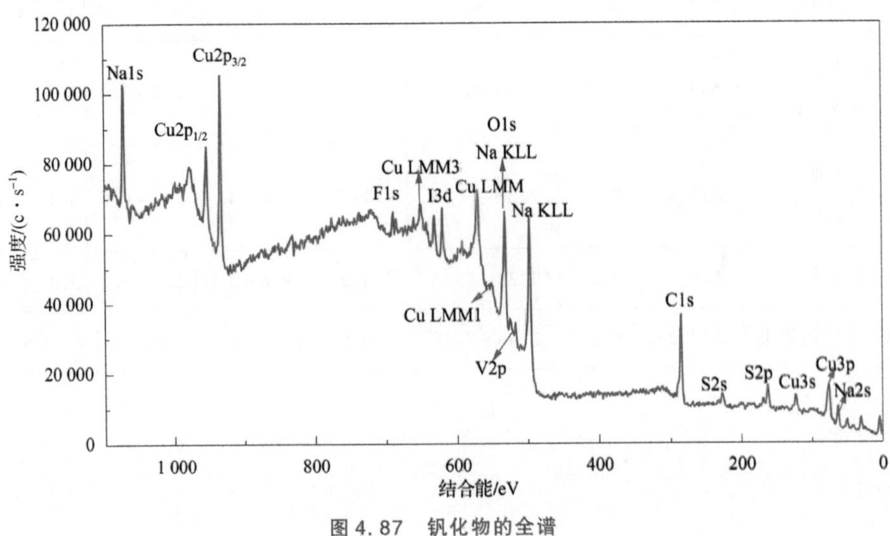

图 4.87　钒化物的全谱

（2）精细图谱分峰拟合（图 4.88 ~ 图 4.91）

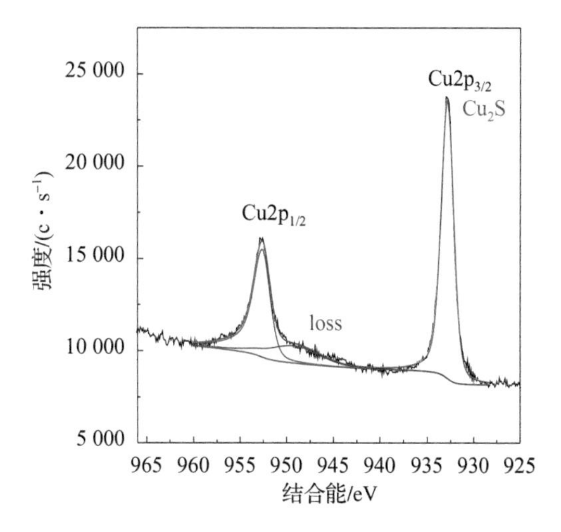

图 4.88　Cu2p 分峰

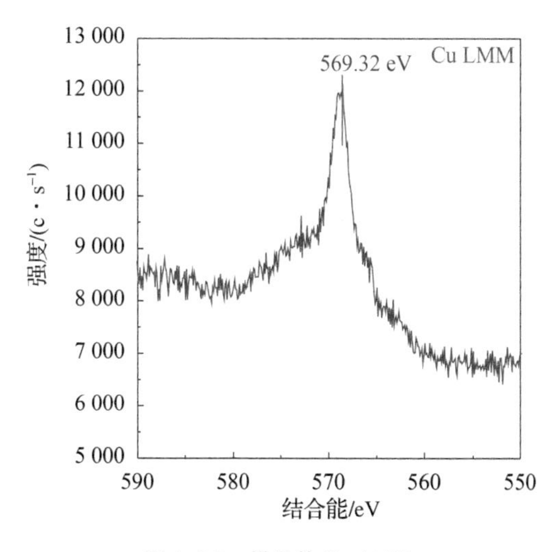

图 4.89　样品的 Cu LMM

注：修正俄歇参数 $\alpha' = \alpha + h\nu_{X-ray}$

$= E_K^A(\text{Cu LMM}) + E_B^P(\text{Cu2p}_{3/2})$

$= (1\,486.6 - 569.32) + 932.85 = 1\,850.13(\text{eV})$

可归属为 Cu_2S

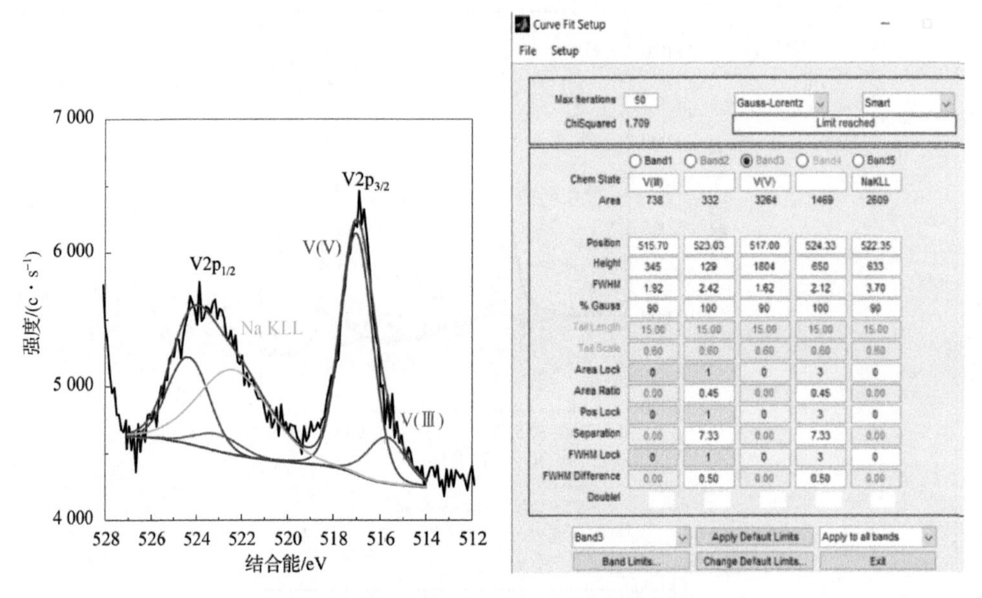

图 4.90　V2p 分峰拟合及其拟合参数参考

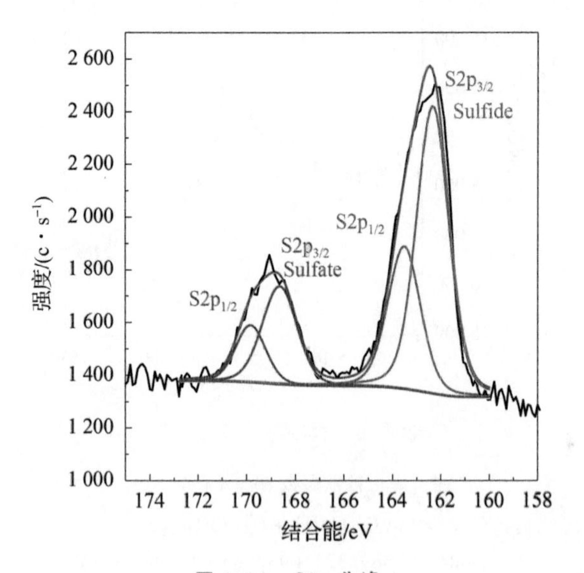

图 4.91　S2p 分峰

（3）分峰拟合后化学态归属（表4.61）

表4.61 分峰拟合后化学态归属

谱峰	结合能/eV	化学态	原子百分比/%	
$Cu2p_{3/2}$	932.85	Cu_2S	100.00	100.00
$Cu2p_{1/2}$	952.63			
loss	949.20			
$V2p_{3/2}$	515.70	V(Ⅲ)	18.43	100.00
$V2p_{1/2}$	523.03			
$V2p_{3/2}$	517.00	V(Ⅴ)	81.57	
$V2p_{1/2}$	524.33			
Na KLL	522.35	—	—	—
$S2p_{3/2}$	162.33	硫化物（Sulfide）	73.79	100.00
$S2p_{1/2}$	163.51			
$S2p_{3/2}$	168.66	硫酸盐（Sulfate）	26.21	
$S2p_{1/2}$	169.84			

（4）解析说明

$V2p_{1/2}$与 Na KLL 有重合，需要通过分峰拟合区分；定量可以只选择$V2p_{3/2}$，V2p 拟合参数可以参考前面的文字说明，得到不同氧化钒的含量。

Cu 的化学态判断要结合 Cu2p 和 Cu LMM 谱峰，通过 $Cu2p_{3/2}$结合能，谱峰卫星峰特点，以及 Cu LMM 谱峰动能计算俄歇参数后来定义化学态。

推荐资料

[1] Wagner C D, Naumkin A V, Kraut - Vass A, Allison J W, Powell C J, Rumble Jr J R. NIST Standard Reference Database 20, Version 3.4 (web version)[M]. National Institute of Standards and Technology: Gaithersburg, MD, 2003: 20899.

[2] Biesinger M C, Lau L W, Gerson A R, Smart RS. Resolving surface chemical states in XPS analysis of first row transition metals, oxides and hydroxides: Sc, Ti, V, Cu and Zn [J]. Applied Surface Science, 2010 (257): 887 - 898.

[3] Gupta RP, Sen SK. Calculation of multiplet structure of core p - vacancy levels (Ⅱ) [J]. Physical Review B, 1975; 12 (1): 15.

[4] Silversmit G, Depla D, Poelman H, Marin G B, De Gryse R. Determination of the V2p XPS binding energies for different vanadium oxidation states (V^{5+} to V^{0+}) [J]. Journal of Electron Spectroscopy and Related Phenomena, 2004 (135): 167 - 175.

[5] Silversmit G, Depla D, Poelman H, Marin G B, De Gryse R. An XPS study on the surface reduction of V_2O_5 (0 0 1) induced by Ar^+ ion bombardment [J]. Surface Science, 2006 (600): 3512 - 3517.

4.21 铬 (Cr)

1. 基本信息 (表 4.62)

表 4.62 Cr 的基本信息

原子序数	24
元素	铬 Cr
元素谱峰	Cr2p
重合谱峰	Te3d、Zn LMM 当材料中有 Cr 和 Zn 存在时，需要同时扫描 Cr3p 谱峰；用 Cr3p 谱峰定性和半定量分析
化学态归属说明	以 C1s 吸附碳 C—C/C—H 结合能 284.8 eV 对所有谱峰进行校准，Cr 化学态归属参考 XPS 数据手册以及 XPS 数据网站信息
Cr2p 自旋轨道分裂峰以及分峰方法	$\Delta_{金属}(Cr2p_{1/2} - Cr2p_{3/2}) = 9.3$ eV • 金属 Cr 的 Cr2p 谱峰峰型不对称；拟合时需采用不对称函数模式；金属态的谱峰半峰宽比氧化态的半峰宽小。 • Cr2p 与 Te3d 谱峰重合，但 Te3d 分裂峰面积比为 3 : 2 左右，而 Cr2p 分裂峰谱峰面积为 2 : 1 左右。 • Cr_2O_3的谱峰 $Cr2p_{3/2}$有特征卫星峰与 $Cr2p_{1/2}$重合；拟合时，只需要拟合 $Cr2p_{3/2}$；Cr_2O_3谱峰中包含多个多重分裂峰，因此，需要正确地对多重分裂峰进行分峰拟合，从而得到正确的化学态识别。多重分裂分峰拟合参数见表 4.64

2. Cr化学态归属参考（表4.63）

表4.63　不同化学态的Cr结合能参考

化学态	Cr2$p_{3/2}$ 结合能/eV	标准偏差/±eV	结合能 Cr3p/eV	标准偏差/±eV
Cr金属	574.3	0.4	42.4	0.5
Cr_2O_3	576.7	0.4	43.7	0.3
$Cr(OH)_3$	577.1	0.3	44.8	0.3
Cr(Ⅵ) oxide	579	0.8	48.3	0.3
CrO_3	578.9	0.6	48.4	0.3
$CrPO_4$	578	0.3	—	—
CrN	575.7	0.1	43.0	0.3
CrF_3	579.5	0.5	46.1	0.3
$CrBr_3$	576.2	0.3	—	—
CrI_3	576.7	0.3	—	—
$CrCl_3$	577.6	0.2	—	—

表4.64为Cr2$p_{3/2}$精细谱不同化学态多重分裂分峰参数：结合能、谱峰面积比，特定通能下的FWHM半峰宽以及谱峰能量差参考。

表4.64　Cr2$p_{3/2}$精细谱不同化学态多重分裂分峰参数

化学态	Cr(0)[b]	Cr(Ⅲ) Oxide[c]	Cr(Ⅲ) Hydroxide[d]	$FeCr_2O_4$ (Chromite)	$NiCr_2O_4$	Cr(Ⅵ) Mixed Species[e]	Cr(Ⅵ) Oxide[f]
Peak 1/eV	574.2	575.7	577.3	575.9	575.2	579.5	579.6
%	100	36	100	41	35	100	100
Peak 2/eV	—	576.7	—	577	576.2	—	—
Δ(Peak2 − Peak1)/eV[a]	—	1.01	—	1.09	1.02	—	—
%	—	35	—	39	34	—	—

续表

化学态	Cr(0)[b]	Cr(Ⅲ) Oxide[c]	Cr(Ⅲ) Hydroxide[d]	$FeCr_2O_4$ (Chromite)	$NiCr_2O_4$	Cr(Ⅵ) Mixed Species[e]	Cr(Ⅵ) Oxide[f]
Peak 3/eV	—	577.5	—	577.9	577	—	—
Δ(Peak3 - Peak2)/eV	—	0.78	—	0.88	0.81	—	—
%	—	19	—	13	18	—	—
Peak 4/eV	—	578.5	—	578.9	578.1	—	—
Δ(Peak4 - Peak 3)/eV	—	1	—	1.04	1.05	—	—
%	—	8	—	7	9	—	—
Peak 5/eV	—	578.9	—	—	579.2	—	—
Δ(Peak5 - Peak 4)/eV	—	0.41	—	—	1.13	—	—
%	—	5	—	—	4	—	—
FWHM, 10 eV Pass Energy	0.8	0.88	2.58	1.12	1.09	1.4	1.28
FWHM, 20 eV Pass Energy	0.9	0.94	2.6	1.2	—	1.5	1.38

a. 谱峰能量差比谱峰能量更精确；

b. 金属态的 Cr2p 谱峰不对称；拟合时，需用不对称峰型拟合参数；

c. Cr_2O_3的 $Cr2p_{3/2}$多重分裂分峰的 FWHM 可参考金属态的谱峰 FWHM；

d. 此结合能是放置一段时间的氢氧化物的谱峰能量值；新鲜制备的氢氧化物的谱峰结合能是 577.1 eV；

e. 此结合能来自文献报道的平均值，比较宽的半峰宽 FWHM 包含了多种 6 价态的 Cr 化合物；

f. 结合能和半峰宽来自标准 CrO_3样品。

3. Cr 精细图谱参考（图 4.92 ~ 图 4.95）

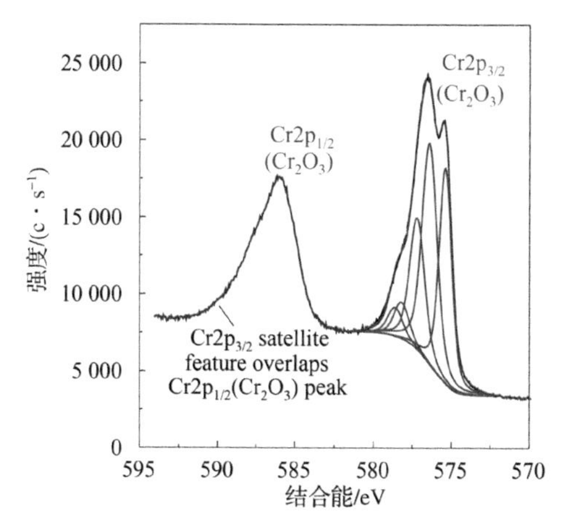

图 4.92　Cr_2O_3原表面的 Cr2p

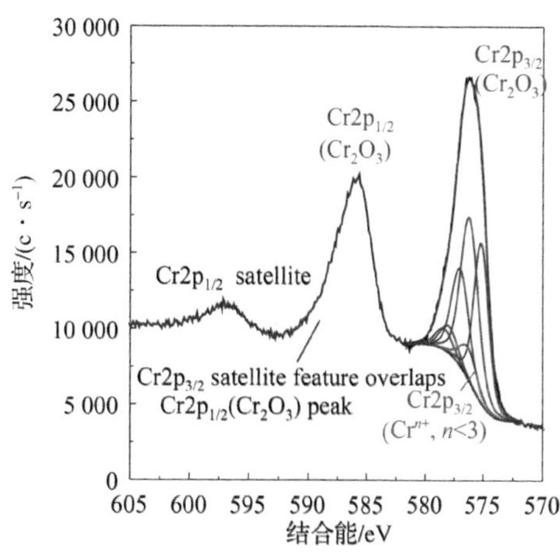

图 4.93　Cr_2O_3表面溅射清洁后的 Cr2p

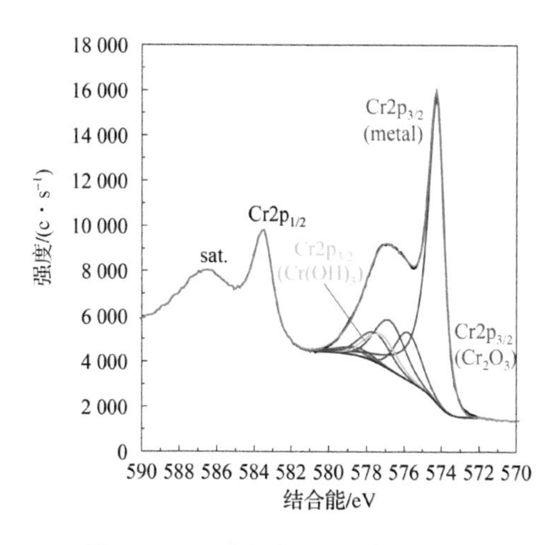

图 4.94　Cr 金属表面氧化态的 Cr2p

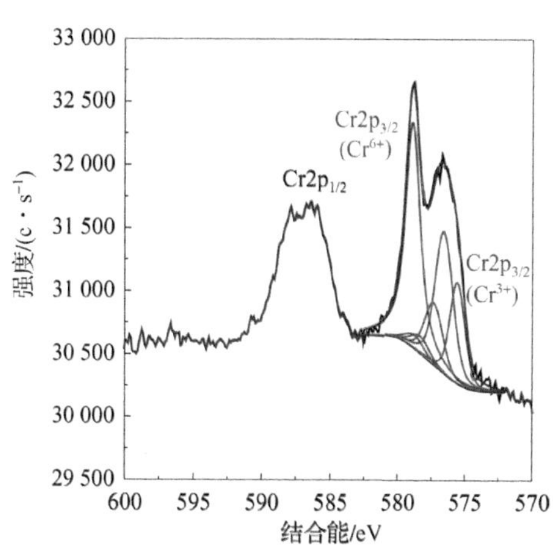

图 4.95　$PbCrO_4$的 Cr2p

4. 分析案例

样品信息和分析需求：氧化铬样品，需要分析表面 Cr 的化学价态以及百分含量。

拟合元素：Cr。

（1）全谱（图 4.96）

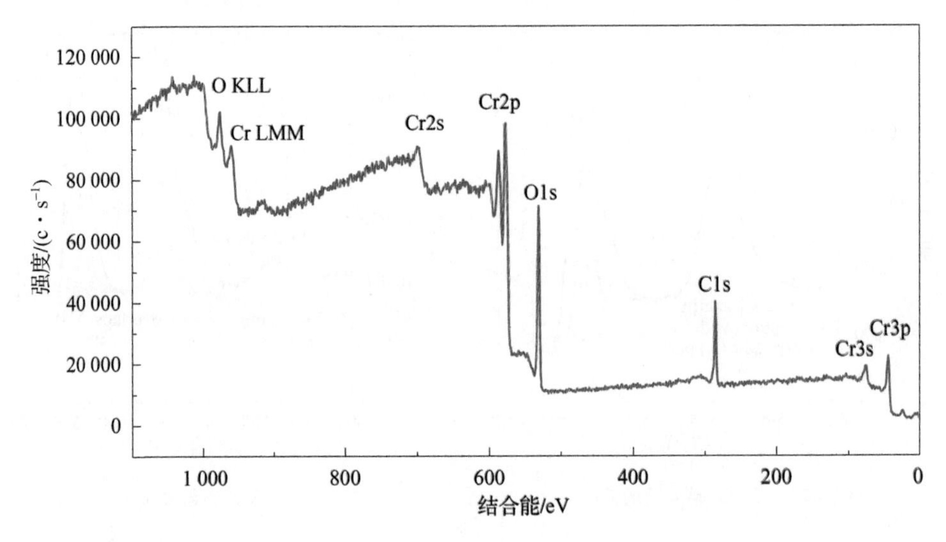

图 4.96 氧化铬的 XPS 全谱

（2）精细图谱分峰拟合（图 4.97、图 4.98、表 4.65）

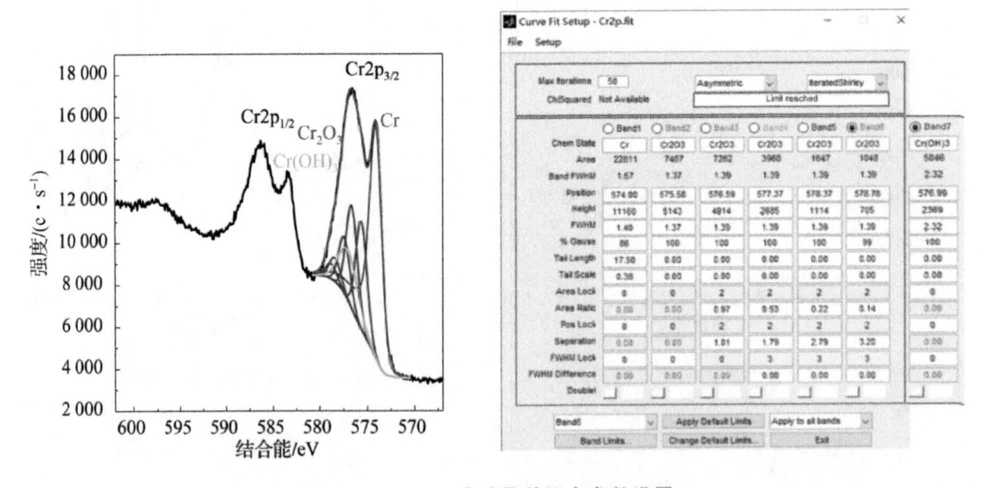

图 4.97 Cr2p 分峰及其拟合参数设置

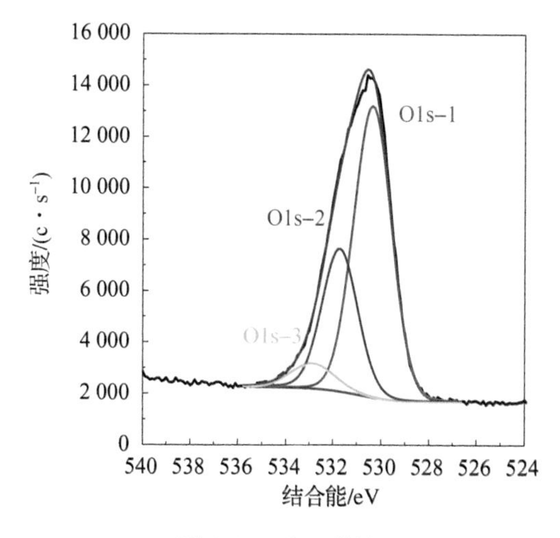

图4.98　O1s分峰

表4.65　分峰拟合后化学态归属

谱峰	结合能/eV	化学态	原子百分比/%	
O1s－1	530.38	Cr—O	63.49	100.00
O1s－2	531.73	Cr—OH/C ═O	30.44	
O1s－3	532.86	C—O	6.07	
$Cr2p_{3/2}$	574.0	Cr	45.56	100.00
$Cr2p_{3/2}$	577.37 etc	Cr_2O_3	42.76	
$Cr2p_{3/2}$	576.99	$Cr(OH)_3$	11.68	

（3）解析说明

不同化学态的Cr2p精细谱中大多有多重分裂谱峰，彼此有重合，很难用常规的只根据单一结合能的方法去判断价态以及分峰拟合判断含量。

参考表4.64中标准样品标准图谱的多重分裂分峰拟合参数（锁定谱峰结合能、谱峰面积比、半峰宽等）对$Cr2p_{3/2}$进行分峰拟合，得到相对准确的不同化学态归属以及百分含量。

推荐资料

[1] Biesinger M C, Brown C, Mycroft J R, Davidson R D, McIntyre N S. X - ray photoelectron spectroscopy studies of chromium compounds [J]. Surface and interface analysis, 2004 (36): 1550 - 1563.

[2] Biesinger M C, Payne B P, Grosvenor A P, Lau L W, Gerson A R, Smart R S. Resolving surface chemical states in XPS analysis of first row transition metals, oxides and hydroxides: Cr, Mn, Fe, Co and Ni [J]. Applied Surface Science, 2011 (257): 2717 - 2730.

4.22 锰（Mn）

1. 基本信息（表 4.66）

表 4.66 Mn 的基本信息

原子序数	25
元素	锰 Mn
元素谱峰	Mn2p
重合谱峰	Cu LMM、Au4$p_{1/2}$、Ni LMM
化学态归属说明	以 C1s 吸附碳 C—C/C—H 结合能 284.8 eV 对所有谱峰进行校准，Mn2p 化学态归属参考 XPS 数据手册以及 XPS 数据网站信息
Mn2p 自旋轨道分裂峰以及分峰方法	$\Delta_{金属}(Mn2p_{1/2} - Mn2p_{3/2}) = 11.2$ eV Mn 有六种稳定的化学价态（0，Ⅱ，Ⅲ，Ⅳ，Ⅵ，Ⅶ）；有三种氧化态谱峰有明显的多重分裂分峰（Ⅱ，Ⅲ，Ⅳ），谱峰展宽；拟合时，可用多重分裂分峰拟合区分化学态和含量，因为相互之间有重合，所以化学态定性定量有一定的难度；多重分裂分峰拟合请参考表 4.68。 • Mn 金属的 Mn2p 谱峰呈不对称性；而 Mn 化合物中因为有多重分裂分峰，使谱峰展宽和不对称。 • 因为 Mn2p 谱峰复杂，在有标准图谱的情况下，可采用 NLLSF（非线性最小二乘）拟合，或参考多重分裂分峰拟合参数，见分析案例。 • Mn3s 两个多重分裂峰的能量差，也可以辅助判断化学态；扫描 Mn2p 时，需同时扫描 Mn3s。 • 含 Mn 材料很多有磁性，需要退磁后才能测试

2. Mn2p化学态归属参考（表4.67）

表4.67　不同化学态的Mn2p结合能参考

化学态	$Mn2p_{3/2}$结合能/eV	标准偏差/±eV
Mn	638.8	0.1
MnO	640.7	0.3
MnO_2	642.1	0.3
Mn_2O_3	641.6	0.3
Mn_3O_4	641.4	0.3
MnOOH	641.7	0.3
MnS	640.8	0.5
$MnCl_2$	642.0	0.3
MnF_3	642.6	0.3
$KMnO_4$	647.0	0.3
$MnSO_4$	644.9	0.3

表4.68为$Mn2p_{3/2}$精细谱不同化学态（MnO、Mn_2O_3、MnO_2、K_2MnO_4和$KMnO_4$等）多重分裂分峰参数：结合能、谱峰面积比、特定通能下的半峰宽以及谱峰能量差。

表4.68　$Mn2p_{3/2}$精细谱不同化学态多重分裂分峰参考

化学态	Mn(0)[b]	Mn(Ⅱ) MnO[c]	Mn(Ⅲ) Mn_2O_3	Mn(Ⅲ) Manganite (MnOOH)	Mn(Ⅳ) MnO_2	Mn(Ⅳ) Pyrolusite (MnO_2)	Mn(Ⅵ) K_2MnO_4	Mn(Ⅶ) $KMnO_4$
Peak 1/eV	638.6	640.2	640.8	641.0	641.9	641.8	643.8	645.5
%	87.0	24.0	18.9	24.0	41.7	41.0	100.0	100.0
Peak 2/eV	639.6	641.1	641.9	641.7	642.7	642.7		
Δ(Peak2 − Peak 1)/eV[a]	1.00	0.97	1.10	0.70	0.86	0.87		
%	13.0	27.8	44.5	24.0	26.5	27.4		

续表

化学态	Mn(0)[b]	Mn(Ⅱ) MnO^{c}	Mn(Ⅲ) Mn_2O_3	Mn(Ⅲ) Manganite (MnOOH)	Mn(Ⅳ) MnO_2	Mn(Ⅳ) Pyrolusite (MnO_2)	Mn(Ⅵ) K_2MnO_4	Mn (Ⅶ) $KMnO_4$
Peak 3/eV		642.1	643.1	642.5	643.4	643.5		
Δ(peak 3 - Peak 2)/eV		0.93	1.27	0.81	0.70	0.75		
%		22.1	25.3	27.8	15.5	16.1		
Peak 4/eV		643.0	644.6	643.5	644.2	644.3		
Δ(Peak4 - Peak3)/eV		0.95	1.50	1.02	0.75	0.81		
%		12.5	8.5	17.5	9.1	8.9		
Peak 5/eV		644.2	646.2	644.9	645.0	645.2		
Δ(Peak5 - Peak 4)/eV		1.14	1.62	1.37	0.85	0.91		
%		4.7	3.1	6.7	4.9	4.6		
Peak 6/eV		645.9			646.0	646.2		
Δ(Peak6 - Peak5)/eV		1.75			1.00	1.03		
%		9.1			2.5	2.1		
FWHM, 10 eV Pass Energy	0.74	1.21	1.65	1.34	0.84	0.92	1.31	0.98
FWHM, 20 eV Pass Energy	0.79	1.23	1.75	1.35	0.91	0.99	1.40	1.08

a. 谱峰能量差比谱峰能量更精确。
b. 金属谱峰峰型不对称，拟合金属态用不对称模式，拟合参数由标准图谱获得。
c. 谱峰 6 是震激峰，半峰宽比较宽（3.5 eV 左右）。

Mn3s分裂成两个谱峰，两个谱峰之间的能量差与化学态有关，可用于辅助判断化学态，参考表4.69。

表4.69　Mn3s谱峰分裂峰差值

化学态	Mn3s能量差/eV	化学态	Mn3s能量差/eV	化学态	Mn3s能量差/eV
Mn(0)	3.7～4.2	Mn(Ⅱ)	5.7～6.2	Mn(Ⅲ)	4.6～5.4
MnO	5.5～6.1	MnOOH	4.6	Mn_2O_3	5.4～5.5
Mn(Ⅳ)	4.5～4.7	Mn_3O_4	5.3～5.4	MnO_2	4.5～5.5
MnF_2	6.3～6.5	MnF_3	5.6	MnS	5.3
MnS_2	5.5	$MnCl_2$	6.0	$MnBr_2$	4.8

3. Mn2p精细图谱参考（图4.99～图4.104）

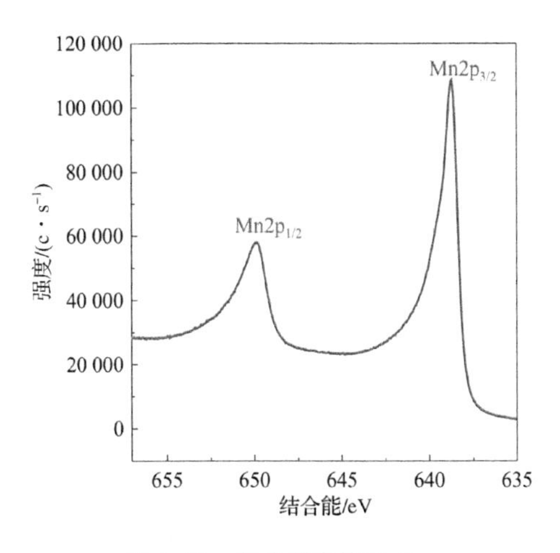

图4.99　锰金属中的Mn2p

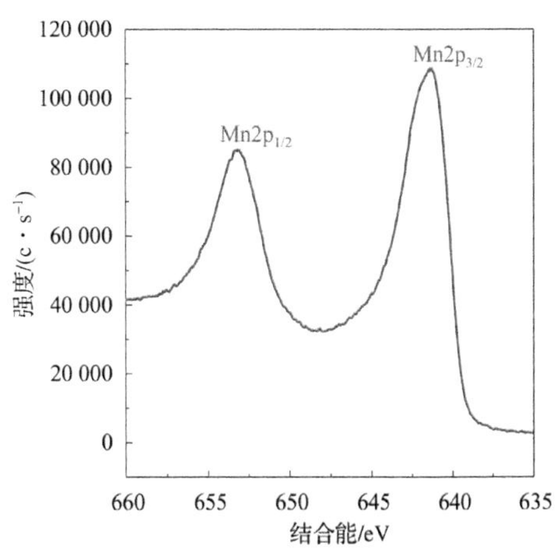

图4.100　Mn_2O_3中的Mn2p

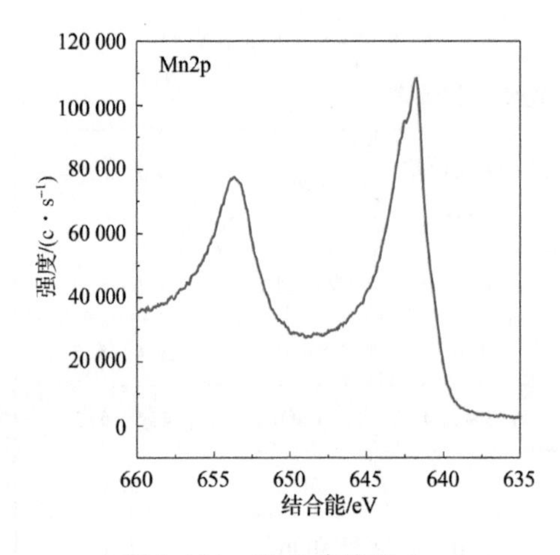

图 4.101　MnO_2 中的 Mn2p

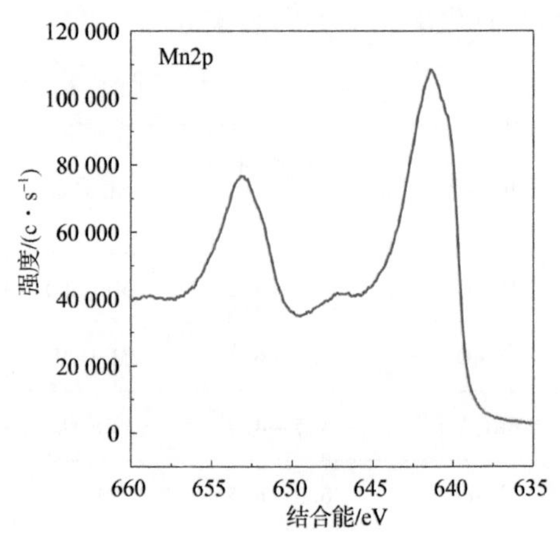

图 4.102　MnO 中的 Mn2p

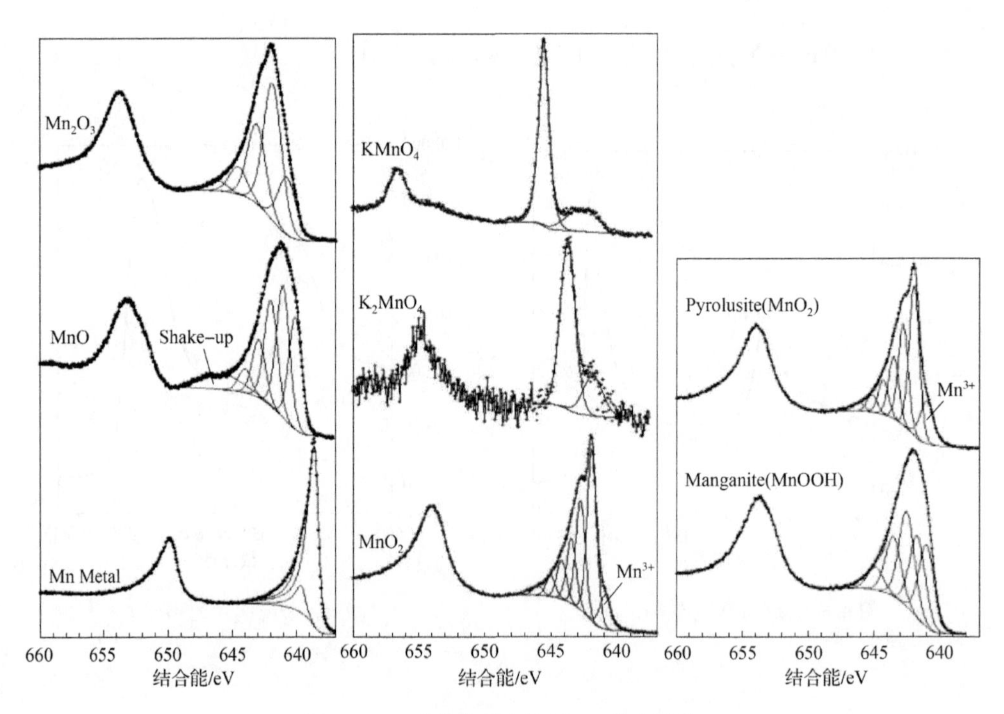

图 4.103　推荐资料中的 Mn2p 标准图谱

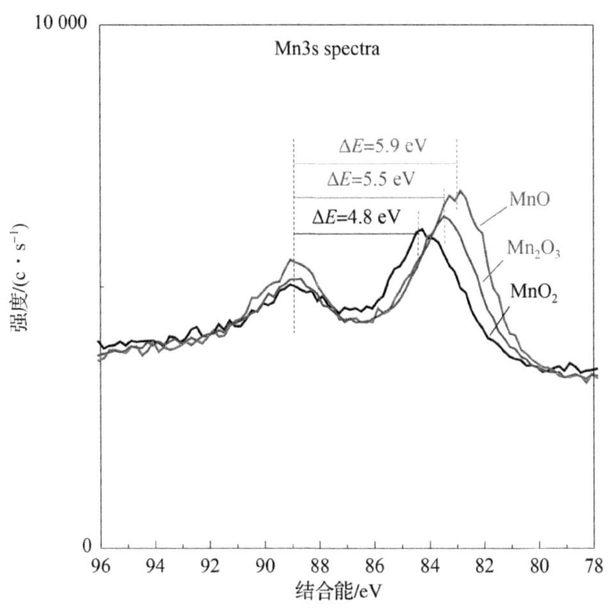

图 4.104　不同氧化态 Mn3s 分裂峰能量差参考

4. 分析案例

样品信息和分析需求：主要成分为 α - MnO_2，分析其主要的化学态和百分含量。

拟合元素：Mn。

（1）精细图谱分峰拟合（图 4.105～图 4.107）

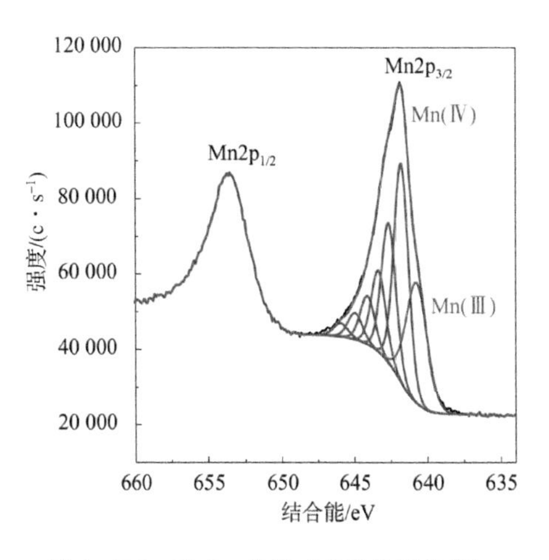

图 4.105　Mn2p 分峰（多重分裂分峰）

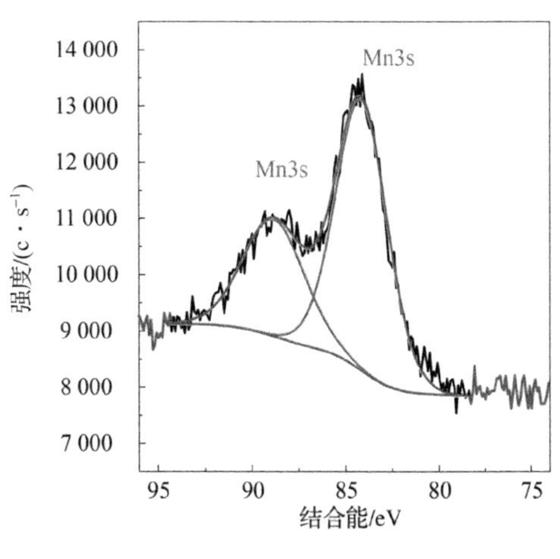

图 4.106　Mn3s 分峰

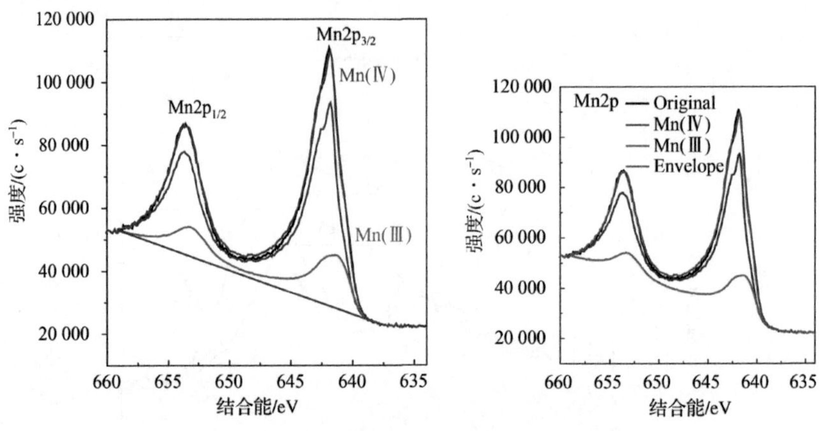

图 4.107　Mn2p 非线性最小二乘拟合（NLLSF）

（2）分峰拟合后化学态归属（表 4.70）

表 4.70　分峰拟合后化学态归属

Mn2p$_{3/2}$（多重分裂分峰）					
谱峰	结合能/eV	化学态	原子百分比/%	原子百分比/%	
Mn2p$_{3/2}$	641.80	Mn(Ⅳ)—O	31.24	75.34	100.00
Mn2p$_{3/2}$	642.66		20.01		
Mn2p$_{3/2}$	643.36		11.57		
Mn2p$_{3/2}$	644.11		6.88		
Mn2p$_{3/2}$	644.96		3.76		
Mn2p$_{3/2}$	645.96		1.88		
Mn2p$_{3/2}$	640.77	Mn(Ⅲ)—O	24.66	24.66	
Mn2p 非线性最小二乘拟合					
谱峰	结合能/eV		化学态	原子百分比/%	
Mn2p	641.78		Mn(Ⅳ)—O	76.46	100.00
Mn2p	641.28		Mn(Ⅲ)—O	23.54	
Mn3s 多重分裂分峰能量差					
谱峰	结合能/eV		化学态		
Mn3s	84.14		$\Delta E = 88.84 - 84.14 = 4.70$（eV），从多重分裂峰能量差判断其主要为四价态 MnO_2		
Mn3s	88.84				

（3）解析说明

过渡金属锰多数化合物的精细谱中也是有多个多重分裂谱峰，而且相互之间有重合，很难用常规的化学态分峰去区分化学态和比例。

此案例对比两种拟合方法：分别采用多重分裂分峰拟合（参考标准样品标准图谱的多重分裂谱峰数据：固定不同化学态多重分裂分峰的结合能、谱峰面积比、半峰宽等）以及NLS拟合对同一精细谱Mn2p进行化学态分析，从两种拟合方法的结果判断结论比较接近，都是四价态氧化锰占比76%左右，而三价氧化锰为24%左右；从Mn3s的分峰能量差（4.7 eV）也可以判断其接近MnO_2的数值也与前两种分析方法相符。

推荐资料

[1] Nesbitt H W, Banerjee D J. Interpretation of XPS Mn (2p) spectra of Mn oxyhydroxides and constraints on the mechanism of MnO_2 precipitation [J]. American Mineralogist, 1998 (83): 305 - 315.

[2] Banerjee D, Nesbitt H W. XPS study of reductive dissolution of birnessite by oxalate: rates and mechanistic aspects of dissolution and redox processes [J]. Geochimica et Cosmochimica Acta, 1999 (63): 3025 - 3038.

[3] Banerjee D, Nesbitt H W. Oxidation of aqueous Cr (Ⅲ) at birnessite surfaces: Constraints on reaction mechanism [J]. Geochimica et Cosmochimica Acta, 1999 (63): 1671 - 1687.

[4] Banerjee D, Nesbitt H W. XPS study of dissolution of birnessite by humate with constraints on reaction mechanism [J]. Geochimica et Cosmochimica Acta, 2001 (65): 1703 - 1714.

[5] Biesinger M C, Payne B P, Grosvenor A P, Lau L W, Gerson A R, Smart R S. Resolving surface chemical states in XPS analysis of first row transition metals, oxides and hydroxides: Cr, Mn, Fe, Co and Ni [J]. Applied Surface Science, 2011 (257): 2717 - 2730.

[6] Ilton E S, Post J E, Heaney P J, Ling F T, Kerisit S N. XPS determination of Mn oxidation states in Mn (hydr) oxides [J]. Applied Surface Science, 2016 (366): 475 - 485.

[7] Junta J L, Hochella Jr M F. Manganese (Ⅱ) oxidation at mineral surfaces: A microscopic and spectroscopic study [J]. Geochimica et Cosmochimica Acta, 1994 (58): 4985 - 4999.

[8] Wagner C D, Naumkin A V, Kraut - Vass A, Allison J W, Powell C J, Rumble Jr J R. NIST Standard Reference Database 20, Version 3.4 (web version) [M]. National

Institute of Standards and Technology: Gaithersburg, MD, 2003: 20899.

[9] Nelson A J, Reynolds J G, Roos J W. Core - level satellites and outer core - level multiplet splitting in Mn model compounds [J]. Journal of Vacuum Science & Technology A, 2000 (18): 1072 - 1076.

4.23 铁 (Fe)

1. 基本信息 (表 4.71)

表 4.71 Fe 的基本信息

原子序数	26
元素	铁 Fe
元素谱峰	Fe2p
重合谱峰	Cu LMM、Ni LMM 当 Fe2p 与 Ni LMM 重合时，同时扫描 Fe3p 或 Fe3s 谱峰用于定量分析。
化学态归属说明	以 C1s 吸附碳 C—C/C—H 结合能 284.8 eV 对所有谱峰进行校准，Fe2p 化学态归属参考 XPS 数据手册以及 XPS 数据网站信息。
Fe2p 自旋轨道分裂峰以及分峰方法	$\Delta_{金属}(Fe2p_{1/2} - Fe2p_{3/2}) = 13.1$ eV • 金属态的 Fe2p 谱峰峰型不对称；拟合时，需用不对称函数模式；有多重分裂谱峰。 • 二价氧化亚铁和三价氧化铁的 $Fe2p_{3/2}$ 谱峰结合能与卫星特征谱峰有明显区别（见标准图谱）。 • 铁化合物谱峰中包含多重分裂，可以用多重分裂分峰区分化学态，表 4.72 里面列举了氧化铁、氢氧化铁等化合物谱峰的多重分裂谱峰及卫星峰的 FWHM、能量差及谱峰面积比。 • 三价铁化合物的结合能比较接近，区别只是谱峰和卫星峰强度与峰型，拟合区分三价化学态时存在较大误差；另外，三价铁卫星峰与单质态及二价态铁 $Fe2p_{1/2}$ 有重合，多种价态存在时，可以采用不同化学态的标准图谱，用 NLLSF 或 TFA（Target Factor Analysis，目标因子法）的方法拟合。 • 很多含铁材料都有磁性，测试前需消磁处理。 • 氩离子源溅射氧化铁有择优溅射的问题；谱峰呈现被还原现象，尽量用低能离子源清洁表面或溅射分析

2. Fe2p 化学态归属参考（表 4.72）

表 4.72 不同化学态的 Fe2p 结合能参考

化学态	Fe2$p_{3/2}$结合能/eV	标准偏差/±eV
Fe 金属	706.8	0.2
FeO	709.6	0.3
Fe_2O_3	710.9	0.3
FeOOH	711.5	0.3
Fe_3O_4	710.4	0.3
Fe_3C	708.1	0.3
Fe_3Si	707.5	0.3
FeS	710.3	0.3
FeS_2	706.7	0.3
$FeSO_4$	712.1	0.3
$FeCl_2$	710.4	0.3

表 4.73 为 Fe2$p_{3/2}$谱峰不同化学态多重分裂分峰拟合参数参考：结合能、谱峰面积比、特定通能下的 FWHM 以及谱峰能量差参考。

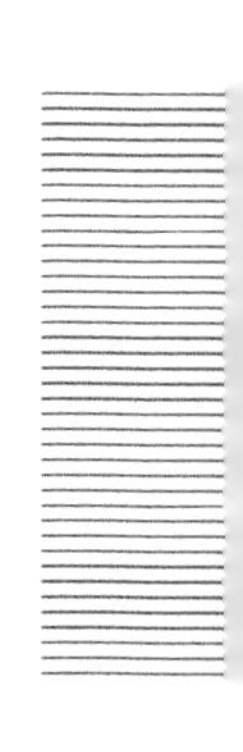

表 4.73 $Fe2p_{3/2}$谱峰不同化学态多重分裂分峰拟合参数参考

化学态	Peak 1 /eV	FWHM, 10 eV Pass Energy	%	Peak 2 /eV	Δ(Peak2 – Peak1) /eV[a]	FWHM, 10 eV Pass Energy	%	Peak 3 /eV	Δ(Peak3 – Peak2) /eV	FWHM, 10 eV Pass Energy	%	Peak 4 /eV	Δ(Peak4 – Peak3) /eV	FWHM, 10 eV Pass Energy	%	Peak 5 /eV	Δ(Peak5 – Peak4) /eV	FWHM, 10 eV Pass Energy	%	Peak 6 /eV	Δ(Peak6 – Peak5) /eV	FWHM, 10 eV Pass Energy	%	
Fe(0)	706.6	0.88	100																					b)
FeO	708.4	1.4	24.2	709.7	1.3	1.6	30.1	710.9	1.2	1.6	14.5	712.1	1.2	2.9	25.6	715.4	3.3	2.5	5.6					
$\alpha-Fe_2O_3$	709.8	1.0	26.1	710.7	0.9	1.2	22	711.4	0.7	1.2	17.4	712.3	0.9	1.4	11.1	713.3	1.0	2.2	14.8	719.3	6.0	2.9	8.6	
$\gamma-Fe_2O_3$	709.8	1.2	27.4	710.8	1.0	1.3	27.4	711.8	1.0	1.4	20.3	713.0	1.2	1.4	9.1	714.1	1.1	1.7	5.1	719.3	5.2	2.2	10.0	
Ave, Fe_2O_3	709.8	1.1	26.8	710.8	1.0	1.3	24.7	711.6	0.8	1.3	18.9	712.7	1.1	1.4	10.1	713.7	1.1	2.0	10.0	719.3	5.6	2.6	9.3	
Std. Dev.	0.0	0.1	0.9	0.1	0.1	0.1	3.8	0.3	0.2	0.1	2.1	0.5	0.2	0.0	1.4	0.6	0.1	0.4	6.9	0.0	0.6	0.5	1.0	
$\alpha-FeOOH$	710.2	1.3	26.7	711.2	1.0	1.2	25.3	712.1	0.9	1.4	21.0	713.2	1.1	1.4	12.1	714.4	1.2	1.7	72.2	719.8	5.4	3.0	7.7	
$\gamma-FeOOH$	710.3	1.4	27.3	711.3	1.0	1.4	27.6	712.3	1.0	1.4	20.1	713.3	1.0	1.4	10.5	714.4	1.1	1.8	5.4	719.5	5.1	2.8	8.9	
Ave. FeOOH	710.3	1.4	27	711.3	1.0	1.3	26.5	712.2	0.9	1.4	20.6	713.3	1.1	1.4	11.3	714.4	1.1	1.8	6.3	719.7	5.3	2.9	8.3	
Average Fe(Ⅲ)	710.0	1.2	26.9	711.0	1.0	1.3	25.6	711.9	0.9	1.4	19.7	713.0	1.1	1.4	10.7	714.1	1.1	1.9	8.1	719.5	5.4	2.7	8.8	
Std. Dev,	0.3	0.2	0.6	0.3	0.0	0.1	2.6	0.4	0.1	0.1	1.6	0.5	0.1	0.0	1.3	0.5	0.1	0.2	4.5	0.2	0.4	0.4	0.9	
$Fe_3O_4^{2+}$	708.4	1.2	16.6	709.2	0.8	1.2	14.8																	d)
$Fe_3O_4^{3+}$	710.2	1.4	23.7	711.2	1.0	1.4	17.8	712.3	1.1	1.4	12.2	713.4	1.1	1.4	5.7	714.5	1.1	3.3	9.1	c)				d)
$FeCr_2O_4$ (Chromite)	709.0	2.0	40.5	710.3	1.2	1.5	12.9	711.2	0.9	1.5	17.8	712.3	1.2	1.5	8.3	713.8	1.4	3.6	20.6					e)
$NiFe_2O_4$	709.5	2.0	34.1	710.7	1.3	2.0	33.2	712.2	1.4	2.0	22.3	713.7	1.6	2.0	10.4									
$FeCO_3$ (Siderite)	709.8	1.5	24.3	711.1	1.3	1.5	13.2	712.0	0.9	3.6	41.9	715.6	3.6	3.4	20.0	719.4	3.8	1.5	0.7					

a. 谱峰能量差比谱峰能量更精确。
b. 铁金属图谱峰型不对称，不对称性参数可由标准样品获得。
c. Fe^{3+}震激峰特征会与Fe^{2+}谱峰的$Fe2p_{1/2}$部分重合。
d. Fe^{2+}和Fe^{3+}面积和是 100。
e. 通能设置为 20 eV。

3. Fe2p 精细图谱参考（图 4.108 ~ 图 4.112）

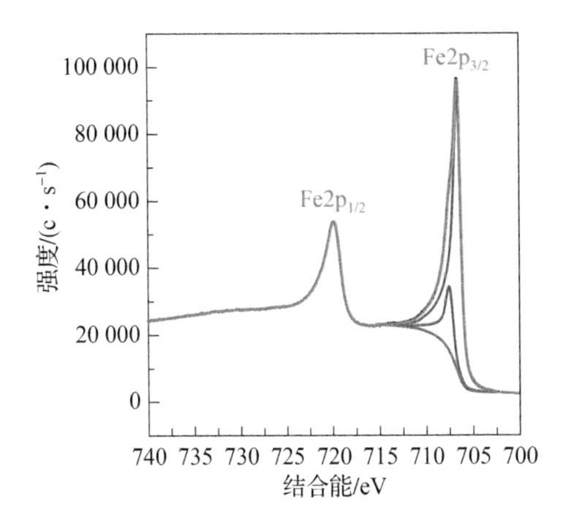

图 4.108　金属铁的 Fe2p

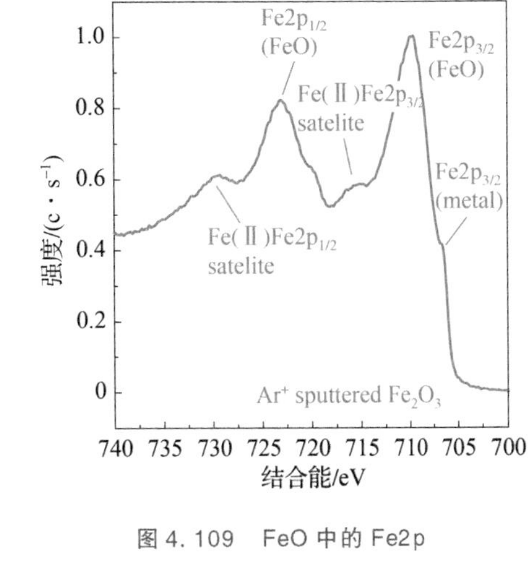

图 4.109　FeO 中的 Fe2p

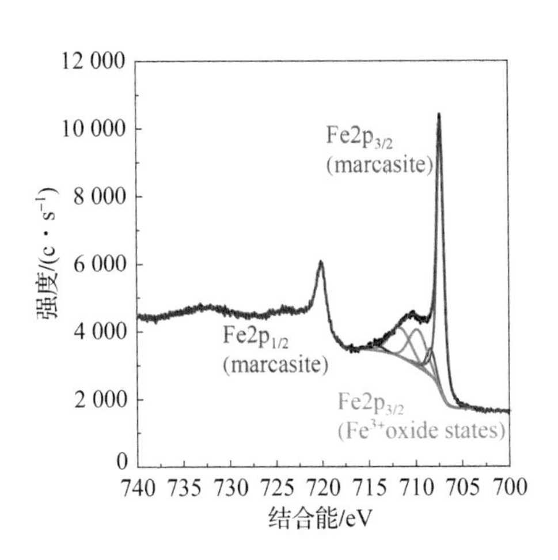

图 4.110　Marasite 白铁矿的 Fe2p

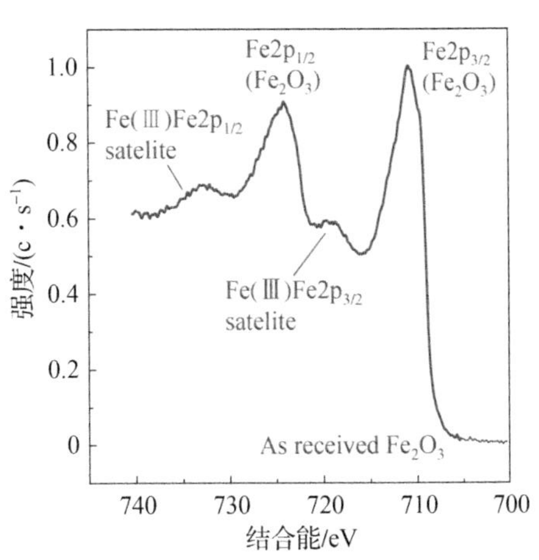

图 4.111　Fe_2O_3的 Fe2p

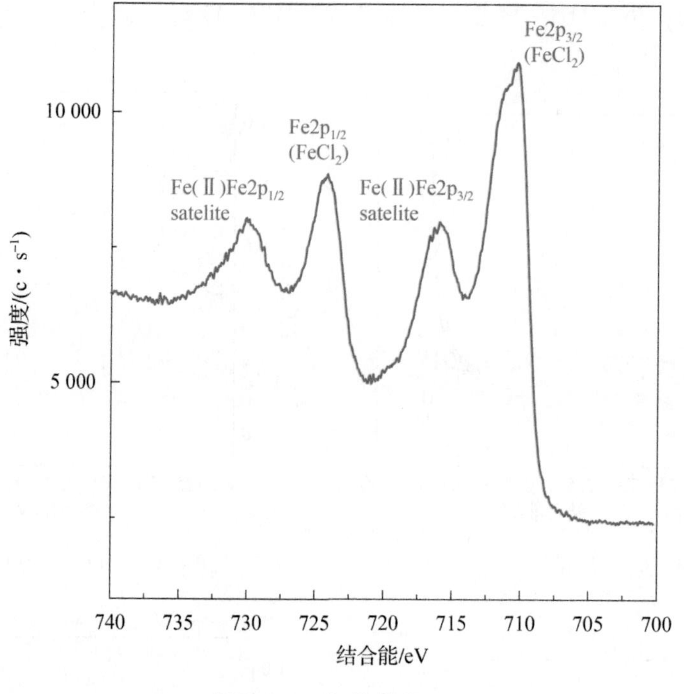

图 4.112　$FeCl_2$的 Fe2p

4. 分析案例

样品信息和分析需求：304 不锈钢的磨屑样品，主要元素为 C、Fe、Ni、Cr、O 等；分析 Fe 的不同化学态比例。

拟合元素：Fe。

（1）精细图谱分峰拟合（图 4.113）

（2）分峰拟合后化学态归属（表 4.74）

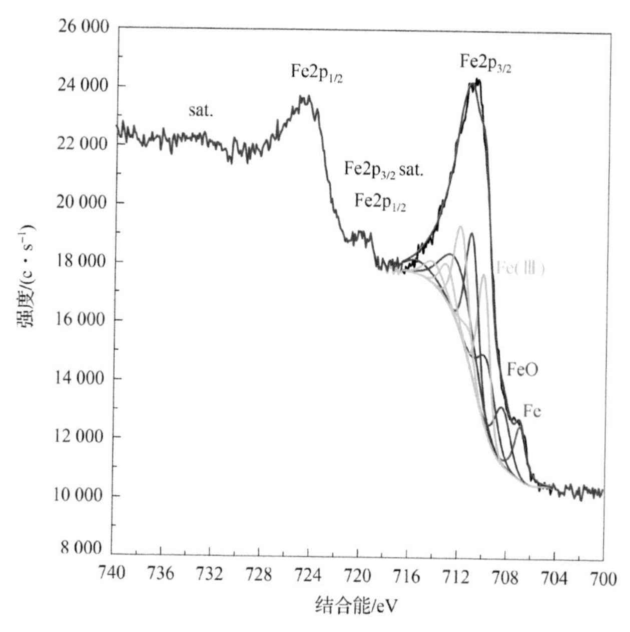

图 4.113　Fe2p 多重分裂分峰拟合

表 4.74　分峰拟合后化学态归属

谱峰	结合能/eV	化学态	谱峰面积/%	原子百分比/%	
$Fe2p_{3/2}$	706.89	Fe 金属	6.57	6.57	100.00
$Fe2p_{3/2}$	708.40	FeO	7.65	43.47	
$Fe2p_{3/2}$	709.70		10.82		
$Fe2p_{3/2}$	710.90		5.24		
$Fe2p_{3/2}$	712.10		16.23		
$Fe2p_{3/2}$	715.40		3.53		
$Fe2p_{3/2}$	710.00	Fe(Ⅲ) (Fe_2O_3/FeOOH)	14.43	49.97	
$Fe2p_{3/2}$	711.00		15.09		
$Fe2p_{3/2}$	711.90		12.65		
$Fe2p_{3/2}$	713.00		4.33		
$Fe2p_{3/2}$	714.10		3.47		

(3) 解析说明

从图谱峰型和能量位置可以判断主要是三种化学态：金属 Fe、二价氧化铁

以及三价氧化铁；推荐资料中的多重分裂分峰（不同化学态固定结合能、半峰宽、面积比等参数）对 $Fe2p_{3/2}$进行分峰拟合；但因为谱峰之间重合比较多，拟合后含量比例仅供参考；单质 Fe 图谱中的 $Fe2p_{1/2}$与三价铁的 $Fe2p_{3/2}$卫星峰有重合，拟合时基线不包括三价铁的卫星峰，同样在含量计算中有误差。

推荐资料

[1] McIntyre N S, Zetaruk D G. X – ray photoelectron spectroscopic studies of iron oxides [J]. Analytical Chemistry, 1977 (49): 1521 – 1529.

[2] Pratt A R, Muir I J, Nesbitt H W. X – ray photoelectron and Auger electron spectroscopic studies of pyrrhotite and mechanism of air oxidation [J]. Geochimica et Cosmochimica Acta, 1994 (58): 827 – 841.

[3] Grosvenor A P, Kobe B A, Biesinger M C, McIntyre N S. Investigation of multiplet splitting of Fe 2p XPS spectra and bonding in iron compounds [J]. Surface and Interface Analysis, 2004 (36): 1564 – 1574.

[4] Gupta R P, Sen S K. Calculation of multiplet structure of core p – vacancy levels [J]. Physical Review B, 1975 (12): 15.

[5] Biesinger M C, Payne B P, Grosvenor A P, Lau L W, Gerson A R, Smart R S. Resolving surface chemical states in XPS analysis of first row transition metals, oxides and hydroxides: Cr, Mn, Fe, Co and Ni [J]. Applied Surface Science, 2011 (257): 2717 – 2730.

4.24 钴（Co）

1. 基本信息（表 4.75）

表 4.75 Co 的基本信息

原子序数	27
元素	钴 Co
元素谱峰	Co2p

续表

重合谱峰	Co LMM、Ba3d Co和Ba同时存在时，定性分析时，需要同时扫描Co LMM俄歇谱峰（713 eV）或Ba4d（85 eV）
化学态归属说明	以C1s吸附碳C—C/C—H结合能284.8 eV对所有谱峰进行校准，Co化学态归属参考XPS数据手册以及XPS数据网站信息
Co2p自旋轨道分裂峰以及分峰方法	$\Delta_{金属}(Co2p_{1/2}-Co2p_{3/2})=14.99$ eV • 金属Co的谱峰峰型不对称，拟合时用不对称函数模式。 • 二价钴氧化物与三价钴氧化物Co2p图谱中都有容易分辨的特征震激卫星峰。 • 氩离子源择优溅射会造成氧化钴谱峰往低能位移，呈现被还原状态；需要溅射清洁时，尽量用低能离子源，以减少此现象。 • 不同钴化学态Co2p谱峰中包含多个多重分裂峰，因此需要对多重分裂峰进行分峰拟合，从而得到正确的化学态识别，多重分裂分峰拟合参考表4.77。 • 氧化钴CoO表面常见Co_3O_4。 • 二价钴有较强的卫星峰特征（786 eV左右）；三价卫星峰在790 eV左右

2. Co2p化学态归属参考（表4.76）

表4.76　不同化学态的$Co2p_{3/2}$结合能参考

化学态	$Co2p_{3/2}$结合能/eV	标准偏差/±eV
Co金属	778.1	0.2
CoO	780.2	0.2
Co_2O_3	779.9	0.3
Co_3O_4	779.8	0.5
CoOOH	780.0	0.3
$Co(OH)_2$	781.0	0.3
CoF_2	783.0	0.3

表4.77为$Co2p_{3/2}$谱峰不同化学态多重分裂分峰拟合参数参考：结合能、谱峰面积比、特定通能下的半峰宽以及谱峰能量差参考。

表 4.77　$Co2p_{3/2}$谱峰不同化学态多重分裂分峰拟合参数参考

化学态	Co(0)[b]	CoO	$Co(OH)_2$	CoOOH[c]	Co_3O_4
Peak 1/eV	778.1	780.0	780.4	780.1	779.6
%	81.0	46.6	38.1	61.4	40.5
Peak 1 FWHM, 10 eV Pass Energy	0.70	2.23	2.01	—	1.38
Peak 1 FWHM, 20 eV Pass Energy	0.75	2.24	2.04	1.48	1.39
Peak 2/eV	781.1	782.1	782.2	781.4	780.9
Δ(Peak2 - Peak1)/eV[a]	3.00	2.10	1.80	1.32	1.30
%	11.0	25.7	26.6	24.5	29.1
Peak 2 FWHM, 10 eV Pass Energy	3.00	2.59	2.60	—	1.55
Peak 2 FWHM, 20 eV Pass Energy	3.00	2.66	2.55	1.48	1.62
Peak 3/eV	783.1	785.5	786.0	783.1	782.2
Δ(Peak3 - Peak2)/eV	2.00	3.40	3.79	1.68	1.30
%	8.0	1.6	33.0	5.2	15.2
Peak 3 FWHM, 10 eV Pass Energy	3.00	2.42	4.47	—	1.94
Peak 3 FWHM, 20 eV Pass Energy	3.00	2.29	4.47	1.48	2.18
Peak 4/eV	—	786.5	790.4	790.1	785.2
Δ(Peak4 - Peak3)/eV	—	1.00	4.40	7.07	3.00
%	—	26	2.4	8.9	8.1
Peak 4 FWHM, 10 eV Pass Energy	—	5.28	2.33	—	4.28
Peak 4 FWHM, 20 eV Pass Energy	—	4.98	2.33	3.30	4.44
Peak 5/eV	—	—	—	—	789.5

续表

Compound	Co(0)[b]	CoO	Co(OH)$_2$	CoOOH[c]	Co$_3$O$_4$
Δ(Peak5 - Peak4)/eV	—	—	—	—	4.3
%	—	—	—	—	7.2
Peak 5 FWHM, 10 eV Pass Energy	—	—	—	—	3.15
Peak 5 FWHM, 20 eV Pass Energy	—	—	—	—	3.29

a. 谱峰能量差比能量值更精确。
b. 谱峰峰型呈不对称性，半峰宽是由标准金属样品采谱获得的。
c. 推荐资料。

3. Co2p 精细图谱参考（图 4.114～图 4.116）

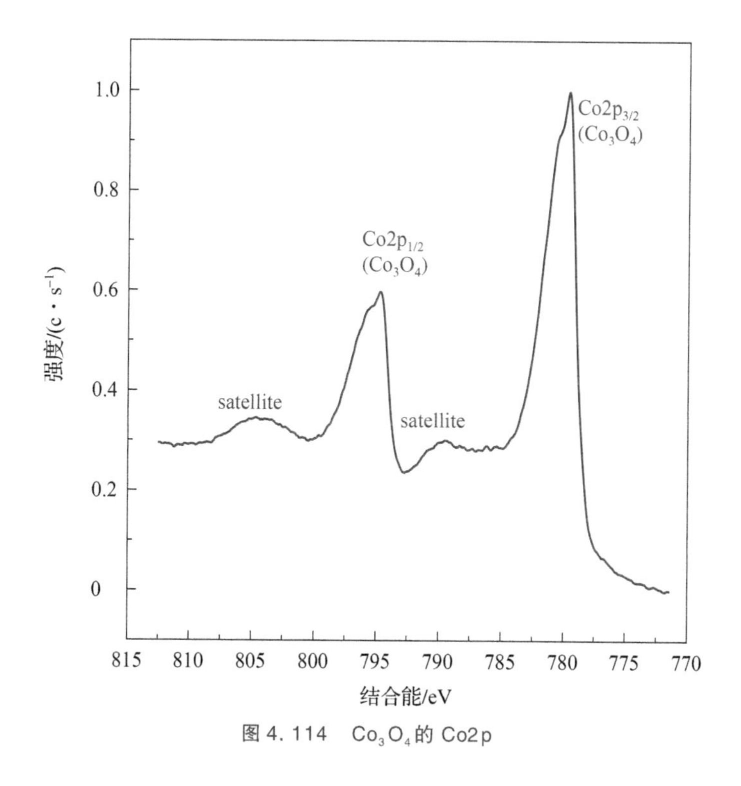

图 4.114　Co_3O_4 的 Co2p

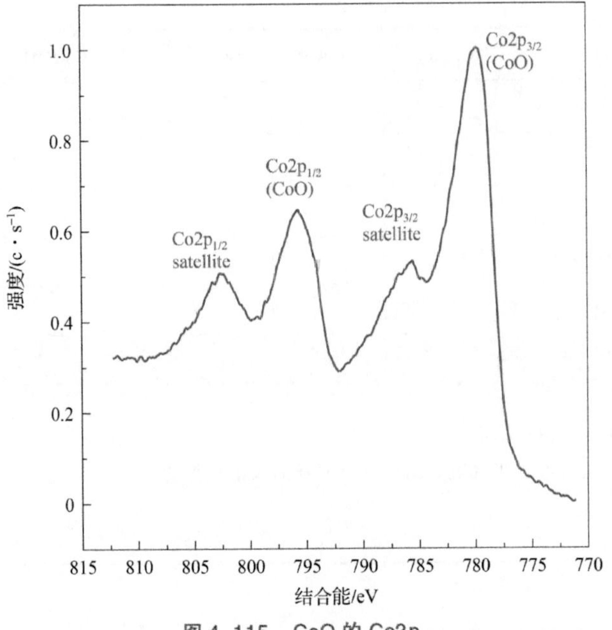

图 4.115 CoO 的 Co2p

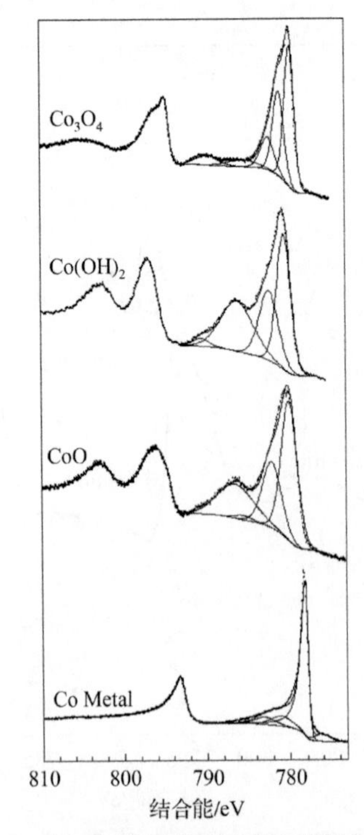

图 4.116 Co2p 的多重分裂分峰拟合参考

4. 分析案例

(1) 分析案例1

样品信息和分析需求：四氧化三钴膜层，钴的化学态定性和半定量分析。

拟合元素：Co、O。

①精细图谱分峰拟合，如图4.117～图4.119所示。

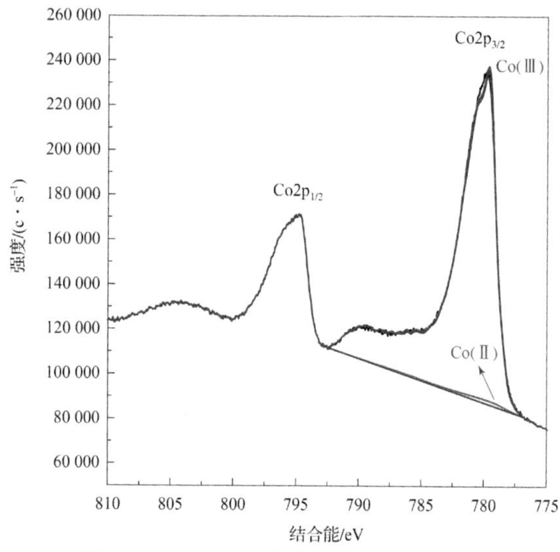

图4.117　Co2p（非线性最小二乘拟合）

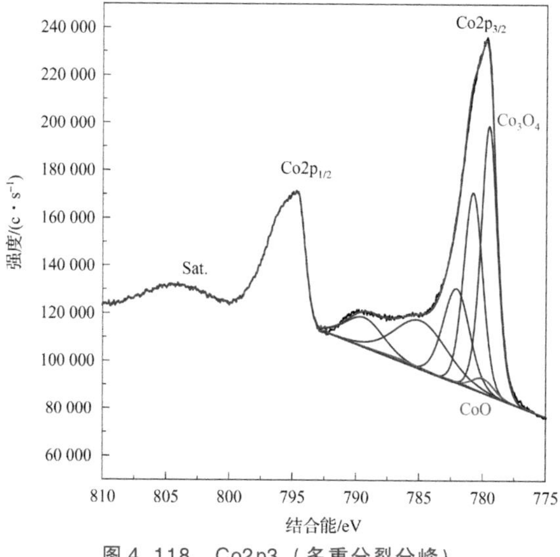

图4.118　Co2p3（多重分裂分峰）

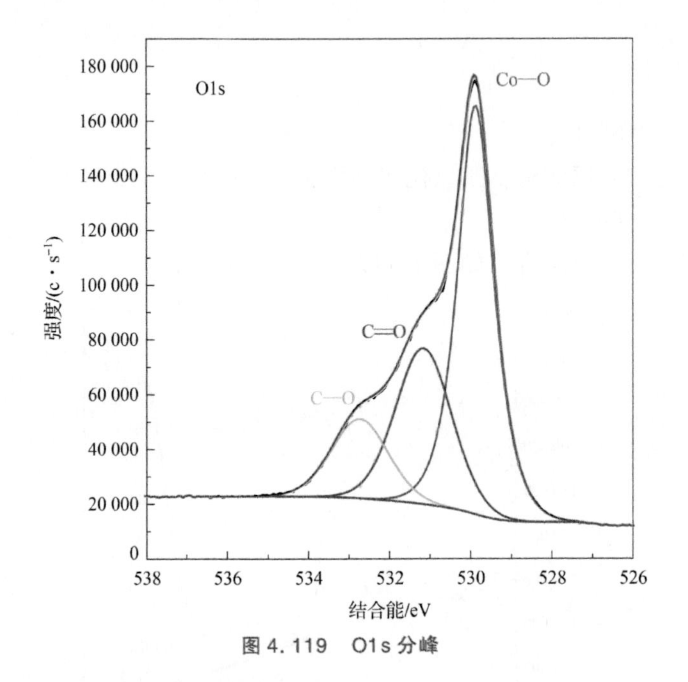

图 4.119　O1s 分峰

②分峰拟合后化学态归属，见表 4.78。

表 4.78　Co2p3 多重分裂分峰拟合

谱峰	结合能/eV	化学态	原子百分比/%		
Co2p$_{3/2}$	779.51	Co_3O_4	30.32	96.75	100.00
Co2p$_{3/2}$	780.78		25.04		
Co2p$_{3/2}$	782.08		16.58		
Co2p$_{3/2}$	784.88		17.04		
Co2p$_{3/2}$	789.35		7.77		
Co2p$_{3/2}$	780.00	CoO	2.19	3.25	
Co2p$_{3/2}$	782.10		0.26		
Co2p$_{3/2}$	785.50		0.07		
Co2p$_{3/2}$	786.50		0.73		
Co2p NLS 分峰拟合					
谱峰	结合能/eV	化学态	原子百分比/%		
Co2p$_{3/2}$	779.63	CoⅢ(Co_3O_4)	98.39		100.00
Co2p$_{3/2}$	779.68	CoⅡ(CoO)	1.61		

续表

<table>
<tr><th colspan="5">O1s</th></tr>
<tr><th>谱峰</th><th>结合能/eV</th><th>化学态</th><th colspan="2">原子百分比/%</th></tr>
<tr><td>O1s-1</td><td>529.84</td><td>金属氧化物（Co—O）</td><td>54.71</td><td rowspan="3">100.00</td></tr>
<tr><td>O1s-2</td><td>531.14</td><td>C=O/Co—OH</td><td>29.99</td></tr>
<tr><td>O1s-3</td><td>532.73</td><td>C—O</td><td>15.30</td></tr>
</table>

③解析说明。

过渡金属钴化合物的精细谱中有多个多重分裂谱峰，而且相互之间有重合，很难用常规的化学态分峰去区分不同化学态和比例。

此案例对比两种拟合方法：分别采用多重分裂分峰拟合（参考标准样品 Co_3O_4 和 CoO 标准图谱的多重分裂谱峰数据：固定不同化学态多重分裂分峰的结合能、谱峰面积比、半峰宽等）以及 NLS 拟合对同一精细谱 Co2p 进行化学态分析，从两种拟合方法的结果判断结论比较接近，都是四氧化三钴占比 96% 以上，而二价氧化钴含量很低。

（2）分析案例 2

样品信息和分析需求：氧化钼中 Co 和 B 价态分析。

拟合元素：Co，B。

①全谱分析，如图 4.120 所示。

②精细图谱分峰拟合，如图 4.121 ~ 图 4.123 所示。

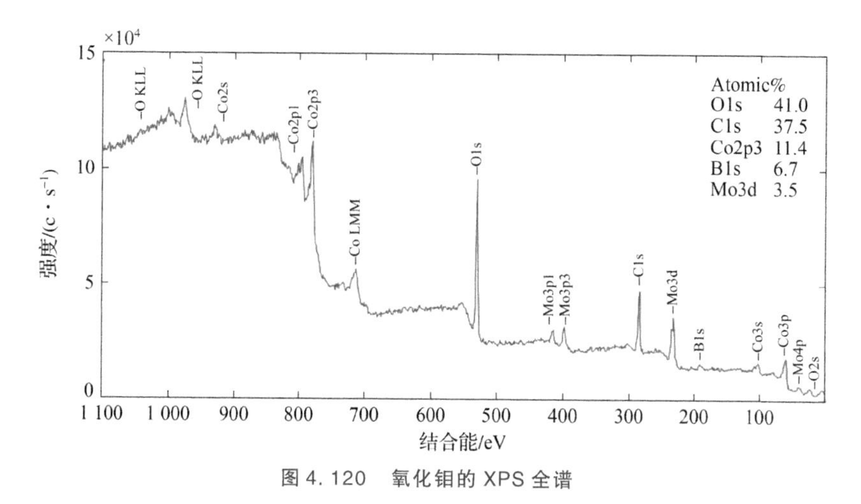

图 4.120　氧化钼的 XPS 全谱

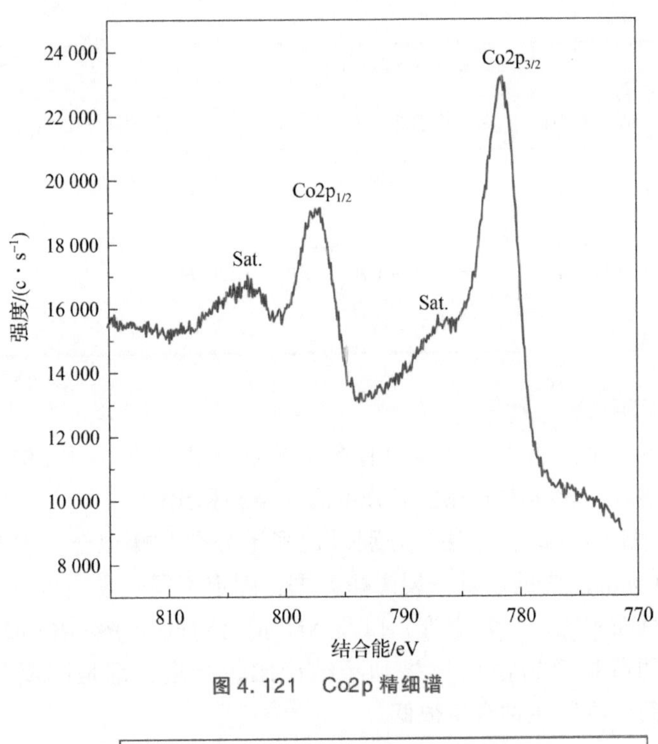

图 4.121　Co2p 精细谱

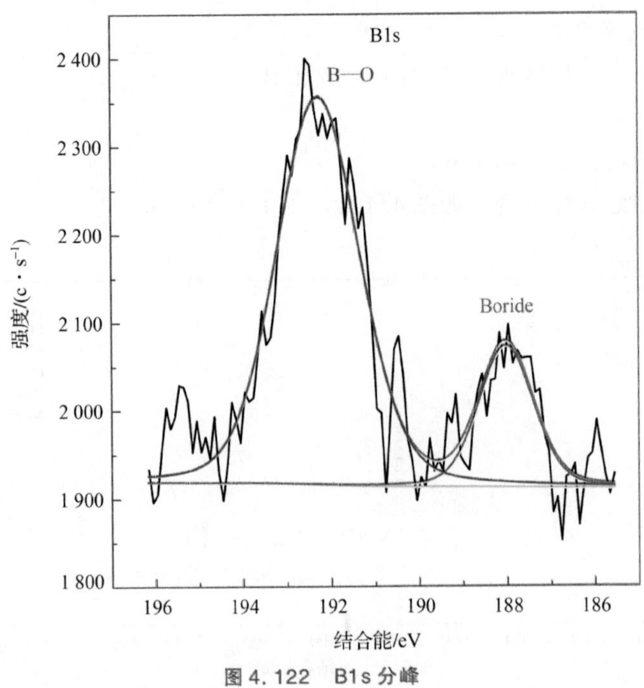

图 4.122　B1s 分峰

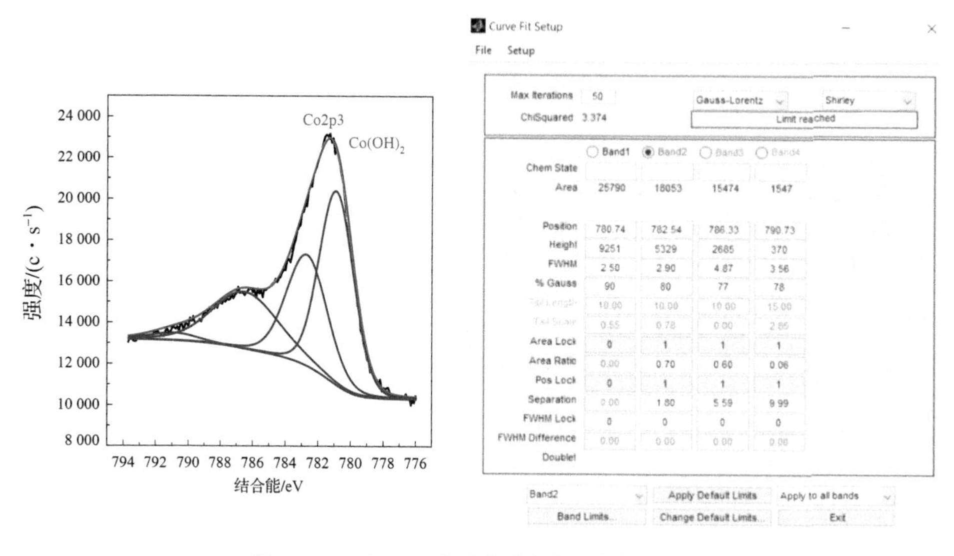

图 4.123　Co2$p_{3/2}$ 多重分裂分峰拟合参数参考

③分峰拟合后化学态归属，见表 4.79。

表 4.79　分峰拟合后化学态归属

谱峰	结合能/eV	化学态	原子百分比/%	
Co2p3	780.74	Co(Ⅱ)[$Co(OH)_2$]	42.37	100.00
Co2p3	782.54		29.66	
Co2p3	786.33		25.42	
Co2p3	790.73		2.54	
B1s	188.06	硼化物	18.22	100.00
B1s	192.25	氧化硼 B—O	81.78	

④解析说明。

参考 Co2p 不同化学态的标准精细谱，通过多重分裂分峰拟合可以明确判断 Co 的化学态主要是氢氧化钴。多重分裂的拟合参数见图 4.123，锁定谱峰面积比、能量差等；而 B1s 精细谱中很明显呈现两个谱峰，分别对应硼化物和氧化硼。全谱中可见 Mo 元素，进一步扫描 Mo3d 可以判断硼化物是否与硼化钼相关，此案例中不做进一步讨论。

推荐资料

[1] Biesinger M C, Payne B P, Grosvenor A P, Lau L W, Gerson A R, Smart R S. Resolving surface chemical states in XPS analysis of first row transition metals, oxides and hydroxides: Cr, Mn, Fe, Co and Ni [J]. Applied Surface Science, 2011 (257): 2717 - 2730.

[2] Yang J, Liu H, Martens W N, Frost R L. Synthesis and characterization of cobalt hydroxide, cobalt oxyhydroxide, and cobalt oxide nanodiscs [J]. The Journal of Physical Chemistry C, 2010 (114): 111 - 119.

[3] Biesinger M C, Payne B P, Lau L W, Gerson A, Smart R S. X - ray photoelectron spectroscopic chemical state quantification of mixed nickel metal, oxide and hydroxide systems [J]. Surface and Interface Analysis, 2009 (41): 324 - 332.

[4] Moulder J F, Stickle W F, Sobol P E, Bomben K D. Handbook of X - ray Photoelectron Spectroscopy [M]. Minnesota: Perkin - Elmer Corporation, 1992.

[5] Crist B V. Handbook of Monochromatic XPS Spectra: The Elements of Native Oxides [M]. Chichester: John Wiley & Sons, 2000.

[6] Behazin M, Biesinger M C, Noël J J, Wren J C. Comparative study of film formation on high - purity Co and Stellite - 6: Probing the roles of a chromium oxide layer and gamma - radiation [J]. Corrosion science, 2012 (63): 40 - 50.

[7] Grosvenor A P, Wik S D, Cavell R G, Mar A. Examination of the bonding in binary transition - metal monophosphides MP (M = Cr, Mn, Fe, Co) by X - ray photoelectron spectroscopy [J]. Inorganic chemistry, 2005 (44): 8988 - 8998.

[8] Grosvenor A P, Cavell R G, Mar A. Next - nearest neighbour contributions to the XPS binding energies and XANES absorption energies of P and As in transition - metal arsenide phosphides MAs1 - yPy having the MnP - type structure [J]. Journal of Solid State Chemistry, 2008 (181): 2549 - 2558.

4.25 镍 (Ni)

1. 基本信息（表 4.80）

表 4.80 Ni 的基本信息

原子序数	28
元素	镍 Ni

续表

元素谱峰	Ni2p
重合谱峰	Fe LMM
化学态归属说明	以 C1s 吸附碳 C—C/C—H 结合能 284.8 eV 对所有谱峰进行校准，Ni2p 化学态归属参考 XPS 数据手册以及 XPS 数据网站信息
Ni2p 自旋轨道分裂峰以及分峰方法	$\Delta_{金属}(Ni2p_{1/2}-Ni2p_{3/2})=17.3$ eV • Ni2p 精细谱谱峰复杂，不同化学态有多重分裂峰和特征卫星峰。 • 金属 Ni 的 Ni2p 谱峰峰型不对称，有震激峰/能量损失谱峰。 • 氩单离子源溅射有择优溅射问题，使镍氧化物中的氧优先被移除，镍谱峰呈现被还原现象。故溅射清洁时采用最低能量的离子源可减少类似还原效应。 • 因为 Ni2p 谱峰复杂，在有标准图谱的情况下，可采用 NLLSF 拟合，或参考多重分裂分峰拟合参数

2. Ni2p 化学态归属参考（表 4.81）

表 4.81　不同化学态的 Ni2p 结合能参考

化学态	Ni2p 结合能/eV
Ni	852.7
NiO	853.8
NiS	853.0
Ni_2O_3	857.3
$Ni(OH)_2$	855.6
$NiSO_4$	856.8

表 4.82 为 $Ni2p_{3/2}$ 谱峰不同化学态多重分裂分峰拟合参数参考：结合能、谱峰面积比、特定通能下的半峰宽以及谱峰能量差参考。

表 4.82　$Ni2p_{3/2}$谱峰不同化学态多重分裂分峰拟合参数参考

化学态	Peak 1/eV[a)]	%	Peak 1 FWHM, 10 eV Pass Energy	Peak 1 FWHM, 20 eV Pass Energy	Peak 2/eV	Δ (Peak 2 − Peak 1) /eV[a]	%	Peak 2 FWHM, 10 eV Pass Energy	Peak 2 FWHM, 20 eV Pass Energy	Peak 3/eV	ΔPeak 3 − Peak 2 (eV)	%	Peak 3 FWHM, 10 eV Pass Energy	Peak 3 FWHM, 20 eV Pass Energy	Peak 4/eV	ΔPeak 4 − Peak 3 (eV)	%	Peak 4 FWHM, 10 eV Pass Energy	Peak 4 FWHM, 20 eV Pass Energy
Ni Metal From [1][b,d]	852.6	79.6	1.00	1.02	856.3	3.65	5.6	2.48	2.48	858.7	2.38	14.8	2.48	2.48					
Ni Metal − New Line Sha	852.6	81.2	0.94	0.95	856.3	3.65	6.3	2.70	2.70	858.7	2.38	12.5	2.70	2.70					
NiO	853.7	14.3	0.98	1.02	855.4	1.71	44.2	3.20	3.25	860.9	5.44	34.0	3.85	3.76	864.0	3.10	3.6	1.97	2.04
$Ni(OH)_2$	854.9	7.4	1.12	1.16	855.7	0.77	45.3	2.25	2.29	857.7	2.02	3.0	1.59	1.59	860.5	2.79	1.4	1.06	1.06
Camma NiOOH	854.6	13.8	1.40		855.3	0.70	12.4	1.50		855.7	0.36	9.7	1.40		856.5	0.78	20.7	1.40	
Beta NiOOH (3 + Portion)	854.6	9.2	1.40		855.3	0.70	8.3	1.50		855.7	0.36	6.4	1.40		856.5	0.78	13.8	1.40	
Beta NiOOH (2 + Portion)	854.9	2.5	1.12		855.7	0.77	15.1	2.25		857.7	2.02	1.0	1.59		860.5	2.79	0.5	1.06	
$NiCr_2O_4$	853.8	7.0	1.22	1.3	855.8	1.95	20.5	1.82	1.86	956.5	0.71	24.7	3.91	3.81	861.0	4.50	2.3	1.27	1.33
$NiFe_2O_4$	854.5	17.3	1.35	1.36	856.0	1.52	38.2	3.03	2.98	861.4	5.41	38.5	4.49	4.50	864.7	3.29	2.8	3.04	3.01

Compound	Peak 5/eV a)	ΔPeak 5 − Peak 4/eV	%	Peak 5 FWHM, 10 eV Pass Energy	Peak 5 FWHM, 20 eV Pass Energy	Peak 6/eV	ΔPeak 6 − Peak 5/eV	%	Peak 6 FWHM, 10 eV Pass Energy	Peak 6 FWHM, 20 eV Pass Energy	Peak 7/eV	ΔPeak 7 − Peak 6/eV	%	Peak 7 FWHM, 10 eV Pass Energy	Peak 7 FWHM, 20 eV Pass Energy
Ni Metal from [5][b,d]															
Ni Metal − New Line Shape[c,d]															
NiO	866.3	2.38	3.9	2.60	2.44										

续表

化学态	Peak 5/eV a)	△Peak 5 − Peak 4/eV	%	Peak 5 FWHM, 10 eV Pass Energy	Peak 5 FWHM, 20 eV Pass Energy	Peak 6/eV	△Peak 6 − Peak 5/eV	%	Peak 6 FWHM, 10 eV Pass Energy	Peak 6 FWHM, 20 eV Pass Energy	Peak 7/eV	△Peak 7 − Peak 6/eV	%	Peak 7 FWHM, 10 eV Pass Energy	Peak 7 FWHM, 20 eV Pass Energy
$Ni(OH)_2$	861.5	1.00	39.2	4.64	4.65	866.5	4.96	3.7	3.08	3.01					
Camma NiOOH	857.8	1.33	8.7	1.90		861.0	3.20	23.3	4.00		864.4	3.38	11.4	4.4	
Beta NiOOH(3 + Portion)	857.8	1.33	5.8	1.90		861.0	3.20	15.6	4.00		864.4	3.38	7.6	4.4	
Beta NiOOH(2 + Portion)	861.5	1.00	13.1	4.64		866.5	4.96	1.2	3.08						
$NiCr_2O_4$	861.3	0.26	39.4	4.34	4.31	866.0	4.73	6.1	2.07	2.13					
$NiFe_2O_4$	867.0	2.27	3.2	2.61	2.66										

a. 谱峰能量差比谱峰能量更精确。

b. Ni 金属图谱峰型不对称，不对称性参数可由标准样品获得。

c. Ni 金属图谱峰型不对称，不对称性参数可由标准样品获得。

d. 金属谱峰校正可以参考 Au4f7/2 @83.95 eV，其他谱峰荷电校正参考 C1s（C—C、C—H、污染碳）@284.8 eV。

e. Beta NiOOH 中 Ni(Ⅲ)：Ni(Ⅱ) 比例为 2 : 1；Ni(Ⅲ) 和 Ni(Ⅱ) 谱峰面积总计是 100%。

3. Ni2p 精细图谱参考（图 4.124 ~ 图 4.127）

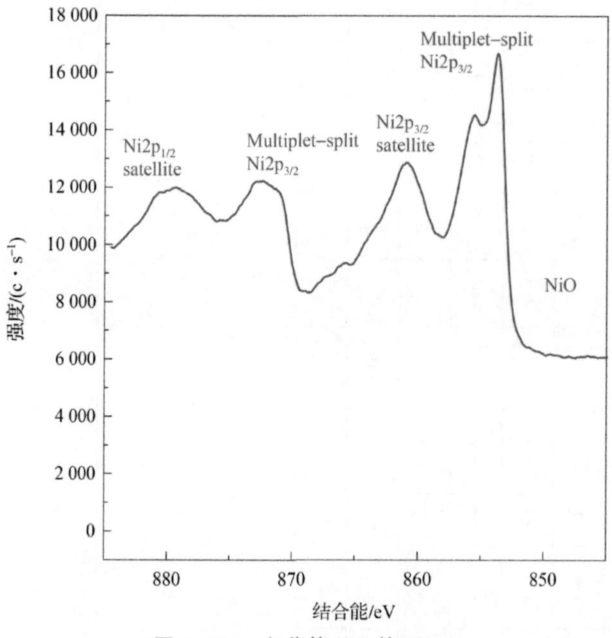

图 4.124　氧化镍 NiO 的 Ni2p

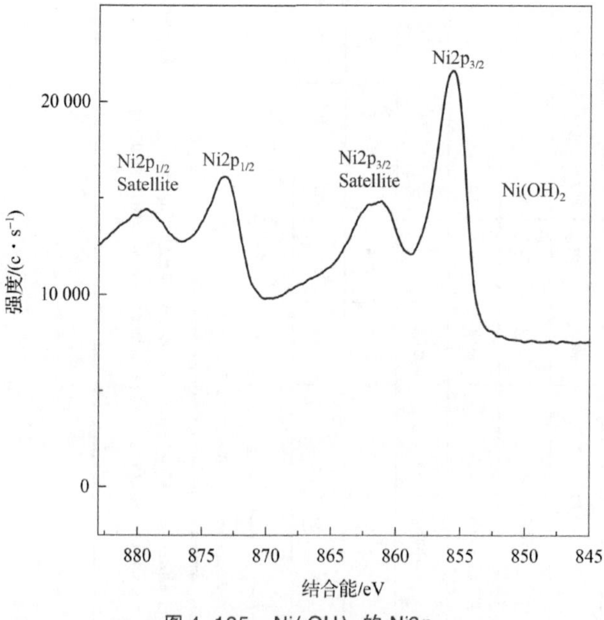

图 4.125　$Ni(OH)_2$的 Ni2p

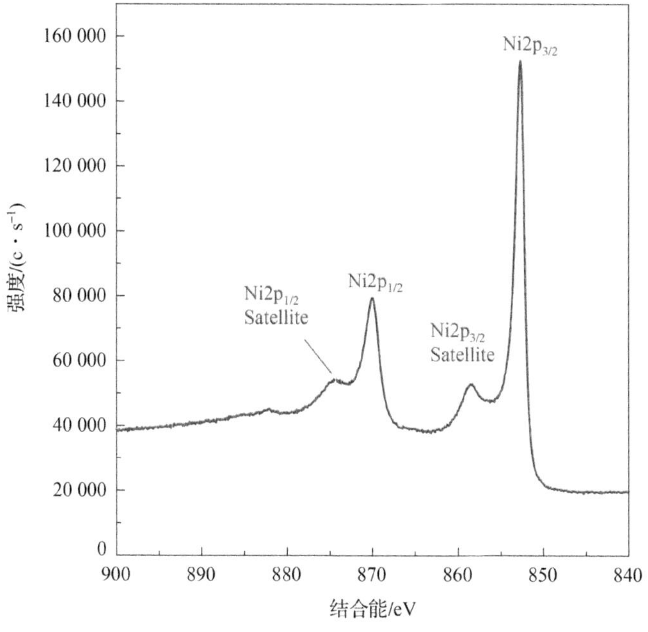

图 4.126 金属镍的 Ni2p

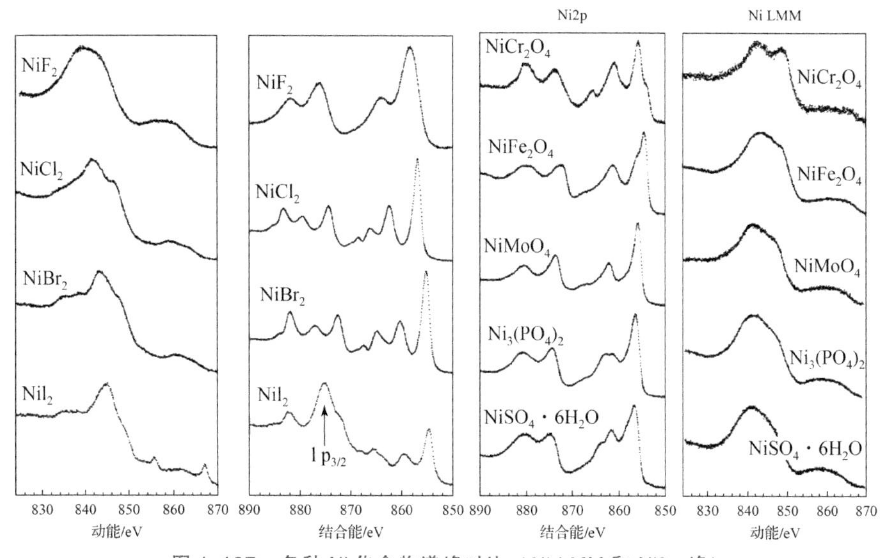

图 4.127 各种 Ni 化合物谱峰对比（Ni LMM 和 Ni2p 峰）

4. 分析案例

样品信息和分析需求：Ni/Ce 催化剂，主要分析 Ni 的化学态和不同化学态的百分含量。

拟合元素：Ni。

（1）精细图谱分峰拟合（图 4.128）

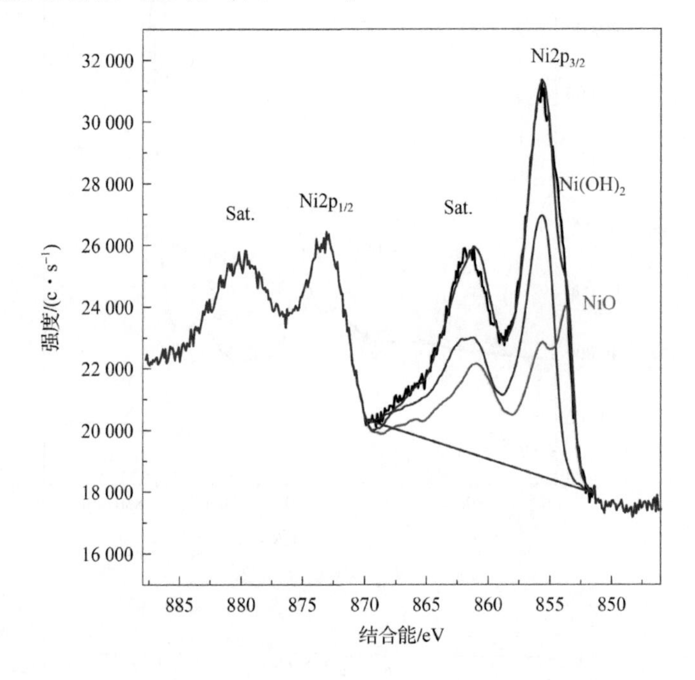

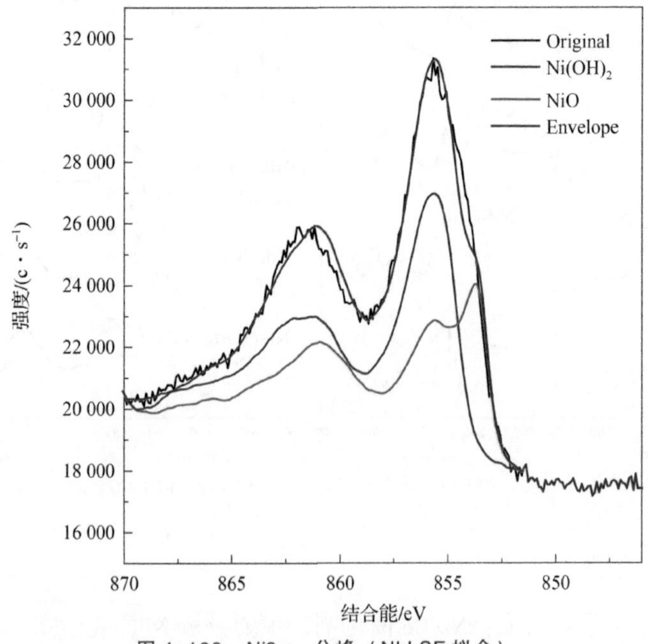

图 4.128　Ni2$p_{3/2}$ 分峰（NLLSF 拟合）

（2）分峰拟合后化学态归属（表4.83）

表4.83 分峰拟合后化学态归属

谱峰	结合能/eV	化学态	原子百分比/%	
$Ni2p_{3/2}$	855.58	$Ni(OH)_2$	57.68	100.00
$Ni2p_{3/2}$	853.68	NiO	42.32	

（3）解析说明

镍的不同化学态中，很多有多重分裂分峰，不同化学态的多重分裂谱峰又多有重合，因此，拟合时用NLS的方法更能反映真实化学态组成和比例；但采用NLS分峰方法的前提是有预期化学态的标准图谱。

此案例中从Ni2p精细谱的谱峰结合能、峰型特点以及特征卫星峰可以判断主要是二价的氧化态，因此，采用氢氧化镍和氧化镍的标准图谱进行NLS拟合，从而得到两种化学态的百分含量。

如果采用G—L分峰拟合，可以结合标准样品的标准图谱的多重分裂分峰参数（固定谱峰结合能、谱峰面积比、半峰宽等）进行，但当多种化学态同时存在时，谱峰众多且重合，拟合过程复杂，误差也会比较大。

|推 荐 资 料|

[1] Grosvenor A P, Biesinger M C, Smart R S, McIntyre N S. New interpretations of XPS spectra of nickel metal and oxides [J]. Surface Science, 2006 (600): 1771 - 1779.

[2] Biesinger M C, Payne B P, Lau L W, Gerson A, Smart R S. X - ray photoelectron spectroscopic chemical state quantification of mixed nickel metal, oxide and hydroxide systems [J]. Surface and Interface Analysis, 2009 (41): 324 - 332.

[3] Biesinger M C, Payne B P, Grosvenor A P, Lau L W, Gerson A R, Smart R S. Resolving surface chemical states in XPS analysis of first row transition metals, oxides and hydroxides: Cr, Mn, Fe, Co and Ni [J]. Applied Surface Science, 2011 (257): 2717 - 2730.

[4] Biesinger M C, Lau L W, Gerson A R, Smart R S. The role of the Auger parameter in XPS studies of nickel metal, halides and oxides [J]. Physical Chemistry Chemical Physics, 2012 (14): 2434 - 2442.

4.26 铜（Cu）

1. 基本信息（表4.84）

表4.84 Cu的基本信息

原子序数	29
元素	铜 Cu
元素谱峰	Cu2p
重合谱峰	Pr3d
化学态归属说明	以 C1s 吸附碳 C—C/C—H 结合能 284.8 eV 对所有谱峰进行校准，Cu2p 化学态归属参考 XPS 数据手册以及 XPS 数据网站信息
Cu2p 自旋轨道分裂峰以及分峰方法	$\Delta_{金属}(Cu2p_{1/2}-Cu2p_{3/2})=19.75$ eV • 由 Cu2p 判断化学态要结合震激卫星峰的特征性。如 Cu(Ⅱ) 的震激峰很明显在 943 eV 附近，但不同二价化学态的震激峰峰型、能量以及谱峰强度有不同变化。 • CuS 的 Cu2p 图谱没有呈现 CuO 的特征卫星峰；CuS 有弱的顺磁性，呈现金属性。 • 相对比 Cu(Ⅰ)，Cu(Ⅱ) 谱峰的半峰更宽，并且结合能有位移。 • Cu(Ⅰ) 的 Cu2p 有很弱的震激卫星峰（945 eV 左右，实际是少量二价态氧化铜的特征），Cu2p 的结合能与 Cu 金属相似，但谱峰半峰比金属态的更宽。 • 分峰拟合 Cu 金属以及 Cu_2O 的 Cu $2p_{3/2}$ 谱峰时，G－L 值与常规的不同，分别是 Gaussian（10%）－Lorentzian（90%）以及 Gaussian（20%）－Lorentzian（80%）的峰型
其他注意事项	• 有些二价铜化合物长时间被 X 射线辐照后会还原，因此，图谱采集时，先扫描 Cu2p 谱峰，再扫描其他谱峰。扫描 Cu2p 谱峰时，尽量控制扫描时间。 • 采集精细谱时，同时扫描 Cu2p 和 Cu LMM 谱峰；不同化学态的 Cu LMM 的能量位移比较明显

2. Cu2p化学态归属参考（表4.85、表4.86）

表4.85 不同化学态的Cu2p结合能、Cu LMM动能以及俄歇参数参考

化学态	结合能 Cu2$p_{3/2}$ /eV	标准偏差 /±eV	俄歇谱峰 Cu $L_3M_{45}M_{45}$	标准偏差 /±eV	修正俄歇参数 α′/eV	标准偏差 /±eV
Cu(0)	932.63	0.21	918.60	0.10	1 851.24	0.16
Cu_2O	932.43	0.24	916.40	0.30	1 849.17	0.32
CuO	933.57	0.39	918.10	0.30	1 851.49	0.35
$Cu(OH)_2$	934.67	0.50	916.20	0.30	1 850.92	0.09
$CuCO_3$	935.00		916.30	0.30	1 851.30	—
CuF_2	936.38	0.15	916.00	1.00	1 851.74	0.15
CuCl	932.34	0.03	915.0	0.60	1 847.51	0.07
$CuCl_2$	935.30	0.11	915.30	0.30	1 850.37	0.17
CuBr	932.27	0.14	—	—	1 848.00	0.02
$CuBr_2$	934.50	0.14	916.9	0.30	1 850.80	0.60
CuI	932.50	0.03	—	—	1 848.84	0.01
$Cu_3(PO_4)_2$	935.85	0.07	—	—	1 851.61	0.05
$Cu(NO_3)_2$	935.50		915.30	—	1 850.80	
$Cu(NO_3)_2 \cdot 3H_2O$	935.51	0.02	—	—	1 850.49	0.15
$CuSO_4$	936.00	0.10	915.60	—	1 851.91	0.10
$CuSiO_3$	934.90		915.20	—	1 850.10	
Cu_2S(Chalcocite)	932.62	0.05	—	—	1 849.84	0.03
CuS	932.20	0.20	917.90	—	1 850.30	0.20
Cu_2S	932.50	0.30	917.40	—	1 849.80	0.20
$CuFeS_2$ (Chalcopyrite)	932.14	0.02	—	—	1 850.18	0.03
Cu_3AsS_3	932.30		—	—	—	—
$CuInS_2$	932.60	0.40	—	—	1 849.50	0.20
CuCN	933.00	0.20	914.50	—	1 847.60	0.10
CuSe	932.00		918.40	—	1 850.40	—
Cu_2Se	932.10	0.30	917.60	—	1 849.90	0.60
$CuInSe_2$	932.20	0.40	—	—	—	—
YBa_2Cu_3O	934.70	1.20	—	—	—	—

表 4.86　二价铜不同化学态拟合参数参考

化学态	peak1 /eV	%	FWHM, 20 eV Pass Energy	peak2 /eV	%	Δ (peak2 − peak1) /eV	FWHM, 20 eV Pass Energy	peak3 /eV	%	Δ (peak3 − peak2) /eV	FWHM, 20 eV Pass Energy	peak4 /eV	%	Δ (peak4 − peak3) /eV	FWHM, 20 eV Pass Energy	peak5 /eV	%	Δ (peak5 − peak4) /eV	FWHM, 20 eV Pass Energy
Cu(Ⅱ)Oxide	933.11	31	2.07	934.48	33	1.37	3.05	940.52	3	6.04	1.03	941.66	28	1.13	3.55	943.71	6	2	1.17
Cu (Ⅱ) Hydroxide	934.67	60	2.85	939.3	6	4.63	2.80	942.2	28	2.90	3.66	944.12	7	1.92	1.76				2.85
$CuCl_2$	935.26	63	1.54	942.14	10	6.88	1.09	943.35	14	1.21	1.75	945.22	13	1.87	1.57				

3. Cu2p 精细图谱参考（图 4.129～图 4.135）

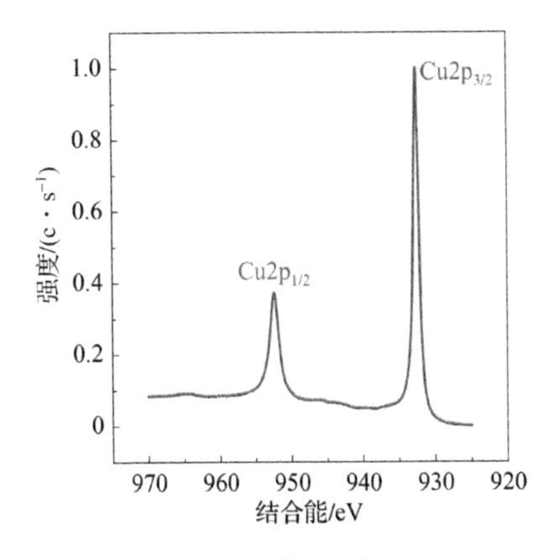

图 4.129　金属 Cu 的 Cu2p

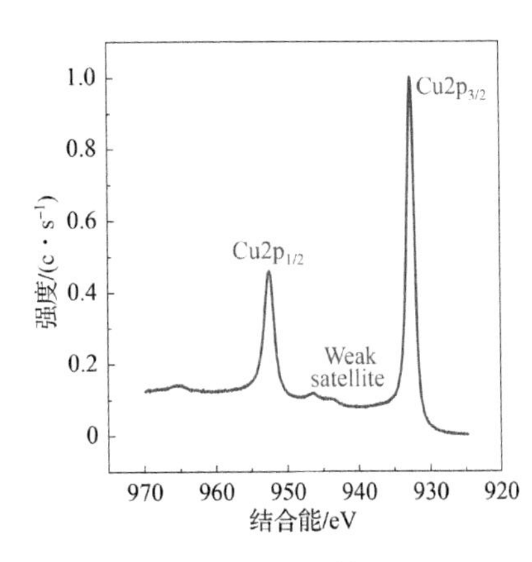

图 4.130　Cu_2O 的 Cu2p

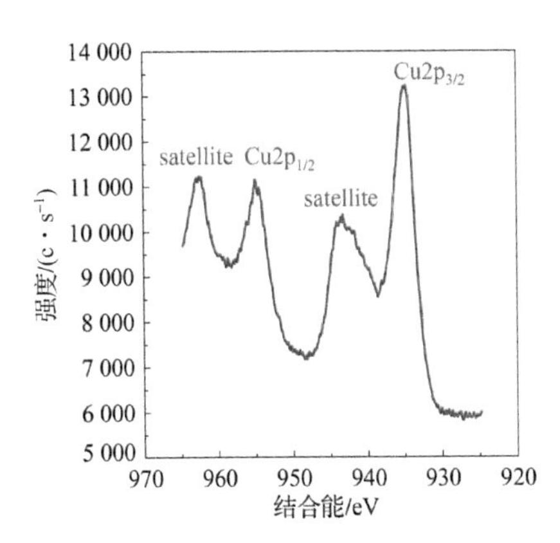

图 4.131　铜碳酸盐岩的 Cu2p

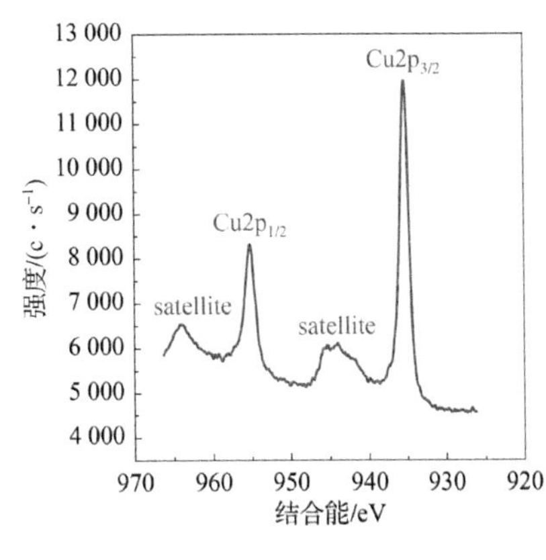

图 4.132　酞菁（phthalocyanine）的 Cu2p

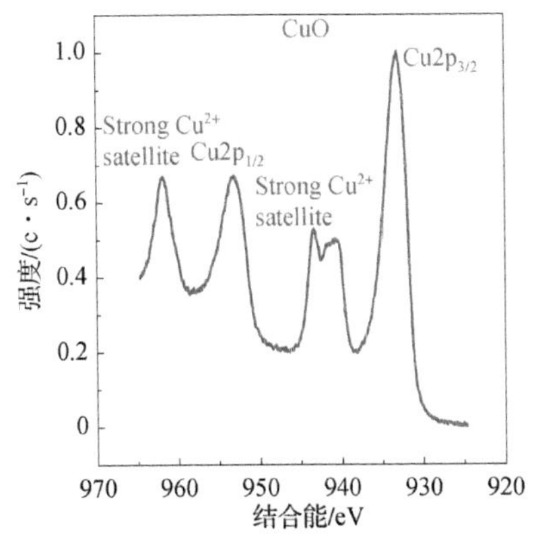

图 4.133　CuO 的 Cu2p

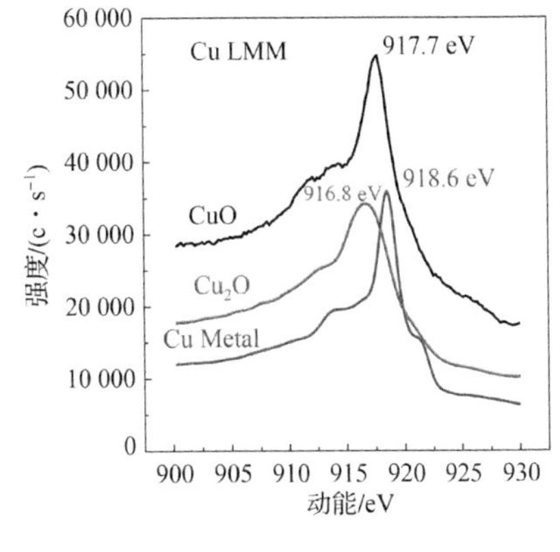

图 4.134　Cu LMM 对比

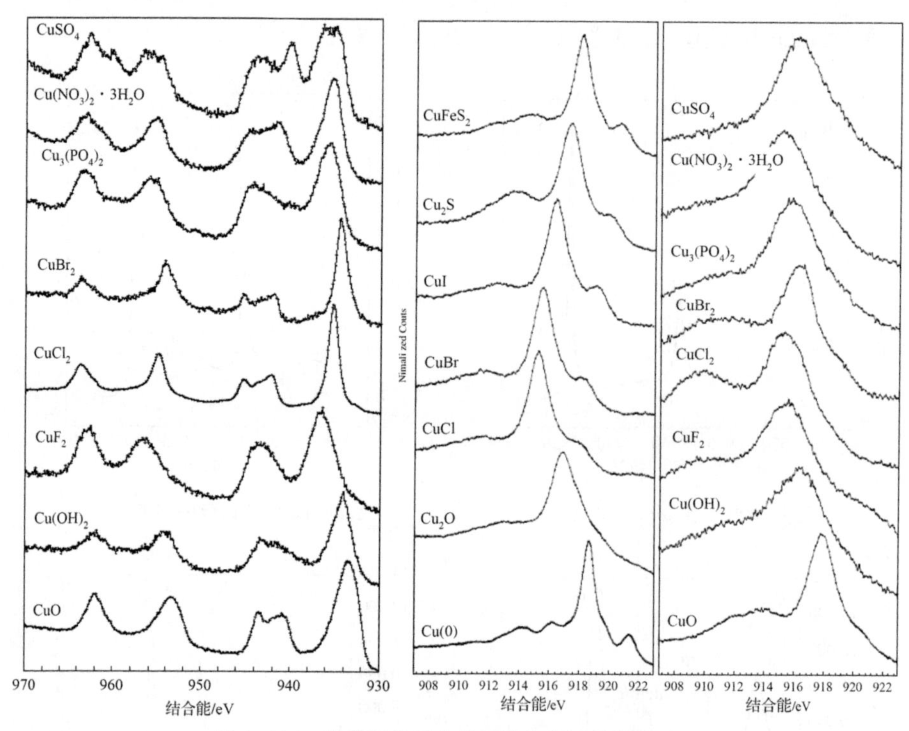

图 4.135 其他铜化学态的图谱参考（摘自文献）

4. 分析案例

样品信息和分析需求：铜金属表面氧化态定性和定量。

拟合元素：Cu(Cu2p，Cu LMM)。

（1）精细图谱分析方法（图 4.136、图 4.137）

（2）分峰拟合后化学态归属（表 4.87）

（3）解析说明

从 Cu2p 精细谱可以看出，有明显的正二价态铜的特征卫星峰（940 ~ 950 eV），说明主要是氧化铜 CuO，通过分峰拟合可以区分 932.5 eV 低价态铜和二价氧化铜，但金属铜和正一价氧化铜的结合能都在 932.5 eV 左右，需要结合 Cu LMM 俄歇谱峰进行判断。铜俄歇谱峰 Cu LMM 峰型不规整，不能用常规G－L 分峰拟合方法，而是采用非线性最小二乘拟合（NLS）的方法进行化学态分峰和识别，从而得到准确的金属铜、正一价氧化铜以及正二价氧化铜的比例关系。

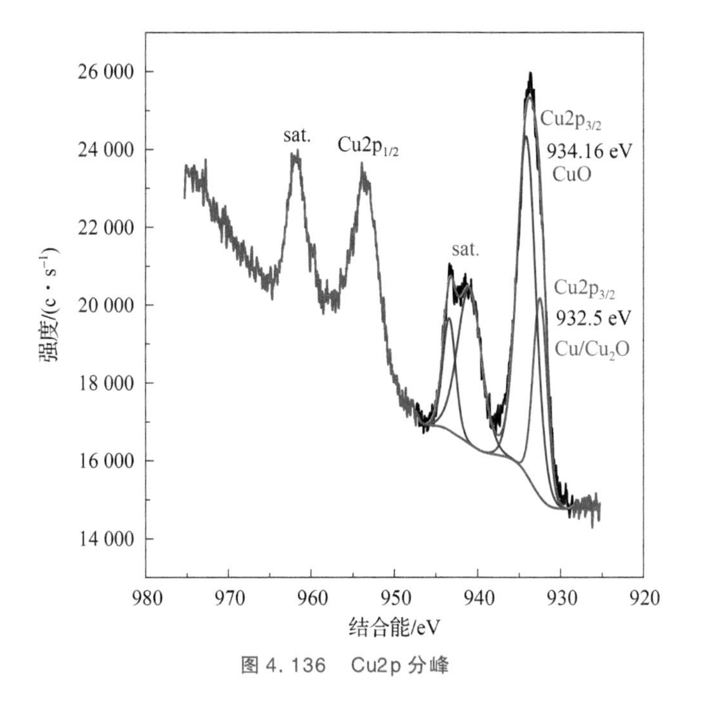

图 4.136　Cu2p 分峰

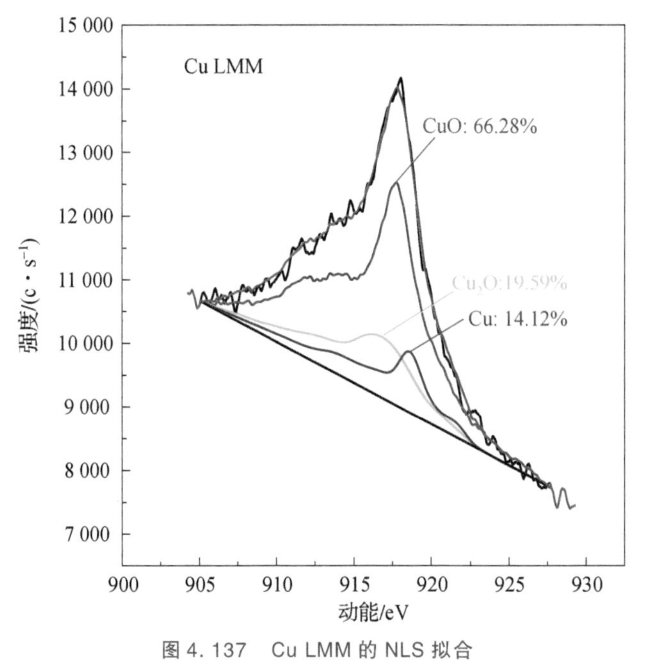

图 4.137　Cu LMM 的 NLS 拟合

表 4.87 分峰拟合后化学态归属

	谱峰	结合能/eV	化学态	原子百分比/%	
分峰拟合	$Cu2p_{3/2}$	932.5	Cu/Cu_2O	29.81	100.00
	$Cu2p_{3/2}$	934.1	CuO	70.19	
NLS 拟合	Cu LMM	918.6	Cu	14.12	100.00
	Cu LMM	916.8	Cu_2O	19.59	
	Cu LMM	917.7	CuO	66.28	

推荐资料

[1] Biesinger M C. Advanced analysis of copper X - ray photoelectron spectra [J]. Surface and Interface Analysis, 2017 (49): 1325 - 1334.

[2] Biesinger M C, Lau L W, Gerson A R, Smart R S. Resolving surface chemical states in XPS analysis of first row transition metals, oxides and hydroxides: Sc, Ti, V, Cu and Zn [J]. Applied Surface Science, 2010 (257): 887 - 898.

[3] Biesinger M C, Hart B R, Polack R, Kobe B A, Smart R S. Analysis of mineral surface chemistry in flotation separation using imaging XPS [J]. Minerals Engineering, 2007 (20): 152 - 162.

[4] Wagner C D, Naumkin A V, Kraut - Vass A, Allison J W, Powell C J, Rumble Jr J R. NIST Standard Reference Database 20, Version 3.4 (web version) [M]. National Institute of Standards and Technology: Gaithersburg, MD, 2003: 20899.

[5] Skinner W M, Prestidge C A, Smart R S. Irradiation effects during XPS studies of Cu (Ⅱ) activation of zinc sulphide [J]. Surface and Interface Analysis, 1996 (24): 620 - 626.

[6] Goh S W, Buckley A N, Lamb R N, Rosenberg R A, Moran D. The oxidation states of copper and iron in mineral sulfides, and the oxides formed on initial exposure of chalcopyrite and bornite to air [J]. Geochimica et Cosmochimica Acta, 2006 (70): 2210 - 2228.

[7] Poulston S, Parlett P M, Stone P, Bowker M. Surface oxidation and reduction of CuO

and Cu_2O studied using XPS and XAES [J]. Surface and Interface Analysis, 1996 (24): 811-820.

[8] Gerson A R. The effect of surface oxidation on the Cu activation of pentlandite and pyrrhotite [D]. Science Press: 2008.

[9] Watts J F, Wolstenholme J. An Introduction to Surface Analysis by XPS and AES [M]. England: John Wiley and Sons, 2003.

[10] Crist B V. Handbook of Monochromatic XPS Spectra: The Elements of Native Oxides [M]. Chichester: John Wiley & Sons, 2000.

4.27 锌（Zn）

1. 基本信息（表4.88）

表4.88 Zn的基本信息

原子序数	30
元素	锌 Zn
元素谱峰	Zn2p
重合谱峰	O KLL、V LMM
化学态归属说明	以C1s吸附碳C—C/C—H结合能284.8 eV对所有谱峰进行校准，Zn2p化学态归属参考XPS数据手册以及XPS数据网站信息

续表

Zn2p 自旋轨道分裂峰以及分峰方法	$\Delta_{金属}(Zn2p_{1/2}-Zn2p_{3/2})=23$ eV • 不同化学态的 Zn2p 结合能差别很小（$Zn2p_{3/2}=1\ 021\sim1\ 023$ eV），因此很难单独用 Zn2p 结合能判断锌的化学态，而 Zn LMM（动能@990 eV 左右）在不同化学态之间有明显能量位移。 • 需要同时扫描 Zn2p 和 Zn LMM 精细谱，用锌俄歇谱峰和俄歇参数来判断化学态。 • 金属态谱峰半峰宽小于氧化态的半峰宽；有多种锌化学态同时存在时，谱峰会展宽

2. Zn2p 化学态归属参考（表 4.89）

表 4.89　不同化学态的 Zn2p 结合能参考

化学态	$Zn2p_{3/2}$结合能/eV	标准偏差/±eV	Zn LMM 动能/eV	俄歇参数/eV
Zn 金属（Metal）	1 021.65	0.01	992.1	2 013.77
ZnO	1 021.00	0.04	988.5	2 010.4
锌铍氧化物（Zinc Beryllium Oxide）	1 022.1	—	—	2 010.0～2 010.1
$Zn(OH)_2$	1 022.0	—	—	2 009.6
$ZnCl_2$	1 021.9	—	989.4	2 011.3
ZnS	1 022.0	—	989.7	2 011.7
ZnF_2	1 022.8	—	986.7	2 009.5
ZnI_2	1 023	—	988.7	2 011.7
$ZnBr_2$	1 023.4		987.3	2 010.7

3. Zn2p 和 Zn LMM 精细图谱参考（图 4.138）

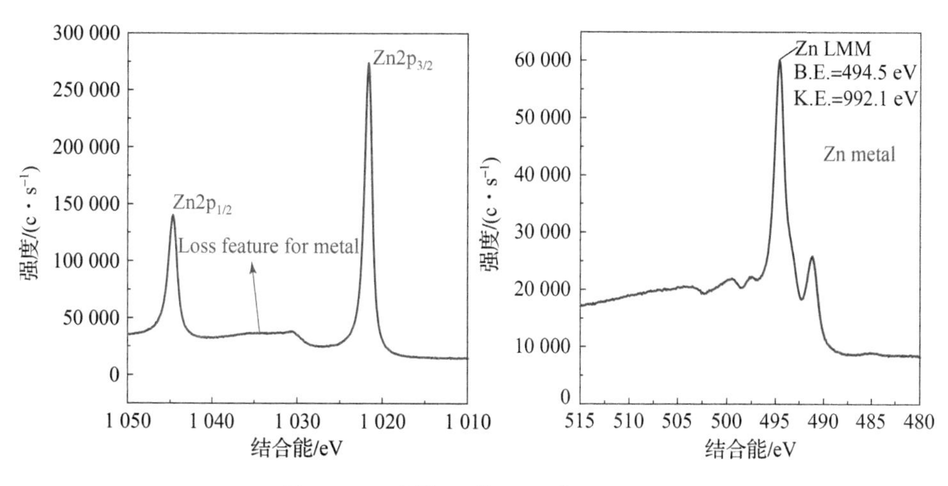

图 4.138　金属 Zn 的 Zn2p 和 Zn LMM

4. 分析案例

样品信息和分析需求：金属化合物，包括 Li、Zn、Ti、O，主要分析 Zn 的化学态。

拟合元素：Zn(Zn2p，Zn LMM)。

（1）精细图谱（图 4.139）

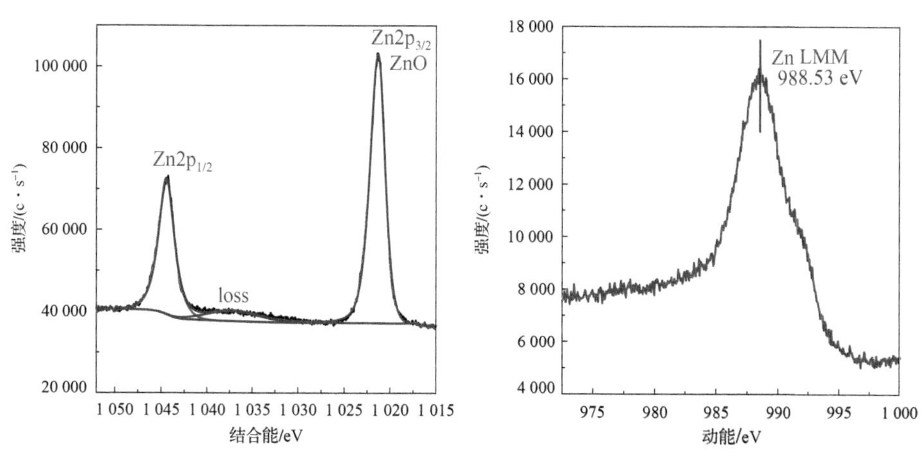

图 4.139　Zn2p 及 Zn LMM 谱峰

（2）分峰拟合后化学态归属（表 4.90、表 4.91）

表 4.90 分峰拟合后化学态归属

谱峰	结合能/eV	化学态	原子百分比/%
$Zn2p_{3/2}$	1 021.33	ZnO	100

表 4.91 分峰拟合俄歇参数信息

修正俄歇参数（Modified Auger parameter），$\alpha' = \alpha + h\nu_{X-ray} = E_K^A + E_B^P$	
E_K^A(Zn LMM)/eV	988.53
E_B^P($Zn2p_{3/2}$)/eV	1 021.33
α'/eV	2 009.86
化学态	ZnO

（3）解析说明

Zn 的化学态判断不能单单只分析 $Zn2p_{3/2}$，因其不同化学态的 $Zn2p_{3/2}$ 结合能非常相近（1 022 eV 左右），所以无法区分。含量高、信号强的时候，可以从 Zn2p 谱峰中看到特征的能量损失谱峰，氧化态和单质态能量损失谱峰特征不同；但含量低、信号弱的时候，就很难识别能量损失谱峰。不同化学态的 Zn LMM 俄歇谱峰有明显差异，峰型和动能都有区别，因此可以结合 Zn LMM 俄歇谱峰以及俄歇参数判断 Zn 的化学态。此案例中，俄歇谱峰的峰型特点以及俄歇参数都与氧化锌的相当，可判断为氧化锌。

推荐资料

Biesinger M C，Lau L W，Gerson A R，Smart R S. Resolving surface chemical states in XPS analysis of first row transition metals，oxides and hydroxides：Sc，Ti，V，Cu and Zn [J]. Applied Surface Science，2010（257）：887－898.

4.28　镓（Ga）

1. 基本信息（表4.92）

表4.92　Ga的基本信息

原子序数	31
元素	镓 Ga
元素谱峰	Ga2p、Ga3d
重合谱峰	In4d、O2s
化学态归属说明	以C1s吸附碳C—C/C—H结合能284.8 eV对所有谱峰进行校准，Ga2p、Ga3d化学态归属参考XPS数据手册以及XPS数据网站信息
Ga3d自旋轨道分裂峰以及分峰方法	$\Delta_{单质}(Ga3d_{3/2}-Ga3d_{5/2})=(0.45\pm0.01)$ eV • Ga3d自旋轨道分裂峰有重合，金属态的两个分裂峰可以区分，但化学态的可以忽略。 • Ga3d谱峰与In4d(17 eV)以及O2s(23.5 eV)重合；精细谱扫描时，请同时扫描Ga2p、Ga3p和Ga LMM精细谱；相互结合判断化学态。 • 单质态Ga的谱峰峰型不对称，拟合单质态时，需用不对称模式，而不同化学态的Ga3d谱峰对称
Ga2p自旋轨道分裂峰以及分峰方法	$\Delta_{单质}(Ga2p_{1/2}-Ga2p_{3/2})=26.84$ eV • 单质态Ga的谱峰峰型不对称，拟合单质态时，需用不对称模式，而不同化学态的Ga2p谱峰对称。 • 分裂峰能量差比较大，分峰拟合时，单独拟合$Ga2p_{3/2}$谱峰就可以；分裂峰之间有能量损失谱峰（@1 130 eV）
Ga3p自旋轨道分裂峰以及分峰方法	$\Delta_{单质}(Ga3p_{1/2}-Ga3p_{3/2})=3.53$ eV

续表

其他注意事项	• 单质 Ga 不耐 X 射线长时间辐照。 • 判断 Ga 化学态通常需要扫描 Ga2p 和 Ga3d 两组谱峰；Ga3d 电子的动能更高，表征的成分信息比低动能的 Ga2p 更深。 • 深度剖析时，采集 Ga2p 可以得到更好的深度分辨率；而 Ga3d 在化学态表征中提供的信息更丰富

2. Ga2p、Ga3d、Ga3p 以及俄歇参数化学态归属参考（表 4.93）

表 4.93 不同化学态的 Ga2p、Ga3d、Ga3p 结合能参考

化学态	Ga3$d_{5/2}$/eV	Ga 2$p_{3/2}$/eV	Ga $L_3M_{45}M_{45}$/eV	Ga2$p_{3/2}$ - Ga LMM 俄歇参数/eV	Ga 3$p_{3/2}$/eV
Ga 金属	18.6	1 117.1	1 068.01	2 184.9	104.5
GaAs	19.2	1 116.9	1 066.3	2 183.3	104.8
GaAs 标准样品	18.92	1 117.02	1 067.1	2 184.1	104.37
GaAs 氧化物	20.3	1 117.8	—	—	—
Ga_2O_3	20.4	1 117.4	1 062.6	2 180.3	105.6
Ga 氧化物	20.9	1 118.7	—	—	—
Ga_2Se_3	19.8	—	1 065.2	—	—
GaN	19.6	—	1 064.5	—	—
GaP	19.3	1 116.8	1 065.6	2 182.4	—
GaSb	20.2	—	—	—	—
$GaCl_3$	21.91	1 119.85	1 060.09	2 179.94	—
Ga_2Cl_4	21.77	1 119.54	1 060.43	2 179.97	—
$GaBr_3$	21.48	1 119.45	1 061.17	2 180.62	—
GaI_3	21.06	1 119.17	1 062.26	2 181.43	—
Ga_2I_4	20.80	1 118.72	1 061.98	2 180.7	—

3. Ga2p、Ga3d 精细图谱参考（图 4.140）

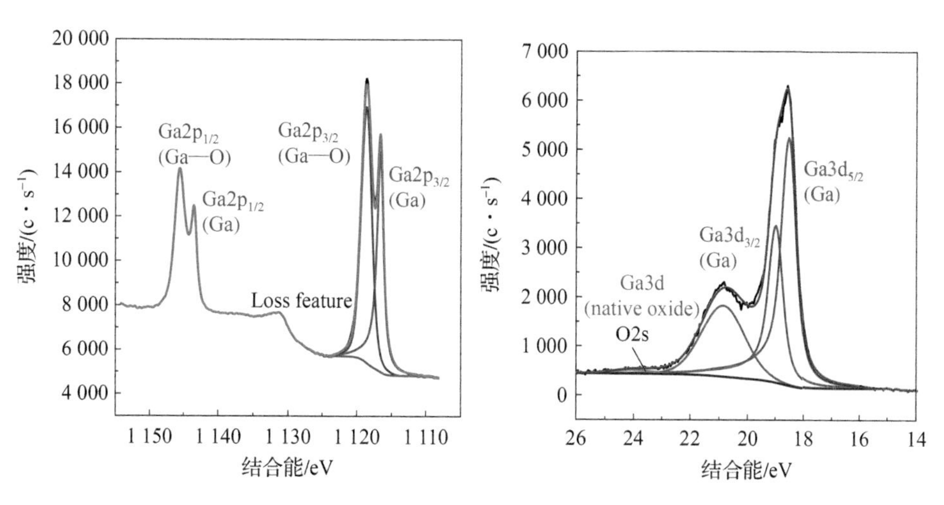

图 4.140　镓表面氧化分析的 Ga2p 和 Ga3d

4. 分析案例

样品信息和分析需求：氮化镓样品中 Ga 和 N 化学态分析。

拟合元素：Ga、N。

（1）精细图谱分峰拟合（图 4.141 ~ 图 4.143）

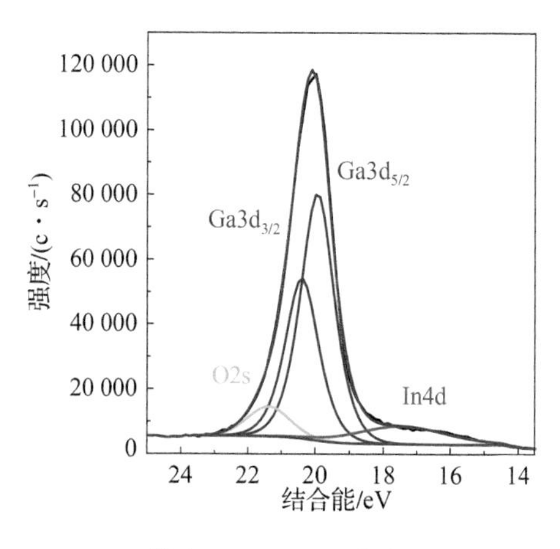

图 4.141　Ga3d 分峰

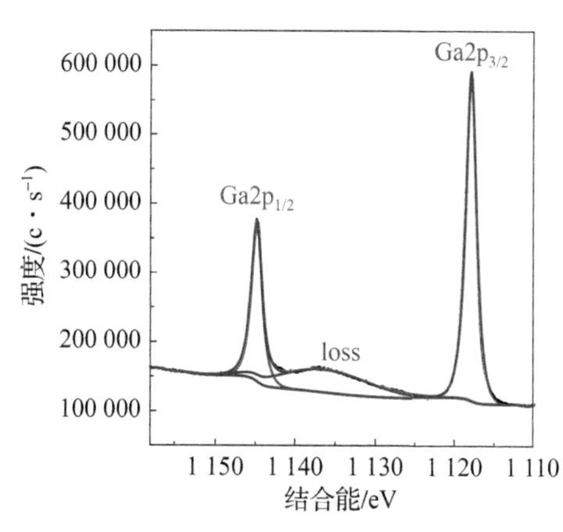

图 4.142　Ga2p 分峰

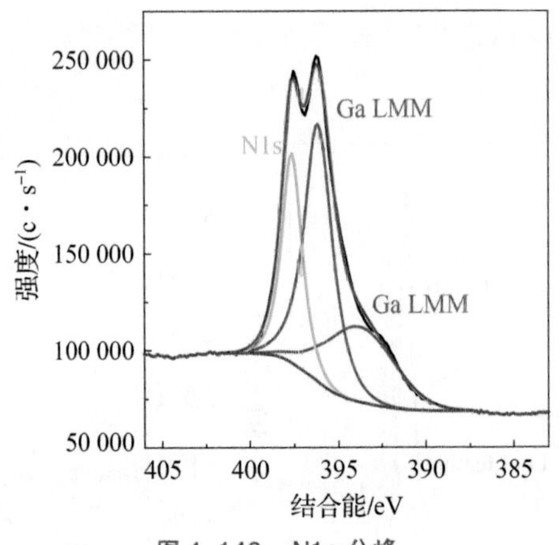

图 4.143　N1s 分峰

（2）分峰拟合后化学态归属（表 4.94）

表 4.94　分峰拟合后化学态归属

谱峰	结合能/eV	化学态	原子百分比/%
$Ga3d_{5/2}$	19.94	Ga—N	100.00
$Ga3d_{3/2}$	20.39		
In4d	17.47	—	—
O2s	21.28	—	—
$Ga2p_{3/2}$	1 118.01	Ga—N	—
$Ga2p_{1/2}$	1 144.80		
loss	1 136.36	—	—
N1s	397.63	Ga—N	100.00
Ga LMM	393.75	—	—
Ga LMM	396.10	—	—

（3）解析说明

判断 Ga 的化学态需要同时扫描 Ga3d 和 Ga2p，此案例中，Ga3d 与 O2s 和 In4d 都有重合，而 N1s 与 Ga LMM 也重合比较严重，如果要结合定量结果判断化学态，必须通过分峰拟合后扣除 Ga LMM 的干扰，才能准确定量 Ga 与 N 的比例关系。

推荐资料

[1] Wagner C D, Naumkin A V, Kraut – Vass A, Allison J W, Powell C J, Rumble Jr J R. NIST Standard Reference Database 20, Version 3.4 (web version) [M]. National Institute of Standards and Technology: Gaithersburg, MD, 2003: 20899.

[2] Ghosh S C, Biesinger M C, LaPierre R R, Kruse P. The role of proximity caps during the annealing of UV – ozone oxidized GaAs [J]. Journal of Applied Physics, 2007 (101): 114321.

[3] Ghosh S C, Biesinger M C, LaPierre R R, Kruse P. X – ray photoelectron spectroscopic study of the formation of catalytic gold nanoparticles on ultraviolet – ozone oxidized GaAs (100) substrates [J]. Journal of Applied Physics, 2007 (101): 114322.

[4] Budz H A, Biesinger M C, LaPierre R R. Passivation of GaAs by octadecanethiol self – assembled monolayers deposited from liquid and vapor phases [J]. Journal of Vacuum Science & Technology B, 2009 (27): 637 – 648.

[5] Moulder J F, Stickle W F, Sobol P E, Bomben K D. Handbook of X – ray Photoelectron Spectroscopy [M]. Minnesota: Perkin – Elmer Corporation, 1992.

4.29　锗 (Ge)

1. 基本信息 (表4.95)

表4.95　Ge的基本信息

原子序数	32
元素	锗 Ge
元素谱峰	Ge2p、Ge3d、Ge3p
重合谱峰	W4f、F2s
化学态归属说明	以C1s吸附碳C—C/C—H结合能284.8 eV对所有谱峰进行校准，Ge化学态归属参考XPS数据手册以及XPS数据网站信息

续表

Ge2p 自旋轨道分裂峰以及分峰方法	$\Delta(Ge2p_{1/2}-Ge2p_{3/2})=31.1$ eV • 金属态和化学态 Ge2p 谱峰呈对称性，通常用 Ge2p 谱峰进行拟合和定量分析。 • 两个分裂峰之间有特征能量损失谱峰（1 235 eV 左右）
Ge3d 自旋轨道分裂峰以及分峰方法	$\Delta(Ge3d_{3/2}-Ge3d_{5/2})=0.59$ eV Ge 在更深分布含量少时，扫描 Ge3d 谱峰，因其有更高的动能
Ge3p 自旋轨道分裂峰以及分峰方法	$\Delta(Ge3p_{1/2}-Ge3p_{3/2})=4.18$ eV

2. Ge 化学态归属参考（表 4.96）

表 4.96　不同化学态的 Ge 结合能和俄歇参数参考

化学态	$Ge3d_{5/2}$ 结合能 /eV	标准偏差 /±eV	$Ge3d—L_3M_{45}M_{45}$ 修正俄歇参数 α′/eV	标准偏差 /±eV	$Ge3p_{3/2}$ 结合能 /eV	标准偏差 /±eV	$Ge2p_{3/2}$ 结合能 /eV
Ge	29.3	0.3	1 174.3	0.2	121.5	0.6	1 217.3
GeO	30.9	0.3	—	—	—	—	1 218.0
GeO_2	32.9	0.3	—	—	125.3	0.1	1 220.2
GeS	30	0.7	1 174.2	0.3	122.7	0.3	—
GeS_2	30.4	0.3	1 172.9	0.3	122.7	0.3	—
GeSe	30.8	0.1	1 174.2	0.8	123	0.2	—
$GeSe_2$	31.2	0.1	1 172.9	0.3	123.2	0.1	—

3. Ge 精细图谱参考（图 4.144）

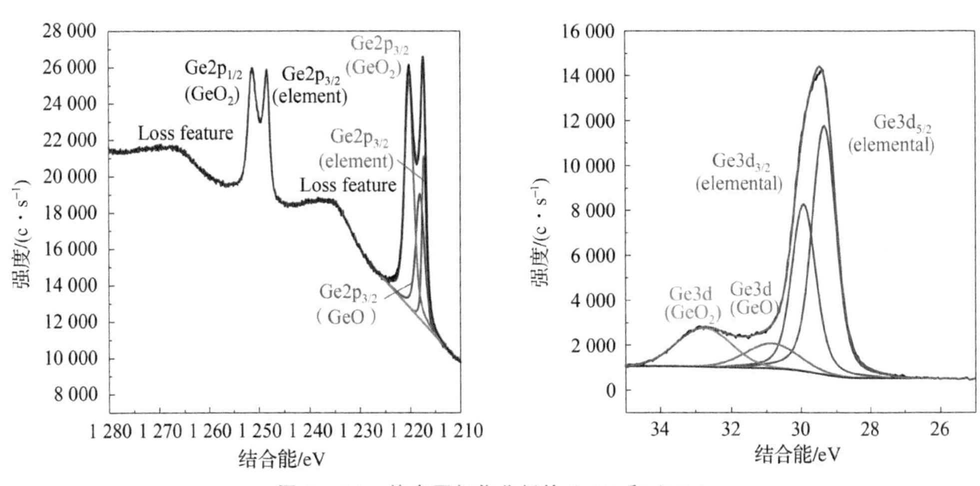

图 4.144　锗表面氧化分析的 Ge2p 和 Ge3d

4. 分析案例

样品信息和分析需求：通过溶液旋涂法获得薄膜样品，样品里含有 Ge 和 Pb 元素，需要分析样品表面 Ge 和 Pb 的价态、不同价态之间的比例以及 Ge 与 Pb 元素的含量关系。

拟合元素：Ge，Pb。

（1）全谱和精细图谱分峰拟合（图 4.145～图 4.148）

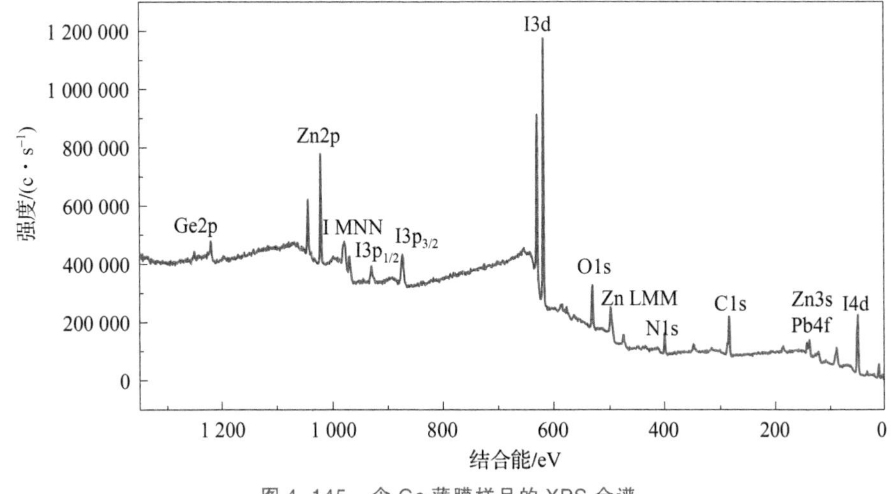

图 4.145　含 Ge 薄膜样品的 XPS 全谱

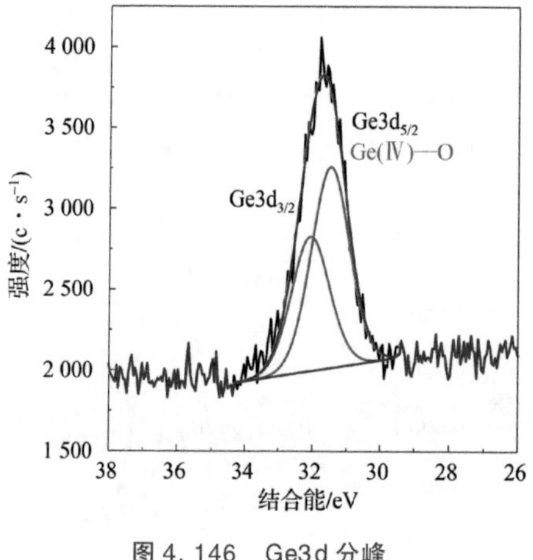

图 4.146 Ge3d 分峰

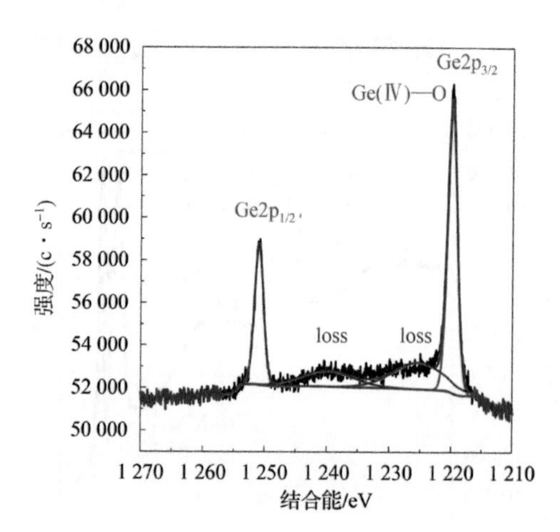

图 4.147 Ge2p 分峰

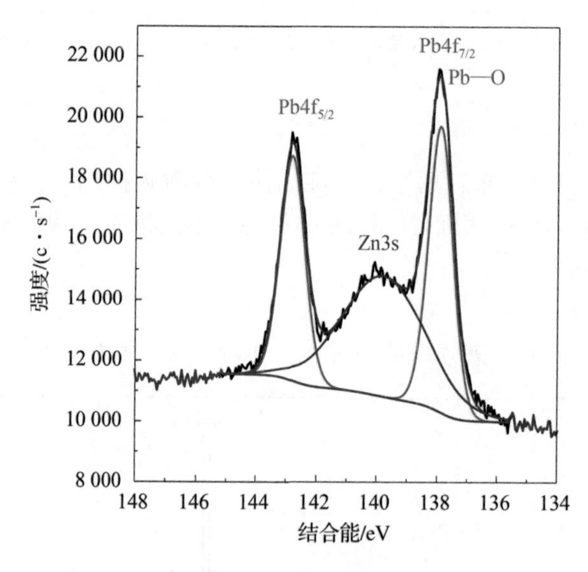

图 4.148 Pb4f 分峰

（2）分峰拟合后化学态归属（表 4.97）

表 4.97 分峰拟合后化学态归属

谱峰	结合能/eV	化学态	原子百分比/%
Ge3d$_{5/2}$	31.5	Ge(Ⅳ)—O	100.00
Ge3d$_{3/2}$	32.08		

续表

谱峰	结合能/eV	化学态	原子百分比/%
$Ge2p_{3/2}$	1 219.91	Ge(Ⅳ)—O	100.00
$Ge2p_{1/2}$	1 250.97		
$Pb4f_{7/2}$	137.91	Pb—O	100.00
$Pb4f_{5/2}$	142.82		
Zn3s	139.79	—	—

（3）原子百分比（表4.98）

表4.98　原子百分比含量

谱峰	化学态	原子百分比/%	
Pb4f	Pb—O	10.51	100.00
Ge2p	Ge(Ⅳ)	89.49	

（4）解析说明

从全谱扫描图谱可以看出，样品表面主要有C、O、Zn、I、Ge、N、Pb等元素。Ge3d精细谱中自旋轨道分裂峰（$3d_{5/2}$和$3d_{3/2}$）能量差为0.58 eV，谱峰面积比（$Ge3d_{5/2}$：$Ge3d_{3/2}$）为3：2，根据谱峰能量位置和峰型特点，可以判断其主要是一种化学态；Ge2p精细谱中自旋轨道分裂峰（$2p_{3/2}$和$2p_{1/2}$）能量差为31.1 eV，谱峰面积比（$Ge2p_{3/2}$：$Ge2p_{1/2}$）为2：1，根据谱峰能量位置和峰型特点，可以判断其主要是一种化学态：Ge（Ⅳ）。Pb4f精细谱中，自旋轨道分裂峰（$4f_{7/2}$和$4f_{5/2}$）能量差为4.87 eV，谱峰面积比（$Pb4f_{7/2}$：$Pb4f_{5/2}$）为4：3，根据谱峰能量位置和峰型特点，可以判断其主要是一种化学态。因为有Zn3s重合，通过XPS数据处理软件对Pb4f精细谱进行分峰拟合，扣除Zn3s的干扰后对Pb分析可得到准确的定性定量分析结果，根据其谱峰$Pb4f_{7/2}$结合能位置（138 eV附近），可判断其为氧化态的铅。因为PbO、PbO_2和Pb_3O_4几种氧化态的$Pb4f_{7/2}$结合能非常接近，故无法准确区分Pb价态归属。

4.30 砷（As）

1. 基本信息（表 4.99）

表 4.99 As 的基本信息

原子序数	33
元素	砷 As
元素谱峰	As3d
重合谱峰	$Ta5p_{1/2}$
化学态归属说明	以 C1s 吸附碳 C—C/C—H 结合能 284.8 eV 对所有谱峰进行校准，As3d 化学态归属参考 XPS 数据手册以及 XPS 数据网站信息
As3d 自旋轨道分裂峰能量差	$\Delta(As3d_{3/2}-As3d_{5/2})=0.68\ eV\pm0.03\ eV$ $\Delta_{单质}(As3d_{3/2}-As3d_{5/2})=0.70\ eV$ $\Delta GaAs(As3d_{3/2}-As3d_{5/2})=0.71\ eV$ • As_2O_3在真空中会升华
As3d 自旋轨道分裂峰以及分峰方法	• X 射线辐照下，As^{5+}会被还原形成As^{3+}，图谱采集时间越短越好，不要在固定的一个区域辐照，可用扫描 X 射线束斑采谱（ULVAC—PHI XPS 设备是扫描束斑）。 • As LMM 俄歇谱峰（150～350 eV）能量分布很宽，与很多其他元素的谱峰重合。谱峰识别、定性和定量分析时需要注意，当有不同元素的谱峰重合时，全谱定量误差会比较大，精细谱需要分峰拟合后定量才比较准确

2. As3d化学态归属参考（表4.100）

表4.100　不同化学态的As3d结合能参考

化学态	$As3d_{5/2}$结合能/eV	标准偏差/±eV
As单质	41.4	0.3
氩离子源清洁后的As单质标准样品	41.55	0.3
GaAs：结合能会随着掺杂组分变化而明显位移	40.7	0.6
氩离子源清洁后的GaAs标准样品	40.9	0.3
As_2O_3	44.9	0.3
As_2O_5	45.8	0.3
NiAs	41.1	0.3
砷黄铁矿（Arsenopyrite）	41.62	0.3
鸡冠石（As_4S_4）（Realgar）	43.38	0.3
化学态	结合能$As2p_{3/2}$/eV	标准偏差/±eV
As单质	1 323.5	0.4
氩离子源清洁后的As单质标准样品	1 323.9	0.3
GaAs	1 322.9	0.1
氩离子源清洁后的GaAs标准样品	1 322.6	0.3
As_2O_3	1 326.9	0.4
As_2O_5	1 328.0	0.3

3. As3d 精细图谱参考（图 4.149、图 4.150）

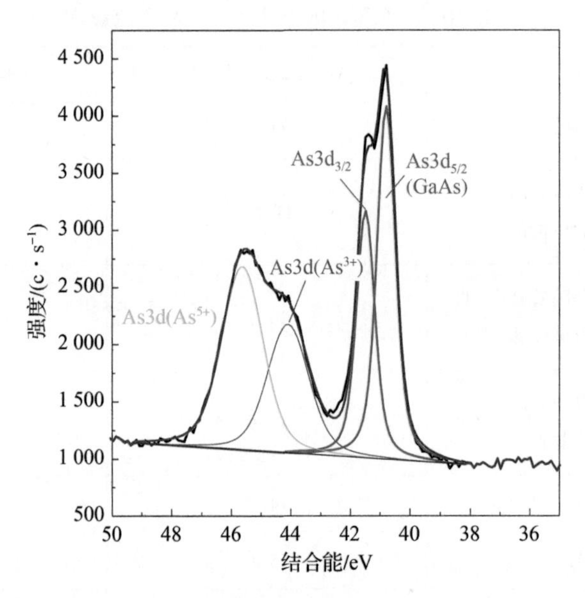

图 4.149　GaAs 金属表面氧化层的 As3d

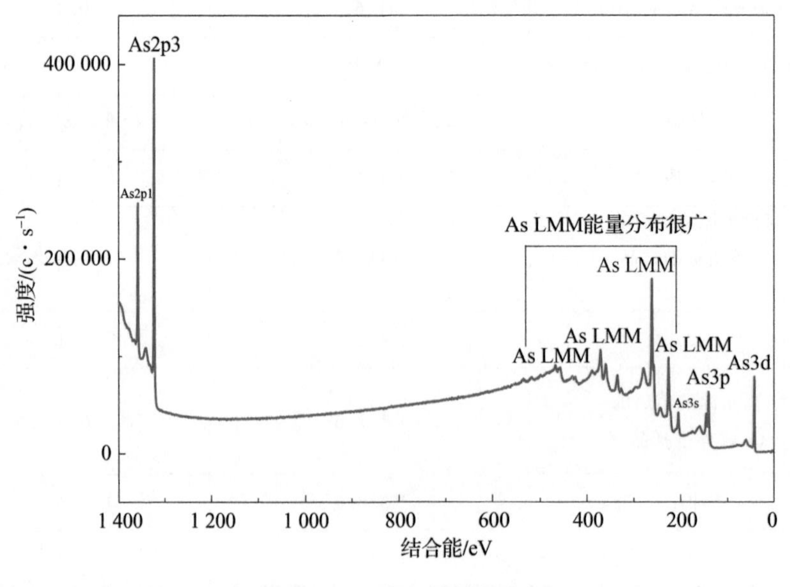

图 4.150　单质 As 的全谱

4. 分析案例

样品信息和分析需求：FeAsS 原矿，高温高压氧化处理后分析 As、Fe、S 的价态和百分含量。

拟合元素：As、Fe、S。

（1）精细图谱分峰拟合（图 4.151～图 4.154）

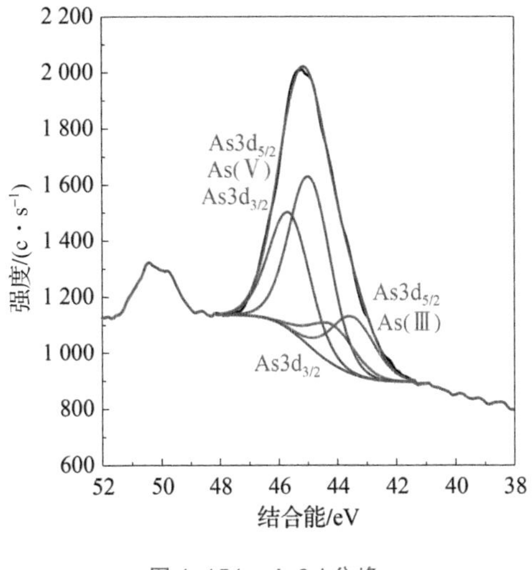

图 4.151　As3d 分峰

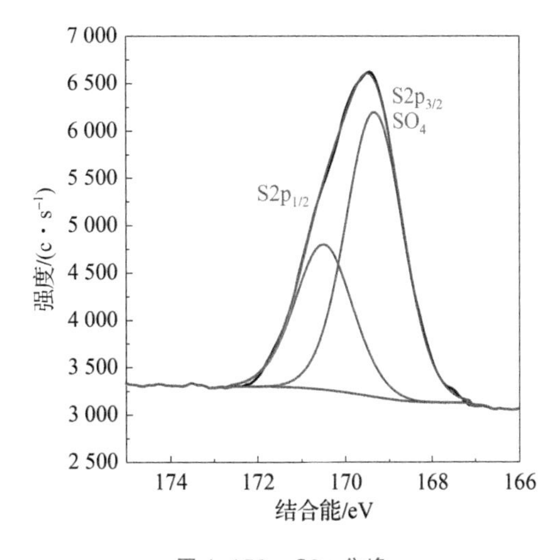

图 4.152　S2p 分峰

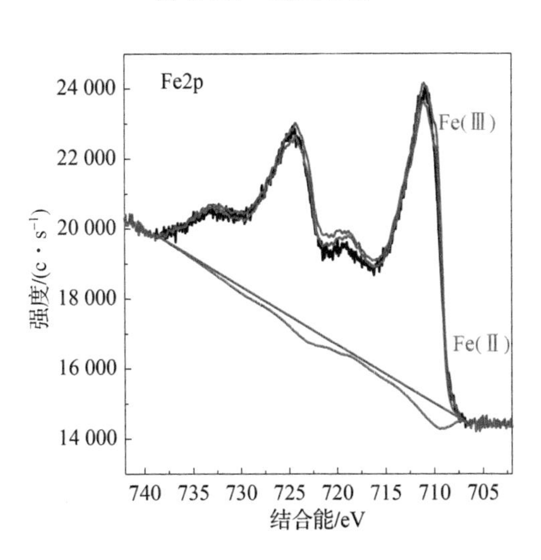

图 4.153　Fe2p 分峰

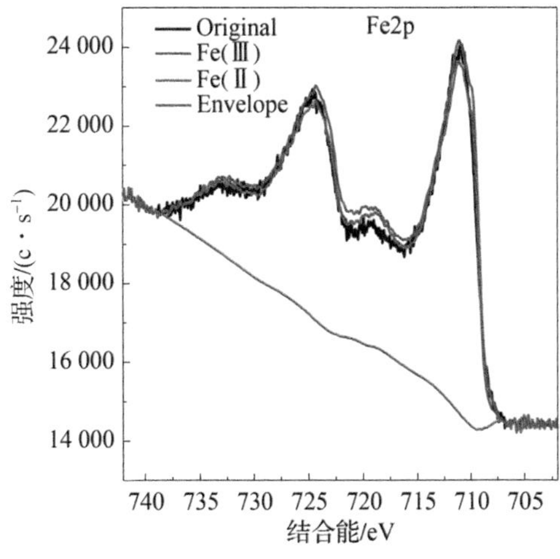

图 4.154　Fe2p NLS 分峰

（2）分峰拟合后化学态归属（表 4.101）

表 4.101 分峰拟合后化学态归属

谱峰	结合能/eV	化学态	原子百分比/%	
$As3d_{5/2}$	43.50	As(Ⅲ)	26.39	100.00
$As3d_{3/2}$	44.16			
$As3d_{5/2}$	44.93	As（Ⅴ）	73.61	
$As3d_{3/2}$	45.63			
Fe2p	711.04	Fe(Ⅲ)	100.00	100.00
S2p	169.34	SO_4	100.00	100.00

（3）原子百分比（表 4.102）

表 4.102 原子百分比

谱峰	化学态	原子百分比/%		
$Fe2p_{3/2}$	Fe(Ⅲ)	48.11	48.11	100.00
$As3d_{5/2}$	As(Ⅲ)	3.05	11.54	
	As(Ⅴ)	8.49		
$S2p_{3/2}$	SO_4	40.35	40.35	

（4）解析说明

FeAsS 原矿高温高压氧化处理后，三种元素都发生了氧化，Fe2p 精细谱呈现典型的三价氧化铁的峰型特点：$Fe2p_{3/2}$ 的结合能位于 711 eV 左右，震激峰位于 719 eV 附近。

As3d 谱峰不对称，应该包含两种化学态，两种化学态有两对自旋轨道分裂峰，锁定能量差和面积比可得到两种化学态的百分含量。$As3d_{5/2}$ 结合能在 43.5 eV 左右的 As 归属为正三价氧化砷，而结合能在 45 eV 左右的 As 归属为正五价态的氧化砷。

推荐资料

[1] Biino G G, Mannella N, Kay A, Mun B, Fadley C S. Surface chemical characterization and surface diffraction effects of real margarite (001): An angle－resolved XPS investigation [J]. American Mineralogist, 1999 (84): 629－638.

[2] Pratt A R, Nesbitt H W. Core level electron binding energies of realgar (As_4S_4) [J]. American Mineralogist, 2000 (85): 619－622.

[3] Wagner C D, Naumkin A V, Kraut－Vass A, Allison J W, Powell C J, Rumble Jr J R. NIST Standard Reference Database 20, Version 3.4 (web version) [M]. National Institute of Standards and Technology: Gaithersburg, MD, 2003: 20899.

[4] Ghosh S C, Biesinger M C, LaPierre R R, Kruse P. The role of proximity caps during the annealing of UV－ozone oxidized GaAs [J]. Journal of Applied Physics, 2007 (101): 114321.

[5] Ghosh S C, Biesinger M C, LaPierre R R, Kruse P. X－ray photoelectron spectroscopic study of the formation of catalytic gold nanoparticles on ultraviolet－ozone oxidized GaAs (100) substrates [J]. Journal of Applied Physics, 2007 (101): 114322.

[6] Budz H A, Biesinger M C, LaPierre R R. Passivation of GaAs by octadecanethiol self－assembled monolayers deposited from liquid and vapor phases [J]. Journal of Vacuum Science & Technology B, 2009 (27): 637－648.

4.31　硒（Se）

1. 基本信息（表4.103）

表4.103　Se的基本信息

原子序数	34
元素	硒 Se
元素谱峰	Se3d

续表

重合谱峰	Se3d 与 Li1s、Mg2p 重合。 Se LMM 一系列俄歇谱峰（150～400 eV）与其自身以及很多其他元素的 XPS 谱峰重合。 S2p 与 Se3p 谱峰重合，S2s 与 Se3s 谱峰重合
化学态归属说明	以 C1s 吸附碳 C—C/C—H 结合能 284.8 eV 对所有谱峰进行校准，Se3d 化学态归属参考 XPS 数据手册以及 XPS 数据网站信息
Se3d 自旋轨道分裂峰以及分峰方法	$\Delta_{单质}(Se3d_{3/2}-Sb3d_{5/2})=0.86$ eV • 单质态的 Se3d 能量损失特征峰在 58.5 eV 附近。 • Se 含量比较高，其俄歇谱峰与多个元素谱峰重合，全谱定量误差很大；精细谱定量需要分峰拟合后进行。 • 当同时有 S 与 Se 存在时，利用 $Se3p_{3/2}$ 与 $Se2p_{1/2}$ 能量差为 5.8 eV 左右、谱峰面积比为 2∶1（Se3p 也与部分俄歇谱峰重合，面积比接近 7∶3），拟合出 Se3p 两个自旋轨道分裂峰，然后再拟合 S2p

2. Se3d 化学态归属参考（表 4.104）

表 4.104　不同化学态的 Se3d 结合能参考

化学态	$Se3d_{5/2}$ 结合能/eV	标准偏差/±eV
Se(0)	55.4	0.7
SeO_2	59.4	0.6
As_2Se_3	55.2	0.4
CoSe	54.7	0.1
CdSe	54.4	0.5
CuInSe	54.4	0.8
GeSe	54.6	0.4
$GeSe_2$	54.7	0.2
H_2SeO_3	59.5	0.6
H_2SeO_4	61.0	0.3

3. Se3d 图谱参考（图4.155～图4.157）

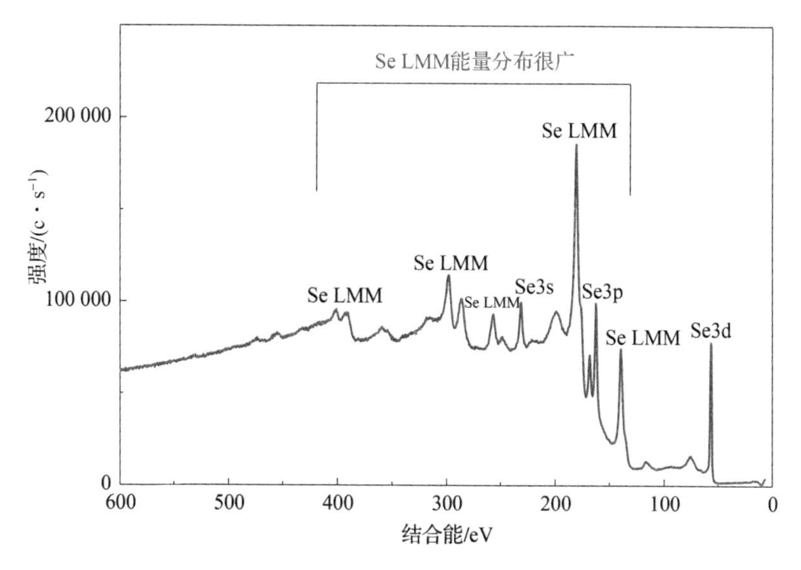

图4.155　Se3d图谱参考

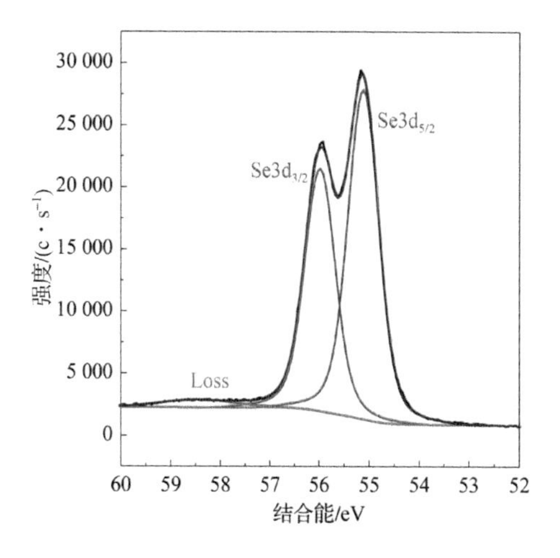

图4.156　硒单质表面的Se3d

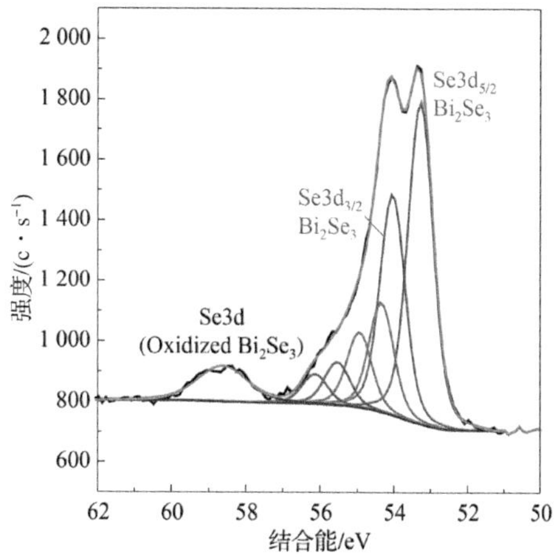

图4.157　Bi_2Se_3表面的Se3d

|推 荐 资 料|

[1] Wagner C D, Naumkin A V, Kraut - Vass A, Allison J W, Powell C J, Rumble Jr J R. NIST Standard Reference Database 20, Version 3.4 (web version) [M]. National Institute of Standards and Technology: Gaithersburg, MD, 2003: 20899.

[2] Moulder J F, Stickle W F, Sobol P E, Bomben K D. Handbook of X - ray Photoelectron Spectroscopy [M]. Minnesota: Perkin - Elmer Corporation, 1992.

|4.32 溴（Br）|

1. 基本信息（表 4.105）

表 4.105 Br 的基本信息

原子序数	35
元素	溴 Br
元素谱峰	Br3d
重合谱峰	Na2s
化学态归属说明	以 C1s 吸附碳 C—C/C—H 结合能 284.8 eV 对所有谱峰进行校准，Br3d 化学态归属参考 XPS 数据手册以及 XPS 数据网站信息
Br3d 自旋轨道分裂峰以及分峰方法	$\Delta(Br3d_{3/2} - Br3d_{5/2}) = 1.05$ eV • Br3d 谱峰中两个分裂峰有重合，拟合时需要区分。 • 含 Br 有机物不耐 X 射线辐照，图谱扫描时，需要先扫描 Br3d 精细谱，再扫描其他谱峰

2. Br3d 化学态归属参考（表 4.106）

表 4.106　不同化学态的 Br3d 结合能参考

化学态	$Br3d_{5/2}$ 结合能/eV	标准偏差/±eV
$BaBr_2$	66.2	0.3
$CdBr_2$	69.2	0.3
CH_3Br	70.9	0.2
CsBr	68.0	1.4
$CuBr_2$	69.2	0.3
$HgBr_2$	69.0	0.3
Hg_2Br_2	69.0	0.3
KBr	68.7	0.2
LiBr	69.2	0.3
NaBr	68.8	0.1
$PbBr_2$	68.7	0.1
$RhBr_3$	69.2	0.3
$SrBr_2$	69.1	0.0
UBr_4	69.3	0.3
$ZnBr_2$	70.0	0.3

3. Br3d 精细图谱参考（图 4.158）

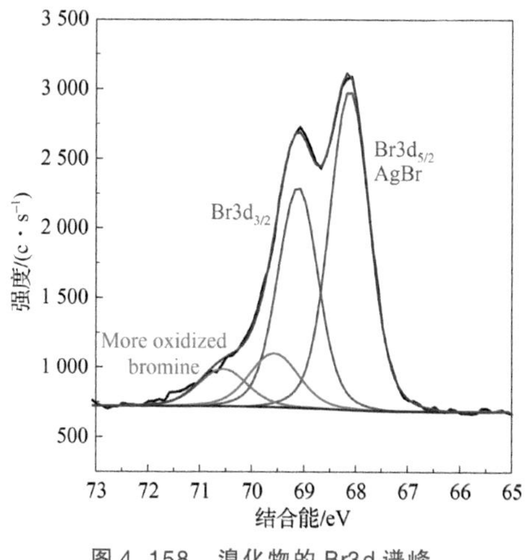

图 4.158　溴化物的 Br3d 谱峰

4.33 铷（Rb）

1. 基本信息（表 4.107）

表 4.107 Rb 的基本信息

原子序数	37
元素	铷 Rb
元素谱峰	Rb3d
重合谱峰	—
化学态归属说明	以 C1s 吸附碳 C—C/C—H 结合能 284.8 eV 对所有谱峰进行校准，Rb3d 化学态归属参考 XPS 数据手册以及 XPS 数据网站信息
Rb3d 自旋轨道分裂峰以及分峰方法	$\Delta_{金属}(Rb3d_{3/2}-Rb3d_{5/2})=1.48$ eV

2. Rb3d 化学态归属参考（表 4.108）

表 4.108 不同化学态的 $Rb3d_{5/2}$ 结合能参考

化学态	$Rb3d_{5/2}$ 结合能/eV	标准偏差/±eV
Rb 金属（metal）	111.5	0.5
Rb(Ⅰ)(halides)	110.1	0.2
RbCl	109.9	0.3
RbI	110.4	0.3
RbBr	110.0	0.3
RbN_3	109.8	0.3

续表

化学态	$Rb3d_{5/2}$ 结合能/eV	标准偏差/±eV
RbF	109.8	0.3
Rb_3PO_4	110.0	0.3
$Rb_4P_2O_7$	110.0	0.3
$RbClO_4$	110.4	0.3

3. Rb3d 精细图谱参考（图 4.159）

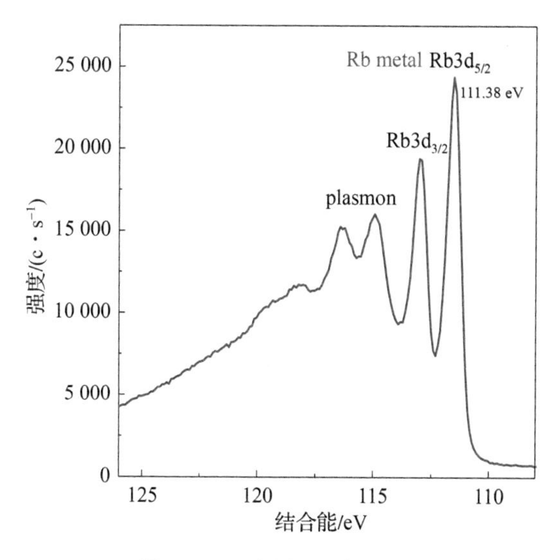

图 4.159　金属 Rb 的 Rb3d

推荐资料

Moulder J F, Stickle W F, Sobol P E, Bomben K D. Handbook of X - ray Photoelectron Spectroscopy [M]. Minnesota: Perkin - Elmer Corporation, 1992.

4.34 锶（Sr）

1. 基本信息（表 4.109）

表 4.109 Sr 的基本信息

原子序数	38
元素	锶 Sr
元素谱峰	Sr3d
重合谱峰	Sr3d 与 P2p 重合；$Sr3p_{1/2}$ 与 C1s 重合
化学态归属说明	以 C1s 吸附碳 C—C/C—H 结合能 284.8 eV 对所有谱峰进行校准，Sr3d 化学态归属参考 XPS 数据手册以及 XPS 数据网站信息
Sr3d 自旋轨道分裂峰以及分峰方法	$\Delta(Sr3d_{3/2}-Sr3d_{5/2})=1.79$ eV(不同化学态平均) 金属：(1.74 ± 0.10) eV

2. Sr3d 化学态归属参考（表 4.110）

表 4.110 Sr3d 化学态归属参考

化学态	$Sr3d_{5/2}$ 结合能/eV	标准偏差/± eV
Sr	133.6	1.3
$SrCO_3$	133.0	0.3
$SrSO_4$	134.1	0.3
SrO	133.4	1.3
SrS	132.9	0.3
$Sr(OH)_2 \cdot 8H_2O$	133.0	0.3
SrF_2	133.9	0.1
$SrCl_2$	134.7	0.3

续表

化学态	$Sr3d_{5/2}$结合能/eV	标准偏差/±eV
$SrBr_2$	134.7	0.3
SrI_2	135.0	0.3
$SrTiO_3$	132.8	0.1

3. Sr3d 精细图谱参考（图4.160）

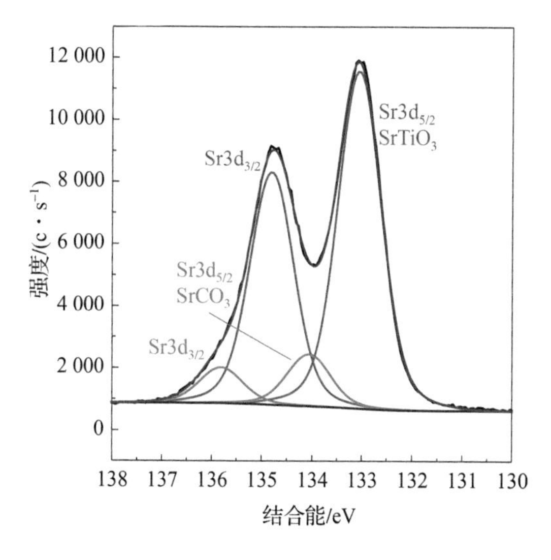

图4.160 $SrTiO_3$的Sr3d

推荐资料

[1] Wagner C D, Naumkin A V, Kraut－Vass A, Allison J W, Powell C J, Rumble Jr J R. NIST Standard Reference Database 20, Version 3.4 (web version) [M]. National Institute of Standards and Technology: Gaithersburg, MD, 2003: 20899.

[2] Moulder J F, Stickle W F, Sobol P E, Bomben K D. Handbook of X－ray Photoelectron Spectroscopy [M]. Minnesota: Perkin－Elmer Corporation, 1992.

4.35 钇（Y）

1. 基本信息（表 4.111）

表 4.111　Y 的基本信息

原子序数	39
元素	钇 Y
元素谱峰	Y3d
重合谱峰	Si2s
化学态归属说明	以 C1s 吸附碳 C—C/C—H 结合能 284.8 eV 对所有谱峰进行校准，Y3d 化学态归属参考 XPS 数据手册以及 XPS 数据网站信息
Y3d 自旋轨道分裂峰以及分峰方法	$\Delta_{金属}(Y3d_{3/2}-Y3d_{5/2})=2.06$ eV • 金属 Y 的谱峰 Y3d 峰型不对称，拟合时用不对称函数模式。 • 金属 Y 即使在真空中也很容易氧化；氧化态接触空气中的 CO_2 后会形成碳酸盐

2. Y3d 化学态归属参考（表 4.112）

表 4.112　不同化学态的 Y3d 结合能参考

化学态	$Y3d_{5/2}$ 结合能/eV	标准偏差/± eV
Y	155.9	0.1
Y_2O_3	157.0	0.7
Y_2S_3	157.5	0.2
$Y_2(SO_4)_3$	159.3	0.6
$Y_2(CO_3)_3 \cdot 3H_2O$	156.9	0.7
YI_3	158.3	0.3
YBr_3	158.7	0.3
YCl_3	158.8	0.1
YF_3	159.1	0.1

3. Y3d 精细图谱参考（图 4.161、图 4.162）

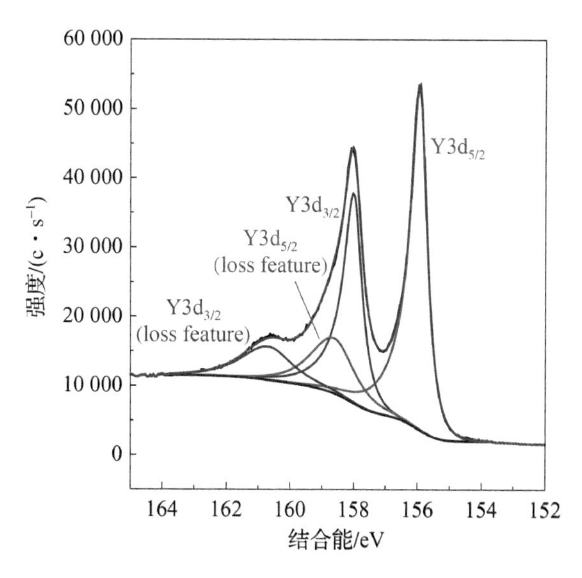

图 4.161　金属 Y 的 Y3d

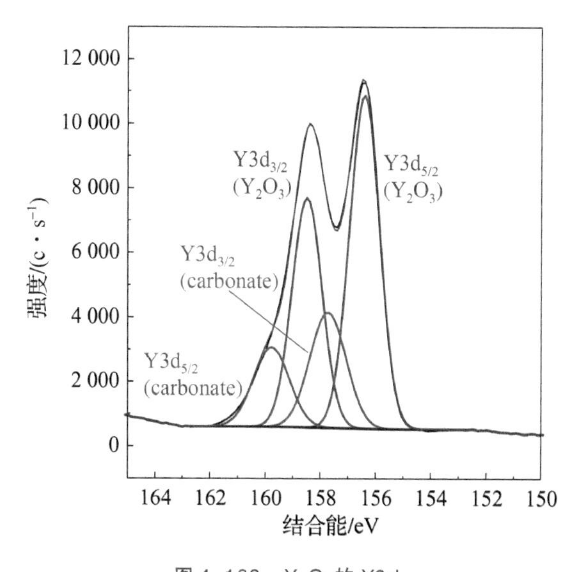

图 4.162　Y_2O_3的 Y3d

4. 分析案例

(1) 分析案例 1

样品信息和分析需求：通过大气等离子喷涂工艺，将 YAG 粉末喷涂到铝基体上，形成厚度为 200 μm 左右的 YAG 陶瓷涂层，然后放置到等离子体刻蚀腔内进行等离子刻蚀，主要是 F 离子的刻蚀。

拟合元素：Y、O、Al、F。

①精细图谱分峰拟合，如图 4.163 ~ 图 4.166 所示。

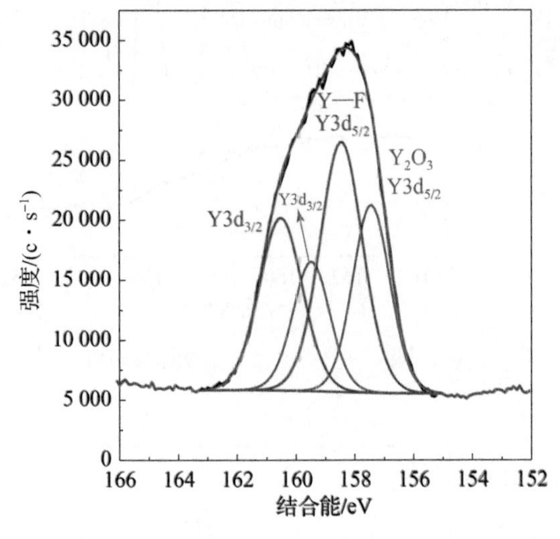

图 4.163　Y3d 分峰

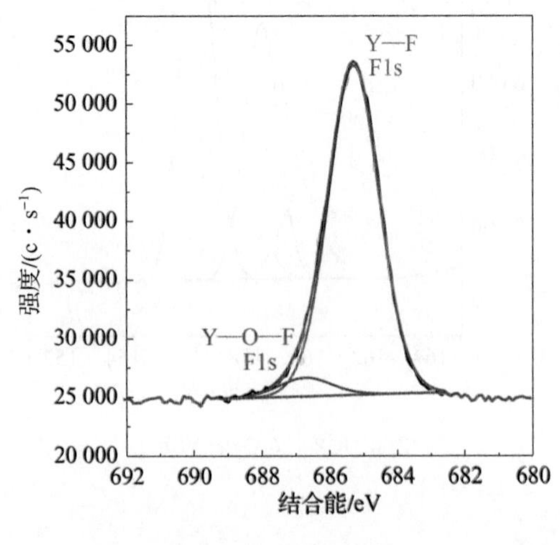

图 4.164　F1s 分峰

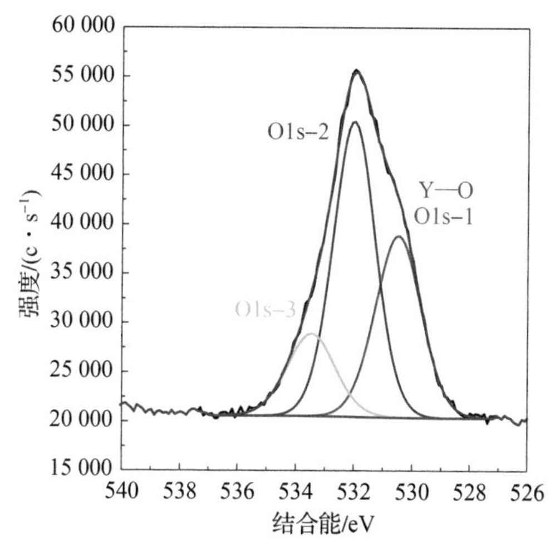

图 4.165 O1s 分峰

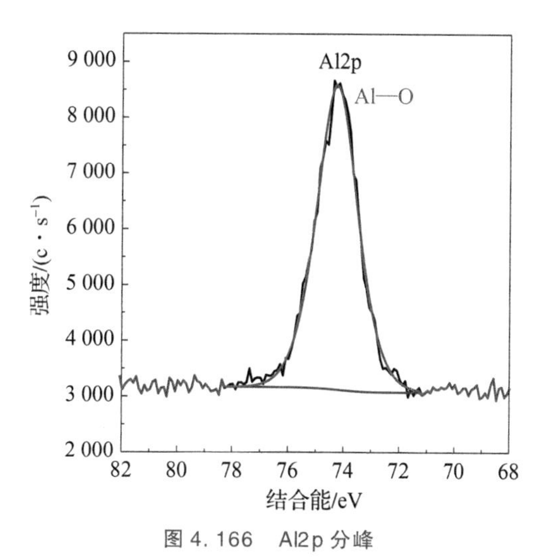

图 4.166 Al2p 分峰

②分峰拟合后化学态归属，见表 4.113。

表 4.113 分峰拟合后化学态归属

谱峰	结合能/eV	化学态	原子百分比/%	
$Y3d_{5/2}$	157.4	Y—O(Y_2O_3)	30.31	100.00
$Y3d_{3/2}$	159.45			
$Y3d_{5/2}$	158.44	Y—F	60.69	
$Y3d_{3/2}$	160.50			

续表

谱峰	结合能/eV	化学态	原子百分比/%	
F1s-1	685.25	氟化物	94.38	100.00
F1s-2	686.7	M—O—F 氟氧化物	5.62	
O1s-1	530.5	Y—O	33.51	100.00
O1s-2	532.01	C=O/Al—O	50.6	
O1s-3	533.47	C—O/吸附氧	15.89	
Al2p	74.26	Al—O	100	100.00

③原子百分比，见表4.114。

表4.114　原子百分比

谱峰	化学态	原子百分比/%		
C1s	—	36.82	36.82	100.00
O1s	Y—O	5.78	17.25	
	C=O/Al—O	8.73		
	C—O/吸附氧	2.74		
Y3d	Y—O	3.85	12.70	
	Y—F	8.85		
Al2p	Al—O	7.6	7.6	
F1s	氟化物	24.19	25.63	
	M—O—F 氟氧化物	1.44		

④解析说明。

通过对几种元素的精细谱分析，F1s 结合能主要在685 eV左右，归属为金属氟化物；而 Y3d 谱峰明显可以分峰为两种化学态，结合 O1s 精细谱和 F1s 精细谱，可以判断涂层表面 Y 主要是以氧化态和氟化态共存的，结合能较高的为氟化钇，结合能较低的为氧化钇。

(2) 分析案例2

样品信息和分析需求：Bi 和 Y 掺杂钛酸锶，解析 Bi、Y、Ti、Sr 的化学态，分析空位氧含量。

拟合元素：Sr、Bi、Y、Ti、O。

①精细图谱分峰拟合，如图4.167～图4.170所示。

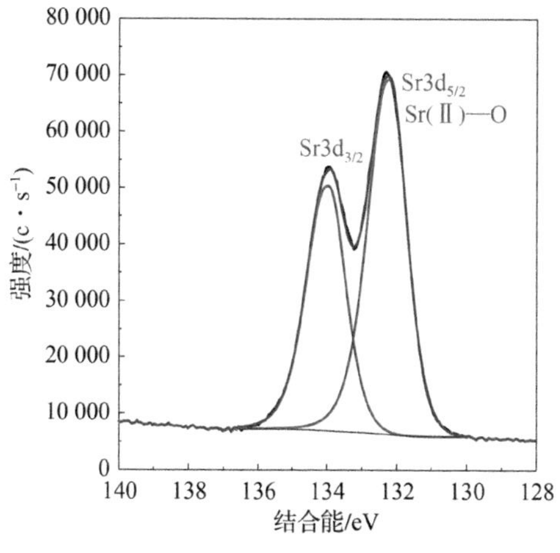

图4.167　Sr3d分峰

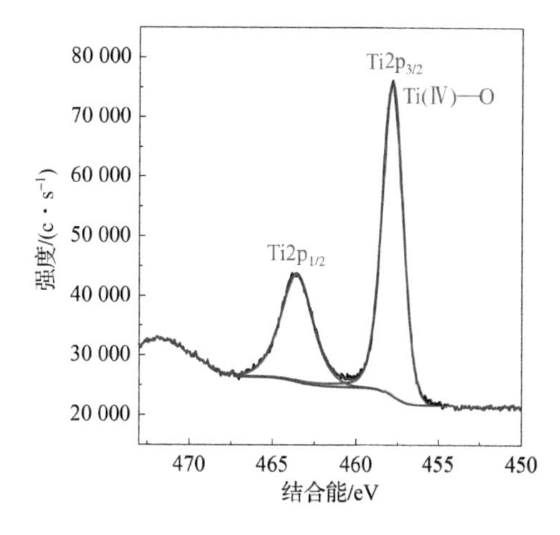

图4.168　Ti2p分峰

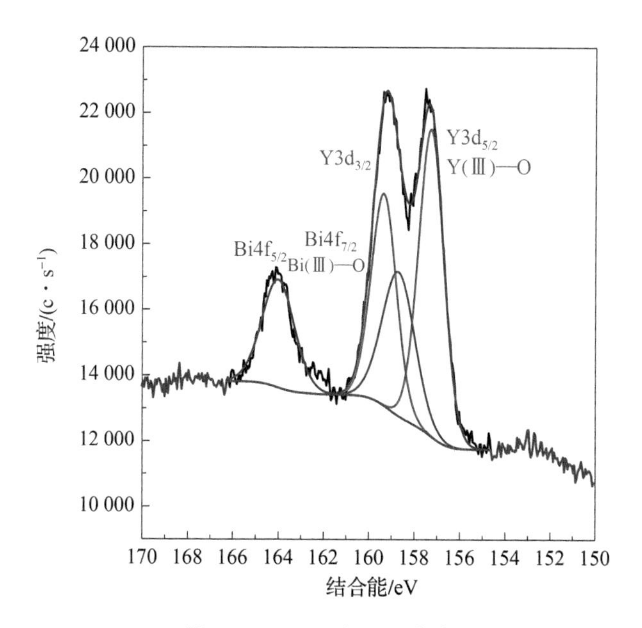

图4.169　Y3d和Bi4f分峰

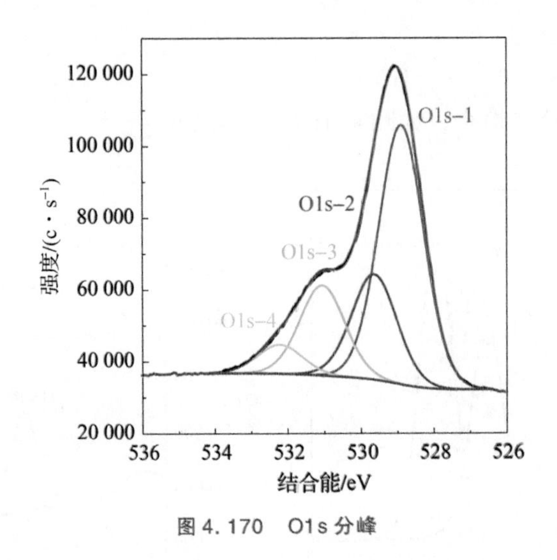

图 4.170 O1s 分峰

②分峰拟合后化学态归属，见表 4.115。

表 4.115 分峰拟合后化学态归属

谱峰	结合能/eV	化学态	原子百分比/%	
$Sr3d_{5/2}$	132.21	Sr(Ⅱ)—O	100.00	100.00
$Sr3d_{3/2}$	133.96			
$Ti2p_{3/2}$	457.83	Ti(Ⅳ)—O	100.00	100.00
$Ti2p_{1/2}$	463.57			
$Y3d_{5/2}$	157.29	Y(Ⅲ)—O	86.63	100.00
$Y3d_{3/2}$	159.37			
$Bi4f_{7/2}$	158.71	Bi(Ⅲ)—O	13.37	100.00
$Bi4f_{5/2}$	164.02			
O1s-1	528.87	金属氧化物	53.57	100.00
O1s-2	529.62	金属氧化物	21.81	
O1s-3	531.06	空位氧（vacant-O）C═O	18.66	
O1s-4	532.22	C—O	5.97	

③解析说明。

Y3d 与 Bi4f 有重合，需要通过分峰拟合将两种元素的精细谱进行区分；根据两种谱峰的自旋轨道分裂谱峰的能量差和谱峰面积比（比如 d 谱峰的谱峰面积比为3：2，f 谱峰的谱峰面积比为 4：3）很容易区分，并进行化学态归属和含量分析。

此案例中，Sr、Ti、Bi、Y 化学态都比较单一，根据主要谱峰的结合能信息很容易判断化学态。测试时需要关注空位氧，通常空位氧在 531～532 eV 的能量范围，但此范围内也有吸附碳氧化学键如 C ═O，或金属氢氧键等。

4.36　锆（Zr）

1. 基本信息（表 4.116）

表 4.116　Zr 的基本信息

原子序数	40
元素	锆 Zr
元素谱峰	Zr3d
重合谱峰	B1s
化学态归属说明	以 C1s 吸附碳 C—C/C—H 结合能 284.8 eV 对所有谱峰进行校准，Zr3d 化学态归属参考 XPS 数据手册以及 XPS 数据网站信息
Zr3d 自旋轨道分裂峰以及分峰方法	$\Delta_{金属}(Zr3d_{3/2} - Zr3d_{5/2}) = 2.43$ eV • 金属 Zr 以及导电性良好的化合物如 ZrB_2 的谱峰峰型不对称，拟合时，使用不对称拟合函数。 • 氧化锆在用氩离子源溅射后，会呈现亚氧态（sub - oxide）

2. Zr3d 化学态归属参考（表 4.117）

表 4.117　不同化学态的 Zr3d 结合能参考

化学态	$Zr3d_{5/2}$结合能/eV	标准偏差/±eV
Zr(0)	178.9	0.3
Zr 亚氧化学态	179.7	0.7
ZrO_2	182.8	0.6
Zr(Ⅳ) 硅酸盐（silicate）	183.0	0.3
ZrF_4	185.2	0.1

3. Zr3d 精细图谱参考（图 4.171 ~ 图 4.173）

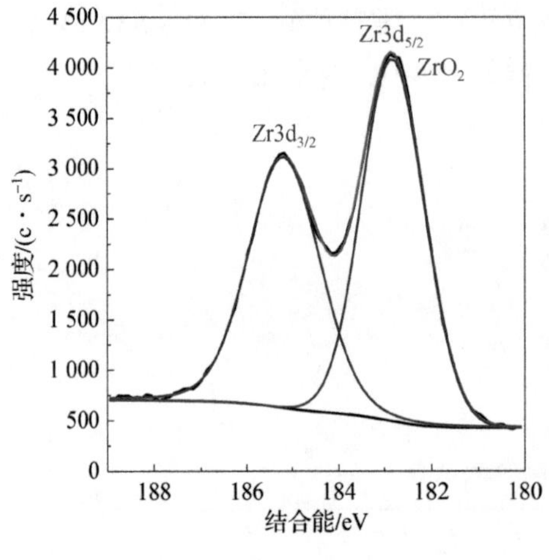

图 4.171　ZrO_2 的 Zr3d

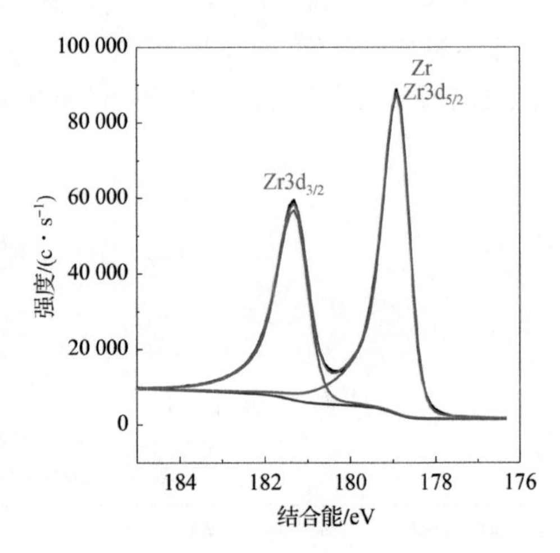

图 4.172　金属 Zr 的 Zr3d

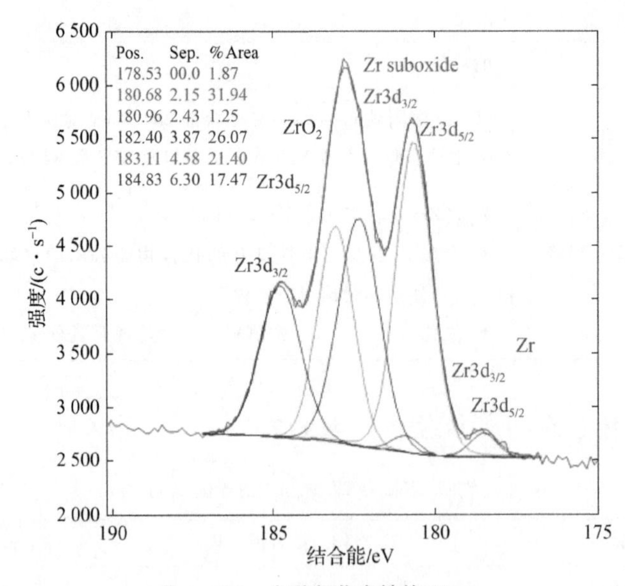

图 4.173　多种氧化态锆的 Zr3d

4. 分析案例

样品信息和分析需求：含锆口腔材料化学态分析。

拟合元素：Zr。

（1）全谱分析（图 4.174）

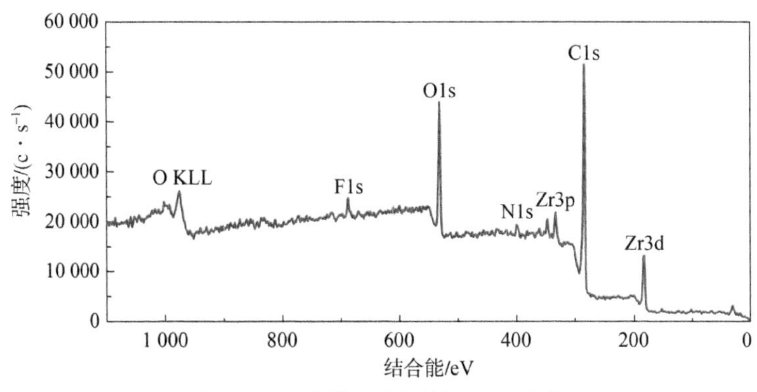

图 4.174　含锆口腔材料的 XPS 全谱

（2）精细图谱分峰拟合（图 4.175）

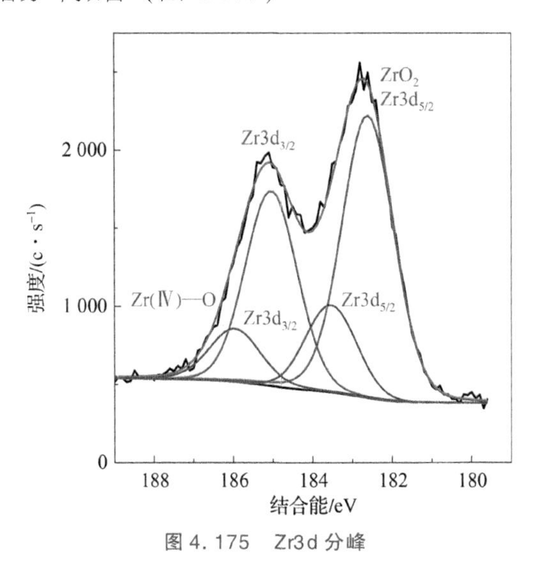

图 4.175　Zr3d 分峰

（3）分峰拟合后化学态归属（表 4.118）

表 4.118　分峰拟合后化学态归属

谱峰	结合能/eV	化学态	原子百分比/%	
Zr3 $d_{5/2}$	182.61	ZrO_2	78.04	100.00
Zr3 $d_{3/2}$	185.04			
Zr3 $d_{5/2}$	183.53	Zr(Ⅳ)—O 硅酸盐（silicate）	21.96	
Zr3 $d_{3/2}$	185.96			

（4）解析说明

从全谱扫描图谱中判断样品表面主要包含 C、O、Zr、Si、N、F 等元素。根据 Zr3d 精细谱峰型和结合能位置，可以将 Zr3d 精细谱分为两种化学态，但 $Zr3d_{5/2}$结合能都在 183 eV 左右，都是正四价氧化锆，结合能更高的四价态氧化锆可能与氧化硅形成硅酸盐化合物。

推荐资料

[1] Wagner C D, Naumkin A V, Kraut - Vass A, Allison J W, Powell C J, Rumble Jr J R. NIST Standard Reference Database 20, Version 3.4 (web version) [M]. National Institute of Standards and Technology: Gaithersburg, MD, 2003: 20899.

[2] Moulder J F, Stickle W F, Sobol P E, Bomben K D. Handbook of X - ray Photoelectron Spectroscopy [M]. Minnesota: Perkin - Elmer Corporation, 1992.

4.37 铌（Nb）

1. 基本信息（表 4.119）

表 4.119 Nb 的基本信息

原子序数	41
元素	铌 Nb
元素谱峰	Nb3d
重合谱峰	Cl2p
化学态归属说明	以 C1s 吸附碳 C—C/C—H 结合能 284.8 eV 对所有谱峰进行校准，Nb3d 化学态归属参考 XPS 数据手册以及 XPS 数据网站信息

续表

Nb3d 自旋轨道分裂峰以及分峰方法	$\Delta_{金属}(Nb3d_{3/2}-Nb3d_{5/2})=2.72$ eV ● 金属 Nb 的 Nb3d 谱峰峰型不对称；拟合时，使用不对称性函数模式。 ● Nb 氧化态 Nb3d 两个分裂峰半峰宽相等，但金属态的 $Nb3d_{3/2}$ 半峰宽比 $Nb3d_{5/2}$ 更宽

2. Nb 化学态归属参考（表 4.120）

表 4.120　不同化学态的 $Nb3d_{5/2}$ 结合能参考

化学态	$Nb3d_{5/2}$ 结合能/eV	标准偏差/±eV
Nb 金属	202.3	0.3
NbN	203.6	0.2
NbC	203.7	0.3
NbO	203.7	1.0
NbO_2	206.2	1.0
Nb_2O_5	207.4	0.4

3. Nb 精细图 Nb3d 谱参考（图 4.176）

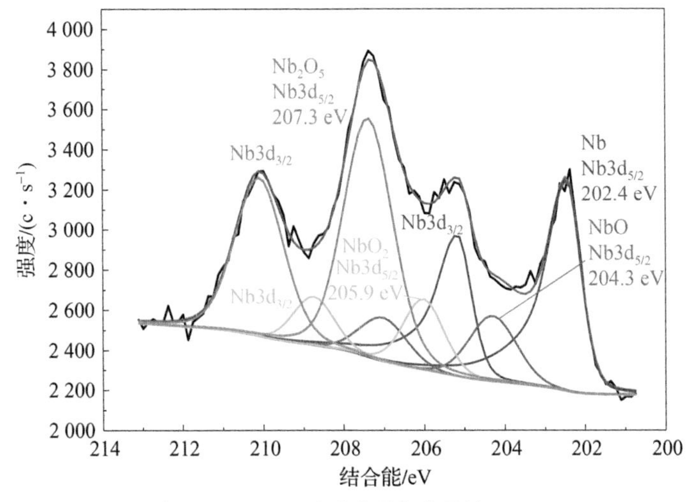

图 4.176　NbAl 合金表面氧化层的 Nb3d

4. 分析案例

样品信息和分析需求：铌硒氧化物。

拟合元素：Nb、Se。

（1）全谱分析（图 4.177）

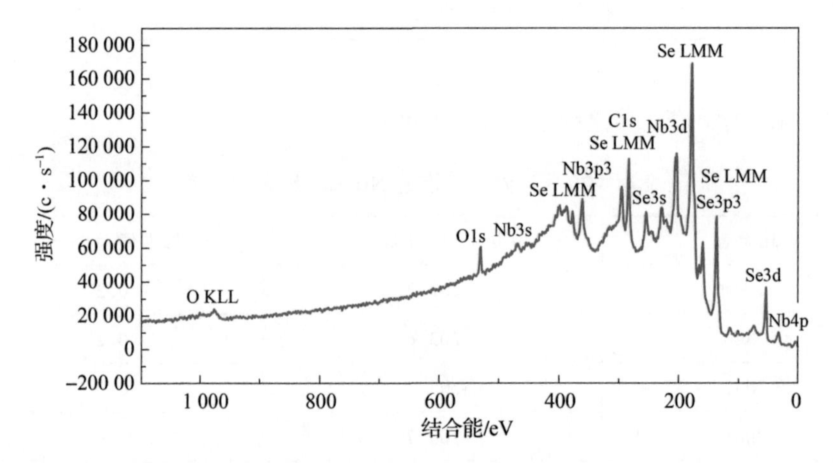

图 4.177　铌硒氧化物表面 XPS 全谱（C1s 与 Se LMM 重合）

（2）精细图谱分峰拟合（图 4.178、图 4.179）

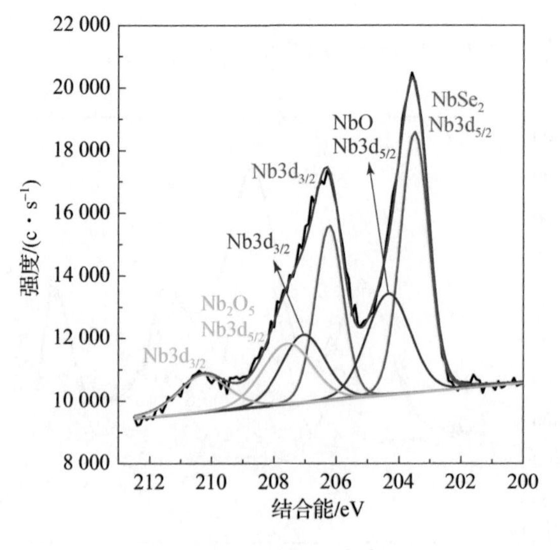

图 4.178　Nb3d 分峰

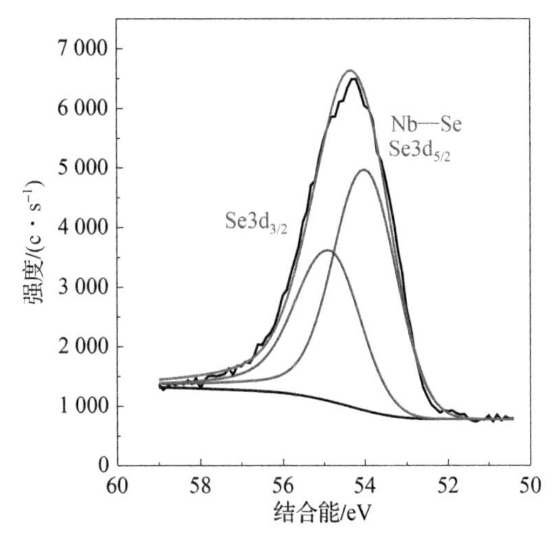

图 4.179　Se3d 分峰

（3）分峰拟合后化学态归属（表 4.121）

表 4.121　分峰拟合后化学态归属

谱峰	结合能/eV	化学态	原子百分比/%	
$Nb3d_{5/2}$	203.51	Nb—Se	49.67	100.00
$Nb3d_{3/2}$	206.23			
$Nb3d_{5/2}$	204.34	NbO	29.75	
$Nb3d_{3/2}$	207.06			
$Nb3d_{5/2}$	207.56	Nb_2O_5	20.58	
$Nb3d_{3/2}$	210.28			
$Se3d_{5/2}$	53.99	硒化物（Selenide）（Nb—Se）	100.00	100.00
$Se3d_{3/2}$	54.85			

（4）解析说明

有硒 Se 存在的时候，谱峰比较复杂，因为 Se LMM 俄歇能量范围很广，从100 eV到 400 eV 都有谱峰分布，与很多元素谱线重合，影响对其他元素的定性和半定量分析。尤其与 C1s 谱峰重合，所以不能单纯依靠 C1s 谱峰进行荷电校正，而是要结合其他元素的谱峰结合能和化学态对荷电进行修正。

结合全谱信息，以及结合能信息，可以把 Nb3d 分为三种化学态，每种化学态的自旋轨道分裂峰中的半峰宽设置相等，但不同价态之间的谱峰半峰宽有差异。结合能在 203.5 eV 左右的 Nb3d5 归属为 Nb—Se，结合能在 204.3 eV 左右为二价氧化铌 NbO，而结合能在 207.5 eV 左右的化学态为正五价的氧化铌。通过分峰拟合，可以得到不同化学态的含量比。

4.38 钼（Mo）

1. 基本信息（表 4.122）

表 4.122 Mo 的基本信息

原子序数	42
元素	钼 Mo
元素谱峰	Mo3d
重合谱峰	S2s、Se3s
化学态归属说明	以 C1s 吸附碳 C—C/C—H 结合能 284.8 eV 对所有谱峰进行校准，Mo3d 化学态归属参考 XPS 数据手册以及 XPS 数据网站信息
Mo3d 自旋轨道分裂峰以及分峰方法	$\Delta(Mo3d_{3/2} - Mo3d_{5/2}) = 3.15$ eV • 金属 Mo 的 Mo3d 谱峰峰型不对称，有能量损失谱峰；氧化态呈现对称峰型。 • 氧化态的两个分裂峰半峰宽相等，但金属态的 $Mo3d_{3/2}$ 谱峰半峰宽比 $Mo3d_{5/2}$ 的更宽。 • MoO_3 不耐 X 射线辐照，长时间辐照会被还原成五价态；MoO_2 在 X 射线辐照下比较稳定。 • 纯的 MoO_2 图谱比较复杂，如 $Mo3d_{5/2}$ 峰型呈现两个特征谱峰，分别是结合能在 229.3 eV 以及更宽的结合能在 231.0 eV 左右。 • 混合氧化态时，MoO_2 的复杂性消失；结合能向高能位移

2. Mo3d 化学态归属参考（表 4.123）

表 4.123　不同化学态的 Mo3d 结合能参考

化学态	$Mo3d_{5/2}$ 结合能/eV	标准偏差 /±eV	半峰宽/eV	通能/eV	$Mo3p_{3/2}$ 结合能/eV
Mo 金属 (Metal)	228.18	0.5	0.39	10	—
	231.33(Mo3d3)	—	0.61	10	—
MoO_2	229.7	0.9	—	—	—
O1s	530.5	0.5	—	—	—
MoO_3	233.15	—	0.86	20	—
	236.28	—	0.90	20	—
O1s	530.6	0.4	—	—	—
Mo(Ⅴ)	231.6	0.2	—	—	—
Mo(Ⅴ) 存在时，一定有 MoO_3 存在					
MoS_2	229.81	—	0.42	10	395.7
	232.94 ($Mo3d_{3/2}$)	—	0.63	10	($Mo3p_{1/2}$：413.3 eV)
S2s：226.99/$S2p_{3/2}$：162.66 eV					

3. Mo3d 精细图谱参考（图 4.180 ~ 图 4.182）

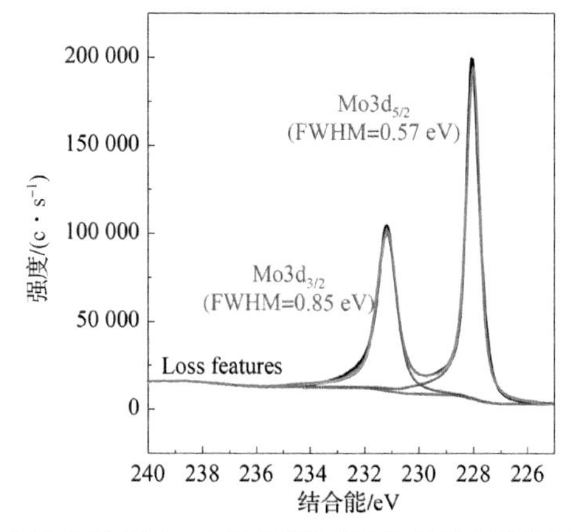

图 4.180　钼金属的 Mo3d（钼金属谱峰自旋轨道分裂峰半峰宽不同）

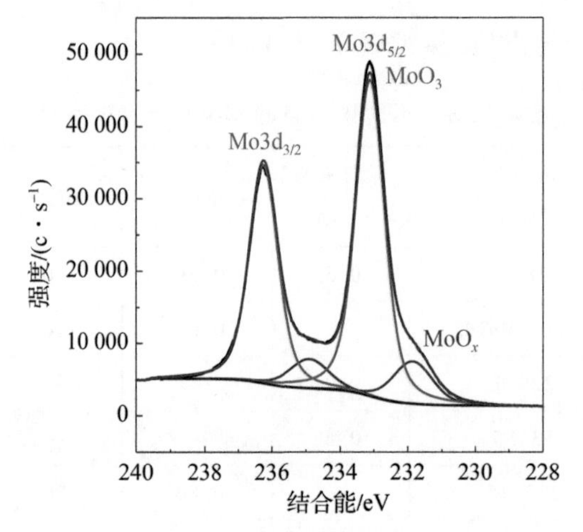

图 4.181　MoO_3 的 Mo3d（氧化态谱峰同种化学态自旋轨道分裂峰半峰宽相等）

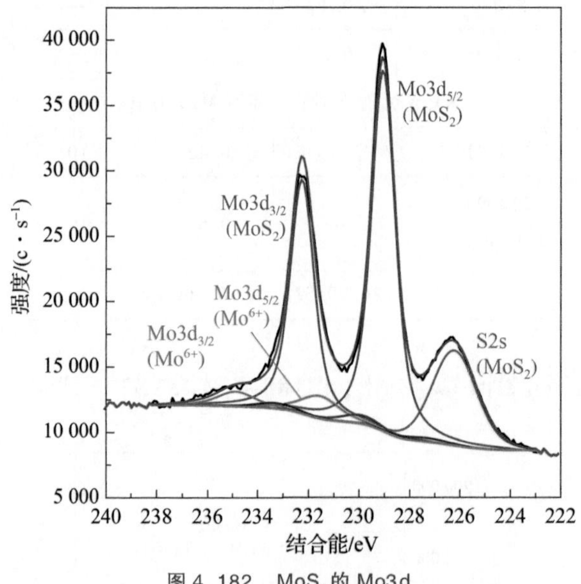

图 4.182　MoS_2 的 Mo3d

4. 分析案例

样品信息和分析需求：三氧化钼粉末在氩气保护下高温加热，分析其化学态以及不同化学态的百分含量。

拟合元素：Mo、O。

（1）精细图谱分峰拟合（图 4.183、图 4.184）

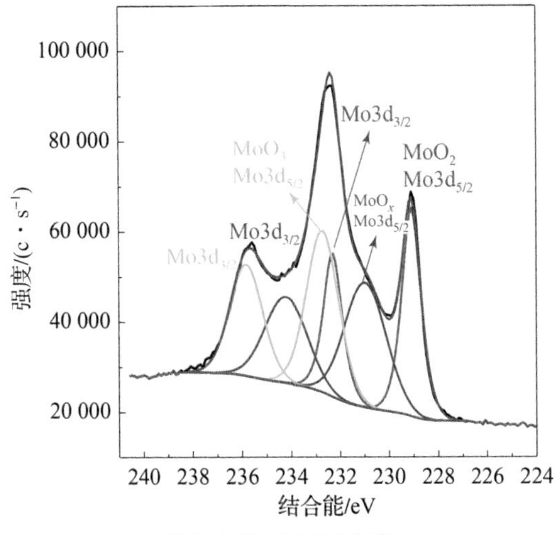

图 4.183　Mo3d 分峰

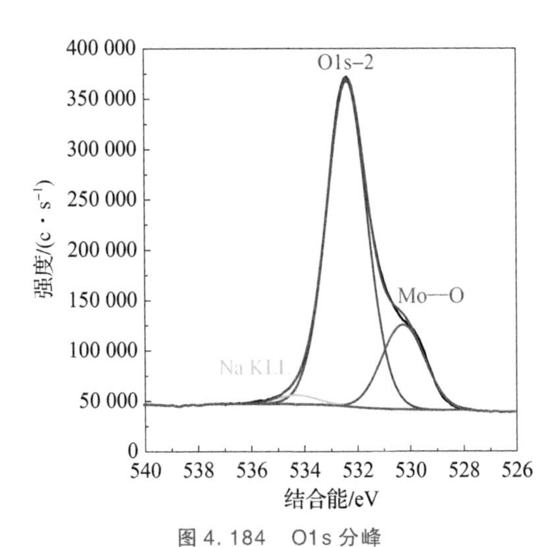

图 4.184　O1s 分峰

(2) 分峰拟合后化学态归属（表 4.124）

表 4.124　分峰拟合后化学态归属

谱峰	结合能/eV	化学态	原子百分比/%	
$Mo3d_{5/2}$	229.08	Mo(Ⅳ)(MoO_2)	29.00	100.00
$Mo3d_{5/2}$	230.96	MoO_x(x=2,3)	34.97	
$Mo3d_{5/2}$	232.69	Mo(Ⅵ)(MoO_3)	36.03	

续表

谱峰	结合能/eV	化学态	原子百分比/%	
O1s-1	530.28	Mo—O	21.43	100.00
O1s-2	532.39	C—O/Si—O	78.57	

(3) 解析说明

X 射线辐照下，会使六价态的氧化钼还原成五价态的氧化钼；MoO_3 中的 $Mo3d_{5/2}$ 结合能在 233 eV 左右，而 MoO_2 中的 $Mo3d_{5/2}$ 结合能在 229 eV 左右；同种氧化态的两个自旋轨道分裂峰中的半峰宽设置相等，但不同价态之间的谱峰半峰宽有差异。通过设置能量差、谱峰面积比、半峰宽等参数拟合后，可得到不同化学态的含量关系。

O1s 分峰中有低能的金属态氧化物，结合能在 530 eV 附近，对应氧化钼；但不同价态的氧化钼中的 O1s 结合能都相近。

推 荐 资 料

[1] Baltrusaitis J, Mendoza-Sanchez B, Fernandez V, Veenstra R, Dukstiene N, Roberts A, Fairley N. Generalized molybdenum oxide surface chemical state XPS determination via informed amorphous sample model [J]. Applied Surface Science, 2015 (326): 151-161.

[2] Scanlon D O, Watson G W, Payne D J, Atkinson G R, Egdell R G, Law D S. Theoretical and experimental study of the electronic structures of MoO_3 and MoO_2 [J]. The Journal of Physical Chemistry C, 2010 (114): 4636-4645.

[3] Wagner C D, Naumkin A V, Kraut-Vass A, Allison J W, Powell C J, Rumble Jr J R. NIST Standard Reference Database 20, Version 3.4 (web version) [M]. National Institute of Standards and Technology: Gaithersburg, MD, 2003: 20899.

[4] Spevack P A, McIntyre N S. Thermal reduction of molybdenum trioxide [J]. The Journal of Physical Chemistry, 1992 (96): 9029-9035.

[5] Clayton C R, Lu Y C. Electrochemical and XPS evidence of the aqueous formation of Mo_2O_5 [J]. Surface and Interface Analysis, 1989 (14): 66-70.

4.39　钌（Ru）

1. 基本信息（表4.125）

表4.125　Ru的基本信息

原子序数	44
元素	钌 Ru
元素谱峰	Ru3d
重合谱峰	C1s
化学态归属说明	以C1s吸附碳C—C/C—H结合能284.8 eV对所有谱峰进行校准，Ru3d化学态归属参考XPS数据手册以及XPS数据网站信息
Ru3d自旋轨道分裂峰以及分峰方法	$\Delta(Ru3d_{3/2}-Ru3d_{5/2})=4.17$ eV $\Delta(Ru3p_{1/2}-Ru3p_{3/2})=22.26$ eV • 无论是金属态还是氧化态，RuO_2谱峰都呈现不对称峰型，拟合时需要用不对称方式拟合；不对称性参数由标准图谱获得。 • 与常规分裂峰的特点不同，$Ru3d_{3/2}$峰型比$Ru3d_{5/2}$峰型更宽更低，并且与C1s严重重合。 • 要获得合理的拟合参数，最好用标准样品清洁表面后采集图谱可得；重点关注谱峰的半峰宽、能量位置和能量差，以及轨道分裂谱峰的强度比等，不同化学态震激峰特点也不同。 • RuO_2易吸水，相比无水RuO_2，水合RuO_2精细谱中卫星峰强度较低；卫星峰拟合时，用对称峰型

2. Ru3d化学态归属参考（表4.126～表4.128）

表4.126　不同化学态的Ru3d结合能参考

化合物	$Ru3d_{5/2}$结合能/eV	标准偏差/±eV
Ru(0)	280.0	0.1
RuO_2	280.9	0.6
RuO_3	282.9	0.6

续表

化合物	$Ru3d_{5/2}$结合能/eV	标准偏差/±eV
RuO_4	283.3	0.3
$BaRuO_4$	284.2	0.3
$RuCl_3$	281.8	0.3

表 4.127　金属态 Ru 的谱峰能量位置、能量差、谱峰面积比、半峰宽参数参考

谱峰	结合能/eV	谱峰面积比/%	能量差/eV	半峰宽/eV 通能为 20 eV
$Ru3d_{5/2}$	279.8(7)	59.99	4.17	0.48
$Ru3d_{3/2}$	284.0(3)	40.01		0.92
$Ru3p_{3/2}$	461.2(3)	96.71	22.20	2.58
$Ru3p_{3/2}$ sat.	470.9(4)	3.29		3.75

表 4.128　RuO_2的谱峰能量位置、能量差、谱峰面积比、半峰宽参数参考

氧化态	谱峰	结合能/eV	谱峰面积比/%	能量差/eV	半峰宽/eV
无水 RuO_2 (Anhydrous)	$3d_{5/2}$	280.6(9)	34.85	4.17	0.57
	$3d_{3/2}$	284.8(6)	23.27		0.91
	$3d_{5/2}$ Sat.	282.5(9)	17.25		1.12
	$3d_{3/2}$Sat.	286.7(6)	11.52		1.78
	$3p_{3/2}$	462.5(4)	76.03	22.22	3.22
	$3p_{3/2}$ Sat.	465.4(4)	23.97		3.25
水合 (Hydrated) ($RuO_2 \cdot xH_2O$)	$3d_{5/2}$	280.8(5)	42.03	4.17	1.31
	$3d_{3/2}$	285.0(2)	28.06		2.09
	$3d_{5/2}$ Sat.	282.7(5)	2.62		1.51
	$3d_{3/2}$Sat.	286.9(2)	1.75		2.41
	$3p_{3/2}$	462.7(0)	85.18	22.22	3.42
	$3p_{3/2}$ Sat.	465.6(1)	14.82		2.99

3. Ru3d 精细图谱参考（图 4.185 ~ 图 4.188）

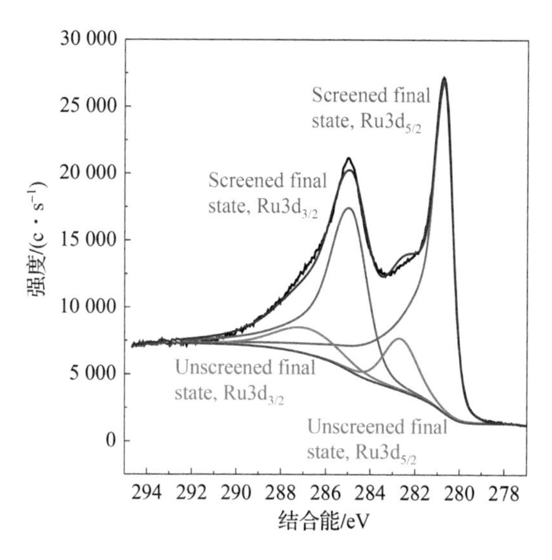

图 4.185　RuO_2 的 Ru3d

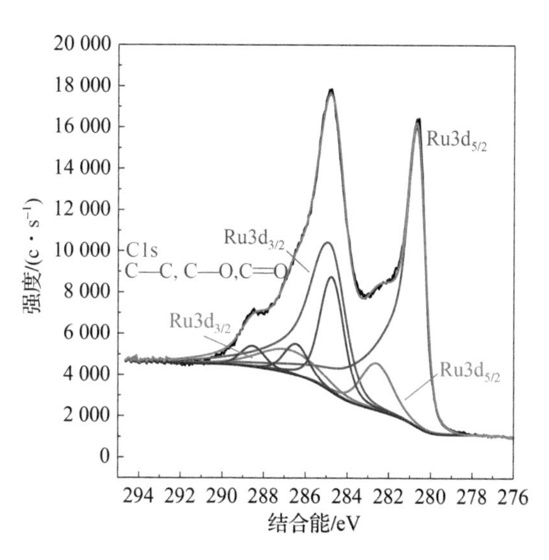

图 4.186　表面有碳的 RuO_2 的 Ru3d

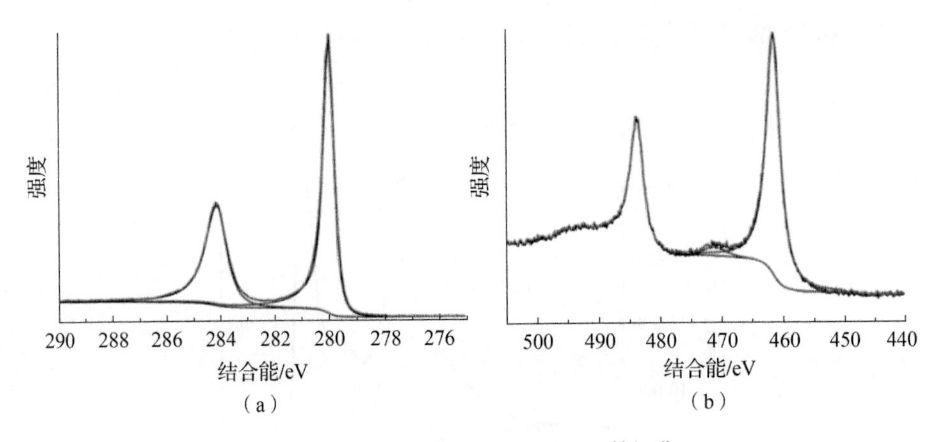

图 4.187　金属钌的 Ru3d 和 Ru3p 精细谱

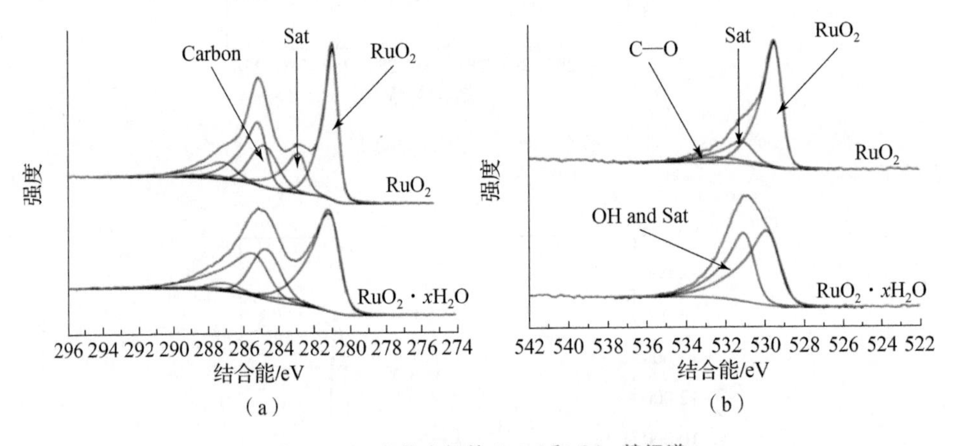

图 4.188　氧化态钌的 Ru3d 和 O1s 精细谱

4. 分析案例

(1) 分析案例 1

样品信息和分析需求：乙酰丙酮钌、油酸、油胺等溶剂，在氮气条件下 300 ℃左右反应，分析 Ru 元素的价态。

拟合元素：Ru。

①精细图谱分峰拟合，如图 4.189 所示。

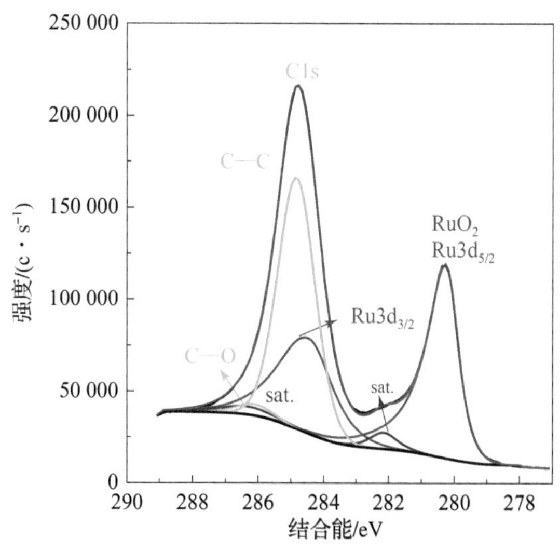

Name	Peak BE	Height CPS	Height Ratio	Area CPS.eV	Area Ratio	FWHM fit param (eV)	L/G Mix (%) Product	Tail Mix (%)	Tail Height (%)	Tail Exponent
Ru3d5	280.26	105870.54	0.78	158900.88	0.80	0.90	72.49	28.97	0.00	0.0943
	fixed					**0.5 : 3.5**				
Ru3d3	284.46	52077.17	0.38	119201.69	0.60	1.74	72.49	28.97	0.00	0.0943
	A+4.20	**A/2.03**				**A*1.93**	**A*1**	**A*1**	**A*1**	**A*1**
sat.	282.15	8953.24	0.07	10443.52	0.05	1.04	72.49	100.00	0.00	0.0000
	281.79 : 282.20					**0.5 : 3.5**	**A*1**	**fixed**	**fixed**	**fixed**
sat.	286.35	4410.46	0.03	9838.67	0.05	2.00	72.49	100.00	0.00	0.0000
	C+4.20	**C/2.03**				**C*1.93**	**C*1**	**C*1**	**C*1**	**C*1**
C1s	284.84	136557.11	1.00	197801.30	1.00	1.39	30.00	100.00	0.00	0.0000
						0.5 : 3.5	**fixed**	**fixed**	**fixed**	**fixed**
C1s	286.11	5952.42	0.04	8621.99	0.04	1.39	30.00	100.00	0.00	0.0000
	fixed					**E*1**	**fixed**	**fixed**	**fixed**	**fixed**

图 4.189　Ru3d 和 C1s 分峰拟合及拟合参数参考（Avantage 软件）

②分峰拟合后化学态归属，见表 4.129。

表 4.129　分峰拟合后化学态归属

<table>
<tr><th>谱峰</th><th>结合能/eV</th><th>化学态</th><th colspan="2">原子百分比/%</th></tr>
<tr><td>$Ru3d_{5/2}$</td><td>280.26</td><td rowspan="4">RuO_2</td><td rowspan="4">100.00</td><td rowspan="4">100.00</td></tr>
<tr><td>$Ru3d_{3/2}$</td><td>284.46</td></tr>
<tr><td>$Ru3d_{5/2}$ sat.</td><td>282.15</td></tr>
<tr><td>$Ru3d_{3/2}$ sat.</td><td>286.35</td></tr>
<tr><td>C1s</td><td>284.84</td><td>C—C/C—H</td><td>95.82</td><td rowspan="2">100.00</td></tr>
<tr><td>C1s</td><td>286.11</td><td>C—O</td><td>4.18</td></tr>
</table>

③解析说明。

本次样品中，C1s 谱峰与 Ru3d 谱峰重合，需要通过分峰拟合把 C1s 与 Ru3d 谱峰区分开，并且判断各自的化学态。Ru3d 精细谱中，自旋轨道分裂峰（$3d_{5/2}$和 $3d_{3/2}$）的能量差为 4. 2 eV 左右，谱峰不对称，其分裂峰半峰宽也不相同（$Ru3d_{3/2}$比 $Ru3d_{5/2}$谱峰更宽），伴有卫星峰的存在，常规的分峰拟合不能满足要求；拟合参数主要参考 Avantage 软件中的 Ru3d 标准精细谱的分峰参数；Ru 金属的 Ru3d 精细谱中没有特征卫星峰，但 RuO_2谱峰中有特征卫星峰，根据谱峰特点和能量可以判断主要是 RuO_2。

（2）分析案例 2

样品信息和分析需求：石墨烯包裹的 CoRu 合金，解析 C、Ru 和 Co 三种元素的化学态以及不同化学态的含量；重点关注是否有 Co—O、C—O 和 Ru—O 的化学态存在。

拟合元素：Ru、C、Co。

①精细图谱分峰拟合，如图 4. 190、图 4. 191 所示。

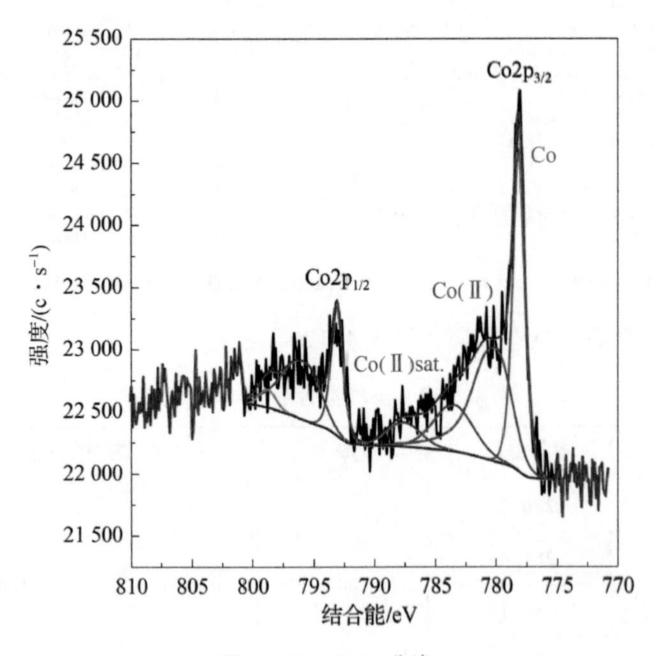

图 4. 190　Co2p 分峰

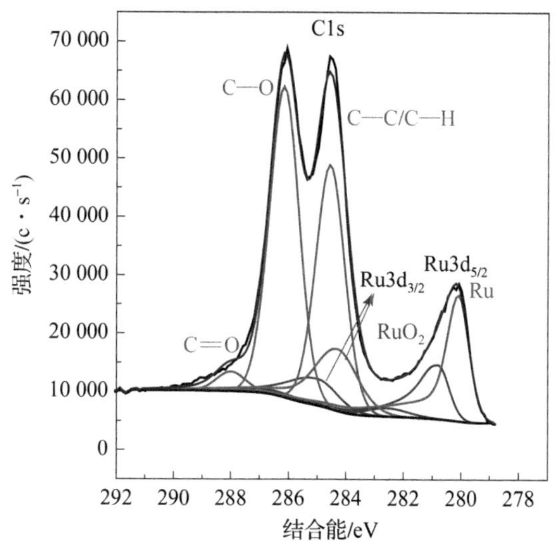

图 4.191　C1s 和 Ru3d 分峰

②分峰拟合后化学态归属，见表 4.130。

表 4.130　分峰拟合后化学态归属

谱峰	结合能/eV	化学态	原子百分比/%	
Ru3 d$_{5/2}$	280.1	金属 Ru	61.95	100.00
Ru3 d$_{3/2}$	284.3			
Ru3 d$_{5/2}$	280.8	Ru—O(RuO_2)	38.05	
Ru3 d$_{3/2}$	285			
Ru3 d$_{5/2}$ sat.	282.58			
Ru3 d$_{3/2}$ sat.	286.78			
C1s	284.60	C—C/C—H	54.16	100.00
C1s	286.17	C—O	42.43	
C1s	288.00	C ═O	3.41	
Co2 p$_{3/2}$	778.15	Co	46.24	100.00
Co2 p$_{1/2}$	793.07			
Co2 p$_{3/2}$	780	Co(Ⅱ)—O	53.76	
Co2 p$_{1/2}$	795.76			

③解析说明。

C1s 谱峰与 Ru3d 谱峰重合，需要通过分峰拟合把 C1s 与 Ru3d 谱峰区分开，并且判断各自的化学态。Ru3d 精细谱中自旋轨道分裂峰（3d5 和 3d3）能量差为 4.2 eV 左右，谱峰不对称，其分裂峰半峰宽也不相同（Ru3d3 比 Ru3d5 谱峰更宽），氧化态伴有卫星峰的存在，常规的分峰拟合不能满足要求；拟合参数主要参考 Avantage 软件中的 Ru3d 标准精细谱的分峰参数；Ru 金属 Ru3d 精细谱中没有特征卫星峰，谱峰不对称，但 RuO_2 谱峰中有特征卫星峰，根据谱峰特点和能量可以判断主要是 Ru 和 RuO_2 两种化学态。

拟合出 Ru3d 谱峰后再拟合 C1s，此案例中有较强的 C—O 谱峰，应该是氧化石墨烯，所以 C—C 的 C1s 结合能较常规石墨烯的要高，在 284.6 eV 附近。

Ru3d 和 C1s 拟合参数如图 4.192 所示。

Re	Name	Peak BE	Height CPS	Height Ratio	Area CPS.eV	Area Ratio	FWHM fit param (eV)	L/G Mix (%) Product	Tail Mix (%)	Tail Height (%)	Tail Exponent
A	Ru3d5	280.80	9255.06	0.17	16334.92	0.24	0.90	22.64	0.00	0.84	0.0834
		fixed					fixed				
B	Ru3d3	285.00	4559.14	0.09	11014.24	0.16	1.74	22.64	0.00	0.84	0.0834
		A+4.20	A/2.03				A*1.93	A*1	A*1	A*1	A*1
C	Ru3d5	282.58	1450.64	0.03	2672.80	0.04	1.77	22.64	100.00	0.00	0.0000
		fixed	A/6.38				fixed	A*1	fixed	fixed	fixed
D	Ru3d3	286.78	714.60	0.01	2541.14	0.04	3.42	22.64	100.00	0.00	0.0000
		C+4.20	C/2.03				C*1.93	C*1	C*1	C*1	C*1
E	C1s	284.56	41788.79	0.78	54145.81	0.78	1.24	26.00	100.00	0.00	0.0000
							0.5 : 3.5	fixed	fixed	fixed	fixed
F	C1s	286.17	53289.11	1.00	69046.80	1.00	1.24	26.00	100.00	0.00	0.0000
							E*1	E*1	fixed	fixed	fixed
G	C1s	288.00	3352.01	0.06	4343.21	0.06	1.24	26.00	100.00	0.00	0.0000
		fixed					E*1	E*1	fixed	fixed	fixed
P	Ru3d5	280.10	21612.26	0.41	30963.24	0.45	0.90	30.06	76.49	0.00	0.0396
		fixed					fixed				
Q	Ru3d3	284.30	10646.43	0.20	23741.46	0.34	1.74	30.06	76.49	0.00	0.0396
		P+4.20	P/2.03				P*1.93	P*1	P*1	P*1	P*1

图 4.192　Ru3d 和 C1s 拟合参数参考（Avantage 软件）

|推 荐 资 料|

[1] Morgan D J. Resolving ruthenium: XPS studies of common ruthenium materials [J]. Surface and Interface Analysis, 2015 (47): 1072 – 1079.

[2] Wagner C D, Naumkin A V, Kraut – Vass A, Allison J W, Powell C J, Rumble Jr J R. NIST Standard Reference Database 20, Version 3.4 (web version) [M]. National Institute of Standards and Technology: Gaithersburg, MD, 2003: 20899.

[3] Moulder J F, Stickle W F, Sobol P E, Bomben K D. Handbook of X – ray Photoelectron Spectroscopy [M]. Minnesota: Perkin – Elmer Corporation, 1992.

[4] Rochefort D, Dabo P, Guay D, Sherwood P M. XPS investigations of thermally prepared RuO_2

electrodes in reductive conditions [J]. Electrochimica Acta, 2003 (48): 4245 – 4252.

[5] Foelske A, Barbieri O, Hahn M, Kötz R. An X – ray photoelectron spectroscopy study of hydrous ruthenium oxide powders with various water contents for supercapacitors [J]. Electrochemical and solid – state letters, 2006 (9): A268 – A272.

4.40　铑（Rh）

1. 基本信息（表4.131）

表4.131　Rh的基本信息

原子序数	45
元素	铑 Rh
元素谱峰	Rh3d
重合谱峰	Mg KLL
化学态归属说明	以C1s吸附碳C—C/C—H结合能284.8 eV对所有谱峰进行校准，Rh3d化学态归属参考XPS数据手册以及XPS数据网站信息
Rh3d自旋轨道分裂峰以及分峰方法	$\Delta_{金属}(Rh3d_{3/2} - Rh3d_{5/2}) = 4.71$ eV • 金属态以及RhO_2晶相氧化态的Rh3d的谱峰峰型不对称；拟合时用不对称函数模式。 • 金属态$Rh3d_{3/2}$谱峰半峰宽FWHM比$Rh3d_{5/2}$宽（Coster – Kronig效应），谱峰高度较正常的更低

2. Rh3d化学态归属参考（表4.132）

表4.132　不同化学态的$Rh3d_{5/2}$结合能参考

化学态	$Rh3d_{5/2}$结合能/eV	标准偏差/± eV
Rh(0)	307.0	0.4
Rh_2O_3	308.9	0.4
$RhCl_3$	310.0	0.2
RhI_3	308.6	0.0
Rh_2S_3	308.8	0.3

3. Rh3d 精细图谱参考（图 4.193）

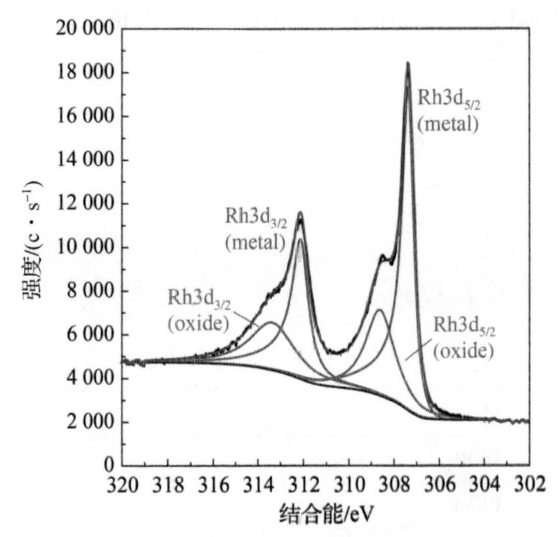

图 4.193　金属 Rh 表面有自然氧化层的 Rh3d 精细谱

4. 分析案例

样品信息和分析需求：石墨烯包裹的 CoRh 合金，分析 Co、Rh 的价态。

拟合元素：Rh、Co。

（1）精细图谱分峰拟合（图 4.194、图 4.915）

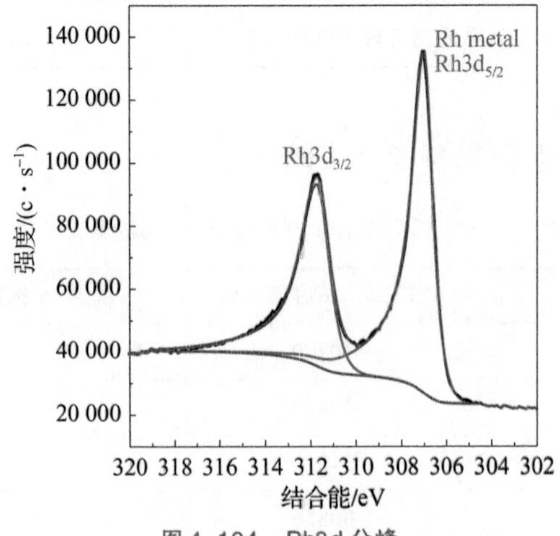

图 4.194　Rh3d 分峰

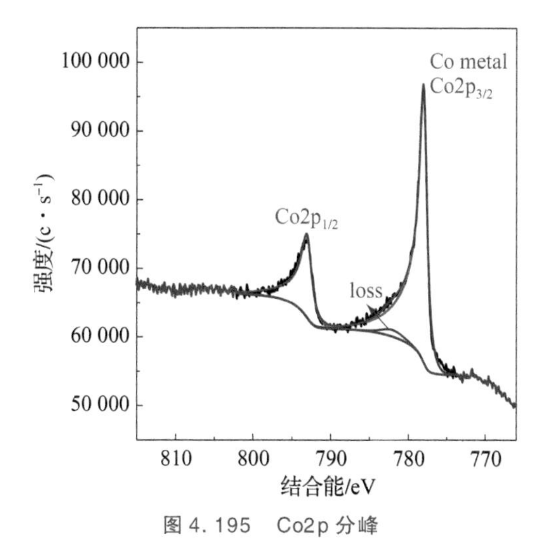

图 4.195　Co2p 分峰

（2）分峰拟合后化学态归属（表 4.133）

表 4.133　分峰拟合后化学态归属

谱峰	结合能/eV	化学态	原子百分比/%
$Rh3d_{5/2}$	307.00	Rh 金属	100.00
$Rh3d_{3/2}$	311.71		
$Co2p_{3/2}$	778.05	Co 金属	100.00
$Co2p_{1/2}$	793.10		
loss	782.05		

（3）解析说明

此案例中根据主要谱峰的结合能如 $Rh3d_{5/2}$ 结合能@307 eV 左右、$Co2p_{3/2}$ 结合能@778 eV 左右，可以判断出两种元素都是金属态，没有氧化态。拟合中需要注意的是，都用不对称性峰型。

推 荐 资 料

[1] Wagner C D, Naumkin A V, Kraut - Vass A, Allison J W, Powell C J, Rumble Jr J R. NIST Standard Reference Database 20, Version 3.4 (web version) [M]. National

Institute of Standards and Technology: Gaithersburg, MD, 2003: 20899.

[2] Moulder J F, Stickle W F, Sobol P E, Bomben K D. Handbook of X - ray Photoelectron Spectroscopy [M]. Minnesota: Perkin - Elmer Corporation, 1992.

4.41 钯 (Pd)

1. 基本信息（表 4.134）

表 4.134 Pd 的基本信息

原子序数	46
元素	钯 Pd
元素谱峰	Pd3d
重合谱峰	Pd3d 与 Ca2p、Au4$d_{5/2}$重合。 Pd3$p_{3/2}$与 O1s 重合，对 O1s 定性定量时，需要精细谱分峰拟合后进行
化学态归属说明	以 C1s 吸附碳 C—C/C—H 结合能 284.8 eV 对所有谱峰进行校准，Pd3d 化学态归属参考 XPS 数据手册以及 XPS 数据网站信息
Pd3d 自旋轨道分裂峰以及分峰方法	$\Delta(\text{Pd3d}_{3/2} - \text{Pd3d}_{5/2}) = (5.31 \pm 0.12)\text{eV}$ $\Delta_{金属}(\text{Pd3d}_{3/2} - \text{Pd3d}_{5/2}) = 5.26\ \text{eV}$ • 金属 Pd 的 Pd3d 谱峰峰型不对称，拟合时，需使用不对称函数模式。 • Pd 氧化物不耐 X 射线辐照，图谱采集时，需要先扫描 Pd3d 精细谱；扫描时，尽量缩短采谱时间。 • 混合态的 Pd 金属和氧化物谱峰比较复杂，重合谱峰较多，拟合时需注意。 • 拟合 O1s 时，用 Pd3$p_{1/2}$谱峰的结合能位置、谱峰面积比拟合出 Pd3$p_{3/2}$，剩余谱峰归属为 O1s

2. Pd3d 化学态归属参考（表 4.135）

表 4.135　不同化学态的 $Pd3d_{5/2}$ 结合能参考

化学态	$Pd3d_{5/2}$ 结合能/eV	标准偏差/±eV
Pd(0)	335.4	0.5
PdO	336.4	0.7
PdO_x，$x<1$	335.8	0.3
PdO_2	338.7	0.3
PdF_2	337.6	0.1
PdF_2(sat.)	340.2	0.4
Pd_2F_6	343.7	1.3
$PdCl_2$	337.9	0.2
$PdBr_2$	337.1	0.3
PdI_2	336.4	0.3

3. Pd3d 精细图谱参考（图 4.196、图 4.197）

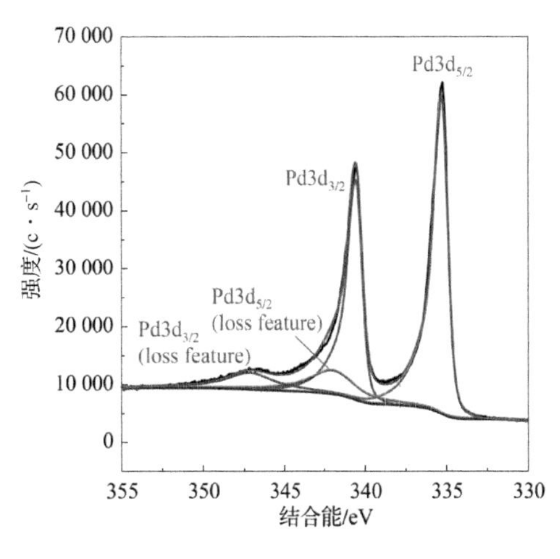

图 4.196　表面清洁后的 Pd 金属的 Pd3d

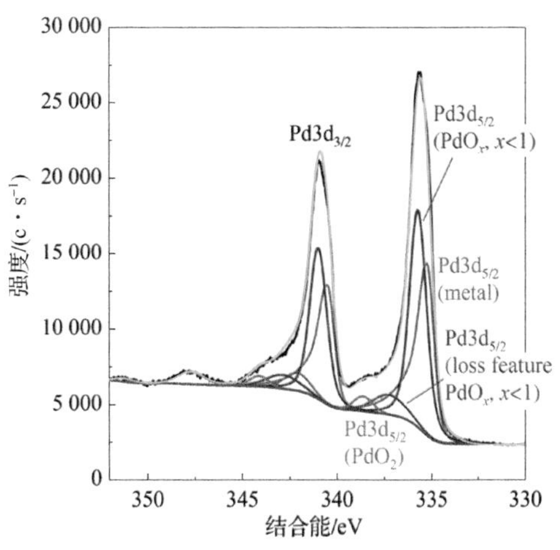

图 4.197　空气中放置多年 Pd 的 Pd3d

4. 分析案例

样品信息和分析需求：铜钯纳米合金，需要分析 Pd 的化学态以及不同化学态的百分含量。

拟合元素：Pd。

（1）精细图谱分峰拟合（图 4.198）

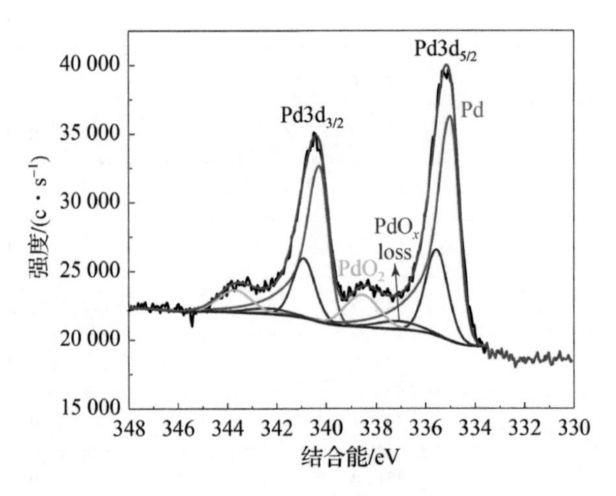

图 4.198　Pd3d 分峰

（2）分峰拟合后化学态归属（表 4.136）

表 4.136　分峰拟合后化学态归属

<table>
<tr><th>谱峰</th><th>结合能/eV</th><th>化学态</th><th colspan="2">原子百分比/%</th></tr>
<tr><td>Pd3 $d_{5/2}$</td><td>335</td><td rowspan="2">Pd</td><td rowspan="2">65.06</td><td rowspan="8">100.00</td></tr>
<tr><td>Pd3 $d_{3/2}$</td><td>340.26</td></tr>
<tr><td>Pd3 $d_{5/2}$</td><td>335.55</td><td rowspan="4">PdO_x ($x<1$)</td><td rowspan="4">23.84</td></tr>
<tr><td>Pd3 $d_{3/2}$</td><td>340.9</td></tr>
<tr><td>Pd3 $d_{5/2}$ loss</td><td>337.09</td></tr>
<tr><td>Pd3 $d_{3/2}$ loss</td><td>342.33</td></tr>
<tr><td>Pd3 $d_{5/2}$</td><td>338.56</td><td rowspan="2">PdO_2</td><td rowspan="2">11.09</td></tr>
<tr><td>Pd3 $d_{3/2}$</td><td>343.71</td></tr>
</table>

（3）解析说明（图 4. 199）

Pd 精细谱比较复杂，比如 Pd 金属态精细谱呈现不对称性，而 PdO_x 有能量损失谱峰，当有多种化学态存在时，谱峰拟合难度比较大。此案例中拟合参数参考 Avantage 软件里的参数。

Re	Name	Peak BE	Height CPS	Height Ratio	Area CPS.eV	Area Ratio	FWHM fit param (eV)	L/G Mix (%) Product	Tail Mix (%)	Tail Height (%)	Tail Exponent
A	Pd3d5 metal	335.00	16347.70	1.00	23181.44	1.00	0.87	25.65	36.72	0.00	0.0428
		fixed					**fixed**	**fixed**	**fixed**	**fixed**	**fixed**
B	Pd3d3 metal	340.26	11328.96	0.69	16054.52	0.69	0.87	25.65	36.72	0.00	0.0428
		A+5.26	**A*0.693**				**A*1**	**A*1**	**A*1**	**A*1**	**A*1**
C	Pd3d5 loss	342.13	86.60	0.01	146.22	0.01	1.62	30.00	100.00	0.00	0.0000
		fixed					**fixed**	**fixed**	**fixed**	**fixed**	**fixed**
E	Pd3d5 PdOx	335.55	6271.33	0.38	7259.41	0.31	1.11	30.00	100.00	0.00	0.0000
		fixed					**0.5 : 3.5**	**fixed**	**fixed**	**fixed**	**fixed**
F	Pd3d3 PdOx	340.90	4348.24	0.27	5033.33	0.22	1.11	30.00	100.00	0.00	0.0000
		E+5.30 (+0.3 -0.15)	**E*0.693**				**E*1**	**E*1**	**E*1**	**E*1**	**E*1**
G	Pd3d5 PdOx loss	337.09	587.71	0.04	1286.01	0.06	2.10	30.00	100.00	0.00	0.0000
		E+1.54	**E/10.7**				**fixed**	**fixed**	**fixed**	**fixed**	**fixed**
H	Pd3d3 PdOx loss	342.33	407.28	0.02	891.20	0.04	2.10	30.00	100.00	0.00	0.0000
		G+5.30 (+0.3 -0.15)	**G*0.693**				**G*1**	**G*1**	**G*1**	**G*1**	**G*1**
J	Pd3d5 PdO2	338.56	2369.60	0.14	3968.45	0.17	1.57	0.00	100.00	0.00	0.0000
							0.5 : 3.5		**fixed**	**fixed**	**fixed**
K	Pd3d3 PdO2	343.71	1642.97	0.10	2751.54	0.12	1.57	0.00	100.00	0.00	0.0000
		J+5.30 (+0.3 -0.15)	**J*0.693**				**J*1**	**J*1**	**J*1**	**J*1**	**J*1**

图 4. 199　Pd3d 分峰拟合参数参考（Avantage 软件）

|推 荐 资 料|

[1] Wagner C D, Naumkin A V, Kraut－Vass A, Allison J W, Powell C J, Rumble Jr J R. NIST Standard Reference Database 20, Version 3. 4 (web version) [M]. National Institute of Standards and Technology: Gaithersburg, MD, 2003: 20899.

[2] Moulder J F, Stickle W F, Sobol P E, Bomben K D. Handbook of X－ray Photoelectron Spectroscopy [M]. Minnesota: Perkin－Elmer Corporation, 1992.

4.42 银（Ag）

1. 基本信息（表 4.137）

表 4.137 Ag 的基本信息

原子序数	47
元素	银 Ag
元素谱峰	Ag3d
重合谱峰	—
化学态归属说明	以 C1s 吸附碳 C—C/C—H 结合能 284.8 eV 对所有谱峰进行校准，Ag3d 化学态归属参考 XPS 数据手册以及 XPS 数据网站信息
Ag3d 自旋轨道分裂峰以及分峰方法	$\Delta_{金属}(Ag3d_{3/2}-Ag3d_{5/2})=6.0$ eV • 相对金属态银的结合能，氧化态的 Ag3d 结合能位移不明显，因此，对银化学态的判断必须同时扫描精细谱 Ag3d 谱峰以及银的俄歇谱峰 Ag $M_5N_{45}N_{45}$ 和 Ag $M_4N_{45}N_{45}$，不同化学态的俄歇谱峰峰型特点都有差别（见表 4.138，可区分金属态、氧化态以及硝酸银等）。 • 金属态谱峰有不对称性，需要用不对称性方式拟合；金属态 Ag3d 图谱可见能量损失谱峰的特点，但含量低的情况下，能量损失谱峰不明显。 • 氧化态的半峰宽比金属态的半峰宽有展宽现象。 • 氧化银（Ag_2O 和 AgO）的 Ag3d 结合能相对比金属态向低能位移（-0.3 eV 和 -0.8 eV 左右），主要原因是离子电荷和晶格势的初始态效应（initial - state factors of ionic charge and lattice potential）；Ag_2O 和 AgO 的结合能和俄歇参数都非常相近，很难区分
测试注意	银在自然界中容易硫化。 有机银化合物不耐 X 射线辐照

2. Ag3d 化学态归属参考（表 4.138）

表 4.138　不同化学态的 Ag3d 结合能和俄歇参数参考（$Ad3d_{5/2}$ – Ag $M_4N_{45}N_{45}$）

化学态	$Ag3d_{5/2}$ 结合能/eV	标准偏差 /±eV	修正俄歇参数 α′/eV	标准偏差 /±eV
Ag	368.2	0.1	726.1	0.1
Ag_2O	367.9	0.3	724.4	0.1
AgO	367.6	0.4	724.5	0.3
Ag_2CO_3	367.7	0.2	723.1	0.3
$AgSO_4$	367.9	0.3	722.7	0.3
Ag_2S	368.1	0.1	724.8	0.1
AgCl	368.1	0.0	723.5	0.3
AgF	367.8	0.1	722.8	0.3
AgF_2	367.3	0.3		
AgI	367.9	0.2	724.0	0.3
$AgNO_3$	368.2	0.0	723.8	0.3
$AgPO_3$	368.3	0.3		

3. Ag3d 精细图谱参考（图 4.200 ~ 图 4.202）

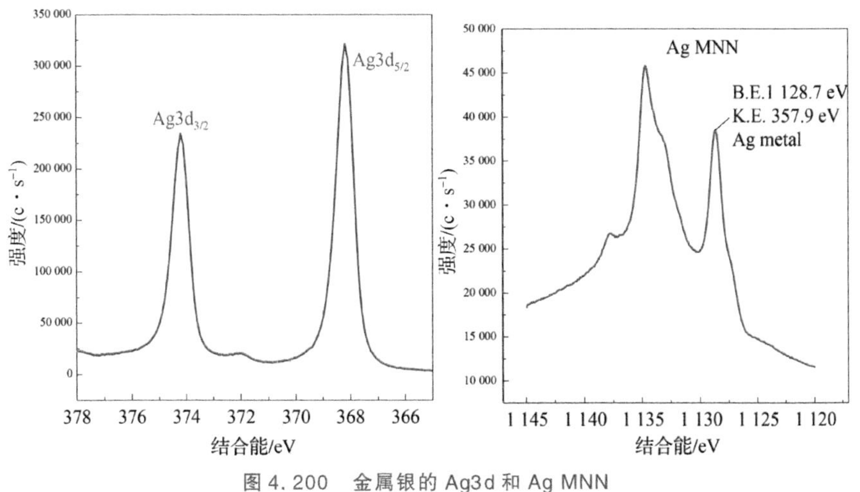

图 4.200　金属银的 Ag3d 和 Ag MNN

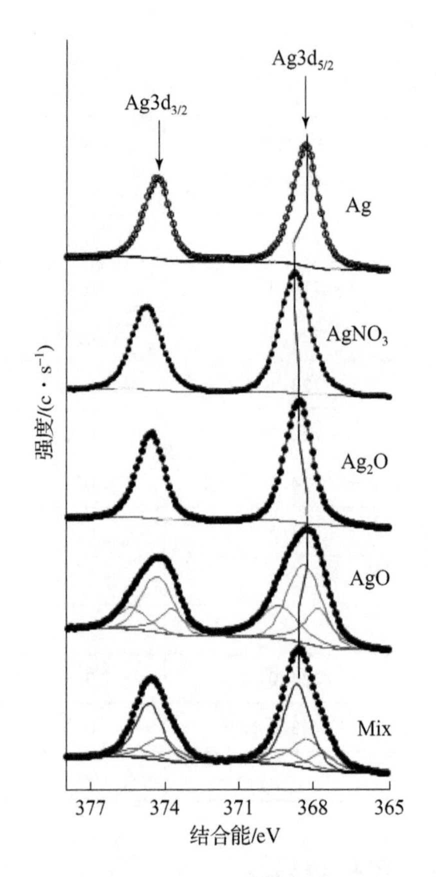

图 4.201　Ag 3d 精细谱
(Mix 为 Ag_2O 和 AgO 混合)

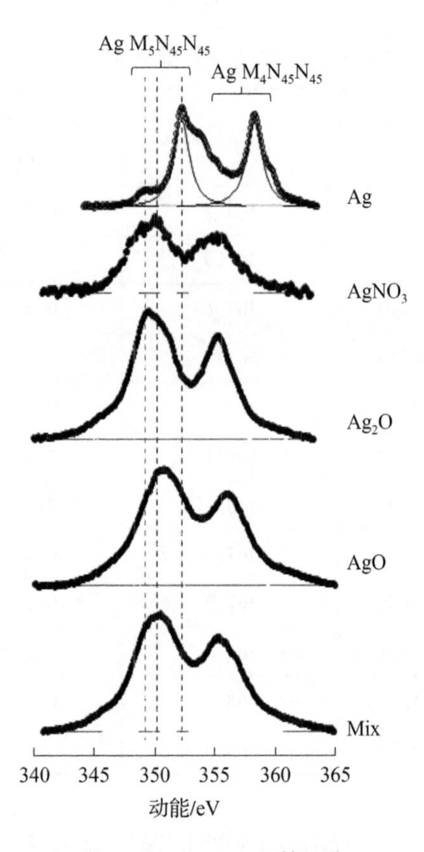

图 4.202　Ag MNN 精细谱
(Mix 为 Ag_2O 和 AgO 混合)

4. 分析案例

(1) 分析案例 1

样品信息和分析需求：二氧化钛上复合 Ag/Ag_2S，分析 Ag 和 S 的不同价态。

拟合元素：Ag、S。

①精细图谱分峰拟合，如图 4.203、图 4.204 和表 4.139 所示。

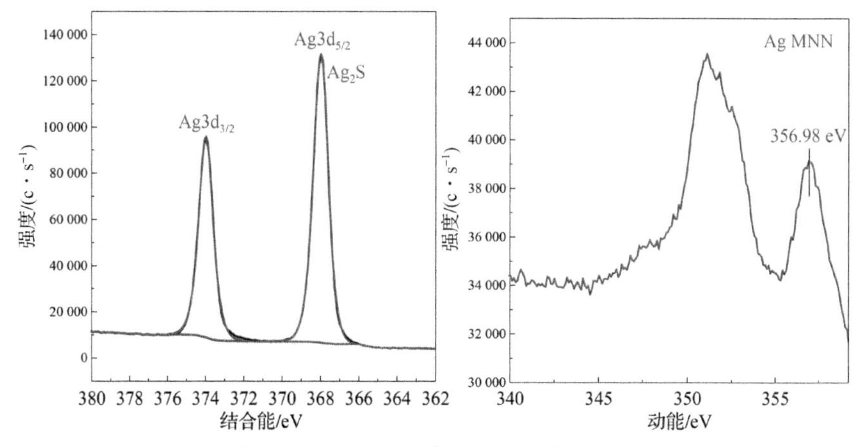

图 4.203 Ag3d 分峰以及 Ag MNN 动能

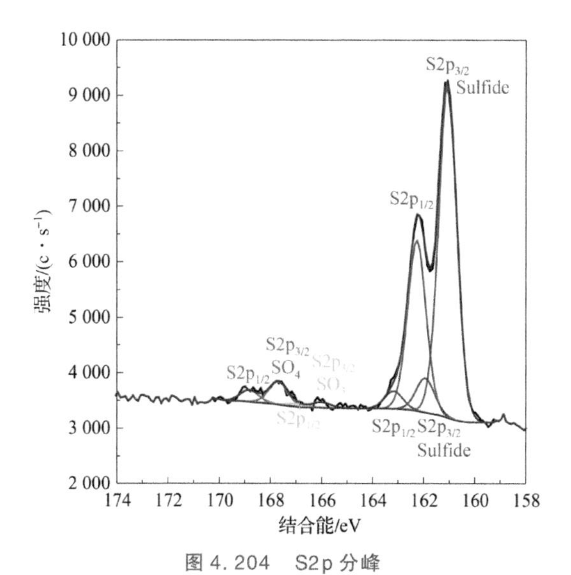

图 4.204 S2p 分峰

表 4.139 Ag3d 分峰俄歇参数参考

修正俄歇参数（Modified Auger parameter） $\alpha' = \alpha + h\nu_{X-ray} = E_K^A + E_B^P$	
E_K^A(AgMNN)/eV	356.98
E_B^P(Ag3d$_{5/2}$)/eV	367.94
α'/eV	724.92
化学态	Ag_2S

②分峰拟合后化学态归属，见表 4.140。

表 4.140　分峰拟合后化学态归属

谱峰	结合能/eV	化学态	原子百分比/%	
$Ag3d_{5/2}$	367.94	Ag_2S（主要）	100.00	100.00
$Ag3d_{3/2}$	373.96			
$S2p_{3/2}$	161.08	硫化物	84.13	100.00
$S2p_{1/2}$	162.29			
$S2p_{3/2}$	161.95	硫化物	8.61	
$S2p_{1/2}$	163.18			
$S2p_{3/2}$	166.02	S—O(SO_3)	1.39	
$S2p_{1/2}$	167.08			
$S2p_{3/2}$	167.7	S—O(SO_4)	5.87	
$S2p_{1/2}$	168.83			

③原子百分比，见表 4.141。

表 4.141　原子百分比

谱峰	Ag3d	S2p	O1s	Ti2p	C1s
原子百分比/%	15.51	7.79	31.75	10.63	34.32
总计/%	100.00				

④解析说明。

因为 Ag 不同化学态中 $Ag3d_{5/2}$的结合能相近，很难仅通过 $Ag3d_{5/2}$判断化学态。此案例中结合样品信息、精细谱中不同元素和化学态定量结果，以及化学态定性分析，可以判断主要是硫化银。

由半定量数据可以看出 Ag 和 S 原子百分比为 2：1 左右；分峰拟合后，$S2p_{3/2}$结合能小于 162 eV，主要归属为硫化物，有极少量的硫酸盐；而根据银的俄歇参数（724.9 eV 左右），也可以判断银主要为硫化银。

（2）分析案例 2

样品信息和分析需求：关注银表面单质银和氧化银的含量比。

拟合元素：Ag。

①精细图谱分峰拟合，如图 4.205 所示。

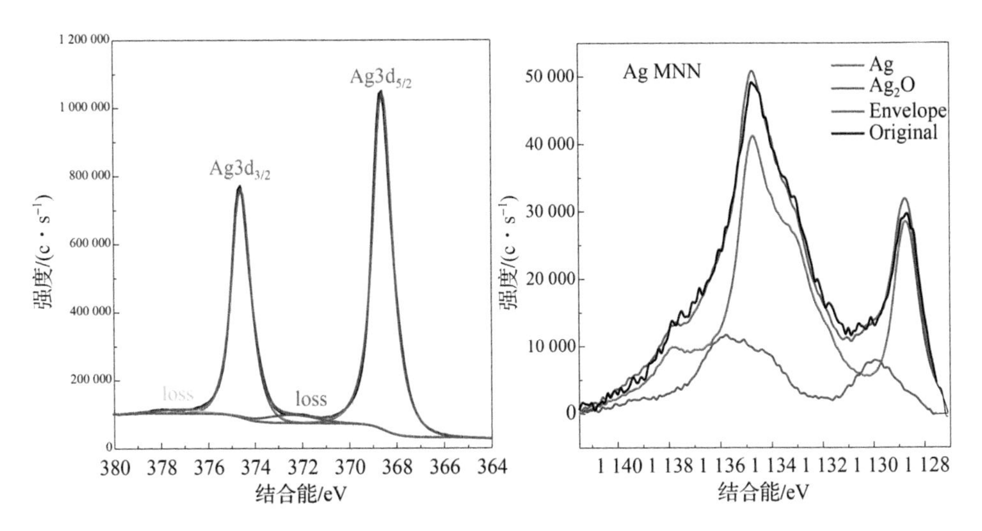

图 4.205　Ag3d 分峰及 Ag MNN 的 NLLSF 拟合

②分峰拟合后化学态归属，见表 4.142。

表 4.142　NLLSF 分峰拟合后化学态归属

谱峰	动能/eV	化学态	原子百分比/%	
Ag MNN	351.90	Ag	75.08	100.00
	350.80	Ag_2O	24.92	

③解析说明。

Ag 的单质态和氧化态中，结合能差异不明显，很难区分；俄歇谱峰从峰型到动能有明显差异，俄歇谱峰峰型不规整，不能用常规的分峰拟合去区分化学态和含量。

此案例中，从 Ag3d 精细谱中可以探测到金属态 Ag 的特征能量损失谱峰（loss），俄歇峰型判断也主要是金属态。如果要详细判断是否有氧化态银存在（如果有，含量比较低），就需要使用非线性最小二乘拟合（NLS）的方法，更能反映真实化学态组成和比例；采用 NLS 分峰方法的前提是，有预期化学态的标准图谱。

采用金属银 Ag MNN 与 Ag_2O 的 Ag MNN 标准图谱进行 NLS 拟合，可以得到单质银和氧化银的比例关系，从结果可以看出，的确是金属银含量比较高（约 75%），少量银发生了氧化（约 25%）。

推荐资料

[1] Ferraria A M, Carapeto A P, do Rego A M. X－ray photoelectron spectroscopy: Silver salts revisited [J]. Vacuum, 2012 (86): 1988－1991.

[2] Gaarenstroom S W, Winograd N J. Initial and final state effects in the ESCA spectra of cadmium and silver oxides [J]. The Journal of Chemical Physics, 1977 (67): 3500－3506.

[3] Wagner C D, Naumkin A V, Kraut－Vass A, Allison J W, Powell C J, Rumble Jr J R. NIST Standard Reference Database 20, Version 3.4 (web version) [M]. National Institute of Standards and Technology: Gaithersburg, MD, 2003: 20899.

[4] Moulder J F, Stickle W F, Sobol P E, Bomben K D. Handbook of X－ray Photoelectron Spectroscopy [M]. Minnesota: Perkin－Elmer Corporation, 1992.

4.43 镉（Cd）

1. 基本信息（表 4.143）

表 4.143 Cd 的基本信息

原子序数	48
元素	镉 Cd
元素谱峰	Cd3d
重合谱峰	N1s、Hf4$p_{1/2}$、Sc2p
化学态归属说明	以 C1s 吸附碳 C—C/C—H 结合能 284.8 eV 对所有谱峰进行校准，Cd3d 化学态归属参考 XPS 数据手册以及 XPS 数据网站信息

续表

Cd3d自旋轨道分裂峰以及分峰方法	$\Delta_{金属}(Cd3d_{3/2}-Cd3d_{5/2})=6.8$ eV • 不同化学态的Cd谱峰Cd3d结合能差别很小，不能仅用Cd3d谱峰判断化学态，但金属态的谱峰半峰宽（$Cd3d_{5/2}$结合能在405.0 eV左右，FWHM为0.60 eV @10 eV Pass Energy）小于氧化态的谱峰半峰宽（$Cd3d_{5/2}$结合能在405.5 eV左右，FWHM为1.5 eV @10 eV Pass Energy）。 • 需要同时采集Cd MNN俄歇谱峰，结合Cd3d计算俄歇参数来判断化学态；不同化学态的俄歇参数有明显区别。 • 金属态的Cd3d谱峰有不对称性；在$Cd3d_{3/2}$高能位置有能量损失谱峰

2. Cd化学态归属参考（表4.144、表4.145）

表4.144 不同化学态的$Cd3d_{5/2}$结合能参考

化学态	$Cd3d_{5/2}$结合能/eV	标准偏差/±eV
Cd(0)	404.9	0.2
$Cd(OH)_2$	405.0	0.2
CdO	404.6	1.1
CdF_2	405.8	0.2
$CdCl_2$	406.1	0.3
$CdBr_2$	406.0	0.3
CdI_2	405.6	0.2
CdS	405.3	0.1
CdSe	405.2	0.2
CdTe	405.2	0.3
$CdTeO_3$	405.5	0.3
$CdCO_3$	405.1	0.3
Cd_2SnO_2	405.3	0.3
Cd_2SnO_4	404.4	0.2

表 4.145 $Cd3d_{5/2}$ – Cd $M_4N_{45}N_{45}$ 俄歇参数参考

化学态	俄歇参数/eV	标准偏差/±eV
Cd(0)	788.8	0.2
$Cd(OH)_2$	785	0.1
CdO	787	0.3
CdF_2	784.4	0.3
CdS	786.5	0.3
CdSe	786.7	0.3
CdTe	787.6	0.1
$CdTeO_3$	785.8	0.3
$CdTe_2O_5$	786	0.3
$CdSO_4$	785.8	0.3

3. Cd3d 精细图谱参考（图 4.206、图 4.207）

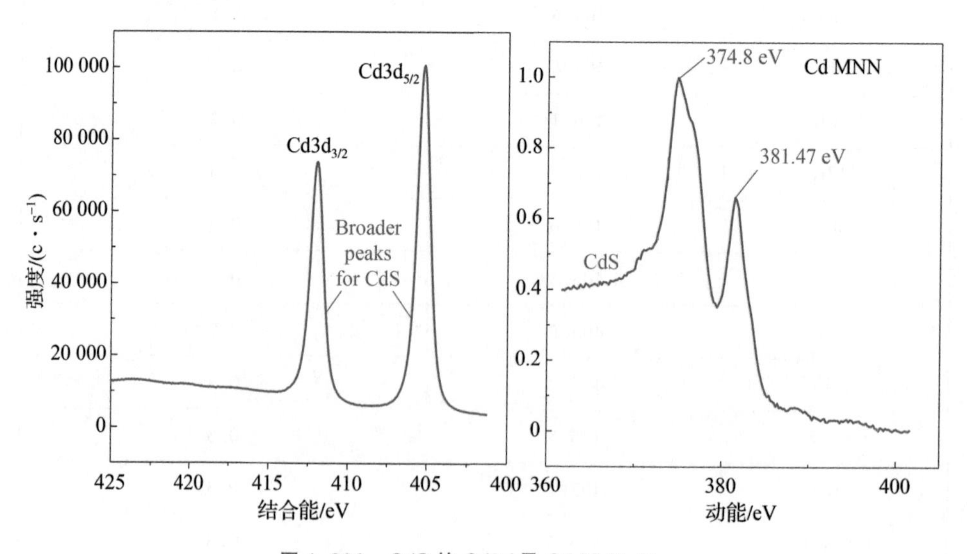

图 4.206 CdS 的 Cd3d 及 Cd $M_4N_{45}N_{45}$

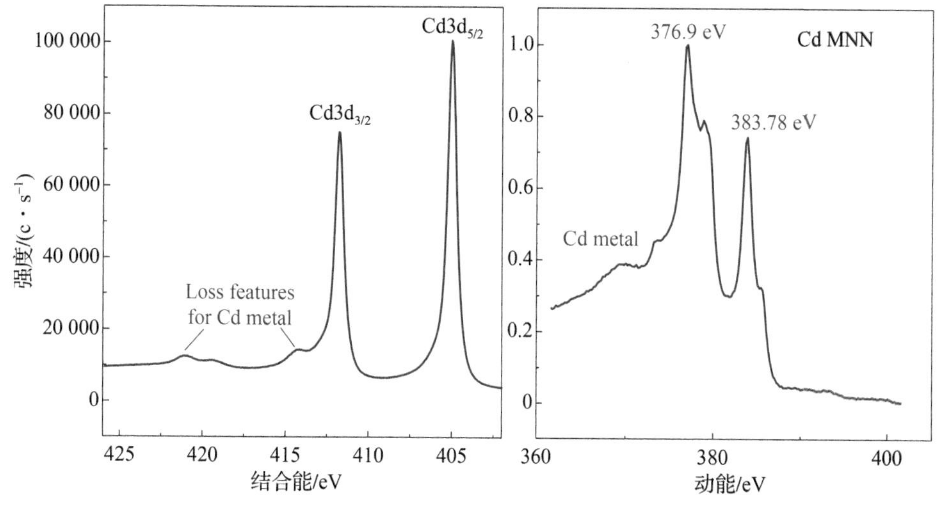

图 4.207　Cd 金属的 Cd3d 及 Cd $M_4N_{45}N_{45}$

4. 分析案例

样品信息和分析需求：对比碲镉汞晶体表面经过 XPS 氩离子源清洁前后表面成分的变化，对比 Cd、Te、Hg 的价态和氧化情况。

拟合元素：Cd、Te、Hg。

（1）全谱和精细图谱分峰拟合

①碲镉汞晶体原表面，如图 4.208 ~ 图 4.211 所示。

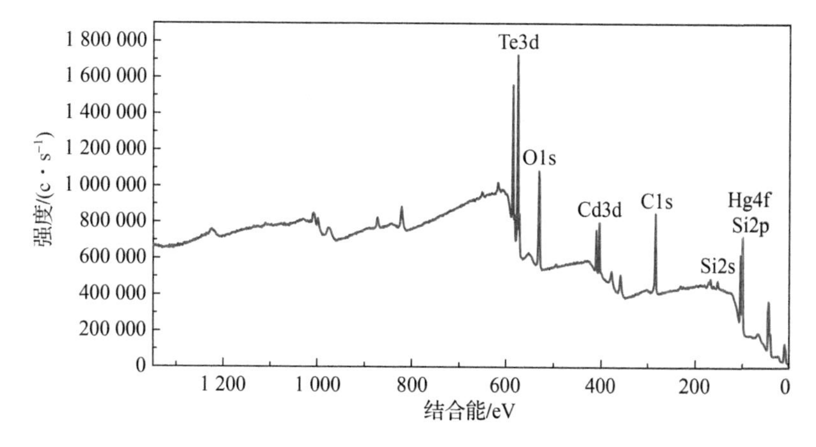

图 4.208　全谱分析主要检测到 C、O、Si、Cd、Hg、Te 等元素

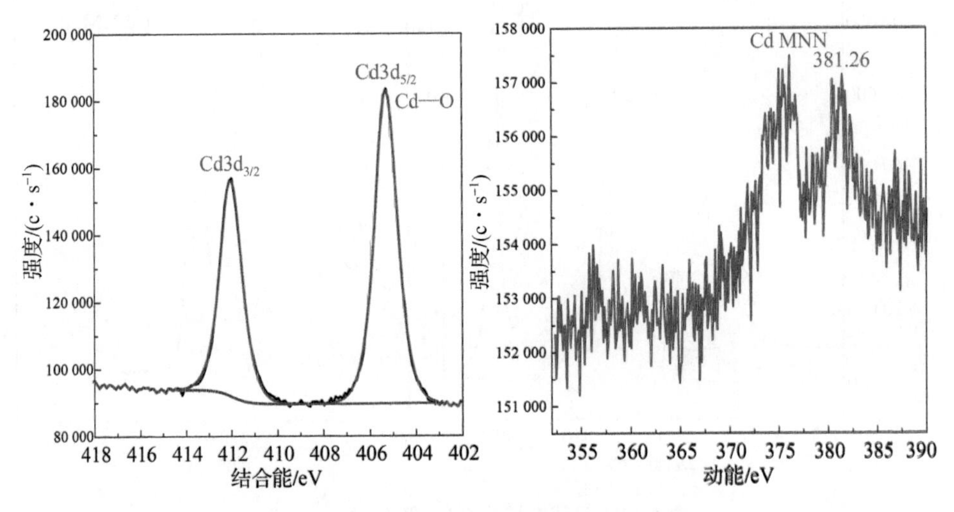

图 4.209　Cd3d 分峰及 Cd MNN 动能测量

$$
\begin{aligned}
\text{修正俄歇参数(Modified Auger parameter)} &= \alpha' = \alpha + h\nu_{X-ray} \\
&= E_K^A(\text{Cd MNN}) + E_B^P(\text{Cd3d}_{5/2}) \\
&= 381.26 + 405.27 = 786.53(\text{eV})
\end{aligned}
$$

归属为氧化镉 CdO

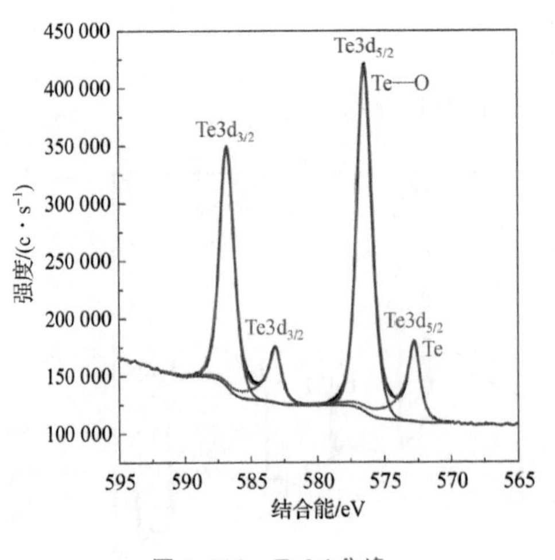

图 4.210　Te3d 分峰

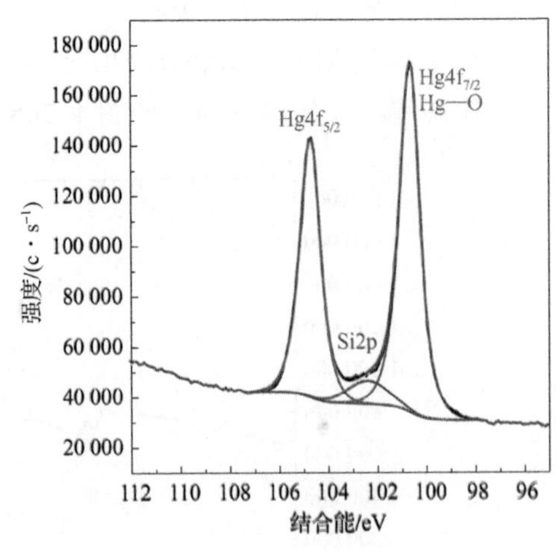

图 4.211　Hg4f 分峰

②氩离子源清洁后的碲镉汞晶体表面，如图4.212～图4.215所示。

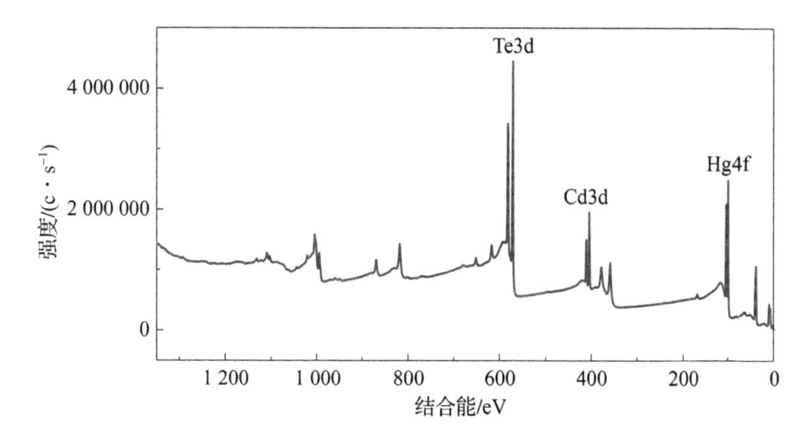

图4.212　全谱分析主要检测到Cd、Hg、Te等元素

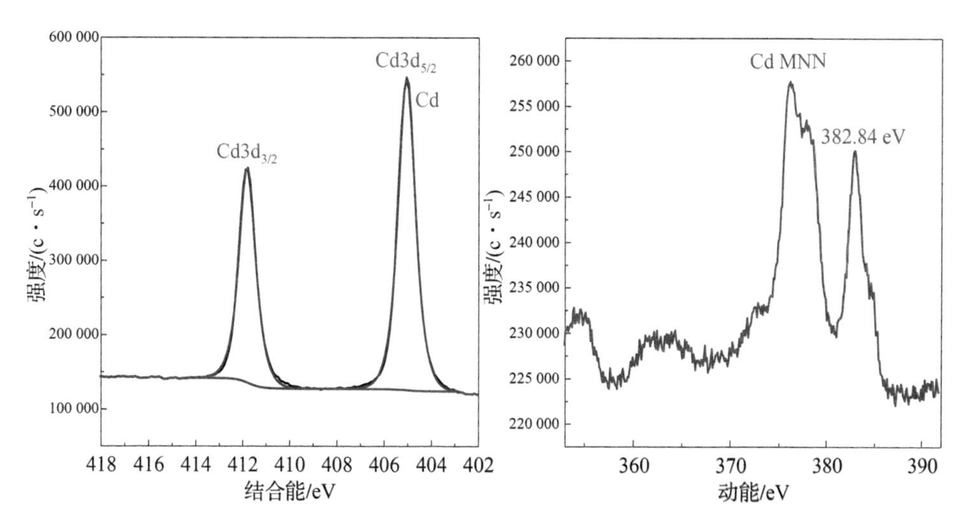

图4.213　Cd3d分峰及Cd MNN动能测量

$$修正俄歇参数（Modified Auger parameter）= \alpha' = \alpha + h\nu_{X-ray}$$

$$= E_K^A(\text{Cd MNN}) + E_B^P(\text{Cd3d}_{5/2})$$

$$= 382.84 + 405.04 = 787.88\ (\text{eV})$$

归属为金属镉

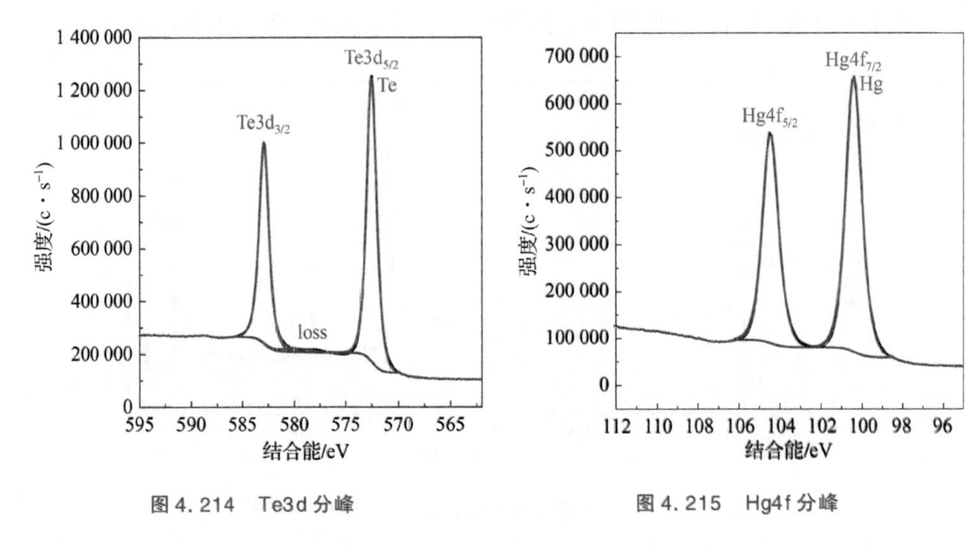

图 4.214　Te3d 分峰

图 4.215　Hg4f 分峰

（2）分峰拟合后化学态归属（表 4.146 ~ 表 4.148）

表 4.146　碲镉汞晶体原表面分峰拟合后化学态归属

谱峰	结合能/eV	化学态	原子百分比/%	
$Cd3d_{5/2}$	405.27	Cd—O	100.00	100.00
$Cd3d_{3/2}$	411.99			
$Te3d_{5/2}$	572.74	Te(金属或合金)	22.48	100.00
$Te3d_{3/2}$	583.13			
$Te3d_{5/2}$	576.38	Te—O(TeO_2)	77.52	
$Te3d_{3/2}$	586.74			
$Hg4f_{7/2}$	100.63	Hg—O	100.00	100.00
$Hg4f_{5/2}$	104.68			

表 4.147　氩离子源清洁后的碲镉汞晶体表面分峰拟合后化学态归属

谱峰	结合能/eV	化学态	原子百分比/%
$Cd3d_{5/2}$	405.04	Cd(金属或合金)	100.00
$Cd3d_{3/2}$	411.79		

续表

谱峰	结合能/eV	化学态	原子百分比/%
$Te3d_{5/2}$	572.44	Te(金属或合金)	100.00
$Te3d_{3/2}$	582.82		
$Hg4f_{7/2}$	100.37	Hg(金属或合金)	100.00
$Hg4f_{5/2}$	104.42		

表4.148　原子百分比　%

<table>
<tr><th>谱峰</th><th>化学态</th><th colspan="2">碲镉汞原表面</th><th colspan="3">氩离子源清洁后的表面</th></tr>
<tr><td rowspan="2">Cd3d</td><td>Cd金属或合金态</td><td>0.00</td><td rowspan="2">16.01</td><td>16.79</td><td rowspan="2">16.79</td><td rowspan="6">100.00</td></tr>
<tr><td>Cd—O</td><td>16.01</td><td>0.00</td></tr>
<tr><td rowspan="2">Hg4f</td><td>Hg金属或合金态</td><td>0.00</td><td rowspan="2">26.72</td><td>30.38</td><td rowspan="2">30.38</td></tr>
<tr><td>Hg—O</td><td>26.72</td><td>0.00</td></tr>
<tr><td rowspan="2">Te3d</td><td>Te金属或合金态</td><td>12.87</td><td rowspan="2">57.26</td><td>52.83</td><td rowspan="2">52.83</td></tr>
<tr><td>Te—O</td><td>44.39</td><td>0.00</td></tr>
</table>

（3）解析说明

样品原表面除了Cd、Hg、Te外，还检测到吸附（污染）C、O、Si等；用氩离子源清洁后，样品表面全谱中主要检测到Cd、Hg、Te三种元素，从全谱中未测到其他元素，就可以推测样品清洁后表面主要是合金态。

因为Cd不同化学态中$Cd3d_{5/2}$的结合能相近（405 eV左右），很难仅通过$Cd3d_{5/2}$判断化学态。此案例中结合俄歇参数可以判断Cd的化学态。清洁后，样品的Cd MNN俄歇谱峰很明晰，可以清楚地判断为Cd金属态（或合金态）；清洁前，样品的Cd MNN俄歇谱峰信号弱，但依然可以测量俄歇动能的位置，通过俄歇参数可以判断主要为氧化态镉。

Te3d精细谱中自旋轨道分裂峰（$3d_{5/2}$和$3d_{3/2}$）能量差为10.4 eV左右，谱峰面积比（$Te3d_{5/2}$：$Te3d_{3/2}$）为3：2左右。清洁前，数据明显有两种化学态存在，通过锁定两组轨道分裂谱峰的结合能、谱峰面积比等可以区分两种化学态的含量和归属；清洁后，根据样品表面$Te3d_{5/2}$谱峰结合能（572.4 eV）位置和峰型特点（不对称性）可以判断Te主要为金属态（合金态）。

Hg4f 精细谱中自旋轨道分裂峰（$Hg4f_{7/2}$和 $Hg4f_{5/2}$）能量差为 4.05 eV 左右，谱峰面积比（$Hg4f_{7/2}$: $Hg4f_{5/2}$）为 4 : 3 左右，样品原表面中有硅元素，Si2p 与 Hg4f 有重合，拟合时，需要通过分峰处理后再进行定性和定量分析。

推荐资料

[1] Wagner C D, Naumkin A V, Kraut - Vass A, Allison J W, Powell C J, Rumble Jr J R. NIST Standard Reference Database 20, Version 3.4 (web version) [M]. National Institute of Standards and Technology: Gaithersburg, MD, 2003: 20899.

[2] Moulder J F, Stickle W F, Sobol P E, Bomben K D. Handbook of X - ray Photoelectron Spectroscopy [M]. Minnesota: Perkin - Elmer Corporation, 1992.

4.44 铟（In）

1. 基本信息（表 4.149）

表 4.149 In 的基本信息

原子序数	49
元素	铟 In
元素谱峰	In3d
重合谱峰	—
化学态归属说明	以 C1s 吸附碳 C—C/C—H 结合能 284.8 eV 对所有谱峰进行校准，In3d 化学态归属参考 XPS 数据手册以及 XPS 数据网站信息

续表

In3d 自旋轨道分裂峰以及分峰方法	$\Delta_{金属}(In3d_{3/2}-In3d_{5/2})=7.54$ eV • 金属 In 的谱峰峰型不对称，拟合时用不对称函数模式，在 $In3d_{3/2}$高能处有特征能量损失谱峰。 • 氧化铟的 In3d 谱峰也呈不对称性。 • 氧化态的谱峰相对金属态有展宽。 • 氧化态的 In3d 结合能差别比较小，采集精细谱的时候同时采集 In MNN 俄歇图谱来辅助判断化学态

2. In3d 化学态归属参考（表 4.150）

表 4.150　不同化学态的 In3d 结合能和俄歇参数参考

化学态	$In3d_{5/2}$结合能 /eV	标准偏差/ ± eV	修正俄歇参数 α'/eV	标准偏差 / ± eV
In(0)	443.8	0.3	854.1	0.4
$In(OH)_3$	445.1	0.1	850	0.3
In_2O_3	444.8	0.6	850.8	0.3
$CuInSe_2$	444.6	0.3	852.6	0.1
In_2S_3	445.1	0.4	852.7	0.9
In_2Se_3	444.8	0.3	852.8	0.4
In_2Te_3	444.5	0.1	854.1	0.4
$InBr_3$	446.1	0.5	850.8	0.3
$InCl_3$	446.3	0.6	850.6	0.3
InF_3	446.4	0.2	849.9	0.3
InI_3	445.6	0.6	851.6	0.3
InP	444.6	0.5	852.6	0.3
InSb	444.5	0.1	—	—
$CuInS_2$	444.9	0.4	—	—

3. In3d 精细图谱参考（图 4.216、图 4.217）

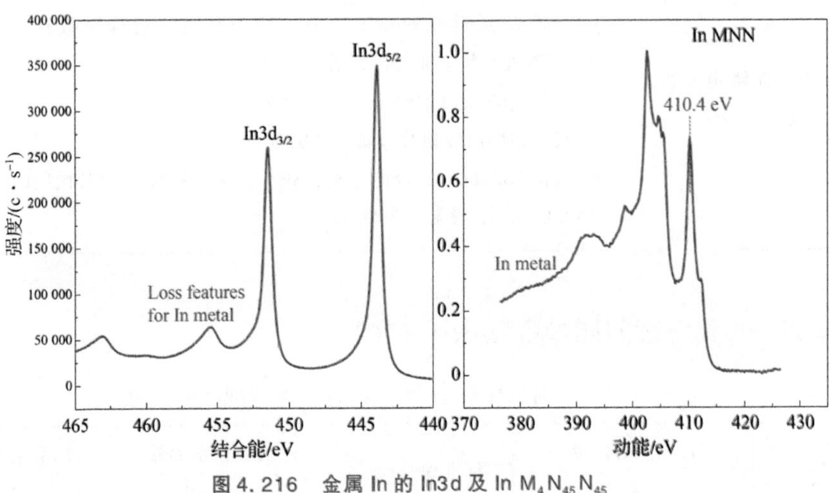

图 4.216　金属 In 的 In3d 及 In $M_4N_{45}N_{45}$

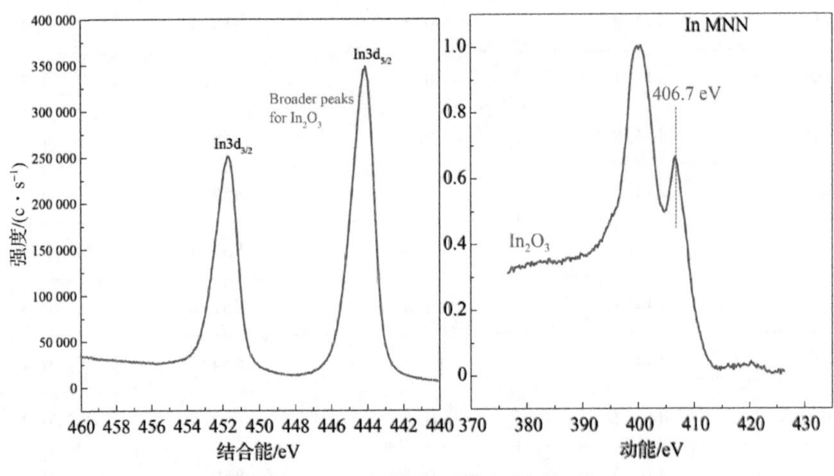

图 4.217　In_2O_3的 In3d 及 In $M_4N_{45}N_{45}$

4. 分析案例

（1）分析案例 1

样品信息和分析需求：Ti_3C_2和 In_2O_3两种材料单独制备后，用超声结合到一起，需要分析 In 和 O 的化学态。

拟合元素：In、O。

①精细图谱分峰拟合，如图 4.218、图 4.219、表 4.151 所示。

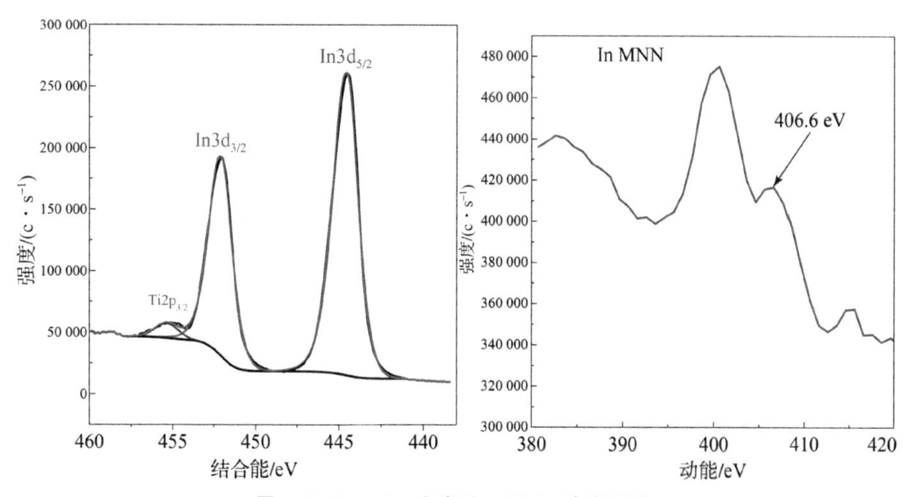

图 4.218　In3d 分峰及 In MNN 动能测量

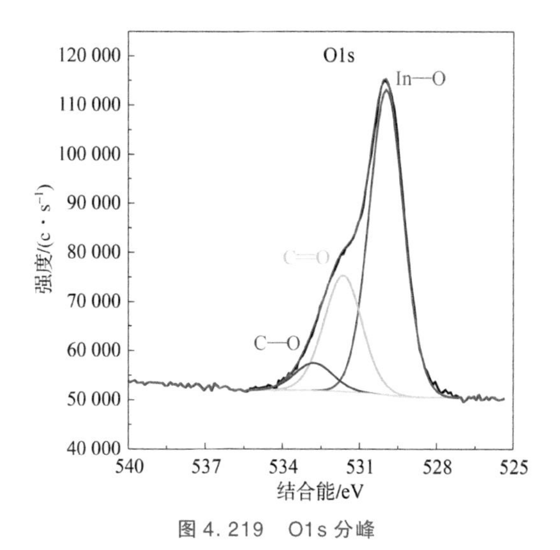

图 4.219　O1s 分峰

表 4.151　俄歇参数计算

修正俄歇参数 $\alpha' = \alpha + h\nu_{X-ray} = E_K^A + E_B^P$	
E_K^A(In MNN)/eV	406.6
E_B^P(In3$d_{5/2}$)/eV	444.5
α'/eV	851.1
化学态	In_2O_3

②分峰拟合后化学态归属，见表 4. 152。

表 4. 152　分峰拟合后化学态归属

谱峰	结合能/eV	化学态	原子百分比/%	
$In3d_{5/2}$	444. 54	In_2O_3	100. 00	100. 00
$In3d_{3/2}$	452. 04			
O1s	529. 97	In—O	65. 79	100. 00
O1s	531. 65	C═O	27. 62	
O1s	532. 79	C—O	6. 59	

③解析说明。

In 的化学态判断不能只分析 $In3d_{5/2}$，因其不同化学态的 $In3d_{5/2}$ 结合能非常相近（445 eV 左右），所以无法区分；但 In MNN 谱峰的动能有差异，金属态和氧化态动能差为 3 eV 左右，可以结合俄歇谱峰以及俄歇参数来判断 In 的化学态。

（2）分析案例 2

样品信息和分析需求：FTO 导电玻璃上沉积 TiO_2 膜层，在 TiO_2 膜层表面继续生长 $ZnIn_2S_4$，需要分析 In、S、Zn 的化学态，证实是否生成了 $ZnIn_2S_4$。

拟合元素：In、S、Zn。

①精细图谱分峰拟合，如图 4. 220 ~ 图 4. 222 和表 4. 153 所示。

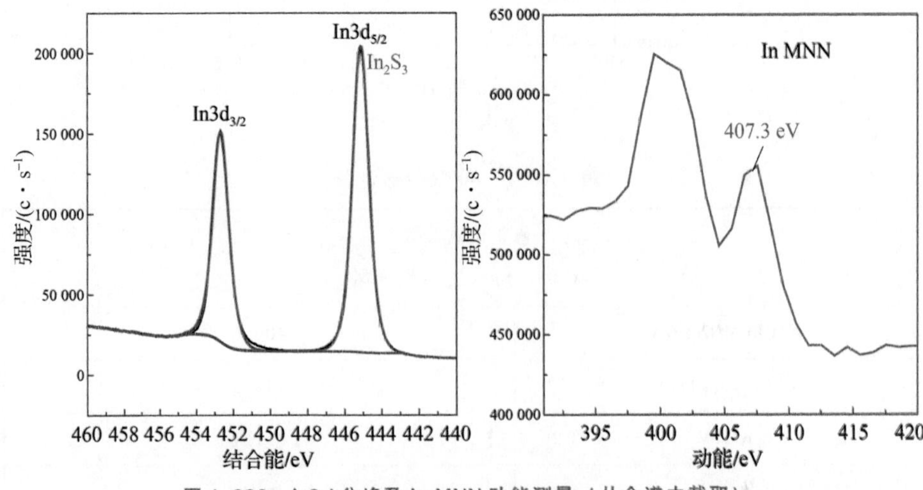

图 4. 220　In3d 分峰及 In MNN 动能测量（从全谱中截取）

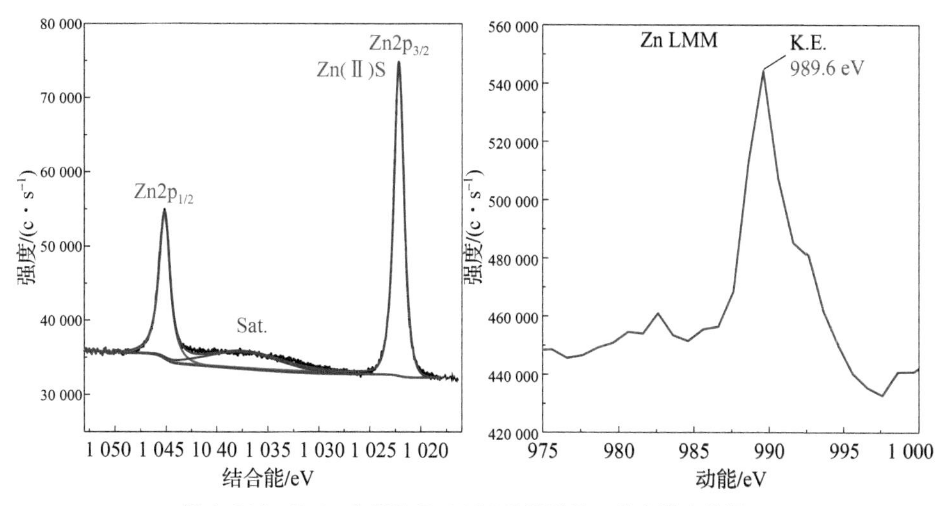

图 4.221　Zn2p 分峰及 Zn LMM 动能测量（从全谱中截取）

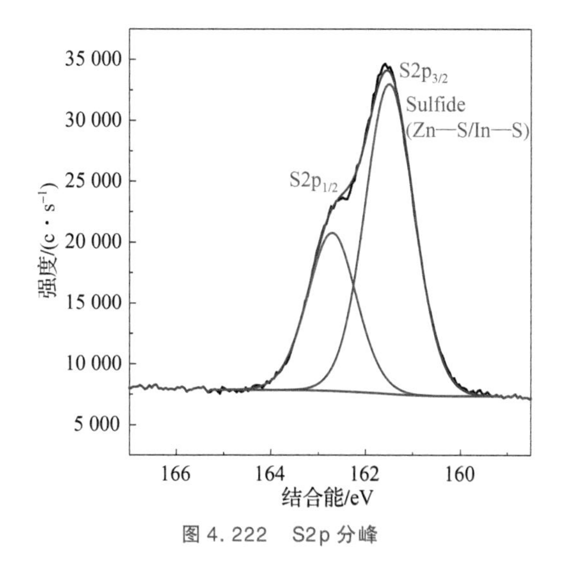

图 4.222　S2p 分峰

表 4.153　俄歇参数计算

修正俄歇参数 $\alpha' = \alpha + h\nu_{X-ray} = E_K^A + E_B^P$			
E_K^A(Zn LMM)/eV	989.6	E_K^A(In MNN)/eV	407.3
E_B^P(Zn2$p_{3/2}$)/eV	1 022.16	E_B^P(In3$d_{5/2}$)/eV	445.1
α′/eV	2 011.76	α′/eV	852.4
化学态	ZnS	化学态	In_2S_3

②分峰拟合后化学态归属，见表4.154。

表4.154　分峰拟合后化学态归属

谱峰	结合能/eV	化学态	原子百分比/%
$In3d_{5/2}$	445.10	In_2S_3	100.00
$In3d_{3/2}$	452.63		
$S2p_{3/2}$	161.5	硫化物（sulfide）（Zn—S/In—S）	100.00
$S2p_{1/2}$	162.71		
$Zn2p_{3/2}$	1 022.16	Zn(Ⅱ)(ZnS)	100.00
$Zn2p_{1/2}$	1 045.14		

③原子百分比，见表4.155。

表4.155　原子百分比

谱峰	化学态	原子百分比/%	
S2p	金属硫化物（sulfide）	38.74	100.00
C1s	—	20.52	
In3d	In_2S_3	21.27	
O1s	—	7.79	
Zn2p	ZnS	11.69	
从原子百分比可以推断Zn：In：S近似为1：2：4。			

④解析说明。

因为In不同化学态中$In3d_{5/2}$的结合能相近，很难仅通过$In3d_{5/2}$判断化学态；同样，Zn不同化学态中$Zn2p_{3/2}$结合能也很相近，也不能只根据$Zn2p_{3/2}$判断化学态；两个元素都需要同时结合俄歇谱峰和俄歇参数判断化学态。

根据In和Zn的俄歇参数，结合硫的化学态（金属硫化物）以及半定量数据，可以明确判断膜层表面主要是$ZnIn_2S_4$。

推荐资料

Wagner C D, Naumkin A V, Kraut – Vass A, Allison J W, Powell C J, Rumble Jr J R. NIST Standard Reference Database 20, Version 3.4 (web version) [M]. National Institute of Standards and Technology: Gaithersburg, MD, 2003: 20899.

4.45　锡（Sn）

1. 基本信息（表4.156）

表4.156　Sn的基本信息

原子序数	50
元素	锡 Sn
元素谱峰	Sn3d
重合谱峰	Na KLL
化学态归属说明	以C1s吸附碳C—C/C—H结合能284.8 eV对所有谱峰进行校准，Sn3d化学态归属参考XPS数据手册以及XPS数据网站信息
Sn3d自旋轨道分裂峰以及分峰方法	$\Delta_{金属}(Sn3d_{3/2} - Sn3d_{5/2}) = 8.41$ eV • 金属Sn的谱峰峰型不对称，拟合金属态时，用不对称函数模式。 • 金属谱峰的半峰宽小于氧化态谱峰的半峰宽。 • SnO与SnO_2的Sn3d谱峰结合能非常接近，无法区分，可以用俄歇谱峰和俄歇参数辅助识别。 • Sn含量高且成分组成单一时，可以用价带谱帮助识别氧化态

2. Sn3d 化学态归属参考（表 4. 157）

表 4. 157 不同化学态的 Sn3d 结合能参考

化学态	$Sn3d_{5/2}$ 结合能/eV	标准偏差/±eV	修正俄歇参数 α′	
			俄歇参数/eV	标准偏差/±eV
Sn(0)	485. 0	0. 5	922. 3	0. 2
SnO	486. 5	0. 6	919. 7	0. 2
SnO_2	486. 7	0. 3	919	0. 4
ITO	486. 8	0. 3	—	—
SnF_2	487. 2	0. 2	—	—
SnF_4	488. 1	0. 2	—	—
$SnCl_2$	486. 6	0. 1	—	—
Na_2SnO_3	486. 7	0. 4	—	—

3. Sn3d 精细图谱参考（图 4. 223、图 4. 224）

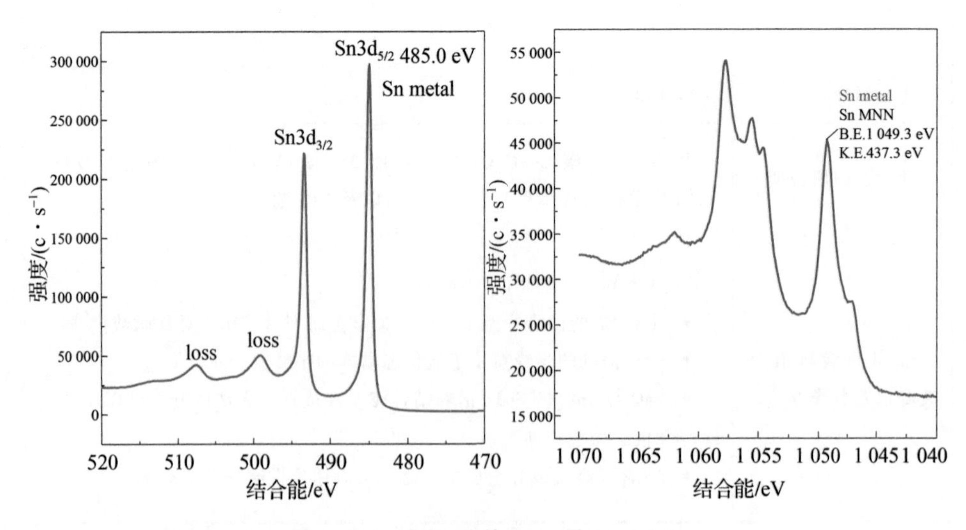

图 4. 223 金属 Sn 的 Sn3d 及 Sn MNN

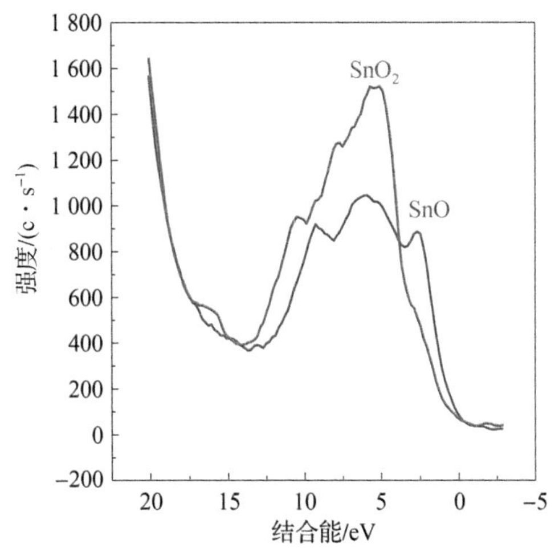

图 4.224　SnO 和 SnO_2 的价带谱对比

4. 分析案例

样品信息和分析需求：通过水热法，Ti_3C_2 表面负载氧化锡纳米颗粒，原料采用 $SnCl_2\cdot 2H_2O$，然后在氩气氛围中进行磷化处理，制备 $Sn_4P_3@Ti_3C_2$。不确定产物是 Sn_4P_3，或是 SnP_x 或含有 Sn 的氧化物。需要分析 Sn 和 P 的价态和含量。

拟合元素：Sn、P、O。

（1）精细图谱分峰拟合（图 4.225 ~ 图 4.228）

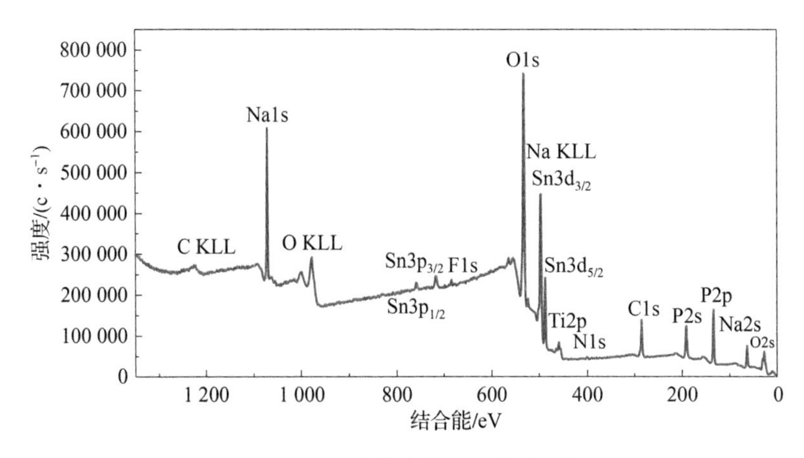

图 4.225　制备产物的 XPS 全谱分析

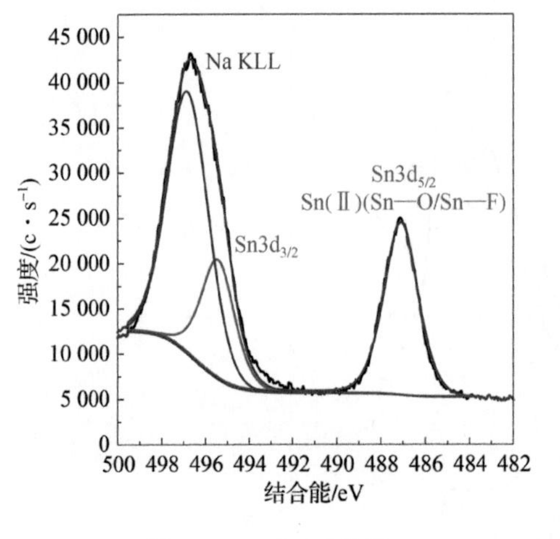

图 4.226　Sn3d 分峰

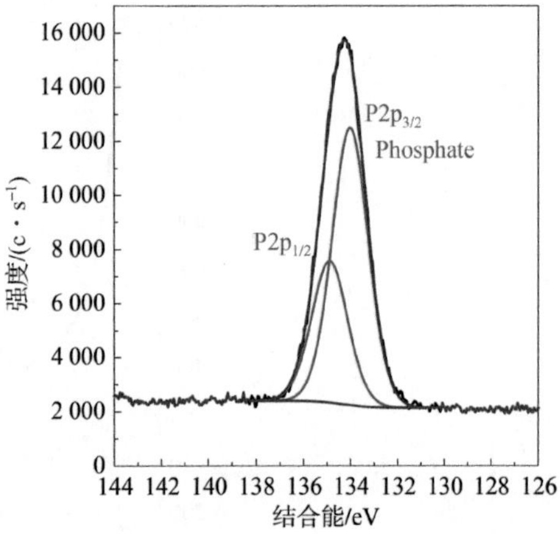

图 4.227　P2p 分峰

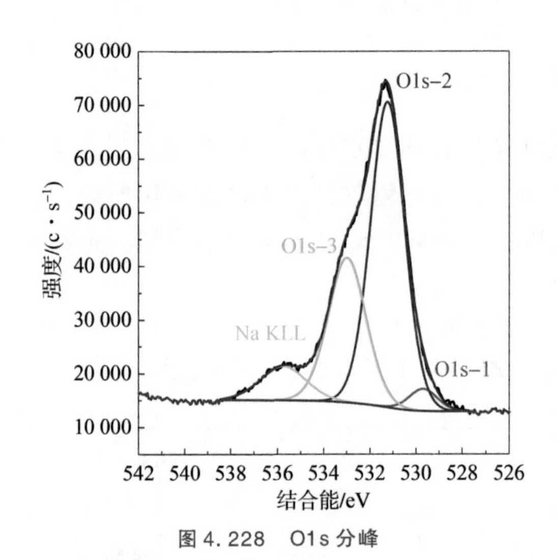

图 4.228　O1s 分峰

（2）分峰拟合后化学态归属（表 4.158）

表 4.158　分峰拟合后化学态归属

谱峰	结合能/eV	化学态	原子百分比/%	
$Sn3d_{5/2}$	487.1	Sn(Ⅱ)(Sn—O/Sn—F)	100.00	100.00
$Sn3d_{3/2}$	495.45			
Na KLL	496.81	—	—	

续表

谱峰	结合能/eV	化学态	原子百分比/%	
P2p$_{3/2}$	134.03	磷酸盐（Phosphate）	100.00	100.00
P2p$_{1/2}$	134.9			
O1s-1	529.7	金属氧化物（Ti—O/Sn—O）	3.80	100.00
O1s-2	531.24	C=O/P—O	63.02	
O1s-3	532.97	C—O/P—O	33.18	
Na KLL	535.75	—	—	

（3）原子百分比（表4.159）

表4.159　原子百分比

谱峰	结合能/eV	化学态	原子百分比/%		
C1s-1	281.48	碳化物（Ti—C）	0.71	18.00	100.00
C1s-2	284.74	C—C/C—H	12.97		
C1s-3	286.36	C—O	3.25		
C1s-4	288.82	C=O	1.25		
O1s-1	529.7	金属氧化物（Ti—O/Sn—O）	2.21	58.09	
O1s-2	531.24	C=O/P—O	36.61		
O1s-3	532.97	C—O/P—O	19.27		
P2p$_{3/2}$	134.03	磷酸盐（Phosphate）	18.04	18.04	
Ti2p$_{3/2}$	455.32	Ti—C	1.21	2.71	
Ti2p$_{3/2}$	458.87	Ti(Ⅳ)/TiO_2	1.5		
Sn3d$_{5/2}$	487.1	Sn—O/Sn—F	1.75	1.75	
F1s	684.59	金属氟化物（Fluoride）	1.22	1.22	

（4）解析说明

Sn3d 精细谱中自旋轨道分裂峰（$Sn3d_{5/2}$和 $Sn3d_{3/2}$）能量差为 8.4 eV 左右，谱峰面积比为 3：2，仅根据 $Sn3d_{5/2}$谱峰结合能位置（487 eV 左右）无法准确判断化学态，因为 SnO/SnO_2和 SnF_2的结合能非常接近。$Sn3d_{3/2}$与 Na KLL 谱峰重合，需要分峰拟合排除 Na KLL 的干扰，再进行定性定量分析。

结合能低于 531 eV 的 O1s 主要归属为金属氧化物；结合能在 531 ~ 532 eV 的 O1s 主要对应金属氢氧化物、缺陷氧、磷酸盐等，此外，有机 C ═O 化学键中 O1s 的结合能也都在 531 ~ 532 eV 范围；有机或吸附 C—O 化学键对应的 O1s 结合能主要在 532 ~ 533.5 eV 之间；但也有一些磷酸盐 O1s 结合能比较高，在 533 eV 附近；样品表面也测到较高的 Na 元素，Na KLL 谱峰与 O1s 有重合，因此，在分峰拟合时，需要把 Na KLL 分峰出来，才能准确定量氧的不同化学态比例关系。

精细谱中未扫描 Na1s，但根据含量可以判断磷酸盐主要来自 NaH_2PO_4，P2p 精细谱中未检出磷化物的谱峰（128 eV 左右），因此没有磷化锡生成，结合 O1s 和 F1s 的结合能，可以判断锡主要是氧化态。

|推 荐 资 料|

[1] Wagner C D, Naumkin A V, Kraut - Vass A, Allison J W, Powell C J, Rumble Jr J R. NIST Standard Reference Database 20, Version 3.4 (web version) [M]. National Institute of Standards and Technology: Gaithersburg, MD, 2003: 20899.

[2] Süzer S. Electron spectroscopic investigation of polymers and glasses [J]. Pure and Applied Chemistry, 1997 (69): 163 - 168.

[3] Moulder J F, Stickle W F, Sobol P E, Bomben K D. Handbook of X - ray Photoelectron Spectroscopy [M]. Minnesota: Perkin - Elmer Corporation, 1992.

[4] Jiménez V M, Espinós J P, González - Elipe A R. Interface effects for metal oxide thin films deposited on another metal oxide Ⅲ. SnO and SnO_2 deposited on MgO (100) and the use of chemical state plots [J]. Surface Science, 1996 (366): 556 - 563.

[5] Kövér L, Moretti G, Kovács Z, Sanjinés R, Cserny I, Margaritondo G, Pálinkás J, Adachi H. High resolution photoemission and Auger parameter studies of electronic structure of tin oxides [J]. Journal of Vacuum Science & Technology A, 1995 (13): 1382 - 1388.

[6] Kövér L, Kovács Z, Sanjinés R, Moretti G, Cserny I, Margaritondo G, Pálinkás J,

Adachi H. Electronic structure of tin oxides: High - resolution study of XPS and Auger spectra [J]. Surface and Interface Analysis, 1995 (23): 461 - 466.
[7] Schenk - Meuser K, Duschner H. ESCA - analysis of tin compounds on the surface of hydroxyapatite [J]. Fresenius Journal of Analytical Chemistry, 1997 (358): 265 - 267.

4.46　锑（Sb）

1. 基本信息（表 4.160）

表 4.160　Sb 的基本信息

原子序数	51
元素	锑 Sb
元素谱峰	Sb3d
重合谱峰	Sb3d5 与 O1s 重合。 分析 Sb 化学态时，一定要扫描完整的 Sb3d 精细谱，包括 Sb3$d_{5/2}$和 Sb3$d_{3/2}$
化学态归属说明	以 C1s 吸附碳 C—C/C—H 结合能 284.8 eV 对所有谱峰进行校准，Sb3d 化学态归属参考 XPS 数据手册以及 XPS 数据网站信息
Sb3d 自旋轨道分裂峰以及分峰方法	$\Delta_{金属}$(Sb3$d_{3/2}$ - Sb3$d_{5/2}$) = 9.39 eV • Sb3$d_{5/2}$与 O1s 重合，可以用 Sb3$d_{3/2}$分峰以及判断不同化学态的百分含量；再由 Sb3$d_{5/2}$与 Sb3$d_{3/2}$能量差、谱峰面积比以及半峰宽相等的信息拟合对应化学态的 Sb3$d_{5/2}$，剩余谱峰的面积即是 O1s 的谱峰。通过对 O1s 进一步分峰拟合，可得到氧的化学态以及百分含量。 • 金属 Sb 的谱峰峰型不对称，并且在 544.6 eV 附近有特征能量损失谱峰

2. Sb3d 化学态归属参考（表 4.161）

表 4.161　不同化学态的 Sb3d 结合能参考

化学态	$Sb3d_{5/2}$ 结合能/eV	标准偏差/±eV
Sb(0)	528.0	0.6
Sb_2O_3	530.1	0.3
Sb_2O_5	531.5	0.9
Sb_2Te_3	528.7	0.3
暴露在空气中的辉锑矿（Stibnite，Sb_2S_3）	530.1	0.5
SbF_3	531.7	0.3
$SbCl_5$	530.9	0.3
$KSbO_3$	530.7	0.3

3. Sb3d 精细图谱参考（图 4.229、图 4.230）

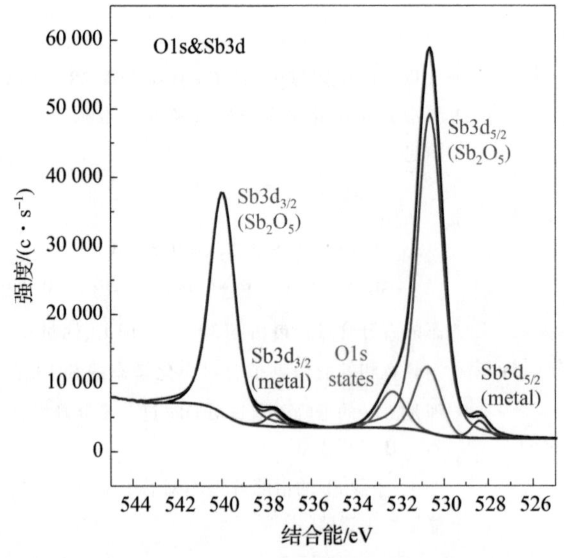

图 4.229　金属 Sb 表面氧化层的 Sb3d

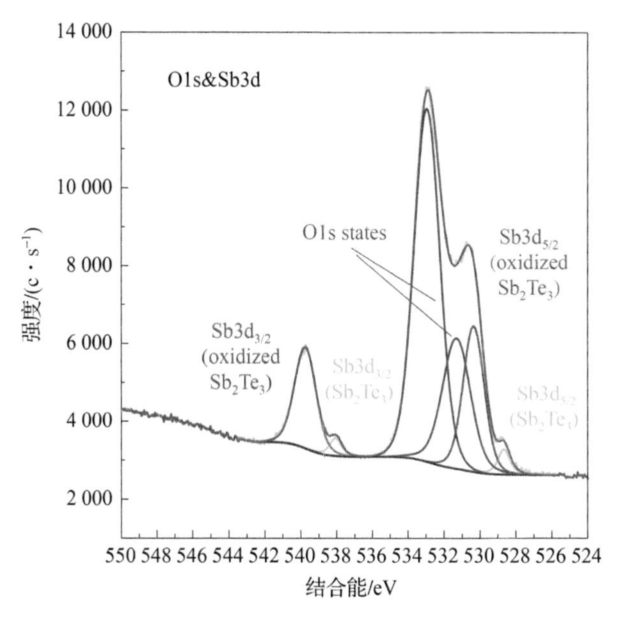

图 4.230　暴露空气的 Sb_2Te_3 的 Sb3d

推荐资料

[1] Wagner C D, Naumkin A V, Kraut - Vass A, Allison J W, Powell C J, Rumble Jr J R. NIST Standard Reference Database 20, Version 3.4 (web version) [M]. National Institute of Standards and Technology: Gaithersburg, MD, 2003: 20899.

[2] Moulder J F, Stickle W F, Sobol P E, Bomben K D. Handbook of X - ray Photoelectron Spectroscopy [M]. Minnesota: Perkin - Elmer Corporation, 1992.

4.47　碲（Te）

1. 基本信息（表4.162）

表4.162　Te的基本信息

原子序数	52
元素	碲 Te
元素谱峰	Te3d
重合谱峰	Cr2p/Ag3$p_{3/2}$重合
化学态归属说明	以C1s吸附碳C—C/C—H结合能284.8 eV对所有谱峰进行校准，Te3d化学态归属参考XPS数据手册以及XPS数据网站信息
Te3d自旋轨道分裂峰以及分峰方法	$\Delta_{金属}(Te3d_{3/2}-Te3d_{5/2})=10.39$ eV • Te3d与Cr2p重合，自旋轨道分裂峰的能量差也接近，但Te3$d_{3/2}$与Te3$d_{5/2}$谱峰面积比为2∶3左右，而Cr2$p_{1/2}$与Cr2$p_{3/2}$谱峰面积比为1∶2左右；不同化学态的Cr2p中的多重分裂峰与卫星峰也有特征性。 • 金属Te的谱峰峰型不对称；氧化态谱峰峰型对称。 • 有重合谱峰的时候，当Te含量比较高时，同时扫描Te3p谱峰

2. Te3d化学态归属参考（表4.163）

表4.163　不同化学态的Te3$d_{5/2}$结合能参考

化学态	Te3$d_{5/2}$结合能/eV	标准偏差/±eV
Te(0)	573.0	0.3
CdTe	572.6	0.2
PbTe	572.0	0.3

续表

化学态	Te3 $d_{5/2}$ 结合能/eV	标准偏差/ ± eV
ZnTe	572. 2	1. 0
碲氧化物（Native oxide）	576. 3	0. 3
InTe	572. 3	0. 3
MnTe	572. 2	0. 3
GeTe	572. 7	0. 3
TeO_2	576. 1	0. 3
TeO_3	577. 0	0. 5
$Te(OH)_6$	577. 1	0. 3
$CdTeO_3$	576. 3	0. 3
$TeCl_4$	576. 9	0. 3
$TeBr_4$	576. 7	0. 3
TeI_4	575. 8	0. 3

3. Te3d 精细图谱参考（图 4. 231）

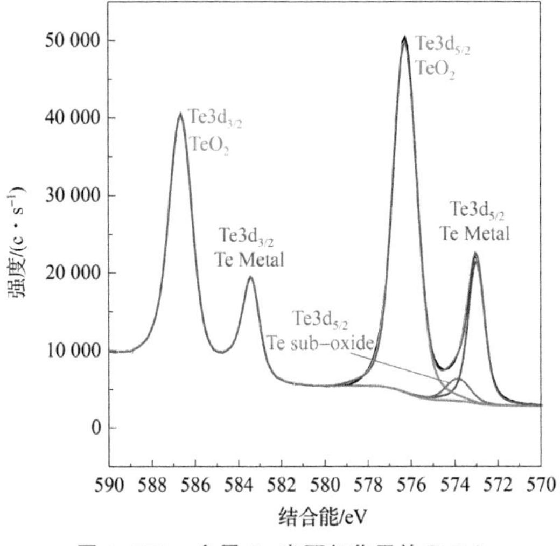

图 4. 231　金属 Te 表面氧化层的 Te3d

4. 分析案例

样品信息和分析需求：SbTe 氧化物成分分析。

拟合元素：Sb、Te。

（1）精细图谱分峰拟合（图 4.232）

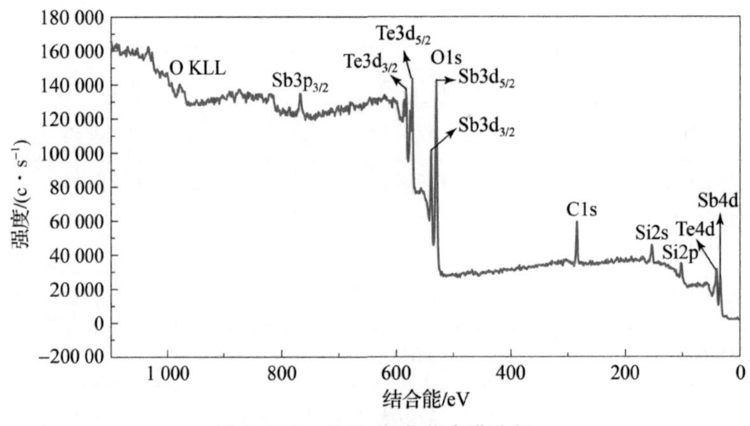

图 4.232 SbTe 氧化物全谱分析

①全谱定性和半定量说明：

因 O1s 与 Sb3$d_{5/2}$重合时，Sb 定量需要选择 Sb3$d_{3/2}$。全谱中因为重合原因，O1s 谱峰面积不准确，所得到的氧半定量数据仅供参考；要得到相对准确的半定量结果，需要采用精细谱数据，通过分峰拟合后再计算含量。

②精细谱分析（图 4.233）：

因 Sb3$d_{5/2}$与 O1s 重合，分析 Sb 化学态需对 Sb3$d_{3/2}$谱峰进行分峰拟合；采用 MultiPak 软件对 Sb3$d_{3/2}$进行分析（谱峰校正→背底扣除→谱峰分析→化学态判断→拟合），从而得到金属 Sb 和氧化 Sb—O 的谱峰以及两种化学态对应的百分含量。

③拟合说明：

金属 Sb 谱峰有不对称性（拟合函数模式选择 Asymmetric），而 Sb—O 谱峰对称（“Tail Length” 与 “Tail Scale” 锁定为 0），如图 4.234 所示。

通过拟合得到 Sb3$d_{3/2}$中两种化学态的能量值和谱峰面积（含量），通过能量差（Sb3$d_{3/2}$ - Sb3$d_{5/2}$）= 9.39 eV 以及谱峰面积比 Sb3$d_{5/2}$ ∶ Sb3$d_{3/2}$ = 3 ∶ 2 这些关联信息对 Sb3$d_{5/2}$谱峰中的 Sb 和 Sb—O 进行拟合，Sb3$d_{5/2}$中剩余的谱峰面积即属于 O1s，如图 4.235 所示。通过进一步分峰得到 O1s 两种化学态的结合能和含量比，分别归属为金属氧化物（根据全谱和精细谱信息可以判断为氧化锑和氧化碲）以及 C—O。完整的 Sb3d 拟合图谱如图 4.236 所示。

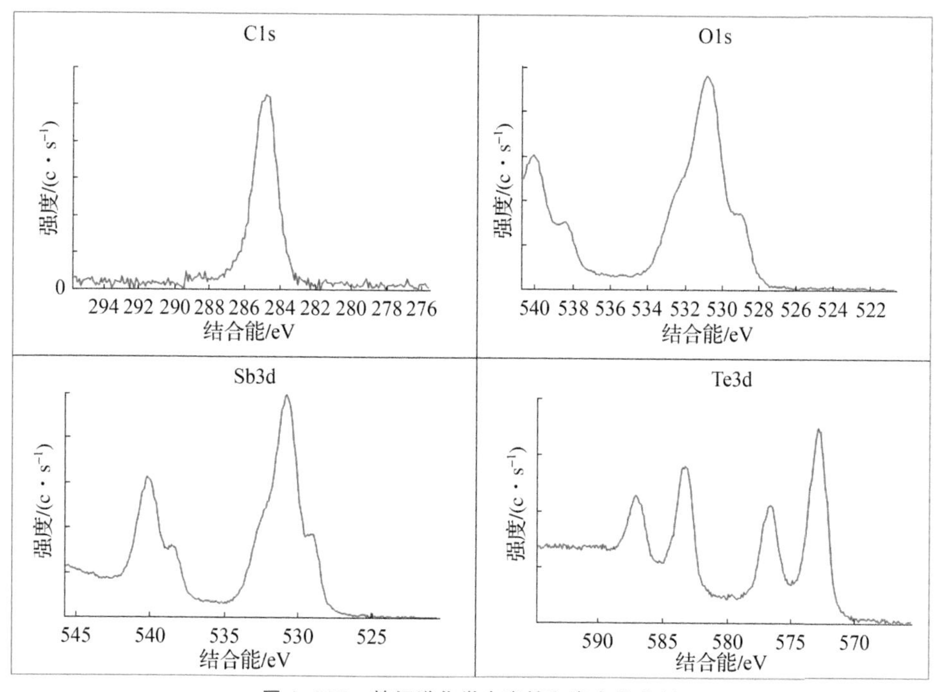

图 4.233　精细谱化学态定性和半定量分析

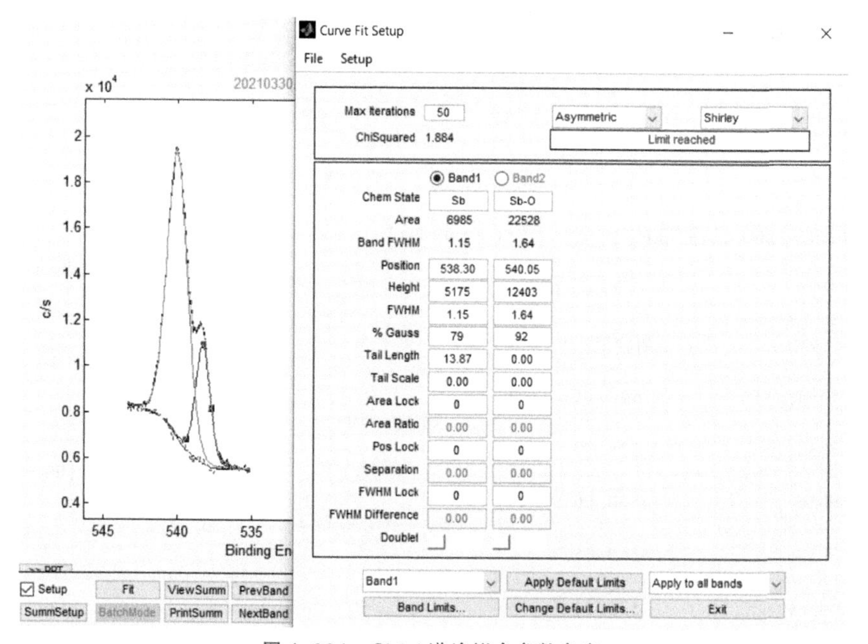

图 4.234　Sb3d 谱峰拟合参数参考

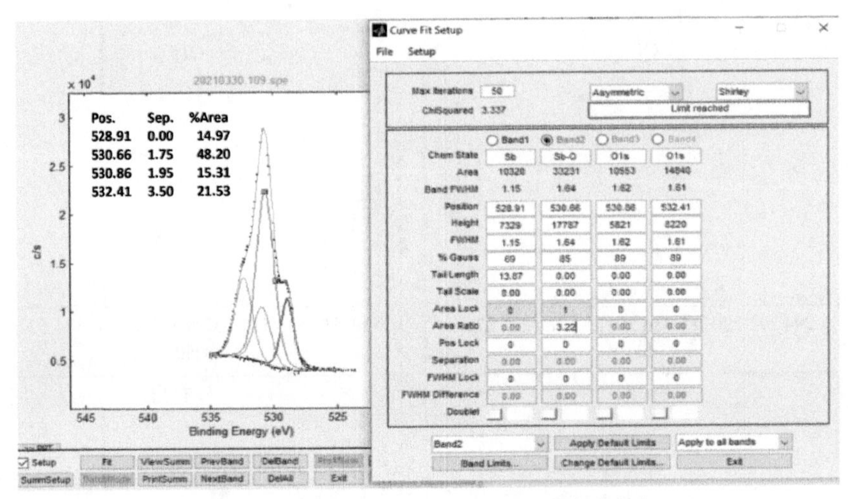

图 4.235　Sb3d 与 O1s 重合谱峰拟合参数参考

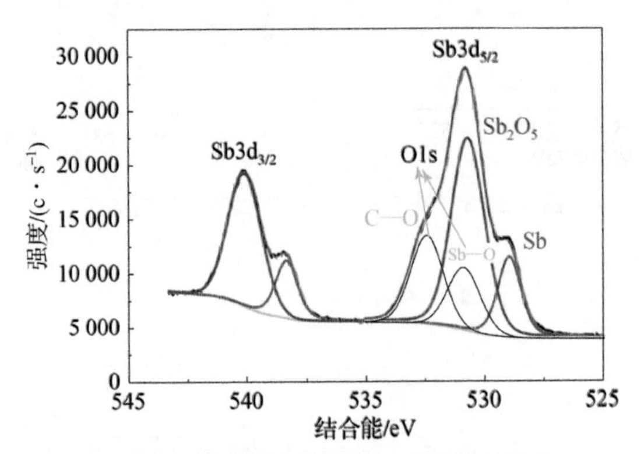

图 4.236　Sb3d 与 O1s 重合谱峰分峰拟合

（2）分峰拟合后化学态归属（表 4.164）

表 4.164　分峰拟合后化学态归属

谱峰	结合能/eV	化学态	原子百分比/%	
$Sb3d_{5/2}$	528.91	Sb（metal）	23.67	100.00
$Sb3d_{3/2}$	538.30			
$Sb3d_{5/2}$	530.66	Sb(Ⅴ)—O(Sb_2O_5)	76.33	
$Sb3d_{3/2}$	540.05			
O1s	530.86	Sb—O	41.56	100.00
O1s	532.41	C—O	58.44	

④Te3d 精细谱拟合说明：

Te3$d_{5/2}$和 Te3$d_{3/2}$自旋轨道分裂峰能量差比较大，可以只拟合 Te3$d_{5/2}$谱峰确定化学态以及原子百分比。金属 Te 谱峰有不对称性（拟合函数模式选择 Asymmetric），而 Te—O 谱峰对称（拖尾参数 tail length & tail scale 锁定为 0），详见图 4. 237 中拟合参数设定。结合能在 572. 86 eV 的谱峰归属为金属态的 Te，而结合能在 576. 69 eV 的谱峰归属为氧化碲，如图 4. 238、图 4. 239 所示。

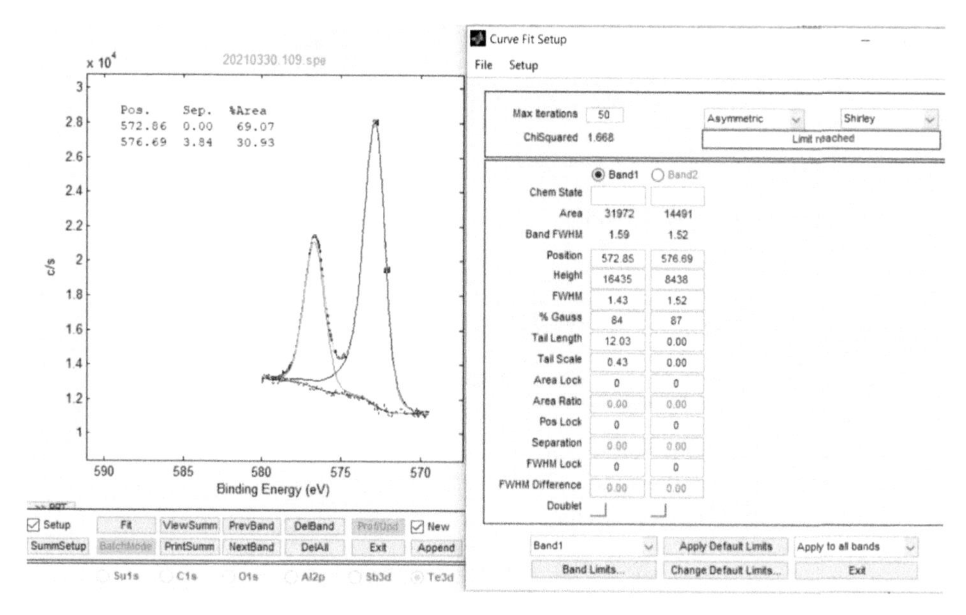

图 4. 237　Te3d 精细谱拟参数参考

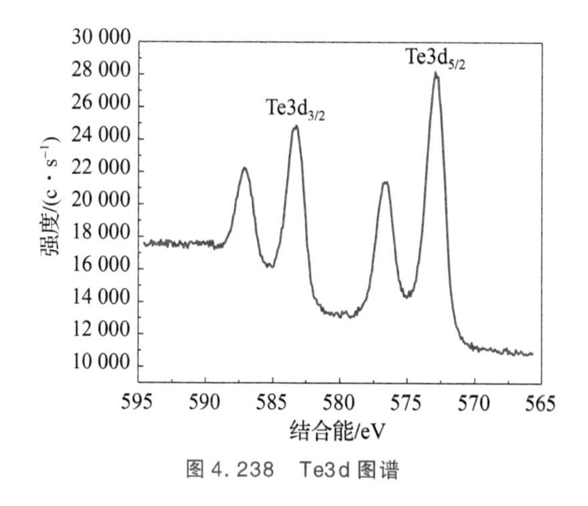

图 4. 238　Te3d 图谱

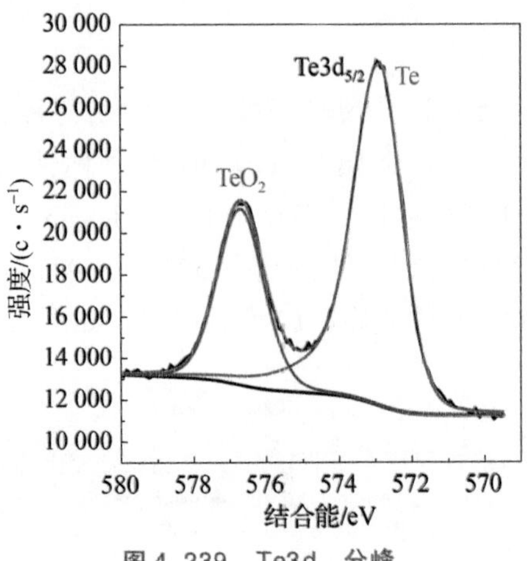

图 4.239 Te3$d_{5/2}$ 分峰

化学态定量分析见表 4.165。

表 4.165 化学态定量分析

谱峰	结合能/eV	化学态	原子百分比/%	
Te3$d_{5/2}$	572.86	Te (metal)	69.07	100.00
Te3$d_{5/2}$	576.69	Te—O(TeO_2)	30.93	

精细谱半定量结果见表 4.166。

表 4.166 精细谱半定量结果

谱峰	C1s	O1s		Sb3$d_{3/2}$		Te3$d_{5/2}$	
	C1s	Metal oxide	C—O	Sb	Sb—O(Sb_2O_5)	Te	Te—O(TeO_2)
AC%	38.1	17.32	26.49	2.35	6.8	6.16	2.79
AC%	38.1	43.81		9.15		8.95	

推荐资料

[1] Wagner C D, Naumkin A V, Kraut - Vass A, Allison J W, Powell C J, Rumble Jr J R. NIST Standard Reference Database 20, Version 3.4 (web version) [M]. National Institute of Standards and Technology: Gaithersburg, MD, 2003: 20899.

[2] Moulder J F, Stickle W F, Sobol P E, Bomben K D. Handbook of X - ray Photoelectron Spectroscopy [M]. Minnesota: Perkin - Elmer Corporation, 1992.

4.48 碘（I）

1. 基本信息（表 4.167）

表 4.167　I 的基本信息

原子序数	53
元素	碘 I
元素谱峰	I3d
重合谱峰	—
化学态归属说明	以 C1s 吸附碳 C—C/C—H 结合能 284.8 eV 对所有谱峰进行校准，I3d 化学态归属参考 XPS 数据手册以及 XPS 数据网站信息
I3d 自旋轨道分裂峰以及分峰方法	$\Delta_{AgI}(I3d_{3/2}-I3d_{5/2})=11.5$ eV I3d5 和 I3d3 在高结合能范围有能量损失谱峰。 含碘化合物有挥发性，会污染真空腔室

2. 化学态归属参考（表 4.168）

表 4.168　不同化学态的 $I3d_{5/2}$ 结合能参考

化学态	$I3d_{5/2}$ 结合能/eV	标准偏差/±eV
AgI	619.1	0.2
CdI_2	619.2	—
CsI	618.2	0.3
CuI	619.0	0.3
Hg_2I_2	619.6	0.3

续表

化学态	I3d$_{5/2}$结合能/eV	标准偏差/ ± eV
HgI_2	619.4	0.3
InI	619.0	0.3
InI_3	619.1	0.3
KI	618.8	0.3
LiI	619.3	0.6
NaI	618.4	—
Nb_3I_8	620.1	0.3
Nb_6I_{11}	619.8	0.3
NbI_4	620.0	0.3
NbI_5	619.9	0.3
NiI_2	619.3	0.4
PbI_2	619.5	0.3
RbI	618.2	0.3
SrI_2	619.2	0.3
UI_3	620.3	0.3
ZnI_2	619.8	0.1
金属碘化物（Metal Iodides）	619.3	0.6
$NaIO_3$	623.5	0.3
$NaIO_4$	624.0	0.3
I_2	620.2	0.5
I_2 on Ag（Chemisorbed）	619.3	0.1
I_2O_5	623.3	0.3
ICl_3	622.0	0.7
CFI_3	619.7	0.8

3. I3d 精细图谱参考（图 4.240）

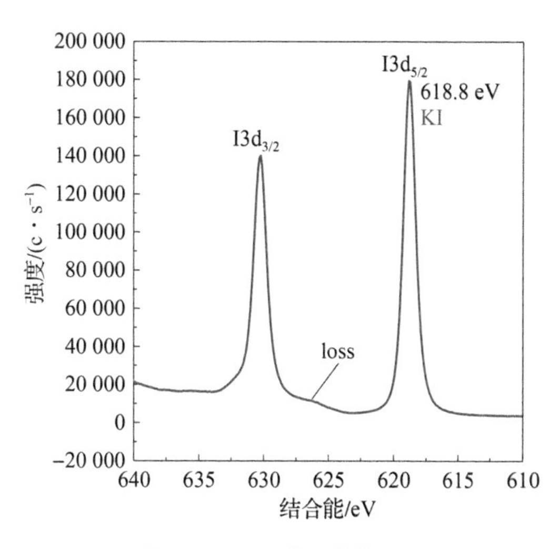

图 4.240　KI 单晶体的 I3d

4. 分析案例

样品信息和分析需求：BiS_xI_y，各元素化学态分析。

拟合元素：Bi、S、I。

（1）全谱和精细图谱分峰拟合（图 4.241～图 4.243）

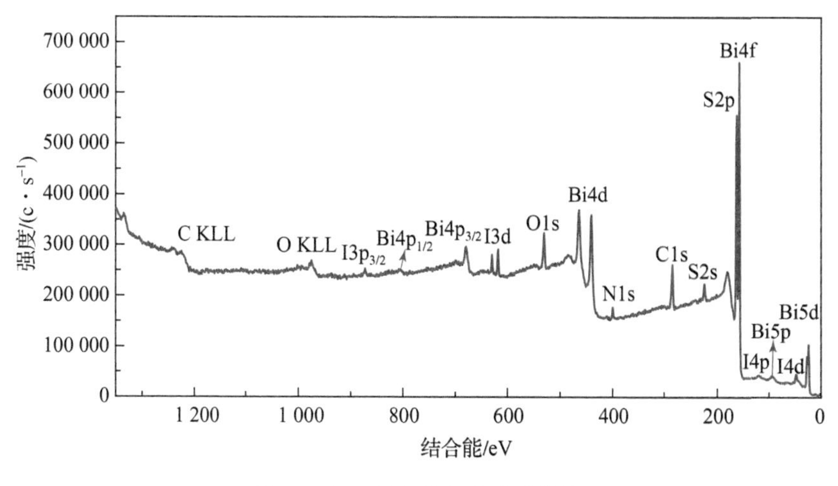

图 4.241　BiS_xI_y 的 XPS 全谱分析

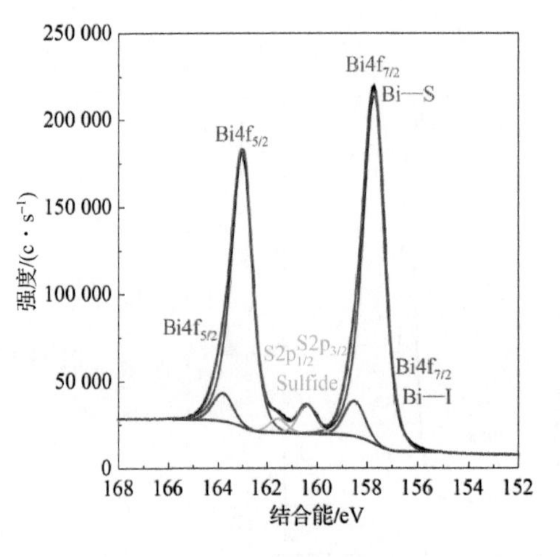

图 4.242　Bi4f 和 S2p 分峰

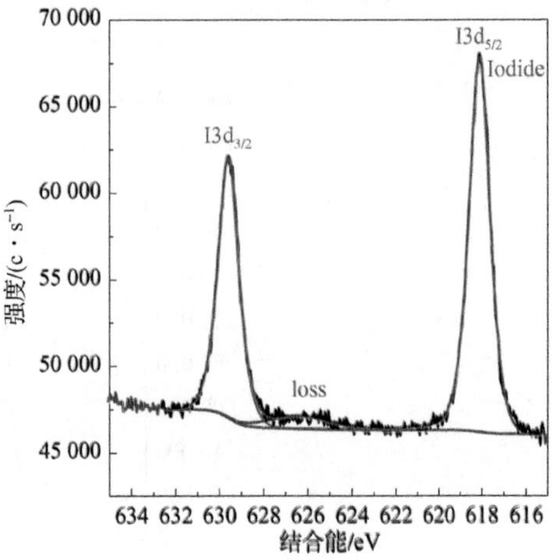

图 4.243　I3d 分峰

（2）分峰拟合后化学态归属（表 4.169）

表 4.169　分峰拟合后化学态归属

谱峰	结合能/eV	化学态	原子百分比/%	
Bi4$f_{7/2}$	157.64	Bi—S	91.63	100.00
Bi4$f_{5/2}$	162.95			
Bi4$f_{7/2}$	158.49	Bi—I	8.37	
Bi4$f_{5/2}$	163.8			
S2$p_{3/2}$	160.4	硫化物 (Sulfide)	100.00	100.00
S2$p_{1/2}$	161.56			
I3$d_{5/2}$	618.09	碘化物 (Iodide)	100.00	100.00
I3$d_{3/2}$	629.56			
loss	626.38			

（3）原子百分比（表4.170、表4.171）

表4.170 元素原子百分比

谱峰	原子百分比/%	
I3d	5.74	100.00
S2s	58.04	
Bi4$d_{5/2}$	36.22	

表4.171 化学态原子百分比

谱峰	化学态	原子百分比/%	原子百分比/%	
I3$d_{5/2}$	碘化物（Iodide）	5.74	5.74	100.00
S2$p_{3/2}$	硫化物（Sulfide）	58.04	58.04	
Bi4$f_{7/2}$	Bi—S	33.19	36.22	
Bi4$f_{7/2}$	Bi—I	3.03		

（4）解析说明

此案例中的难点是S2p与Bi4f有重合，因此用S2s、Bi4$d_{5/2}$与I3d谱峰进行元素半定量计算，再根据计算的元素含量去定量不同化学态的比例关系。

I3d精细谱中自旋轨道分裂峰（3$d_{5/2}$和3$d_{3/2}$）能量差为11.5 eV左右，谱峰面积比（I3$d_{5/2}$：I3$d_{3/2}$）为3：2左右，根据I3$d_{5/2}$谱峰结合能（618.09 eV）和峰型特点（有能量损失谱峰）可以判断其主要为碘化物；结合样品信息以及全谱成分信息（主要是C/O/S/Bi/I等），可以判断主要是碘化铋。

Bi4f精细谱中自旋轨道分裂峰（Bi4$f_{7/2}$和4$f_{5/2}$）能量差为5.31 eV左右，谱峰面积比（Bi4$f_{7/2}$：Bi4$f_{5/2}$）为4：3左右，根据Bi4$f_{7/2}$谱峰结合能（157.6 eV和158.5 eV）位置和峰型特点（与S2p谱峰重合），通过软件进行分峰拟合可以得到Bi的两种化学态的含量比例关系；根据结合能以及比例关系可以把Bi4f归属为碘化铋和硫化铋两种化学态。

根据S2p谱峰S2$p_{3/2}$谱峰结合能（160.4 eV）位置和峰型特点（与Bi4f谱峰重合），通过软件进行分峰拟合可以得到S2p的对应谱峰；根据结合能信息，可以把S2p归属为硫化物。

4.49 铯（Cs）

1. 基本信息（表4.172）

表4.172 Cs的基本信息

原子序数	55
元素	铯 Cs
元素谱峰	Cs3d
重合谱峰	—
化学态归属说明	以C1s吸附碳C—C/C—H结合能284.8 eV对所有谱峰进行校准，Cs3d化学态归属参考XPS数据手册以及XPS数据网站信息
Cs3d自旋轨道分裂峰以及分峰方法	$\Delta_{CsI}(Cs3d_{3/2}-Cs3d_{5/2})=14.0$ eV 化学态不同，Cs3d谱峰中的特征能量损失谱峰不同（能量位置和谱峰强度比较）。如金属Cs的Cs3d精细谱中，特征能量损失谱峰在729 eV和743 eV左右；CsI的Cs3d精细谱中，特征能量损失谱峰在732 eV和745 eV左右

2. Cs3d化学态归属参考（表4.173）

表4.173 不同化学态的$Cs3d_{5/2}$结合能参考

化学态	$Cs3d_{5/2}$结合能/eV	标准偏差/±eV
Cs	726.4	0.3
CsCl	723.7	0.3
CsBr	724.0	0.3
CsF	724.0	0.3
CsI	724.5	0.3
CsO/CsOH	725.0	0.3

3. Cs3d 精细图谱参考（图 4.244 ~ 图 4.246）

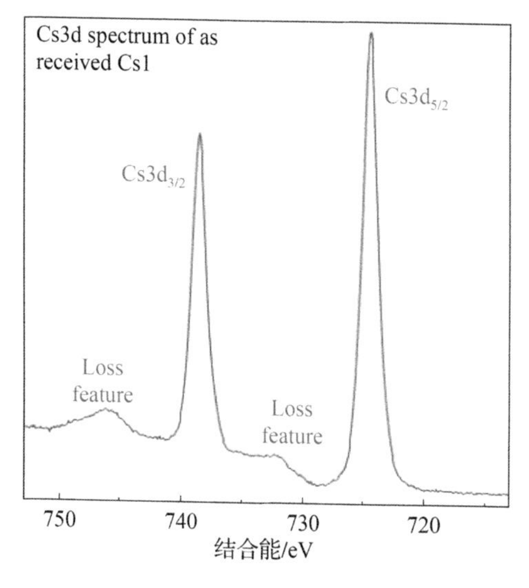

图 4.244　CsI 的 Cs3d

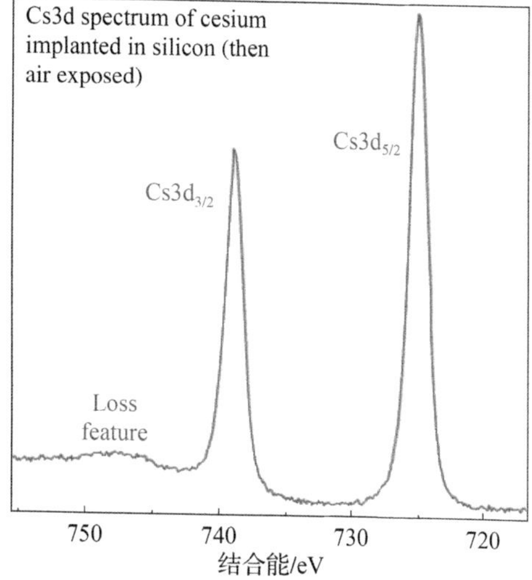

图 4.245　Cs 注入硅的 Cs3d

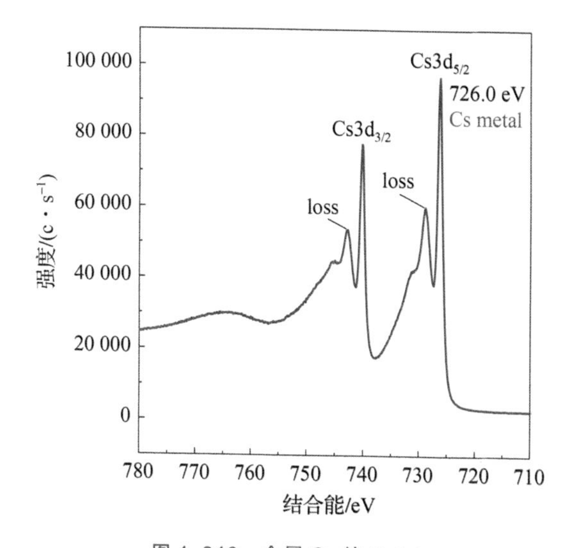

图 4.246　金属 Cs 的 Cs3d

4.50 钡（Ba）

1. 基本信息（表4.174）

表4.174 Ba的基本信息

原子序数	56
元素	钡 Ba
元素谱峰	Ba3d
重合谱峰	Co2p
化学态归属说明	以 C1s 吸附碳 C—C/C—H 结合能 284.8 eV 对所有谱峰进行校准，Ba3d 化学态归属参考 XPS 数据手册以及 XPS 数据网站信息
Ba3d 自旋轨道分裂峰以及分峰方法	$\Delta_{氧化态}(Ba3d_{3/2}-Ba3d_{5/2})=15.33$ eV • Ba3d 谱峰在 791 eV 和 806 eV 附近有特征能量损失谱峰。 • Ba 的各种化合物 Ba3d 谱峰结合能位移很小，很难区分不同的钡化合物。如 BaO、$BaCO_3$、$BaSO_4$中 $Ba3d_{5/2}$结合能都比较相近，需要结合其他元素的谱峰如 C1s、O1s、S2p 等判断化学态

2. Ba3d 化学态归属参考（表4.175）

表4.175 不同化学态的 Ba3d5 结合能参考

化学态	$Ba3d_{5/2}$结合能/eV	标准偏差/±eV
金属钡（Barium Metal）	780.1	0.7
BaO	779.6	0.3
$BaSO_4$	780.5	0.4
BaS	779.8	0.3
$BaTiO_3$	780.4	0.3

3. Ba3d 精细图谱参考（图 4. 247 ~ 图 4. 249）

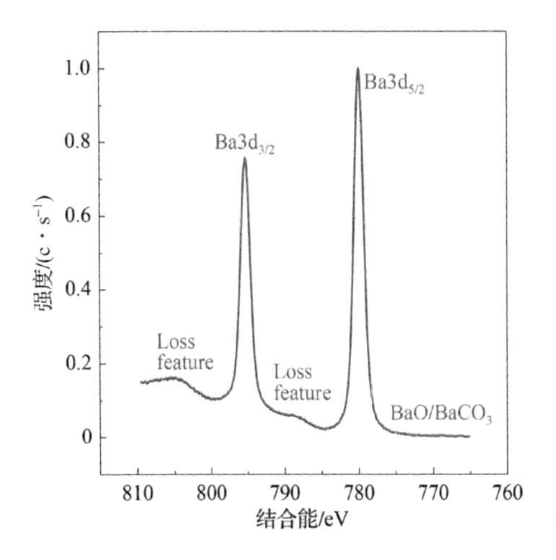

图 4. 247　BaO/BaCO$_3$的 Ba3d

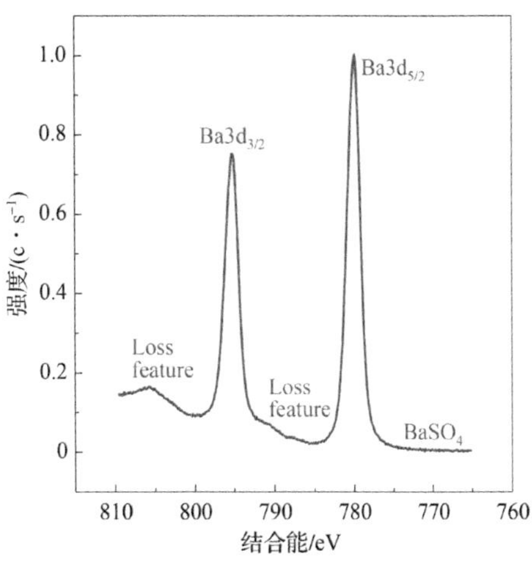

图 4. 248　BaSO$_4$的 Ba3d

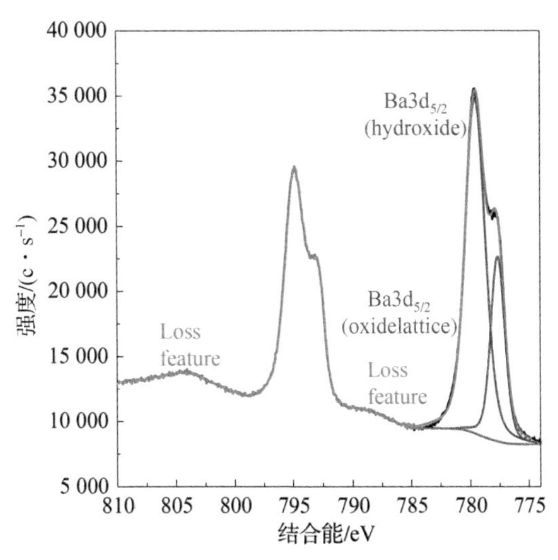

图 4. 249　YBaCu 氧化物的 Ba3d

4. 分析案例

样品信息和分析需求：将 $BaCO_3$加入 Bi(Ⅲ) 溶液中制备 $BaSO_4$，反应几个小时，沉淀物为 $BaSO_4$，需要判断是否生成了硫酸钡。

拟合元素：Ba、S。

(1) 精细图谱分峰拟合（图 4. 250、图 4. 251）

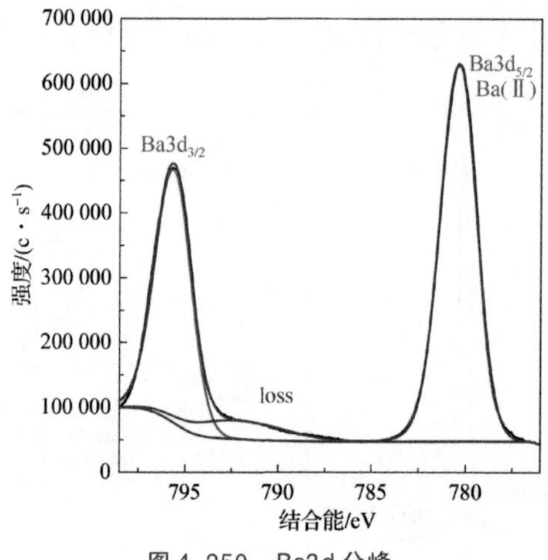

图 4.250　Ba3d 分峰

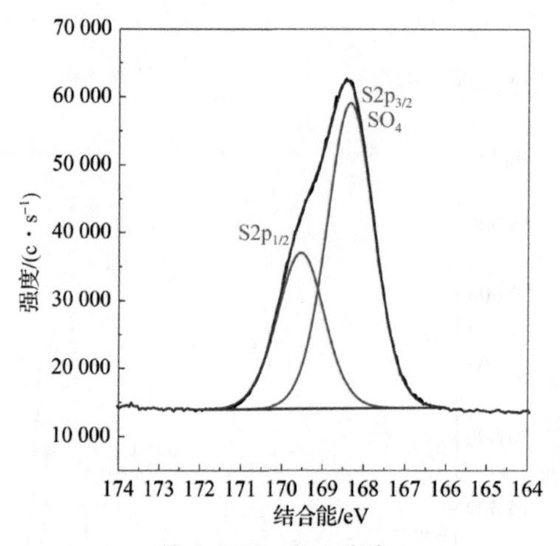

图 4.251　S2p 分峰

（2）分峰拟合后化学态归属（表 4.176）

表 4.176　分峰拟合后化学态归属

谱峰	结合能/eV	化学态	原子百分比/%	
$Ba3d_{5/2}$	780.37	Ba(Ⅱ)	51.44	100.00
$Ba3d_{3/2}$	795.64			
$S2p_{3/2}$	168.35	SO_4	48.56	
$S2p_{1/2}$	169.55			

（3）解析说明

$Ba3d_{5/2}$结合能在780 eV左右，钡的多种化学态都在此能量范围（比如BaO、$BaCO_3$、$BaSO_4$等）。如果要准确判断化学态，必须结合其他元素的分析结果，如本案例中需要同时分析S2p的化学态以及Ba和S的含量关系，根据所得信息最终可推断是硫酸钡。

4.51　镧（La）

1. 基本信息（表4.177）

表4.177　La的基本信息

原子序数	57
元素	镧 La
元素谱峰	La3d
重合谱峰	过渡金属的俄歇谱峰
化学态归属说明	以C1s吸附碳C—C/C—H结合能284.8 eV对所有谱峰进行校准，La3d化学态归属参考XPS数据手册以及XPS数据网站信息
La3d自旋轨道分裂峰以及多重分裂峰的分峰方法	$\Delta_{金属}(La3d_{3/2} - La3d_{5/2}) = 16.78$ eV La(Ⅲ)氧化物的La3d精细谱中有4个谱峰（多重分裂）；$La3d_{5/2}$两个分裂峰能量差与化学态相关，如图4.252所示
其他注意事项	La很活泼，很容易氧化，暴露在空气中后形成氢氧化物和碳酸盐

2. $La3d_{5/2}$化学态归属参考（表4.178）

表4.178　不同化学态的$La3d_{5/2}$结合能参考

化学态	$La3d_{5/2}$结合能/eV	标准偏差/±eV
La	835.9	0.2
LaH_2	838.7	0.3

续表

化学态	$La3d_{5/2}$结合能/eV	标准偏差/±eV
La_2O_3	834.5	0.5
O1s@ La_2O_3 = 528.6 eV		0.3
$La(OH)_3$	834.7	0.3
$La_2(CO_3)_2$	835.0	0.3

3. La 精细图谱参考（图 4.252、图 4.253）

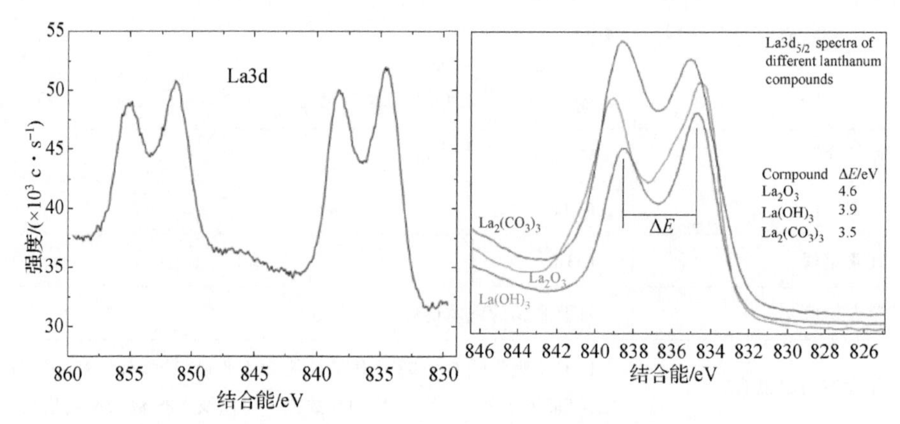

图 4.252　La_2O_3的 La3d 谱图以及 La3d5 多重分裂分峰能量差

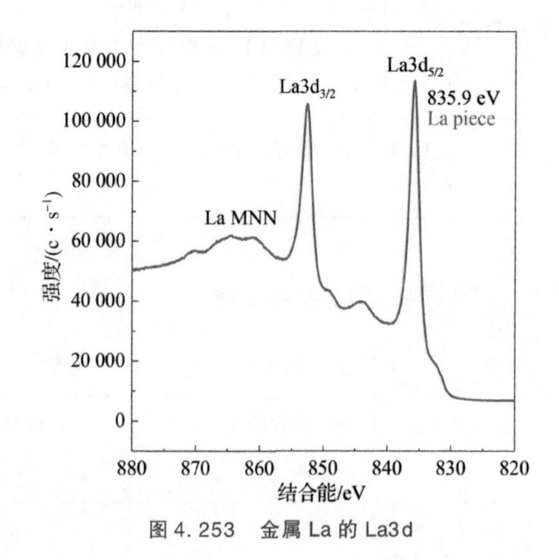

图 4.253　金属 La 的 La3d

4. 分析案例

样品信息和分析需求：氧化物成分分析，分析样品中 La 的化学态以及含量。

拟合元素：La、O。

（1）精细图谱分峰拟合（图4.254、图4.255）

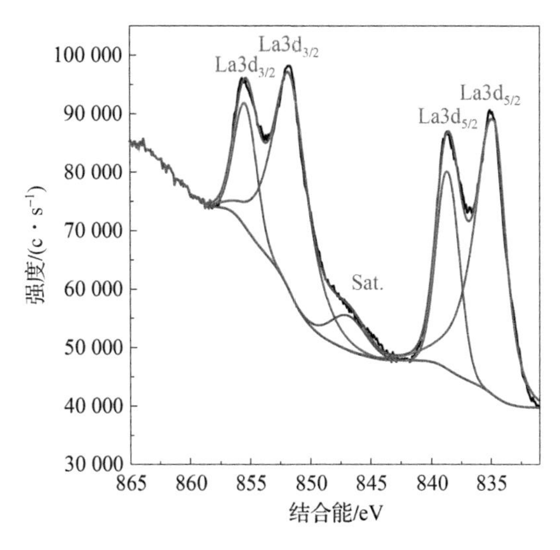

图4.254 La3d 分峰

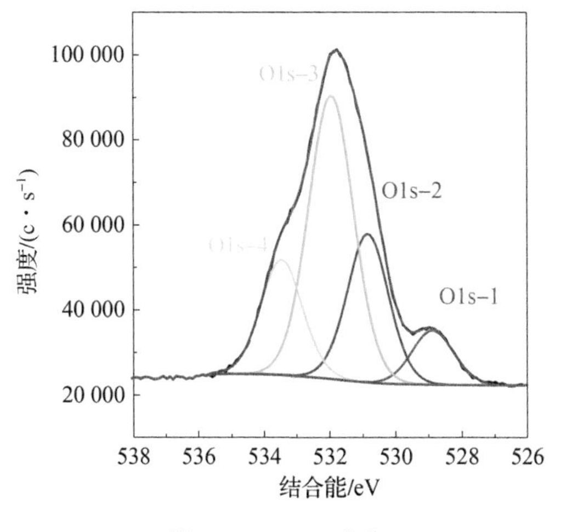

图4.255 O1s 分峰

(2) 分峰拟合后化学态归属(表 4.179 ~ 表 4.181)

表 4.179　$La3d_{5/2}$ 分峰拟合后化学态归属

谱峰	结合能/eV	化学态	原子百分比/%
$La3d_{5/2}$	834.75	$La_2O_3/La(OH)_3$	100.00
$La3d_{5/2}$	838.63		
ΔE(双峰@ $La3d_{5/2}$) = 838.63 − 834.75 = 3.88(eV)。			

表 4.180　O1s 分峰拟合后化学态归属

谱峰	结合能/eV	化学态	原子百分比/%	
O1s − 1	528.48	金属氧化物(La—O)	8.71	100.00
O1s − 2	530.85	金属氢氧化物(La—OH)	23.79	
O1s − 3	531.95	C ═O	48.82	
O1s − 4	533.45	C—O	18.68	

表 4.181　化学态定量分析结果

谱峰	$La3d_{5/2}$	O1s	O1s	O1s	O1s
结合能/eV	834.75	528.48	530.85	531.95	533.45
化学态	La_2O_3/La—OH	La_2O_3	$La(OH)_3$	C ═O/Si—O	C—O
原子百分比%	12.57	7.61	20.80	42.68	16.33
	100.00				

(3) 解析说明

$La3d_{5/2}$结合能在 835 eV 附近,无法区分其为氧化物、氢氧化物或碳酸盐,但 C1s 谱中并无碳酸键接(此处没有演示 C1s 分峰,通常碳酸盐中的 C1s 在 290 eV左右),因此可以排除有碳酸镧;根据 $La3d_{5/2}$ 两个分裂谱峰的能量差(3.88 eV),可以判断其化学态主要为 $La(OH)_3$;但结合 O1s 精细谱分峰结果中有低能(528.48 eV)化学态的氧,其为 La_2O_3 中 O1s 的特征能量值,由此判断 La 化学态中应该包含 La_2O_3;结合 O1s 和 $La3d_{5/2}$的相对含量值,可以判断镧主要为氢氧化镧和氧化镧的混合物,其中氧化镧为 6% 左右,氢氧化镧为 7% 左右。

|4.52　铈（Ce）|

1. 基本信息（表4.182）

表4.182　Ce的基本信息

原子序数	58
元素	铈 Ce
元素谱峰	Ce3d
重合谱峰	Ba MNN
化学态归属说明	以C1s吸附碳C—C/C—H结合能284.8 eV对所有谱峰进行校准，Ce3d化学态归属参考XPS数据手册以及XPS数据网站信息
$\Delta Ce3d_{Ce(IV)}$自旋轨道分裂峰以及多重分裂峰的分峰方法	$\Delta Ce3d_{Ce(IV)}(Ce3d_{5/2}-Ce3d_{3/2})=16.0$ eV 不同价态的自旋轨道分裂峰又有不同的多重分裂峰，详见标准图谱。 • Ce(Ⅳ)氧化物的Ce3d精细谱中有6个谱峰。 • Ce(Ⅲ)氧化物的Ce3d精细谱中有4个谱峰。 • Ce(Ⅳ)氧化物在916.7 eV左右有特征谱峰，可以用其进行能量校正。 • 拟合时，可以用非线性最小二乘拟合（NLLSF）的方法区分不同化学态和含量
其他注意事项	Ce3d精细谱扫描时，需要覆盖整个能量范围

2. $Ce3d_{5/2}$化学态归属参考（表4.183）

表4.183　不同化学态的$Ce3d_{5/2}$结合能参考

化学态	$Ce3d_{5/2}$结合能/eV
正四价氧化铈 Ce(Ⅳ)	882.2
正三价氧化铈 Ce(Ⅲ)	897.5

3. Ce 精细图谱参考（图 4.256、图 4.257）

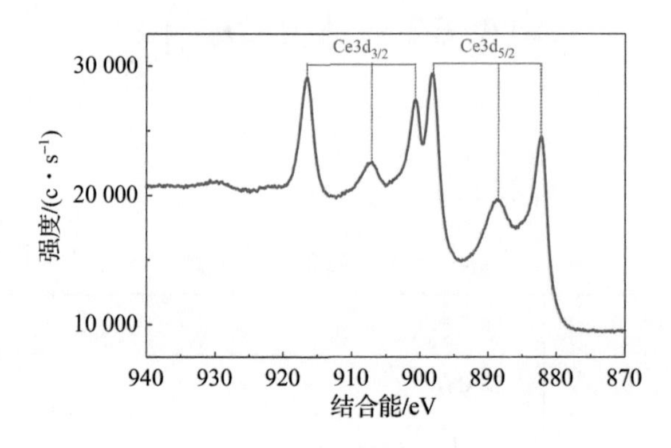

图 4.256　Ce(Ⅳ) 氧化态的 Ce3d

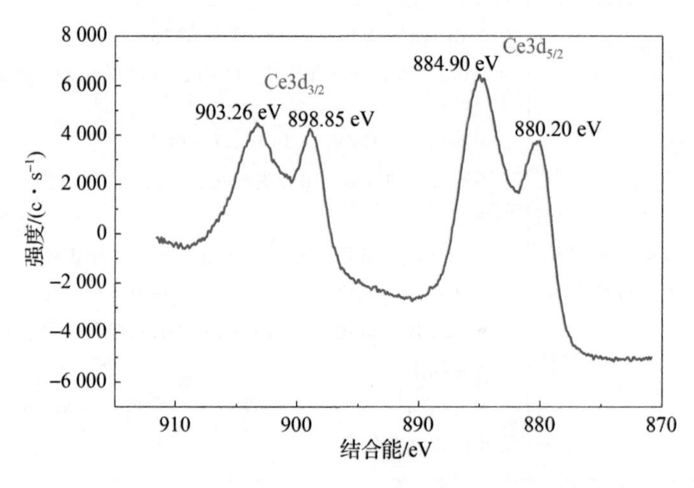

图 4.257　Ce(Ⅲ) 氧化态的 Ce3d

4. 分析案例

样品信息和分析需求：含 Ce 材料的化学态解析，分析三价铈和四价铈的百分含量。

拟合元素：Ce。

（1）全谱（图 4.258）

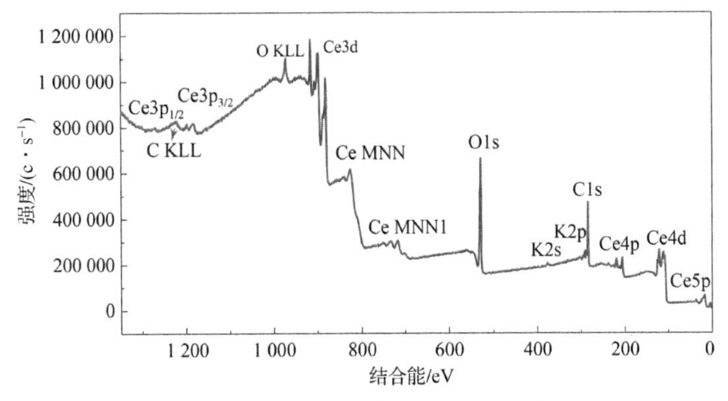

图 4.258　含 Ce 材料的 XPS 全谱分析

（2）精细图谱分峰拟合（图 4.259、图 4.260）

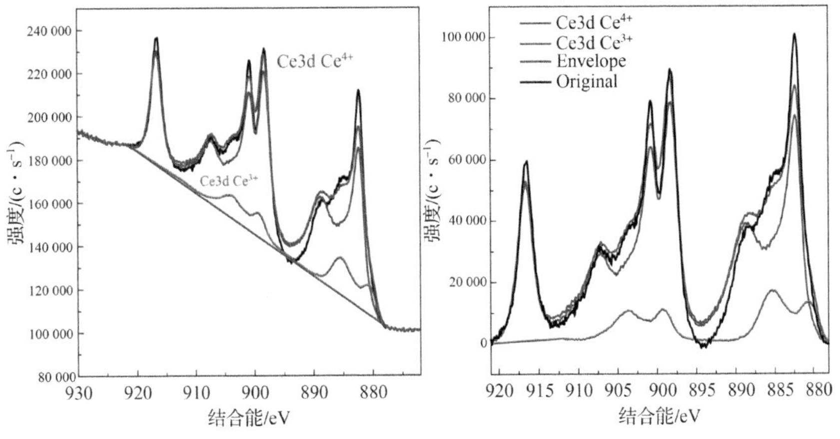

图 4.259　Ce3d 的非线性最小二乘拟合（NLLSF）

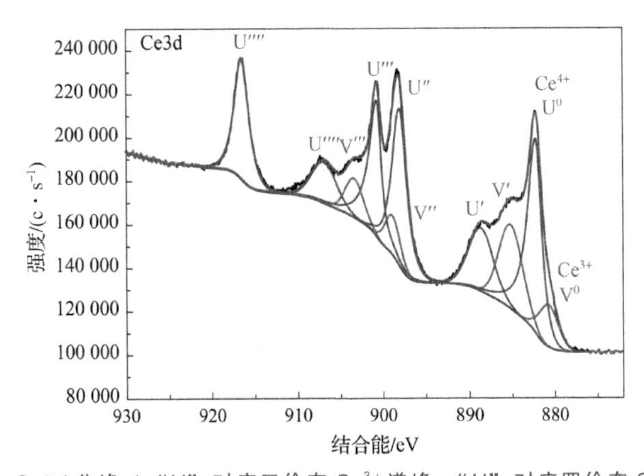

图 4.260　Ce3d 分峰（“V”对应三价态 Ce^{3+} 谱峰；“U”对应四价态 Ce^{4+} 谱峰）

（3）分峰拟合后化学态归属（表 4.184）

表 4.184　Ce3d 分峰拟合后化学态归属

谱峰	结合能/eV	化学态	原子百分比/%	
Ce3d	880.77	Ce^{3+}	24.41	100.00
Ce3d	885.19			
Ce3d	898.89			
Ce3d	903.41			
Ce3d	882.22	Ce^{4+}	75.59	
Ce3d	888.67			
Ce3d	897.98			
Ce3d	900.66			
Ce3d	906.90			
Ce3d	916.49			
Ce3d 非线性最小二乘拟合——NLLSF				
谱峰	结合能/eV	化学态	原子百分比/%	
Ce3d	885.38 等 4 个峰	Ce^{3+}	15.51	100.00
Ce3d	898.18 等 6 个峰	Ce^{4+}	84.49	

（4）解析说明

Ce 的不同化合物的精细谱都比较复杂，有多个多重分裂谱峰以及震激卫星峰，谱峰呈现不对称性；而且不同化学态同时存在时，谱峰相互之间有重合，因此用常规的分峰拟合区分不同化学态和比例都有误差。

此案例采用两种不同的拟合方法：第一种是参考标准样品 Ce(Ⅲ) 和 Ce(Ⅳ) 氧化态标准图谱，固定不同化学态多重分裂峰的结合能、谱峰面积比、半峰宽等参数对 Ce3d 进行拟合；第二种是采用 NLS 方法对同一组 Ce3d 进行化学态分析。从两种拟合方法的结果可以判断都是四价氧化铈，占比 80% 左右，两种方法的定量数据有差别，主要是拟合方法带来的误差。

推荐资料

Bêche E，Charvin P，Perarnau D，Abanades S，Flamant G．Ce3d XPS investigation of cerium oxides and mixed cerium oxide（$Ce_xTi_yO_z$）[J]．Surface and Interface Analysis，2008（40）：264－267.

4.53　钕（Nd）

1．基本信息（表 4.185）

表 4.185　Nd 的基本信息

原子序数	60
元素	钕 Nd
元素谱峰	Nd3d
重合谱峰	O KLL 需要同时扫描 Nd4d
化学态归属说明	以 C1s 吸附碳 C—C/C—H 结合能 284.8 eV 对所有谱峰进行校准，Nd3d 和 Nd4d 化学态归属参考 XPS 数据手册以及 XPS 数据网站信息
Nd3d 轨道分析方法	$\Delta(\mathrm{Nd3d_{3/2}} - \mathrm{Nd3d_{5/2}}) = 22.6$ eV

2．Nd3d 化学态归属参考（表 4.186）

表 4.186　不同化学态的 $Nd3d_{5/2}$ 结合能参考

化学态	$Nd3d_{5/2}$ 结合能/eV	标准偏差/±eV	Nd4d 结合能/eV	标准偏差/±eV
Nd 金属	980.7	0.3	—	—
Nd_2O_3	982.0	0.3	120.7	0.3

3. Nd3d 精细图谱参考（图 4.261）

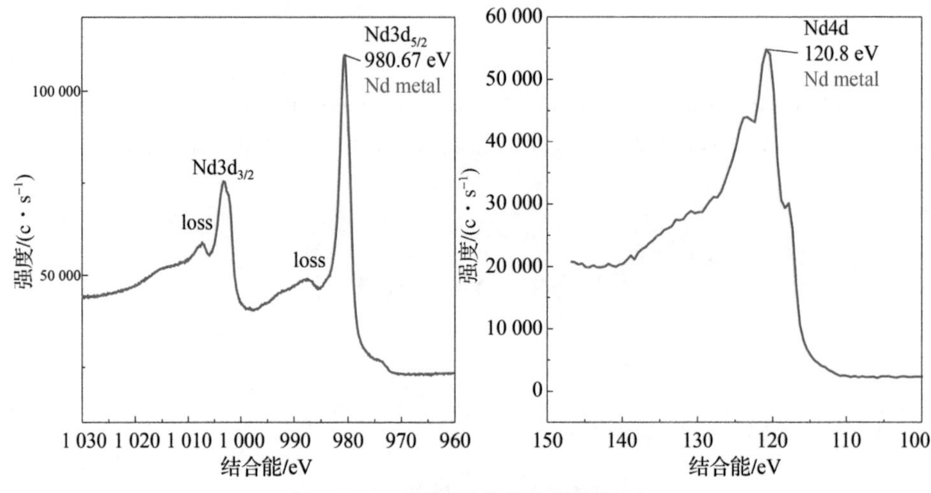

图 4.261 金属 Nd 的 Nd3d 和 Nd4d

4.54 铕（Eu）

1. 基本信息（表 4.187）

表 4.187 Eu 的基本信息

原子序数	63
元素	铕 Eu
元素谱峰	Eu3d、Eu4d
重合谱峰	—
化学态归属说明	以 C1s 吸附碳 C—C/C—H 结合能 284.8 eV 对所有谱峰进行校准，Eu4d 化学态归属参考 XPS 数据手册以及 XPS 数据网站信息
Eu4d 轨道分析方法	Eu 谱峰复杂，有多重分裂分峰、特征震激峰等
Eu3d 轨道分析方法	$\Delta(Eu3d_{3/2}-Eu3d_{5/2})=29.56$ eV

2. Eu4d 化学态归属参考（表 4.188）

表 4.188　不同化学态的 Eu4d 结合能参考

化学态	Eu3$d_{5/2}$ 结合能/eV	标准偏差 /±eV	Eu4d 结合能 /eV	标准偏差 /±eV
Eu 金属	1 126	0.5	128.2	0.3
Eu(Ⅲ)氧化物	1 134.8	0.3	135.9	0.3

3. Eu4d 精细图谱参考（图 4.262）

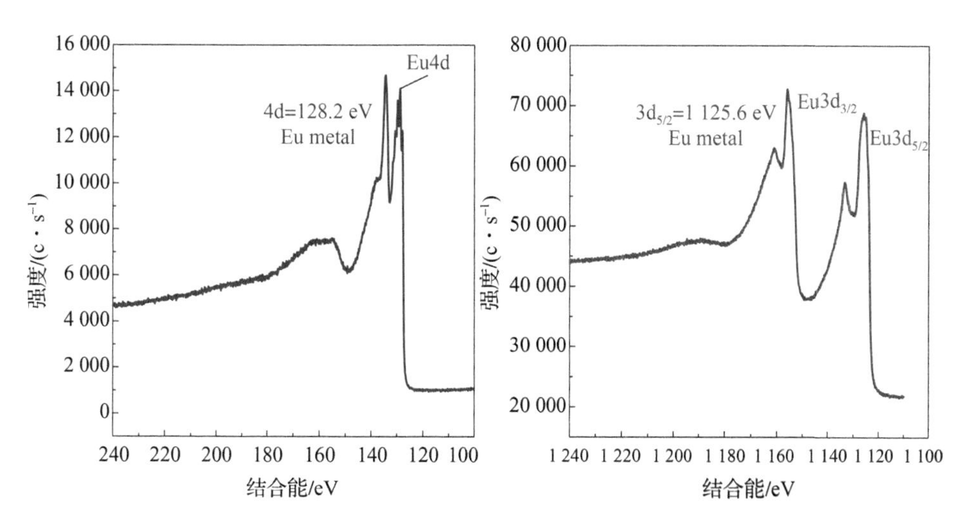

图 4.262　金属 Eu 的 Eu4d 和 Eu3d

推 荐 资 料

[1] Wagner C D, Naumkin A V, Kraut－Vass A, Allison J W, Powell C J, Rumble Jr J R. NIST Standard Reference Database 20, Version 3.4 (web version) [M]. National Institute of Standards and Technology: Gaithersburg, MD, 2003: 20899.

[2] Bello I, Chang W H, Lau W M. Mechanism of cleaning and etching Si surfaces with low

energy chlorine ion bombardment [J]. Journal of Applied Physics, 1994 (75): 3092 - 3097.

[3] Mercier F, Alliot C, Bion L, Thromat N, Toulhoat P. XPS study of Eu (Ⅲ) coordination compounds: Core levels binding energies in solid mixed - oxo - compounds $EumX_xO_y$ [J]. Journal of Electron Spectroscopy and Related Phenomena, 2006 (150): 21 - 26.

4.55 钆 (Gd)

1. 基本信息 (表 4.189)

表 4.189 Gd 的基本信息

原子序数	64
元素	钆 Gd
元素谱峰	Gd4d
重合谱峰	—
化学态归属说明	以 C1s 吸附碳 C—C/C—H 结合能 284.8 eV 对所有谱峰进行校准，Gd4d 化学态归属参考 XPS 数据手册以及 XPS 数据网站信息
Gd4d 轨道分析方法	Gd 谱峰复杂，有多重分裂分峰、特征震激峰等

2. Gd4d 化学态归属参考 (表 4.190)

表 4.190 不同化学态的 Gd4d 结合能参考

化学态	Gd4d 结合能/eV	标准偏差/ ± eV
Gd	140.4	0.2
Gd_2O_3	143.8	0.2

3. Gd4d 精细图谱参考（图4.263）

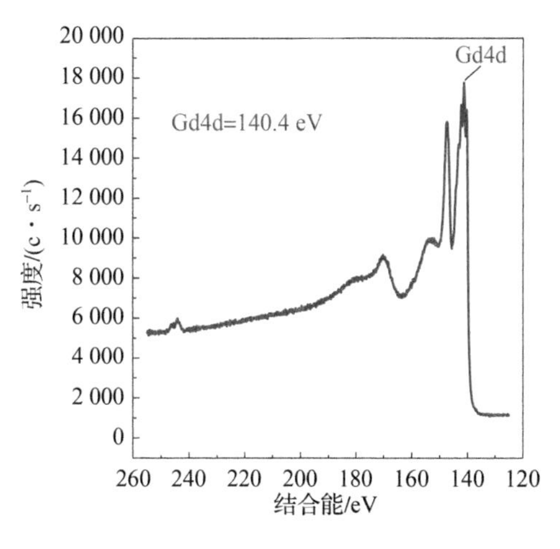

图4.263 Gd4d的精细谱

4. 分析案例

样品信息和分析需求：耐蚀合金（仿生材料）Gd化学态分析。

拟合元素：Gd。

（1）精细图谱分峰拟合（图4.264）

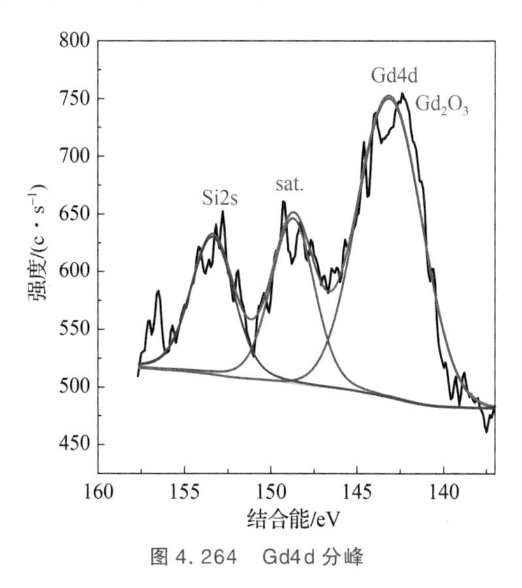

图4.264 Gd4d分峰

（2）分峰拟合后化学态归属（表 4. 191）

表 4. 191　分峰拟合后化学态归属

谱峰	结合能/eV	化学态	原子百分比/%
Gd4d	143. 62	Gd_2O_3	100
Gd4d sat.	148. 72		

（3）解析说明

Gd4d 谱峰呈现复杂的多重分裂分峰以及特征卫星峰，结合能在 144 eV 左右的 Gd4d 谱峰可以归属为氧化态。

|推 荐 资 料|

[1] Wagner C D, Naumkin A V, Kraut - Vass A, Allison J W, Powell C J, Rumble Jr J R. NIST Standard Reference Database 20, Version 3. 4 (web version) [M]. National Institute of Standards and Technology: Gaithersburg, MD, 2003: 20899.

[2] Bello I, Chang W H, Lau W M. Mechanism of cleaning and etching Si surfaces with low energy chlorine ion bombardment [J]. Journal of Applied Physics, 1994 (75): 3092 - 3097.

|4. 56　铪（Hf）|

1. 基本信息（表 4. 192）

表 4. 192　Hf 的基本信息

原子序数	72
元素	铪 Hf
元素谱峰	Hf4f
重合谱峰	Hf4s 与 O2s 重合

续表

化学态归属说明	以 C1s 吸附碳 C—C/C—H 结合能 284.8 eV 对所有谱峰进行校准，Hf4f 化学态归属参考 XPS 数据手册以及 XPS 数据网站信息
Hf4f 自旋轨道分裂峰以及分峰方法	$\Delta_{金属}(Hf4f_{5/2}-Hf4f_{7/2})=1.71$ eV • Hf 为过渡金属，呈正四价氧化态 HfO_2。 • 金属态的 Hf4f 谱峰呈现不对称性，拟合时需用不对称函数模式。 • 谱峰强度比 $Hf4f_{7/2}$ ：$Hf4f_{5/2}$ 为 4 ：3 左右。 • Hf 化合物如氧化物的 Hf4f 谱峰呈现对称峰型。 • $Hf4p_{1/2}$ 能量损失谱峰与 N1s 重合，故拟合氮化物中的 N1s 时需特别注意重合问题

2. Hf4f 化学态归属参考（表 4.193）

表 4.193　不同化学态的 $Hf4f_{7/2}$ 结合能参考

化学态	$Hf4f_{7/2}$ 结合能/eV	标准偏差/ ± eV
Hf(0)	14.3	0.1
HfO_2	17.5	0.7

3. Hf4f 精细图谱参考（图 4.265、图 4.266）

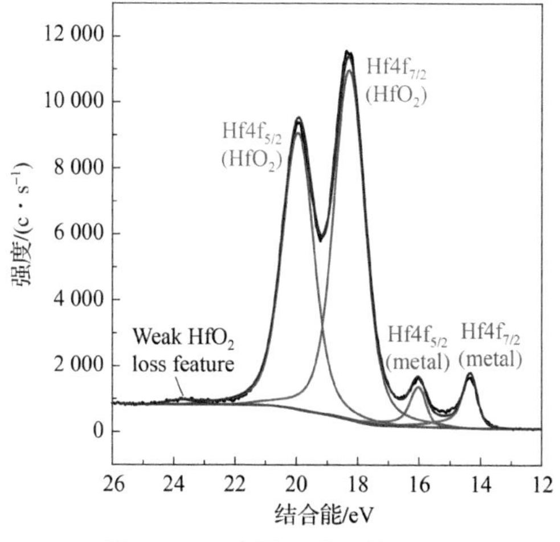

图 4.265　金属 Hf 表面的 HfO_2

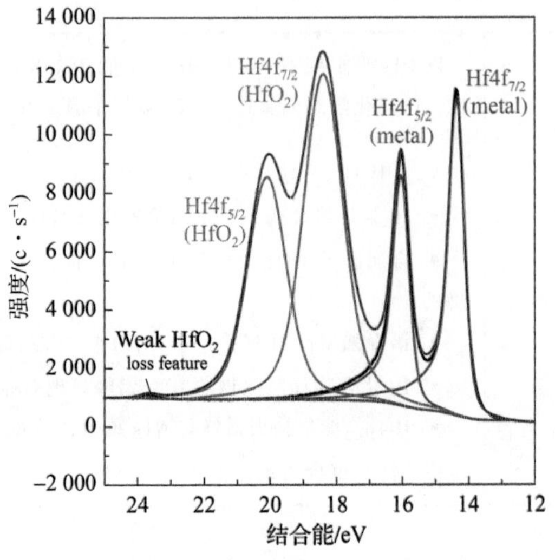

图 4.266　溅射后金属 Hf 表面的 HfO_2

4. 分析案例

样品信息和分析需求：样品成分为 $Hf_xTa_yO_z$，是 Hf－Ta 有机聚合物在空气气氛下先固化再进行 1 000 ℃煅烧所得，需要分析 Hf、Ta、O 的化学态以及原子百分比。

拟合元素：Hf、Ta、O。

（1）精细图谱分峰拟合（图 4.267～图 4.269）

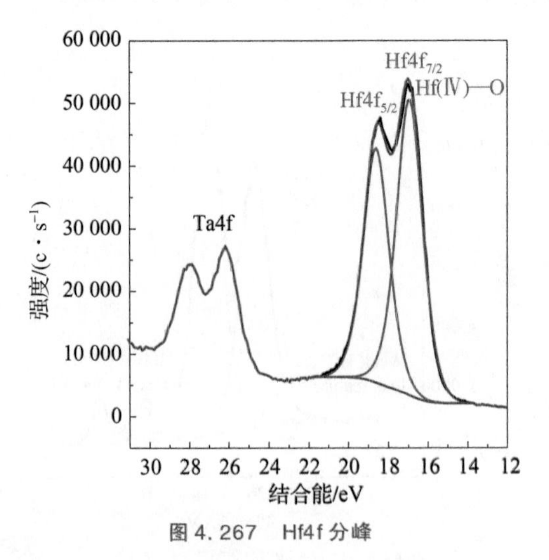

图 4.267　Hf4f 分峰

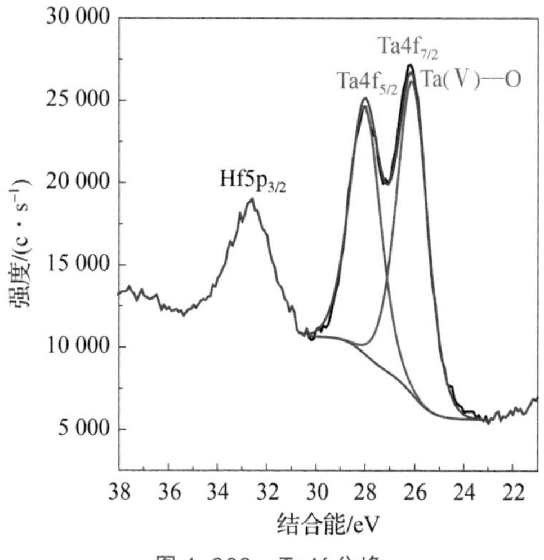

图4.268　Ta4f分峰

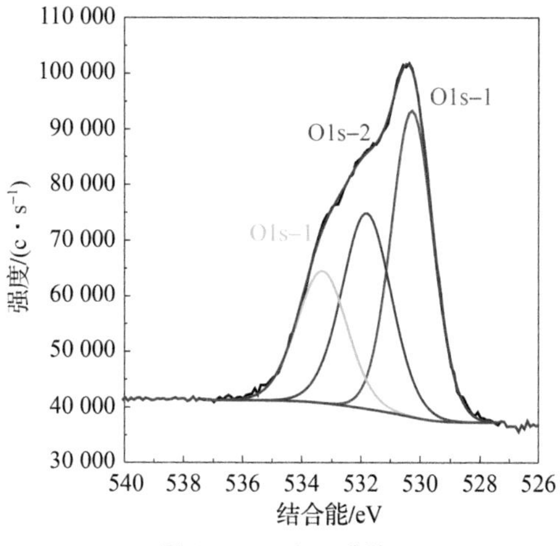

图4.269　O1s分峰

（2）分峰拟合后化学态归属（表4.194、表4.195）

表4.194　分峰拟合后化学态归属

<table>
<tr><th>谱峰</th><th>结合能/eV</th><th>化学态</th><th colspan="2">原子百分比/%</th></tr>
<tr><td>Hf4f$_{7/2}$</td><td>16.91</td><td rowspan="2">Hf(Ⅳ)—O(HfO_2)</td><td rowspan="2">100.00</td><td rowspan="2">100.00</td></tr>
<tr><td>Hf4f$_{5/2}$</td><td>18.58</td></tr>
<tr><td>Ta4f$_{7/2}$</td><td>26.11</td><td rowspan="2">Ta(Ⅴ)—O(Ta_2O_5)</td><td rowspan="2">100.00</td><td rowspan="2">100.00</td></tr>
<tr><td>Ta4f$_{5/2}$</td><td>28.01</td></tr>
</table>

续表

谱峰	结合能/eV	化学态	原子百分比/%	
O1s-1	530.28	金属氧化物 (Lattice—O)	43.71	100.00
O1s-2	531.81	defective—O/C=O/ (Hydroxide)	33.62	
O1s-3	533.32	C—O	22.67	

表 4.195 定量分析

谱峰	结合能/eV	化学态	原子百分比/%
C1s	284.8	—	66.5
O1s-1	530.28	晶格氧（Lattice—O）	11.0
O1s-2	531.81	缺陷氧 (C=O/defective—O)	8.50
O1s-3	533.32	C—O	5.80
Ta4f7	26.11	Ta(Ⅴ)—O	2.00
Hf4f7	16.91	Hf(Ⅳ)—O	6.20
总计			100.0
Hf : Ta : O(晶格氧) =6.2 : 2.0 : 11.0; Hf : Ta : O(晶格氧+缺陷氧) =6.2 : 2.0 : 19.5。			

（3）解析说明

根据 Hf4$f_{7/2}$和 Ta4$f_{7/2}$精细谱峰结合能位置可以判断 Hf 为正四价氧化态，而 Ta 为正五价氧化物；从氧分峰后不同化学态的含量可以判断应该有晶格氧和缺陷氧同时存在的可能。

|推 荐 资 料|

[1] Moulder J F, Stickle W F, Sobol P E, Bomben K D. Handbook of X-ray Photoelectron Spectroscopy [M]. Minnesota: Perkin-Elmer Corporation, 1992.

[2] Ohtsu N, Tsuchiya B, Oku M, Shikama T, Wagatsuma K. X-ray photoelectron

spectroscopic study on initial oxidation of hafnium hydride fractured in an ultra – high vacuum [J]. Applied Surface Science, 2007 (253): 6844 – 6847.

[3] Smirnova T P, Yakovkina L V, Kitchai V N, Kaichev V V, Shubin Y V, Morozova N B, Zherikova K V. Chemical vapor deposition and characterization of hafnium oxide films [J]. Journal of Physics and Chemistry of Solids, 2008 (69): 685 – 687.

4.57 钽（Ta）

1. 基本信息（表4.196）

表4.196 Ta的基本信息

原子序数	73
元素	钽 Ta
元素谱峰	Ta4f
重合谱峰	O2s
化学态归属说明	以C1s吸附碳C—C/C—H结合能284.8 eV对所有谱峰进行校准，Ta4f化学态归属参考XPS数据手册以及XPS数据网站信息。
Ta4f自旋轨道分裂峰以及分峰方法	$\Delta_{金属}(Ta4f_{5/2} - Ta4f_{7/2}) = 1.92$ eV，谱峰面积比为4∶3。 • 金属Ta的谱峰峰型不对称（拟合金属态用不对称函数模式），且在33 eV附近有特征能量损失谱峰。 • Ta_2O_5特征能量损失谱峰在38 eV左右；氧化态Ta4f谱峰对称。 • 当金属态和氧化态Ta_2O_5同时存在时，拟合需要添加亚氧态谱峰，自旋轨道分裂峰能量差为1.91 eV

2. Ta4f化学态归属参考（表4.197）

表4.197 不同化学态的Ta4f7结合能参考

化学态	$Ta4f_{7/2}$结合能/eV	标准偏差/±eV
金属（Metal）	21.76	0.16
Ta_2O_5	26.56	0.42
亚氧态（Sub – Oxide）	24.66	0.16
TaN	23.00	0.30

3. Ta4f 精细图谱参考（图 4.270）

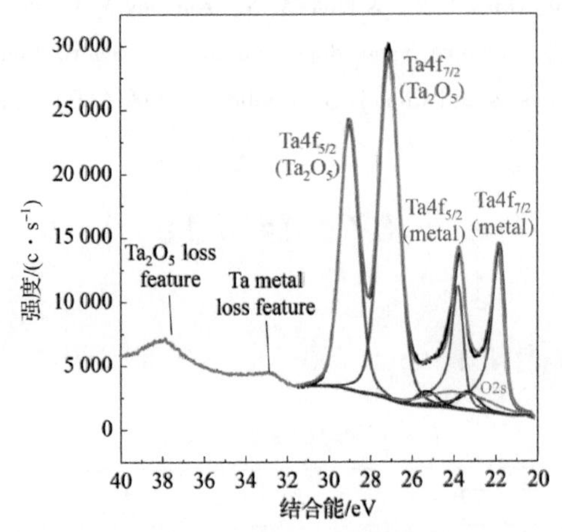

图 4.270　金属钽表面氧化的 Ta4f

氧化钽的厚度很容易通过电化学方法控制，因此常作为深度剖析的标准样品。氩离子源溅射使之容易产生 Ta_2O_5、Ta_3O_7、Ta_4O_9 等氧化态，因此清洁表面尽量用低能离子源或团簇离子源。

4.58　钨（W）

1. 基本信息（表 4.198）

表 4.198　W 的基本信息

原子序数	74
元素	钨 W
元素谱峰	W4f
重合谱峰	—
化学态归属说明	以 C1s 吸附碳 C—C/C—H 结合能 284.8 eV 对所有谱峰进行校准，W4f 化学态归属参考 XPS 数据手册以及 XPS 数据网站信息

续表

W4f自旋轨道分裂峰以及分峰方法	$\Delta_{金属}$($W4f_{5/2}$ − $W4f_{7/2}$) = 2.18 eV，谱峰面积比约为4∶3。 • 金属态W的W4f谱峰峰型不对称，拟合时用不对称函数模式；氧化态谱峰拟合用对称峰型。 • 金属态谱峰半峰宽小于氧化态谱峰；同种化学态自旋轨道分裂峰的半峰宽可以设置相等。 • 金属态和WO_3的W4f能量损失谱峰分别在37 eV和42 eV左右；金属态能量损失谱峰与WO_3 W4f有重合。 • $W5p_{3/2}$与$W4f_{7/2}$能量差为5.5 eV；当单质和氧化态同时存在时，金属态的$W5p_{3/2}$与氧化态的$W4f_{5/2}$有重合

2. W4f化学态归属参考（表4.199）

表4.199 不同化学态的W47f结合能参考

化学态	$W4f_{7/2}$结合能/eV	标准偏差/±eV
W金属	31.3	0.2
WC	31.9	0.4
WO_2	32.9	0.8
WO_3	35.8	0.4
WS_2	32.6	0.7

3. W4f精细图谱参考（图4.271、图4.272）

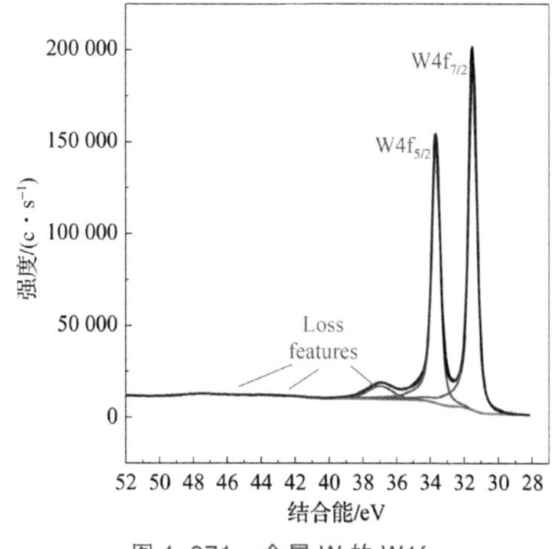

图4.271 金属W的W4f

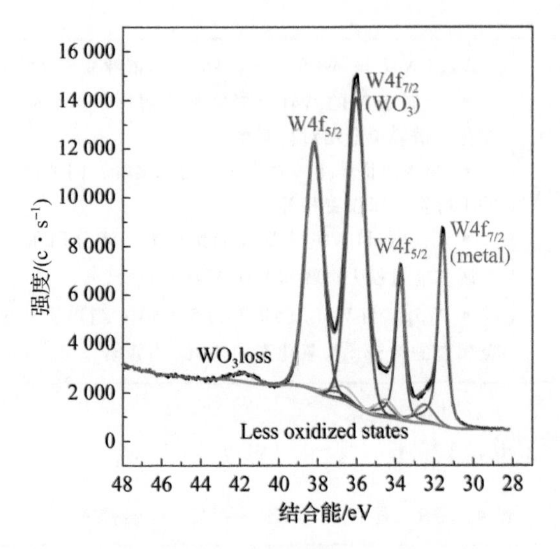

图 4.272　金属 W 表面氧化层的 W4f

4. 分析案例

样品信息和分析需求：三氧化钨和二氧化钼混合均匀后压片，然后高温煅烧几个小时，分析 Mo 和 W 的价态及不同化学态的百分含量。

拟合元素：W、Mo。

(1) 精细图谱分峰拟合（图 4.273、图 4.274）

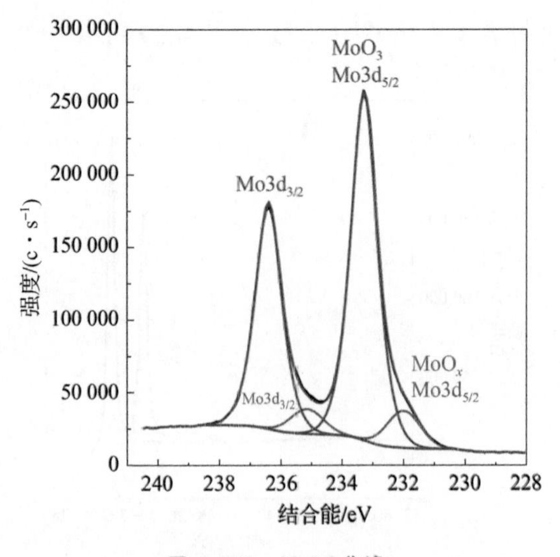

图 4.273　Mo3d 分峰

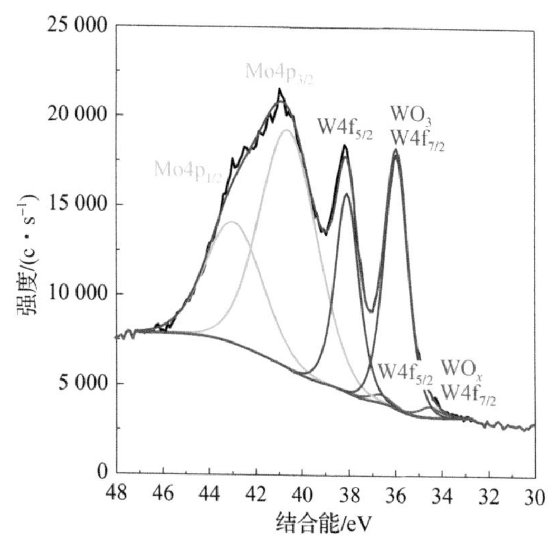

图 4.274　W4f 分峰

（2）分峰拟合后化学态归属（表 4.200）

表 4.200　分峰拟合后化学态归属

谱峰	结合能/eV	化学态	原子百分比/%	
$Mo3d_{5/2}$	231.97	MoO_x（$2<x<3$）	11.04	100.00
$Mo3d_{5/2}$	233.26	MoO_3	88.96	
$W4f_{7/2}$	34.53	WO_x（$2<x<3$）	4.65	100.00
$W4f_{7/2}$	35.97	WO_3	95.35	

（3）解析说明

此案例中主要有谱峰重合（Mo4p 和 W4f 重合），拟合时通过锁定 W4f 自旋轨道分裂峰的能量差、面积比、半峰宽等参数可以先拟合 $W4f_{5/2}$ 和 $W4f_{7/2}$，剩余谱峰归属为 Mo4p，同样，Mo4p 也有自旋轨道分裂，通过分峰拟合区分不同谱峰，再进行化学态归属和含量计算。

从分峰后结合能判断 W 主要是 WO_3，Mo 主要是 MoO_3，亚氧态的存在可能与测试中 X 射线长时间辐照有关。

推荐资料

[1] Sharpe A G. Inorganic Chemistry [M]. New York: Longman Scientific & Technical, 1988.

[2] Alov N V. Determination of the states of oxidation of metals in thin oxide films by X - ray photoelectron spectroscopy [J]. Journal of Analytical Chemistry, 2005 (60): 431 -435.

4.59 铼 (Re)

1. 基本信息（表 4.201）

表 4.201 Re 的基本信息

原子序数	75
元素	铼 Re
元素谱峰	Re4f
重合谱峰	—
化学态归属说明	以 C1s 吸附碳 C—C/C—H 结合能 284.8 eV 对所有谱峰进行校准，Re4f 化学态归属参考 XPS 数据手册以及 XPS 数据网站信息
Re4f 自旋轨道分裂峰以及分峰方法	$\Delta_{金属}(Re4f_{5/2} - Re4f_{7/2}) = (2.41 \pm 0.01)$ eV • Re 金属态谱峰有特征能量损失谱峰，在 53 eV 左右。 • 金属 Re 的 Re4f 谱峰峰型不对称；拟合时用不对称函数模式。 • 氧化态 Re4f 谱峰拟合可用对称性峰型

2. Re4f 化学态归属参考（表 4.202）

表 4.202　不同化学态的 Re4f 结合能参考

化学态	Re4$f_{7/2}$ 结合能/eV	标准偏差/±eV
Re(0)	40.5	0.3
ReO_2	43.0	0.6
ReO_3	45.4	1.3
Re_2O_7	46.7	0.1
$KReO_4$	46.1	0.3
$K_2(ReCl_6)$	44.1	0.2

3. Re4f 精细图谱参考（图 4.275）

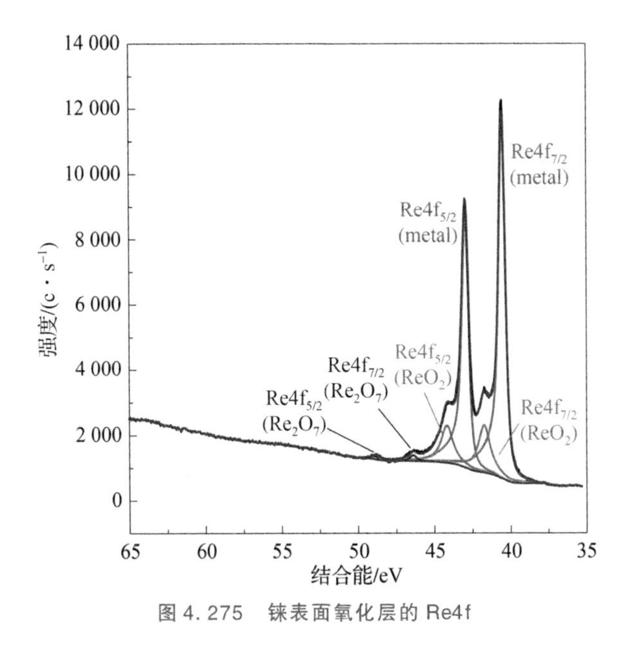

图 4.275　铼表面氧化层的 Re4f

4. 分析案例

样品信息和分析需求：钼酸铵、铼酸铵混合后，经过处理主要含有 Mo、Re、N、H、O、C 元素，需要得到 Mo 和 Re 的元素价态。

拟合元素：Re、Mo。

（1）精细图谱分峰拟合（图4.276、图4.277）

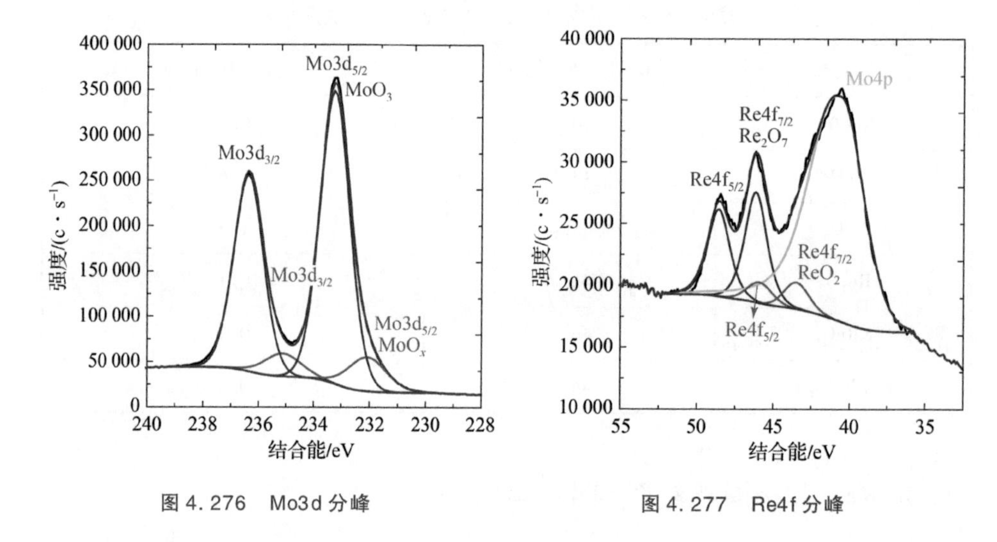

图4.276　Mo3d分峰　　图4.277　Re4f分峰

（2）分峰拟合后化学态归属（表4.203）

表4.203　分峰拟合后化学态归属

谱峰	结合能/eV	化学态	原子百分比/%	
$Mo3d_{5/2}$	232.08	MoO_x	12.74	100.00
$Mo3d_{5/2}$	233.26	MoO_3	87.26	
$Re4f_{7/2}$	43.50	ReO_2	20.57	100.00
$Re4f_{7/2}$	46.17	Re_2O_7	79.43	

（3）解析说明

此案例比较复杂的是Mo4p与Re4f谱峰有重合，拟合后判断化学态时会带来误差。

通过对Mo3d以及Re4f精细谱进行分析，从峰型和结合能可以判断出两个元素都包含两种化学态。两种化学态有两对自旋轨道分裂峰，锁定能量差和面积比可得到两种化学态的百分含量。结合能在233.2 eV左右的 $Mo3d_{5/2}$ 归属为 MoO_3，由于X射线辐照的原因，会造成 MoO_3 还原，因此出现 MoO_x 的谱峰。

结合能在 46.2 eV 左右的 $Re4f_{7/2}$，其谱峰没有干扰，可以明确归属为 Re_2O_7，但结合能在 43.5 eV 附近的 ReO_2 与 Mo4p 谱峰重合，因此化学态定量结果仅供参考。

|推 荐 资 料|

[1] Wagner C D, Naumkin A V, Kraut - Vass A, Allison J W, Powell C J, Rumble Jr J R. NIST Standard Reference Database 20, Version 3.4 (web version) [M]. National Institute of Standards and Technology: Gaithersburg, MD, 2003: 20899.

[2] Moulder J F, Stickle W F, Sobol P E, Bomben K D. Handbook of X - ray Photoelectron Spectroscopy [M]. Minnesota: Perkin - Elmer Corporation, 1992.

|4.60　铱（Ir）|

1. 基本信息（表 4.204）

表 4.204　Ir 的基本信息

原子序数	77
元素	铱 Ir
元素谱峰	Ir4f
重合谱峰	—
化学态归属说明	以 C1s 吸附碳 C—C/C—H 结合能 284.8 eV 对所有谱峰进行校准，Ir4f 化学态归属参考 XPS 数据手册以及 XPS 数据网站信息
Ir4f 自旋轨道分裂峰以及分峰方法	$\Delta_{金属}(Ir4f_{5/2} - Ir4f_{7/2}) = (2.93 \pm 0.05)$ eV • 金属 Ir4f 的谱峰峰型不对称，拟合时用不对称函数模式

2. Ir4f 化学态归属参考（表 4.205）

表 4.205　不同化学态的 $Ir4f_{7/2}$ 结合能参考

化学态	$Ir4f_{7/2}$ 结合能/eV	标准偏差/±eV
Ir(0)	60.8	0.2
IrO_2	61.6	0.5
$IrBr_x$	61.7	0.5
$IrCl_x$	62.2	0.7
IrI_x	61.9	0.6

3. Ir4f 精细图谱参考（图 4.278）

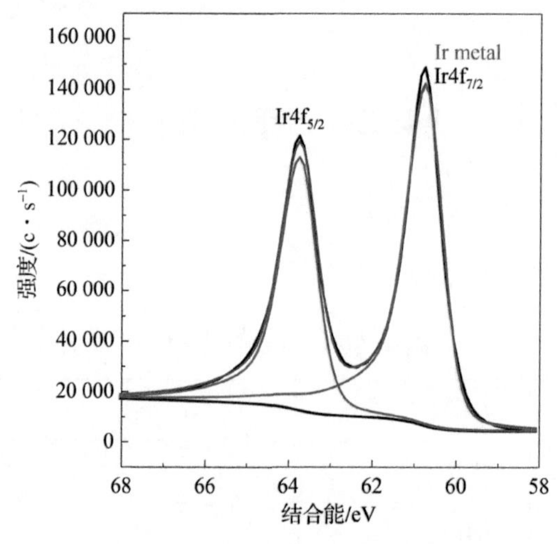

图 4.278　金属 Ir 的 Ir4f 精细图参考

推 荐 资 料

[1] Wagner C D, Naumkin A V, Kraut－Vass A, Allison J W, Powell C J, Rumble Jr J R. NIST Standard Reference Database 20, Version 3.4 (web version)[M]. National Institute of Standards and Technology: Gaithersburg, MD, 2003: 20899.

[2] Moulder J F, Stickle W F, Sobol P E, Bomben K D. Handbook of X - ray Photoelectron Spectroscopy [M]. Minnesota: Perkin - Elmer Corporation, 1992.

[3] Hall H Y, Sherwood P M A. X - ray photoelectron spectroscopic studies of the iridium electrode system [J]. Journal of the Chemical Society, Faraday Transactions 1: Physical Chemistry in Condensed Phases, 1984 (180): 135 - 152.

4.61　铂（Pt）

1. 基本信息（表4.206）

表4.206　Pt的基本信息

原子序数	78
元素	铂 Pt
元素谱峰	Pt4f
重合谱峰	Al2p
化学态归属说明	以C1s吸附碳C—C/C—H结合能284.8 eV对所有谱峰进行校准，Pt4f化学态归属参考XPS数据手册以及XPS数据网站信息
Pt4f自旋轨道分裂峰以及分峰方法	$\Delta_{金属}(Pt4f_{5/2} - Pt4f_{7/2}) = 3.33$ eV 金属Pt4f的谱峰峰型不对称，拟合时用不对称函数模式；化合物谱峰如氧化态Pt4f拟合时，用对称峰型

2. Pt4f化学态归属参考（表4.207）

表4.207　不同化学态的Pt4f结合能参考

化学态	$Pt4f_{7/2}$结合能/eV	标准偏差/±eV
Pt金属(Metal)	71.1	0.1
PtO	74.0	0.8
PtO_2	74.9	0.5
$Pt(OH)_2$	72.7	0.1

3. Pt4f 精细图谱参考（图 4.279）

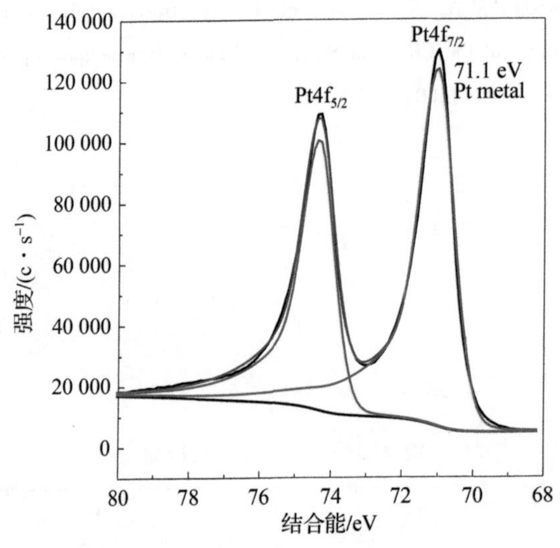

图 4.279　金属 Pt 的 Pt4f 精细谱参考

4. 分析案例

样品信息和分析需求：无机硅材料表面包覆有 Ir 和 Pt 金属，需要分析 Pt 和 Ir 的化学态。

拟合元素：Pt、Ir。

（1）精细图谱分峰拟合（图 4.280、图 4.281）

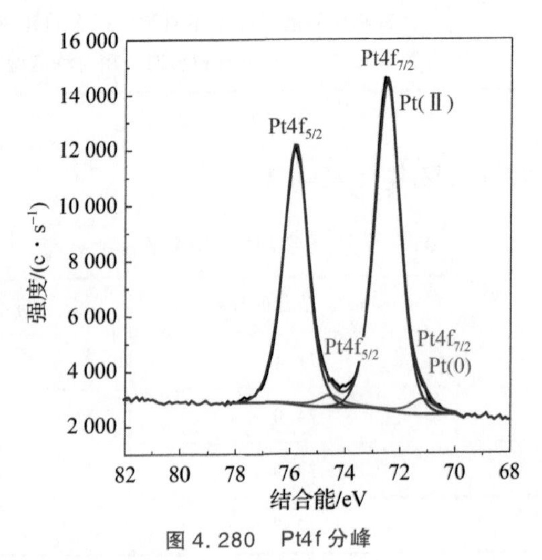

图 4.280　Pt4f 分峰

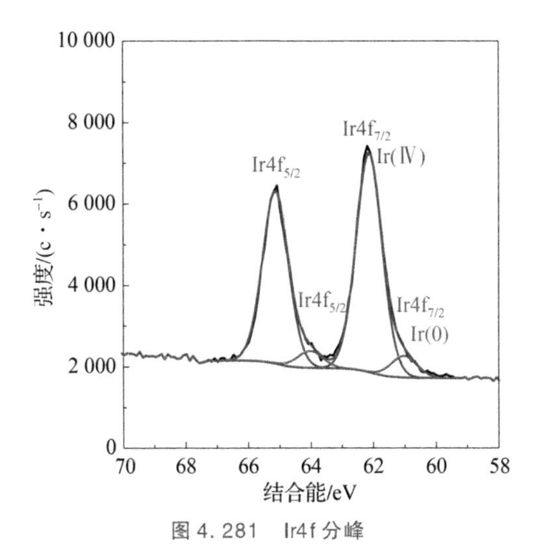

图 4.281　Ir4f 分峰

（2）分峰拟合后化学态归属（表 4.208）

表 4.208　分峰拟合后化学态归属

谱峰	结合能/eV	化学态	原子百分比/%	
$Pt4f_{7/2}$	71.20	Pt(0) 金属	4.64	100.00
$Pt4f_{5/2}$	74.55			
$Pt4f_{7/2}$	72.48	Pt(Ⅱ)	95.36	
$Pt4f_{5/2}$	75.83			
$Ir4f_{7/2}$	61.16	Ir(0) 金属	9.12	100.00
$Ir4f_{5/2}$	64.14			
$Ir4f_{7/2}$	62.24	Ir(Ⅳ)	90.88	
$Ir4f_{5/2}$	65.22			

（3）解析说明

通过对 Pt4f 以及 Ir4f 精细谱进行分析，从峰型和结合能可以判断出两个元素都包含两种化学态，分别是金属态和氧化态。两种化学态有两对自旋轨道分裂峰，锁定能量差和面积比可得到两种化学态的百分含量。

结合能在 71.2 eV 左右的 $Pt4f_{7/2}$ 归属为金属态 Pt，而结合能在 72.5 eV 左右的为正二价的 Pt(Ⅱ)，结合能在 61.1 eV 附近的 Ir 可归属为金属态 Ir，而结合能在 62 eV 左右的为正四价的 Ir(Ⅳ)。

金属态谱峰拟合可以用不对称峰型，氧化态用对称峰型。

推荐资料

Ono L K, Yuan B, Heinrich H, Cuenya B R. Formation and thermal stability of platinum oxides on size – selected platinum nanoparticles: support effects [J]. The Journal of Physical Chemistry C, 2010 (114): 22119 – 22133.

4.62 金（Au）

1. 基本信息（表 4.209）

表 4.209 Au 的基本信息

原子序数	79
元素	金 Au
元素谱峰	Au4f
重合谱峰	—
化学态归属说明	以 C1s 吸附碳 C—C/C—H 结合能 284.8 eV 对所有谱峰进行校准，Au4f 化学态归属参考 XPS 数据手册以及 XPS 数据网站信息
Au4f 自旋轨道分裂峰以及分峰方法	$\Delta_{金属}(Au4f_{5/2}-Au4f_{7/2})=3.67$ eV • 金属 Au 的 $Au4f_{7/2}$ 标准结合能为 83.95 eV，也可用其对谱峰校正。 • 金属态谱峰峰型不对称，拟合金属态时，用不对称拟合模式，金属态半峰宽（FWHM ~ 0.56 eV@ 10 eV pass energy）比化合态的 FWHM 小

2. Au4f 化学态归属参考（表 4.210）

表 4.210 不同化学态的 Au4f 结合能参考

化学态	$Au4f_{7/2}$ 结合能/eV	标准偏差/±eV
Au	84.0	0.2
AuSn	84.5	0.3

3. Au4f 精细图谱参考（图 4.282）

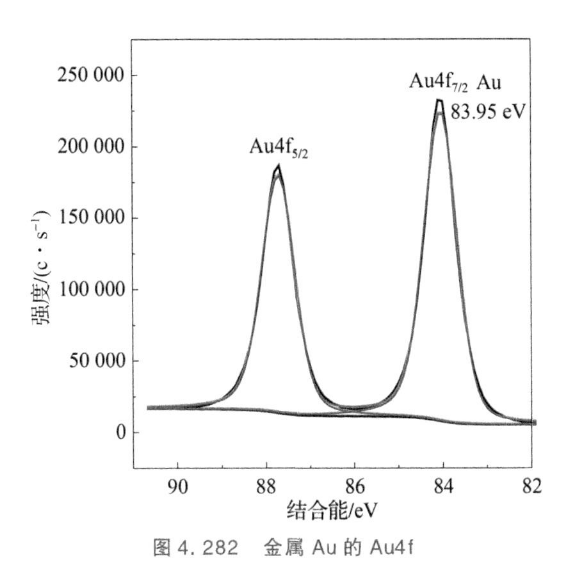

图 4.282　金属 Au 的 Au4f

4. 分析案例

样品信息和分析需求：金纳米颗粒表面配体成分分析，需要对 Au、S、N 进行化学态分析。

拟合元素：Au、S、N。

（1）精细图谱分峰拟合（图 4.283～图 4.285）

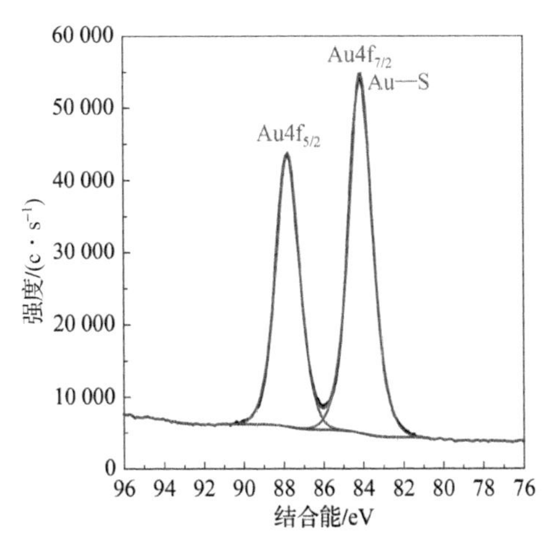

图 4.283　Au4f 分峰

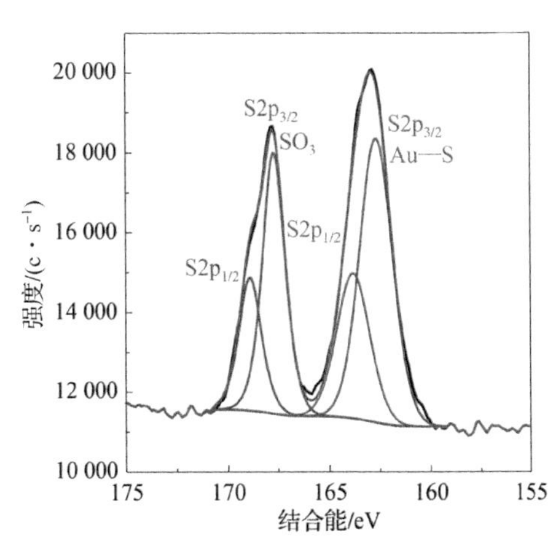

图 4.284　S2p 分峰

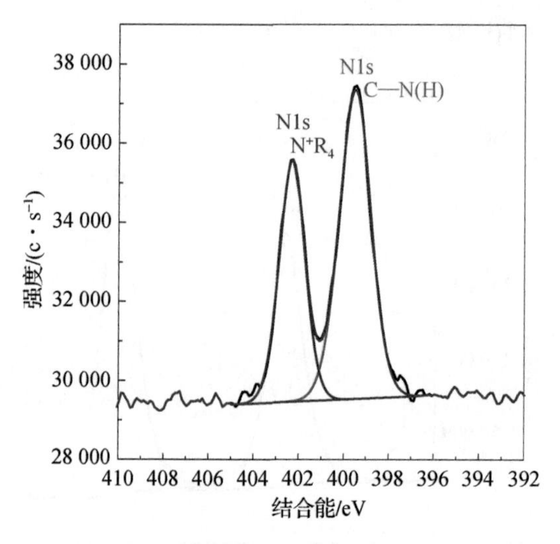

图 4.285　N1s 分峰

（2）分峰拟合后化学态归属（表 4.211）

表 4.211　分峰拟合后化学态归属

谱峰	结合能/eV	化学态	原子百分比/%	
$Au4f_{7/2}$	84.12	Au—S	100.00	100.00
$Au4f_{5/2}$	87.79			
N1s	399.52	—NH—	61.38	100.00
N1s	402.31	N^+R_4	38.62	
$S2p_{3/2}$	162.71	硫醇与金结合 Au—S	60.48	100.00
$S2p_{1/2}$	163.86			
$S2p_{3/2}$	167.74	S—O(SO_3)	39.52	
$S2p_{1/2}$	168.92			

（3）解析说明

$Au4f_{7/2}$在大多数情况下都在 84 eV 左右，因此很难仅通过结合能判断其化学态。此案例中，要判断 Au 是否与硫醇键合，需要同时分析 $S2p_{3/2}$的结合能，硫醇中的 $S2p_{3/2}$结合能在 164 eV 左右，当与 Au 发生键合后，结合能会往低能位移，即 162.5 eV 左右。通过对 S2p 进行分峰拟合，可以看出 S 包含两种化学态，结合能位于 162.7 eV 左右的应该是与 Au 发生键合的硫醇，而结合能在 167.7 eV 左右的可以归属为亚硫酸盐（酯）。

此案例中 N1s 的谱峰化学态特征性比较明显，结合能在 399.5 eV 左右的是比较常见的 C—N(H)—C 化学键，而结合能较高在 402 eV 附近的 N1s 可以归属为铵键。通过分峰拟合可以区分不同化学态的含量关系。

|推 荐 资 料|

Casaletto M P, Longo A, Martorana A, Prestianni A, Venezia A M. XPS study of supported gold catalysts: the role of Au^0 and $Au^{+\delta}$ species as active sites [J]. Surface and Interface Analysis, 2006 (38): 215－218.

|4.63　汞（Hg）|

1. 基本信息（表 4.212）

表 4.212　Hg 的基本信息

原子序数	80
元素	汞 Hg
元素谱峰	Hg4f
重合谱峰	Si2p、La4d
化学态归属说明	以 C1s 吸附碳 C—C/C—H 结合能 284.8 eV 对所有谱峰进行校准，Hg4f 化学态归属参考 XPS 数据手册以及 XPS 数据网站信息
Hg4f 自旋轨道分裂峰以及分峰方法	$\Delta(Hg4f_{5/2} - Hg4f_{7/2}) = 4.05$ eV Hg4f 与 Si2p 重合，拟合时需注意

2. Hg4f 化学态归属参考（表 4. 213）

表 4. 213　不同化学态的 $Hg4f_{7/2}$ 结合能参考

化学态	$Hg4f_{7/2}$ 结合能/eV	标准偏差/ ± eV
Hg(0)	99. 8	0. 1
HgO	101. 5	0. 2
	O1s@ 529. 7 eV	
HgS	101. 0	0. 3
HgF_2	101. 2	0. 3
$HgCl_2$	101. 4	0. 3
$HgBr_2$	101. 0	0. 3
HgI_2	100. 7	0. 3
Hg_3PO_4	101. 1	0. 3
$Hg_2(NO_3)_2$	101. 2	0. 3

3. Hg4f 精细图谱参考（图 4. 286）

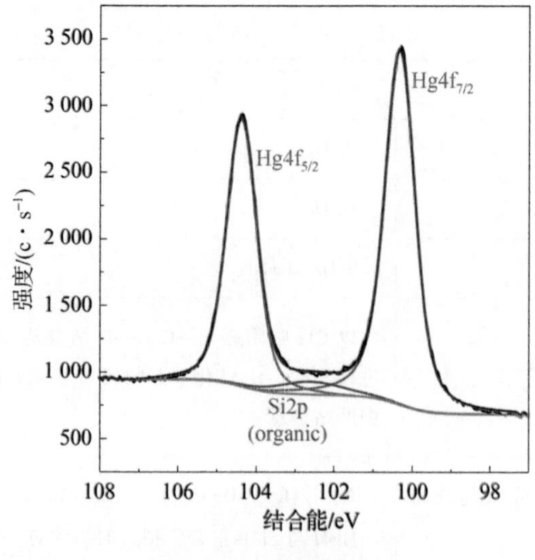

图 4. 286　HgS 的 Hg4f

4. 分析案例

样品信息和分析需求：自制硫化汞材料，需要分析 Hg 和 S 的化学态。

拟合元素：Hg、S。

（1）精细图谱分峰拟合（图 4.287、图 4.288）

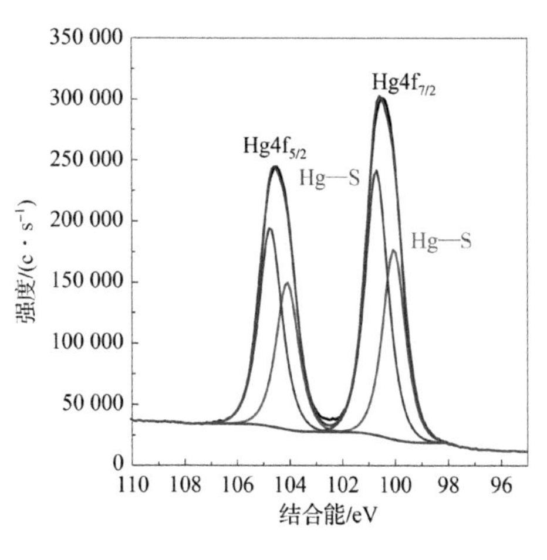

图 4.287　Hg4f 分峰

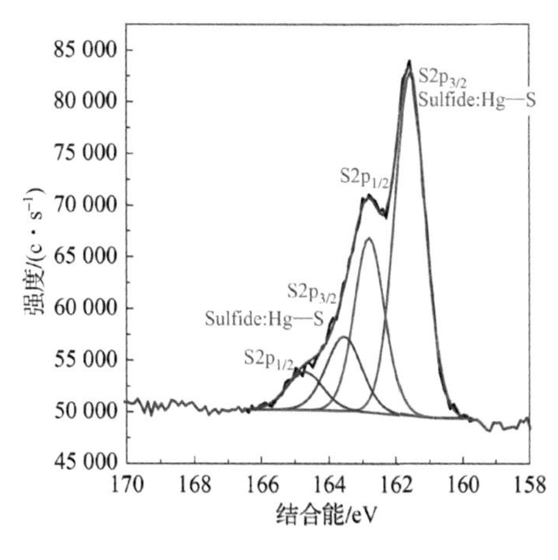

图 4.288　S2p 分峰

（2）分峰拟合后化学态归属（表 4.214）

表 4.214　分峰拟合后化学态归属

谱峰	结合能/eV	化学态	原子百分比/%	
$Hg4f_{7/2}$	100.05	Hg—S	41.18	100.00
$Hg4f_{7/2}$	100.7	Hg—S	58.82	
$S2p_{3/2}$	161.58	硫化物（Sulfide）：Hg—S	79.76	100.00
$S2p_{3/2}$	163.56	硫化物（Sulfide）：Hg—S	20.24	

（3）原子百分比（表 4.215）

表 4.215　原子百分比

谱峰	原子百分比/%	
S2p	51.62	100.00
Hg4f	48.38	

（4）解析说明

单纯从两种元素 Hg 和 S 原子百分比（接近 1：1）判断主要是 HgS，但精细谱中可以看出结合能有差异，比如 $S2p_{3/2}$中分别有两个结合能，对应两种化学态的硫，两个结合能都比较低，都属于硫化物。同样，Hg4f 中也有两组分峰，可能是两种 HgS 晶型不同，需要进一步用其他技术手段证实。

推荐资料

[1] Wagner C D，Naumkin A V，Kraut – Vass A，Allison J W，Powell C J，Rumble Jr J R. NIST Standard Reference Database 20，Version 3.4（web version）[M]. National Institute of Standards and Technology：Gaithersburg，MD，2003：20899.

[2] Moulder J F，Stickle W F，Sobol P E，Bomben K D. Handbook of X – ray Photoelectron Spectroscopy [M]. Minnesota：Perkin – Elmer Corporation，1992.

4.64 铊（Tl）

1. 基本信息（表 4.216）

表 4.216 Tl 的基本信息

原子序数	81
元素	铊 Tl
元素谱峰	Tl4f
重合谱峰	Al2s
化学态归属说明	以 C1s 吸附碳 C—C/C—H 结合能 284.8 eV 对所有谱峰进行校准，Tl4f 化学态归属参考 XPS 数据手册以及 XPS 数据网站信息
Tl4f 自旋轨道分裂峰以及分峰方法	$\Delta(Tl4f_{5/2} - Tl4f_{7/2}) = 4.42$ eV 金属态谱峰峰型呈现不对称性，氧化态谱峰峰型对称

2. Tl4f 化学态归属参考（表 4.217）

表 4.217　不同化学态的 $Tl4f_{7/2}$ 结合能参考

化学态	$Tl4f_{7/2}$ 结合能/eV	标准偏差/±eV
Tl	117.7	0.2
Tl_2O_3	117.5	0.2
Tl_2S	118.7	0.3
Tl_2S_3	118.7	0.3
TlCl	119.1	0.3
TlBr	119.3	0.3
TlI	118.5	0.3
TlF	119.3	0.3

3. Tl4f 精细图谱参考（图 4.289）

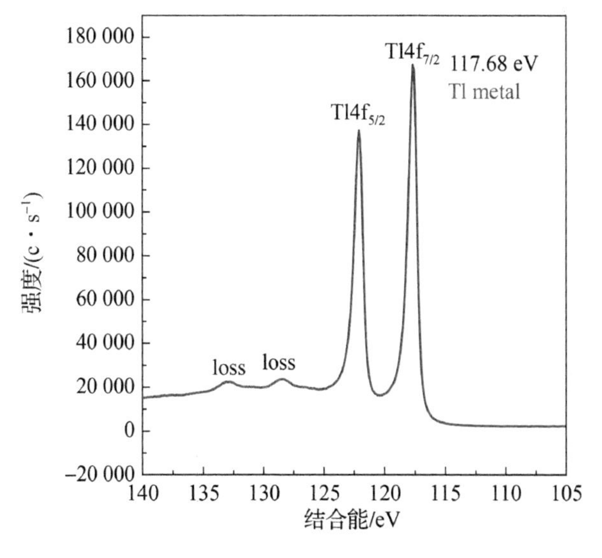

图 4.289　金属 Tl 的 Tl4f

4. 分析案例

样品信息和分析需求：Tl 样品化学态解析。

拟合元素：Tl、S。

（1）精细图谱分峰拟合（图 4. 290 ~ 图 4. 292）

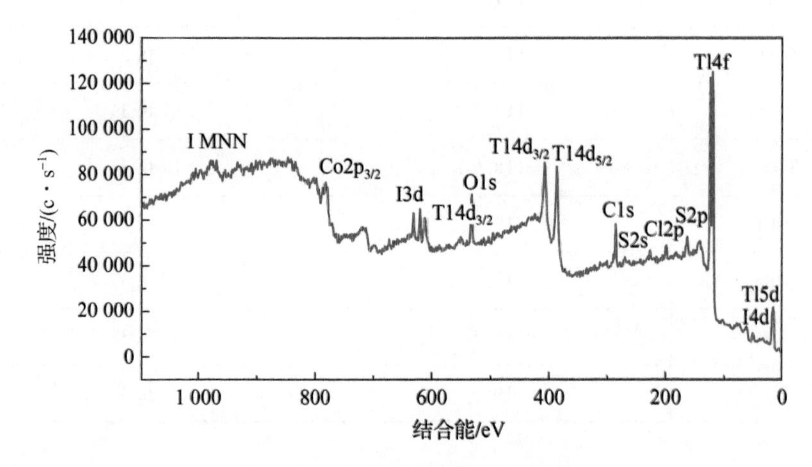

图 4. 290　Tl 样品的 XPS 全谱分析

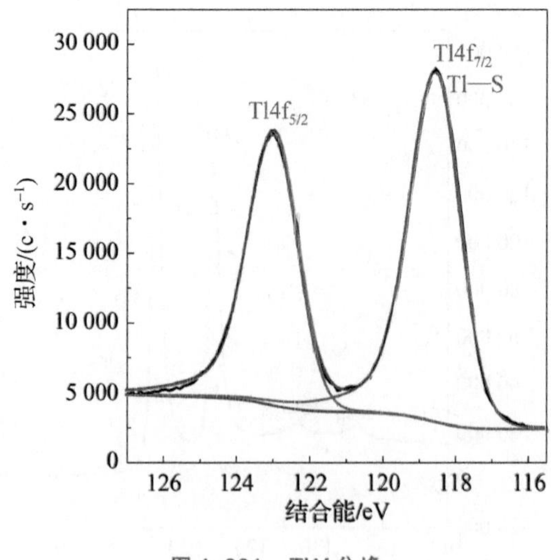

图 4. 291　Tl4f 分峰

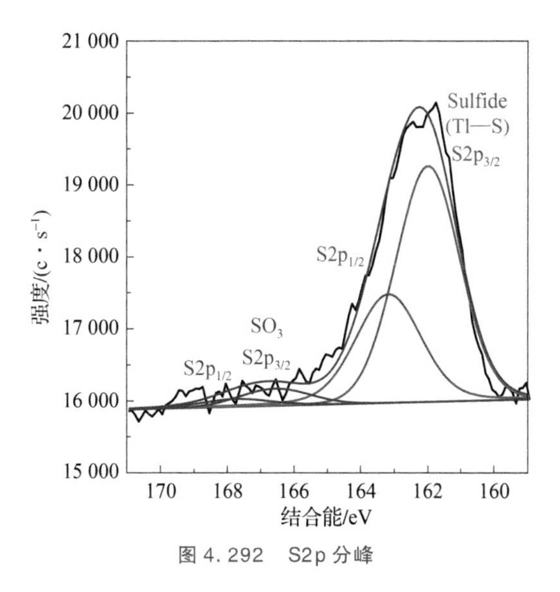

图 4.292 S2p 分峰

(2) 分峰拟合后化学态归属（表 4.218）

表 4.218 分峰拟合后化学态归属

谱峰	结合能/eV	化学态	原子百分比/%	
$Tl4f_{7/2}$	118.54	硫化铊 Tl—S	100.00	100.00
$Tl4f_{5/2}$	122.96			
$S2p_{3/2}$	161.99	硫化物（Sulfide） Tl—S	92.74	100.00
$S2p_{1/2}$	163.17			
$S2p_{3/2}$	166.57	SO_3	7.26	
$S2p_{1/2}$	167.75			

(3) 原子百分比（表 4.219）

表 4.219 原子百分比

谱峰	Tl4f	S2p	
化学态	硫化铊 Tl—S	硫化物（Sulfide）	硫酸盐 SO_x
原子百分比/%	53.55	43.08	3.37
总计/%	100.00		

（4）解析说明

全谱定性和半定量可以看出，除了吸附 C/O，主要是 TlS_x、TlCl 和 TlI。半定量数据可以判断主要是 TlS_x，精细谱分析从 $Tl4f_{7/2}$结合能（118.5 eV 左右）可以明确是 Tl(Ⅰ) 化合物；结合 Tl 和 S 的原子百分比，应该是 TlS_2和 Tl_2S_3的混合态。

4.65 铅（Pb）

1. 基本信息（表 4.220）

表 4.220 Pb 的基本信息

原子序数	82
元素	铅 Pb
元素谱峰	Pb4f
重合谱峰	Sr3d、Sn4s
化学态归属说明	以 C1s 吸附碳 C—C/C—H 结合能 284.8 eV 对所有谱峰进行校准，Pb4f 化学态归属参考 XPS 数据手册以及 XPS 数据网站信息
Pb4f 自旋轨道分裂峰以及分峰方法	$\Delta_{金属}(Pb4f_{5/2}-Pb4f_{7/2})=(4.88\pm0.05)$ eV • 金属 Pb 的谱峰峰型不对称，拟合时用不对称函数模式。 • 如果有金属态 Pb 存在，可以用金属态谱峰结合能进行谱峰校正。 • 金属态和硫化铅谱峰的半峰宽比较小（小于 1 eV），氧化态的比金属态的谱峰 FWHM 宽。 • PbO_2谱峰比较特殊，呈现不对称峰型（有分裂缝），且结合能相对 PbO 偏低。 • 其他化学态的 Pb_3O_4或 $PbCO_3$呈现对称 Pb4f 谱峰

2. Pb4f 化学态归属参考（表 4.221）

表 4.221 不同化学态的 $Pb4f_{7/2}$结合能参考

化学态	$Pb4f_{7/2}$结合能/eV	标准偏差/±eV
Pb 金属	136.8	0.3
PbO	137.8	0.2

续表

化学态	$Pb4f_{7/2}$ 结合能/eV	标准偏差/±eV
PbO_2	137.5	0.4
Pb_3O_4	137.7	0.3
$Pb(OH)_2$	138.2	0.3
PbF_2	138.9	0.3
$PbCl_2$	138.9	0.1
$PbBr_2$	138.8	0.1
PbI_2	138.5	0.2
$PbCO_3$	138.3	0.3
$Pb(NO_3)_2$	139.2	0.4
PbS	137.8	0.4
$PbSO_4$	139.6	0.3
$PbTiO_3$	138.4	0.6
棕榈酸酯（PbPalmitate）	138.8	0.3
壬二酸酯（PbAzelate）	138.8	0.3

3. Pb4f 精细图谱参考（图 4.293～图 4.296）

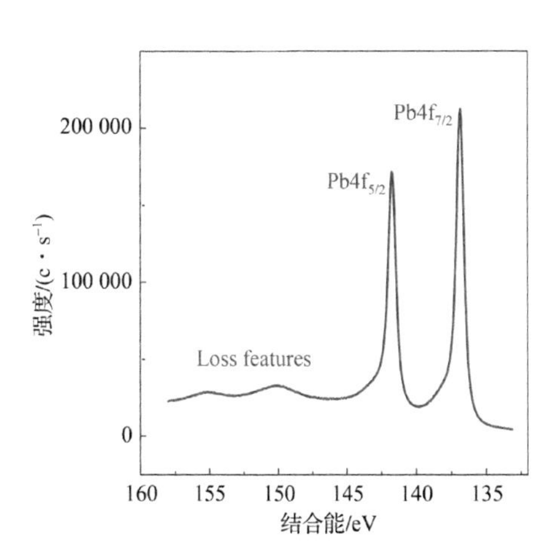

图 4.293　金属 Pb 的 Pb4f

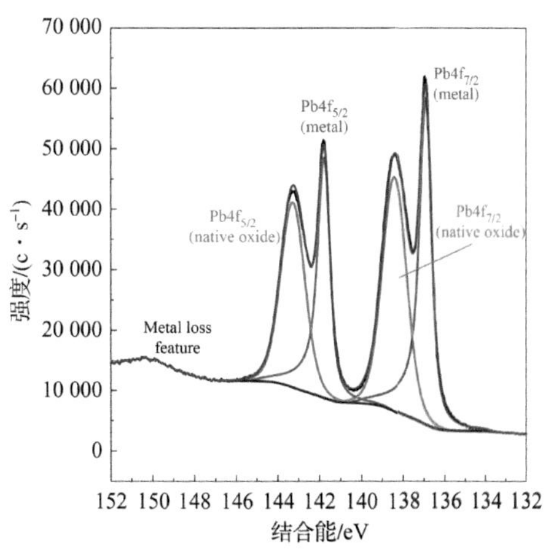

图 4.294　金属 Pb 表面氧化分析的 Pb4f

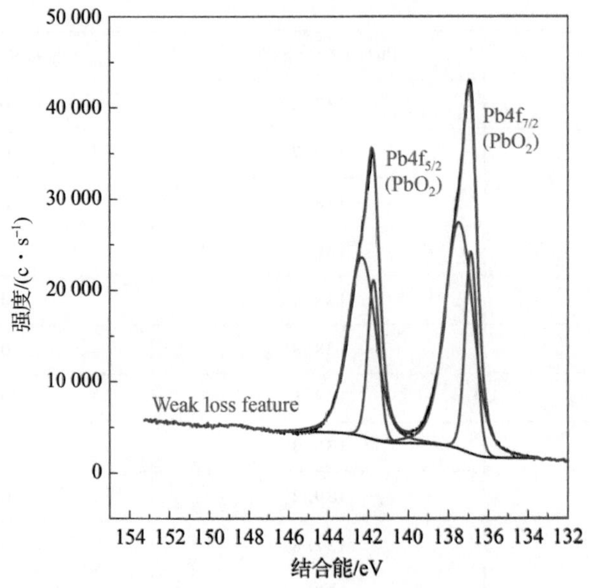

图 4.295 PbO_2的 Pb4f

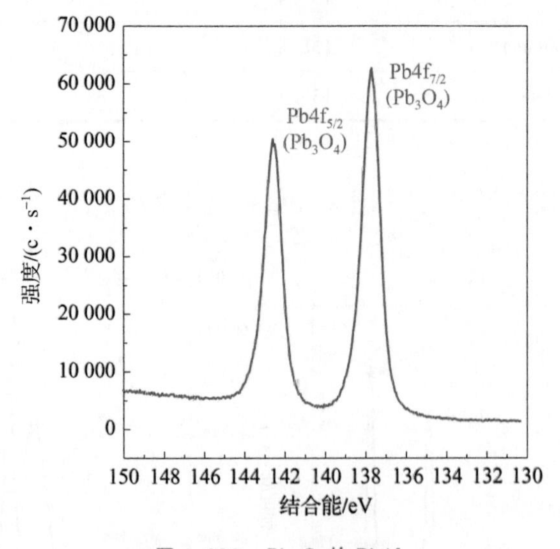

图 4.296 Pb_3O_4的 Pb4f

4. 分析案例

样品信息和分析需求：有机钙钛矿材料中 Pb、I 和 N 化学态分析。

拟合元素：Pb、I、N。

（1）全谱（图 4.297）

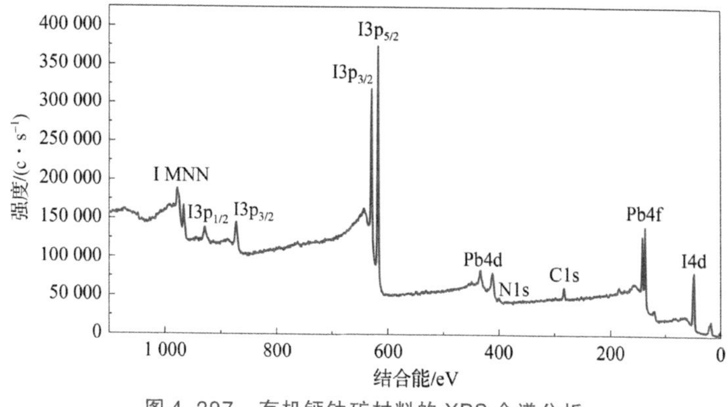

图 4.297 有机钙钛矿材料的 XPS 全谱分析

(2) 精细图谱分峰拟合(图 4.298 ~ 图 4.300)

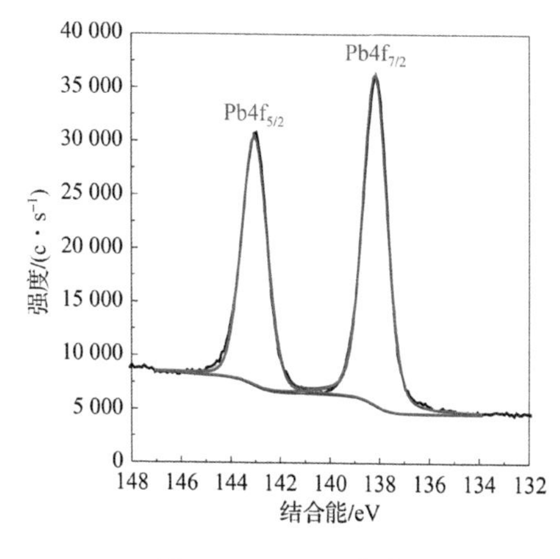

图 4.298 Pb4f 分峰

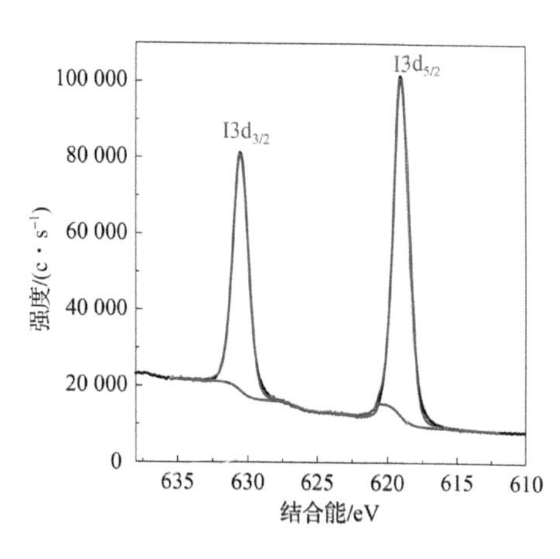

图 4.299 I3d 分峰

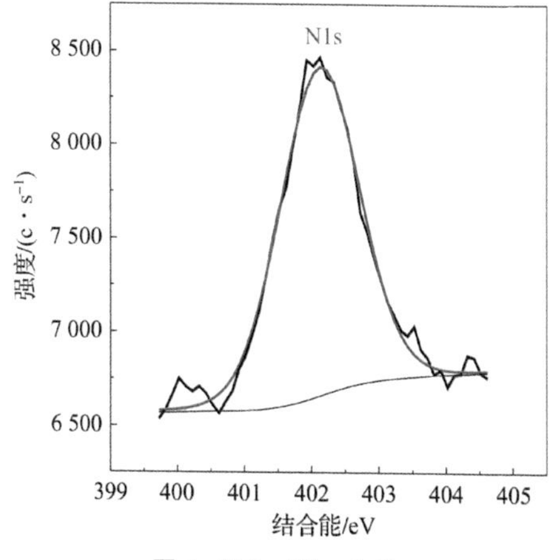

图 4.300 N1s 分峰

（3）分峰拟合后化学态归属（表 4.222）

表 4.222　分峰拟合后化学态归属

谱峰	结合能/eV	化学态	原子百分比/%
$Pb4f_{7/2}$	138.19	Pb—I	100.00
$Pb4f_{5/2}$	143.05		
N1s	402.11	铵 N^+R_4(R = H/C)	100.00
$I3d_{5/2}$	619.02	碘化物（Iodide）	100.00
$I3d_{3/2}$	630.52		

（4）原子百分比（表 4.223）

表 4.223　原子百分比

谱峰	化学态	原子百分比/%	
C1s	—	42.19	100.00
N1s	铵 N^+R_4(R = H/C)	9.03	
$I3d_{5/2}$	碘化物（Iodide）	35.69	
$Pb4f_{7/2}$	Pb—I	13.09	

（5）解析说明

结合精细谱化学态分析结果以及百分含量的数据，可以推断此有机钙钛矿分子结构为 $CH_3NH_3PbI_3$。

推荐资料

[1] Wagner C D，Naumkin A V，Kraut－Vass A，Allison J W，Powell C J，Rumble Jr J R. NIST Standard Reference Database 20，Version 3.4（web version）[M]. National Institute of Standards and Technology：Gaithersburg，MD，2003：20899.

[2] Moulder J F，Stickle W F，Sobol P E，Bomben K D. Handbook of X－ray Photoelectron Spectroscopy [M]. Minnesota：Perkin－Elmer Corporation，1992.

4.66 铋（Bi）

1. 基本信息（表4.224）

表4.224 Bi的基本信息

原子序数	83
元素	铋 Bi
元素谱峰	Bi4f
重合谱峰	S2p
化学态归属说明	以 C1s 吸附碳 C—C/C—H 结合能 284.8 eV 对所有谱峰进行校准，Bi4f 化学态归属参考 XPS 数据手册以及 XPS 数据网站信息
Bi4f 自旋轨道分裂峰以及分峰方法	$\Delta_{金属}(Bi4f_{5/2}-Bi4f_{7/2})=5.31$ eV 金属态 Bi 的 Bi4f 谱峰峰型不对称，拟合时需要用不对称拟合函数模式；但氧化态谱峰峰型对称

2. Bi4f 化学态归属参考（表4.225）

表4.225 不同化学态的 Bi4f7 结合能参考

化学态	$Bi4f_{7/2}$结合能/eV	标准偏差/±eV
Bi(0)	156.9	0.1
Bi_2O_3	159.3	0.9
Bi_2S_3	158.8	0.5
Bi_2Se_3	158.1	0.2
Bi_2Te_3	157.2	0.1
BiF_3	160.8	0.3
BiI_3	159.3	0.3
$Ti_2Bi_2O_7$	159.7	0.3
$Bi_2(SO_4)_3 \cdot H_2O$	161.2	0.3
Bi_2MoO_6	159.1	0.7

3. Bi4f 精细图谱参考（图 4.301）

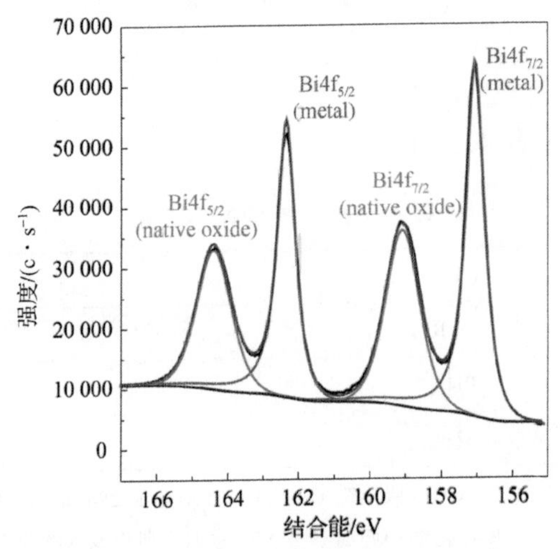

图 4.301　金属 Bi 表面氧化层的 Bi4f 图谱

4. 分析案例

样品信息和分析需求：采用大尺寸的颗粒铋，通过超声破碎剥离得到片层的铋，冻干成粉末后抽真空，随后用臭氧作用铋的表面，需要分析铋和氧的化学态，以及对氧空位分析。

拟合元素：Bi，O。

（1）精细图谱分峰拟合（图 4.302、图 4.303）

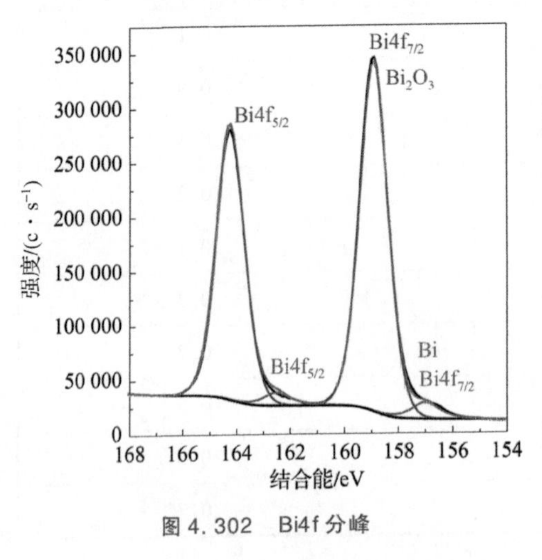

图 4.302　Bi4f 分峰

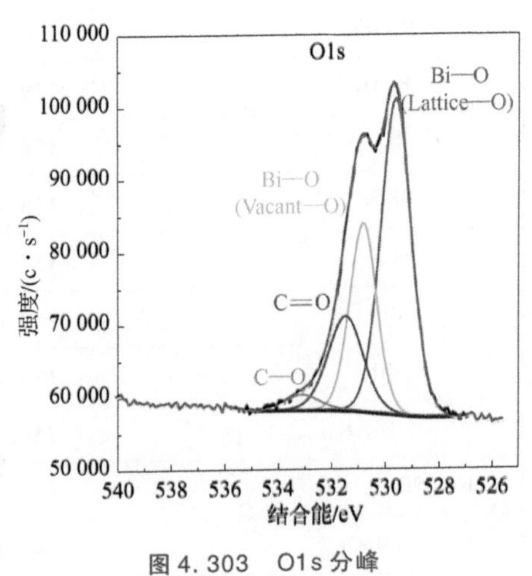

图 4.303　O1s 分峰

（2）分峰拟合后化学态归属（表4.226）

表4.226　分峰拟合后化学态归属

谱峰	结合能/eV	化学态	原子百分比/%	
O1s	529.59	Bi—O(Bi_2O_3)	51.18	100.00
O1s	530.84	Bi—O（空位氧）	27.95	
O1s	531.48	C═O	18.04	
O1s	533.12	C—O	2.83	
$Bi4f_{7/2}$	156.99	Bi金属	4.79	100.00
$Bi4f_{5/2}$	162.49			
$Bi4f_{7/2}$	158.89	Bi—O(Bi_2O_3)	95.21	
$Bi4f_{5/2}$	164.21			

（3）原子百分比（表4.227）

表4.227　原子百分比

谱峰	化学态	原子百分比/%		
C1s	—	41.53	41.53	100.00
O1s	Bi—O(Bi_2O_3)	21.77	42.54	
	Bi—O（空位氧）	11.89		
	C═O	7.67		
	C—O	1.21		
Bi4f	Bi	0.76	15.93	
	Bi—O(Bi_2O_3)	15.17		

（4）解析说明

通过对Bi4f以及O1s精细谱进行分析，从峰型和结合能可以判断Bi4f包含两种化学态。两种化学态有两对自旋轨道分裂峰，锁定能量差和面积比可以得到Bi两种化学态的百分含量。结合能在157 eV左右的$Bi4f_{7/2}$归属为金属Bi，而结合能在159 eV左右的$Bi4f_{7/2}$归属为三价态的氧化铋。

O1s精细谱中，结合能在529.5 eV左右的O1s应该归属为晶格氧，而结合能更高在 530.8 eV 左右的 O1s 应该就是缺陷氧或空位氧，但此能量范围还对应金属氢氧键等。此外，可以通过分峰拟合得到不同化学态的含量关系。

推荐资料

[1] Wagner C D, Naumkin A V, Kraut - Vass A, Allison J W, Powell C J, Rumble Jr J R. NIST Standard Reference Database 20, Version 3.4 (web version) [M]. National Institute of Standards and Technology: Gaithersburg, MD, 2003: 20899.

[2] Moulder J F, Stickle W F, Sobol P E, Bomben K D. Handbook of X - ray Photoelectron Spectroscopy [M]. Minnesota: Perkin - Elmer Corporation, 1992.

4.67 铀（U）

1. 基本信息（表 4.228）

表 4.228 U 的基本信息

原子序数	92
元素	铀 U
元素谱峰	U4f
重合谱峰	K2s
化学态归属说明	以 C1s 吸附碳 C—C/C—H 结合能 284.8 eV 对所有谱峰进行校准，U4f 化学态归属参考 XPS 数据手册以及 XPS 数据网站信息
U4f 轨道分析方法	$\Delta(U4f_{5/2}-U4f_{7/2})=10.89$ eV U 化合物中不同价态的 U4f 精细谱中震激峰特征性有差异，震激卫星峰与主峰之间的能量差（ΔE_{s-p}）与化学态相关（见表 4.229 以及精细图谱参考）。

2. U4f 化学态归属参考（表 4.229、图 4.304）

表 4.229　不同化学态的 U4f 结合能参考

化学态	价态	$U4f_{7/2}$ 结合能/eV	ΔE_{s-p} ($U4f_{7/2}$)	ΔE_{s-p} ($U4f_{5/2}$)
U（metal）	0	377.2	—	—
$CsUO_4$	Ⅵ	380.7	—	10.0
CsU_2O_7	Ⅵ	380.9	—	10.1
Na_2UO_4	Ⅵ	380.7	4.6	9.6
NaU_2O_7	Ⅵ	380.8	4.5	9.5
UO_2	Ⅳ	380.0	6.8	—
$Ba_2U_2O_7$	Ⅴ	380.2	7.9	—
$NaUO_3$	Ⅴ	380.6	7.9	—
UO_3	Ⅵ	382.0	—	—
$UO_2(OH)_2$	Ⅵ	382.2	—	—
醋酸双氧铀（Uranyl Acetate）	Ⅵ	382.0	3.8	—
UF_3	Ⅲ	379.9	—	—
UCl_3	Ⅲ	378.1	—	—
UBr_3	Ⅲ	378.2	—	—
UF_4	Ⅳ	382.0	—	—
UCl_4	Ⅳ	380.0	6.1	—
UBr_4	Ⅳ	379.7	5.8	—

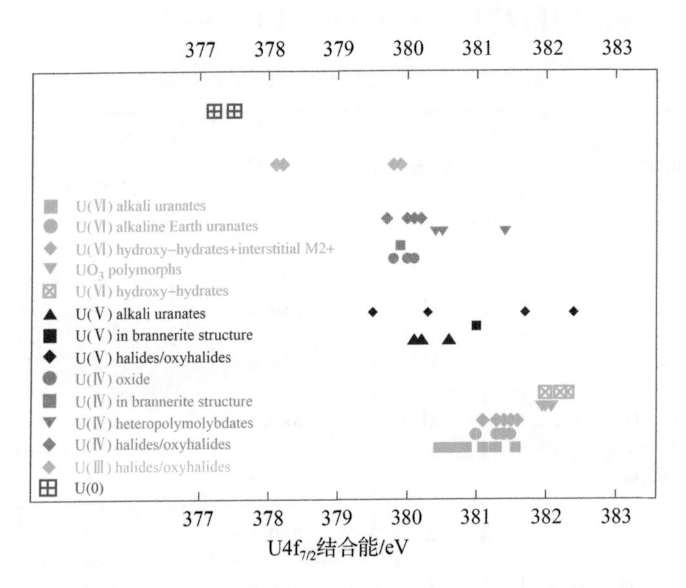

图 4.304　不同价态 U(Ⅲ)、U(Ⅳ)、U(Ⅴ) 和 U(Ⅵ) 矿物和化学态结合能分布参考

3. U4f 精细图谱参考（图 4.305、图 4.306）

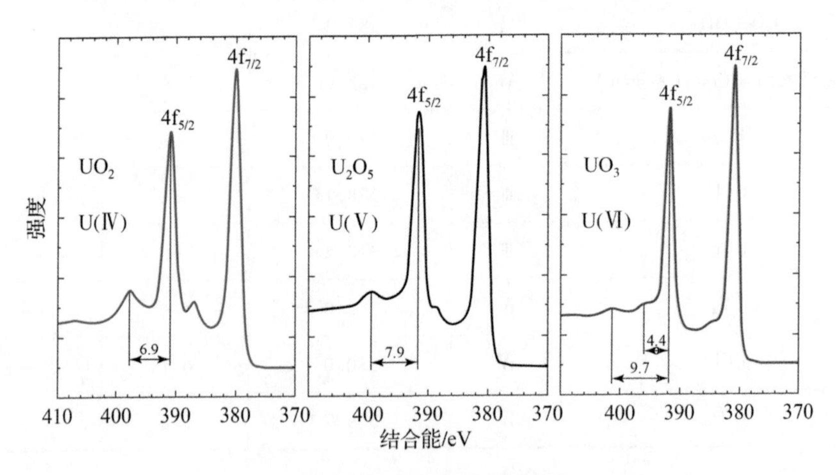

图 4.305　U4f 的精细谱图参考

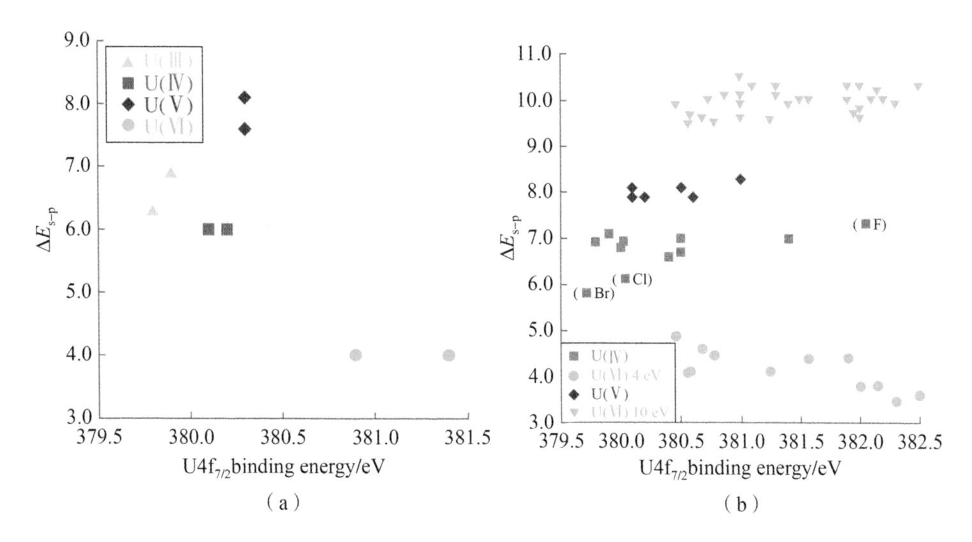

图 4.306　不同氧化态的 U4f7 震激卫星峰与主峰之间的能量差（ΔE_{s-p}）

（a）卤氧化物的 U4f7 与 ΔE_{s-p} 关联图；（b）氢氧化物和水合物的 U4f7 与 ΔE_{s-p} 关联图

4. 分析案例

样品信息和分析需求：U 化合物不同价态分析。

拟合元素：U。

（1）精细图谱分峰拟合（图 4.307）

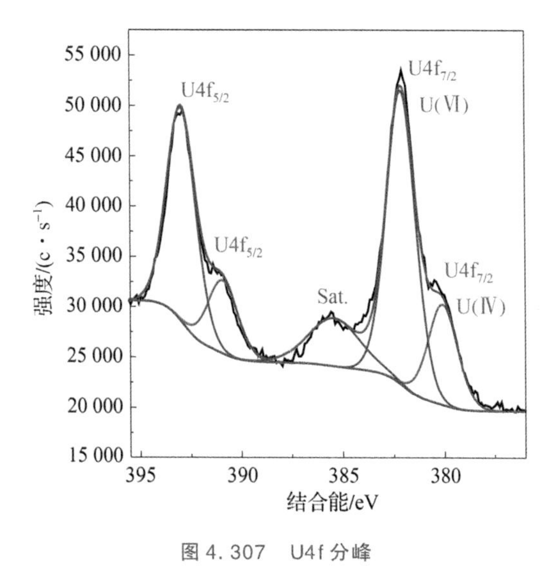

图 4.307　U4f 分峰

（2）分峰拟合后化学态归属（表 4.230）

表 4.230　分峰拟合后化学态归属

<table>
<tr><th>谱峰</th><th>结合能/eV</th><th>化学态</th><th colspan="2">原子百分比/%</th></tr>
<tr><td>$U4f_{7/2}$</td><td>380.08</td><td rowspan="2">U(Ⅳ)</td><td rowspan="2">26.08</td><td rowspan="5">100.00</td></tr>
<tr><td>$U4f_{5/2}$</td><td>390.9</td></tr>
<tr><td>$U4f_{7/2}$</td><td>382.13</td><td rowspan="3">U(Ⅵ)</td><td rowspan="3">73.92</td></tr>
<tr><td>$U4f_{5/2}$</td><td>392.94</td></tr>
<tr><td>Sat.</td><td>385.44</td></tr>
</table>

（3）解析说明

从谱峰结合能可以判断 U 主要为两种化学态，结合能在 380 eV 左右的 U4f7 可以归属为正四价氧化态，而结合能在 382 eV 左右的 U4f7 为正六价氧化态；特征震激卫星峰（385.44 eV）与较强 U4f7 谱峰（382.13 eV）能量差 ΔE_{s-p} 为 3.31 左右，也佐证 U(Ⅵ) 氧化态的信息。正四价氧化态含量低，其特征卫星峰在图中不明显。

推 荐 资 料

Ilton E S, Bagus P S. XPS determination of uranium oxidation states [J]. Surface and Interface Analysis, 2011 (43): 1549 - 1560.

参考文献

[1] O'Connor D J, Sexton B A, Smart R S. Surface Analysis Methods in Materials Science [M]. New York: Springer Science & Business Media, 2013.

[2] Dobrzynski L. Handbook of Interfaces and Surfaces [M]. New York: Garland STPM Press, 1978.

[3] Sickafus E N, Bonzel H P. Surface Analysis by Low - Energy Electron Diffraction and Auger Electron Spectroscopy [J]. Progress in Surface and Membrane Science, 1971 (4): 115 - 230.

[4] Briggs D, Seah M P. Practical Surface Analysis by Auger and X - ray Photoelectron Spectroscopy [M]. Chichester: John Wiley and Sons Ltd, 1983.

[5] Behrisch R, Eckstein W. Sputtering by particle bombardment [M]. New York: Springer Science & Business Media, 2007.

[6] Schmidt B, Wetzig K. Ion beams in materials processing and analysis [M]. New York: Springer Science & Business Media, 2012.

[7] Song T, Zou M, Lu D, Chen H, Wang B, Wang S, Xu F. Probing surface information of alloy by time of flight - secondary ion mass spectrometer [J]. Crystals, 2021 (11): 1465.

[8] 刘世宏，王当憨，潘承璜. X射线光电子能谱分析 [M]. 北京：科学出版社，1988.

[9] 布里格斯 D. 聚合物表面分析：X射线光电子谱（XPS）和静态次级离子质谱（SSIMS）[M]. 曹立礼，等，译. 北京：化学工业出版社，2001.

[10] 王典芬. X－射线光电子能谱在非金属材料研究中的应用 [M]. 武汉：武汉工业大学出版社，1994.

[11] Yeh J J, Lindau I. Atomic subshell photoionization cross sections and asymmetry parameters：$1 \leqslant Z \leqslant 103$ [J]. Atomic data and nuclear data tables, 1985 (32)：1－55.

[12] Zhu L, Zou M, Zhang X, Zhang L, Wang X, Song T, Wang S, Li X. Enhanced Hydrogen Generation Performance of Al－Rich Alloys by a Melting－Mechanical Crushing－Ball Milling Method [J]. Materials, 2021 (14)：7889.

[13] 王建祺，吴文辉，冯大明. 电子能谱学（XPS/XAES/UPS）引论 [M]. 北京：国防工业出版社，1992.

[14] Watts J F, Wolstenholme J. An introduction to surface analysis by XPS and AES [M]. Chichester：John Wiley & Sons, 2019.

[15] Lohmann B. Angle and spin resolved Auger emission：Theory and applications to atoms and molecules [M]. Germany：Springer Science & Business Media, 2008.

[16] Woodruff D P. Modern techniques of surface science [M]. Cambridge University Press：2016.

[17] Goldstein J I, Newbury D E, Michael J R. Scanning electron microscopy and X－ray microanalysis [M]. Germany：Springer Science & Business Media, 2017.

[18] Alford T L, Feldman L C, Mayer J W. Fundamentals of nanoscale film analysis [M]. Germany：Springer Science & Business Media, 2007.

[19] Kim K J, Huang Z, Lindberg R. Synchrotron radiation and free－electron lasers [M]. United Kingdom：Cambridge University Press, 2017.

[20] Wang R, Wang J, Chen S, Bao W, Li D, Zhang X, Liu Q, Song T, Su Y, Tan G. In Situ Construction of High－Performing Compact Si－SiO_x－CN_x Composites from Polyaminosiloxane for Li－Ion Batteries [J]. ACS Applied Materials & Interfaces, 2021 (13)：5008－5016.

[21] Zhou L, Tufail M K, Liao Y, Ahmad N, Yu P, Song T, Chen R, Yang W. Tailored carrier transport path by interpenetrating networks in cathode composite for high performance all－solid－state Li－SeS_2 batteries [J]. Advanced Fiber Materials, 2022 (4)：487－502.

[22] Ratner B D, Castner D G. Electron spectroscopy for chemical analysis [J]. Surface Analysis：The Principal Techniques, 2009 (2)：374－381.

[23] Fairley N. Introduction to XPS and AES [M]. Casa Software Ltd, 2009.

[24] Baylis W E, Becker U, Burke P G, Compton R N, Flannery M R, Joachain C J, Judd B R, Kirby K, Lambropoulos P, Leuchs G, Meystre P. Springer Series on Atomic, Optical, and Plasma Physics, 2009.

[25] Ma C, Xu F, Song T. Dual - Layered Interfacial Evolution of Lithium Metal Anode: SEI Analysis via TOF - SIMS Technology [J]. ACS Applied Materials & Interfaces, 2022 (14): 20197 - 20207.

[26] 宋廷鲁，徐帆，陈寒元，刘艳. X射线光电子能谱在阻燃材料研究中的应用 [C]. 2020年全国阻燃学术年会论文集，珠海，2020：226 - 233.

[27] Wei X, Xiao M, Wang B, Wang C, Li Y, Dou J, Cui Z, Dou J, Wang H, Ma S, Zhu C. Avoiding Structural Collapse to Reduce Lead Leakage in Perovskite Photovoltaics [J]. Angewandte Chemie, 2022 (134): e202204314.

[28] Song T, Liu L, Xu F, Pan Y T, Qian M, Li D, Yang R. Multi - dimensional characterizations of washing durable ZnO/phosphazene - siloxane coated fabrics via ToF - SIMS and XPS [J]. Polymer Testing, 2022 (114): 107684.

[29] Salapaka S M, Salapaka M V. Scanning probe microscopy [J]. IEEE Control Systems Magazine, 2008 (28): 65 - 83.

[30] Zhou H, Dong Y, Xin X, Chi M, Song T, Lv H. Electrocatalytic valorization of 5 - hydroxymethylfurfural coupled with hydrogen production using tetraruthenium - containing polyoxometalate - based composites [J]. Journal of Materials Chemistry A, 2022.

[31] Beamson G, Briggs D. The XPS of Polymer Database [EB/OL]. ISBN: 0 - 9537848 - 4 - 3, Polymer Database CD - ROM.

[32] Bickel P, Diggle P, Fienberg S. Springer series in statistics [M]. New York: Springer, 2009.

[33] 张素伟，姚雅萱，高慧芳，任玲玲. X射线光电子能谱技术在材料表面分析中的应用 [J]. 计量科学与技术，2021 (1)：40 - 44.

[34] Greczynski G, Hultman L. X - ray photoelectron spectroscopy: towards reliable binding energy referencing [J]. Progress in Materials Science, 2020 (107): 100591.

[35] Greczynski G, Hultman L. Reliable determination of chemical state in X - ray photoelectron spectroscopy based on sample - work - function referencing to adventitious carbon: resolving the myth of apparent constant binding energy of

the C1s peak [J]. Applied Surface Science, 2018 (451): 99 - 103.
[36] 罗渝然. 化学键能数据手册 [M]. 北京: 科学出版社, 2005.
[37] Briggs D, 等. X 射线与紫外光电子能谱 [M]. 桂琳琳, 黄惠忠, 郭国霖, 译. 北京: 北京大学出版社, 1984.
[38] Wagner J M. X - Ray Photoelectron Spectroscopy [M]. New York: Nova Science Publishers Inc. , 2011.
[39] Briggs D. Surface analysis of polymers by XPS and static SIMS [M]. Cambridge: Cambridge University Press, 1998.
[40] Beamson G, Briggs D. High Resolution XPS of Organic Polymers The Scienta ESCA300 Database [M]. Germany: John Wiley & Sons, 1992.
[41] Woicik J C. Hard X - ray Photoelectron Spectroscopy (HAXPES) [M]. New York: Springer, 2016.
[42] 范康年. 谱学导论 [M]. 北京: 高等教育出版社, 2001.
[43] Shi H, Ouyang Q, Wang X, Yang Y, Song T, Hao J, Huang X. Insight into the formation of conjugated ladder structure of polyacrylonitrile by X - ray photoelectron spectroscopy [J]. Measurement, 2022 (200): 111565.
[44] Xu A F, Liu N, Xie F, Song T, Ma Y, Zhang P, Bai Y, Li Y, Chen Q, Xu G. Promoting thermodynamic and kinetic stabilities of FA - based perovskite by an in situ bilayer structure [J]. Nano Letters, 2020 (20): 3864 - 3871.
[45] Feng H, Li D, Cheng B, Song T, Yang R. A cross - linked charring strategy for mitigating the hazards of smoke and heat of aluminum diethylphosphonate/polyamide 6 by caged octaphenyl polyhedral oligomeric silsesquioxanes [J]. Journal of Hazardous Materials, 2022 (424): 127420.
[46] Qin P, Yi D, Hao J, Ye X, Gao M, Song T. Fabrication of melamine trimetaphosphate 2D supermolecule and its superior performance on flame retardancy, mechanical and dielectric properties of epoxy resin [J]. Composites Part B, 2021 (225): 109269.
[47] Zhang X, Li J, Xiao P, Wu Y, Liu Y, Jiang Y, Wang X, Xiong X, Song T, Han J, Xiao W. Morphology - Controlled Electrocatalytic Performance of Two - Dimensional VSe_2 Nanoflakes for Hydrogen Evolution Reactions [J]. ACS Applied Nano Materials, 2022 (5): 2087 - 2093.
[48] Wang C, Sun C, Sun Z, Wang B, Song T, Zhao Y, Li J, Jin H. Optimizing the Na metal/solid electrolyte interface through a grain boundary

design [J]. Journal of Materials Chemistry A, 2022 (10): 5280 - 5286.

[49] Feng T, Zhao T, Zhu S, Wang Z, Wei L, Zhang N, Song T, Li L, Wu F, Chen R. Advanced Li - S Batteries Enabled by a Biomimetic Polysulfide - Engulfing Net [J]. ACS Applied Materials & Interfaces, 2021 (13): 23811 - 23821.

[50] Yang N, Pei F, Dou J, Zhao Y, Huang Z, Ma Y, Ma S, Wang C, Zhang X, Wang H, Zhu C. Improving Heat Transfer Enables Durable Perovskite Solar Cells [J]. Advanced Energy Materials, 2022 (12): 2200869.

[51] Zhang K, Wu F, Wang X, Weng S, Yang X, Zhao H, Guo R, Sun Y, Zhao W, Song T, Wang X. 8. 5 μm - Thick Flexible - Rigid Hybrid Solid - Electrolyte/Lithium Integration for Air - Stable and Interface - Compatible All - Solid - State Lithium Metal Batteries [J]. Advanced Energy Materials, 2022 (12): 2200368.

[52] Liu Y, Li S, Dai L, Li J, Lv J, Zhu Z, Yin A, Li P, Wang B. The synthesis of hexaazatrinaphthylene - based 2D conjugated copper metal - organic framework for highly selective and stable electroreduction of CO_2 to methane [J]. Angewandte Chemie, 2021 (133): 16545 - 16551.

[53] ULVAC - PHI Inc. MultiPak Software Manual, Ver. 9 [EB/OL]. https://www. ulvac - phi. com/en/, 2010.